浙江省土地质量地质调查行动计划系列成果
浙江省土地质量地质调查成果丛书

温州市土壤元素背景值

WENZHOU SHI TURANG YUANSU BEIJINGZHI

叶泽富　解怀生　徐登财　王长江　张　翔　林钟扬　等著

图书在版编目(CIP)数据

温州市土壤元素背景值/叶泽富等著. —武汉:中国地质大学出版社,2023.10
ISBN 978-7-5625-5538-4

Ⅰ.①温… Ⅱ.①叶… Ⅲ.①土壤环境-环境背景值-温州 Ⅳ.①X825.01

中国国家版本馆 CIP 数据核字(2023)第 053197 号

温州市土壤元素背景值	叶泽富 解怀生 徐登财 王长江 张 翔 林钟扬 等著
责任编辑:唐然坤	选题策划:唐然坤 责任校对:沈婷婷

出版发行:中国地质大学出版社(武汉市洪山区鲁磨路388号)	邮政编码:430074
电 话:(027)67883511 传 真:(027)67883580	E-mail:cbb@cug.edu.cn
经 销:全国新华书店	http://cugp.cug.edu.cn
开本:880 毫米×1230 毫米 1/16	字数:428 千字 印张:13.5
版次:2023 年 10 月第 1 版	印次:2023 年 10 月第 1 次印刷
印刷:湖北新华印务有限公司	
ISBN 978-7-5625-5538-4	定价:178.00 元

如有印装质量问题请与印刷厂联系调换

《温州市土壤元素背景值》编委会

领导小组

名誉主任	陈铁雄
名誉副主任	黄志平　潘圣明　马　奇　张金根
主　　任	陈　龙
副主任	邵向荣　陈远景　胡嘉临　李家银　邱建平　周　艳　张根红
成　　员	邱鸿坤　孙乐玲　吴　玮　肖常贵　鲍海君　章　奇　龚日祥
	蔡子华　褚先尧　冯立新　王永力　姜　亮　董品杰　徐登财
	吴　义　陈焕元　王志国　汪晓亮　王卫青　张　帆　李桂来
	袁　波　金达表

编制技术指导组

组　　长	王援高
副组长	董岩翔　孙文明　林钟扬
成　　员	陈忠大　范效仁　严卫能　何蒙奎　龚新法　陈焕元　叶泽富
	陈俊兵　钟庆华　唐小明　何元才　刘道荣　李巨宝　欧阳金保
	陈红金　朱有为　孔海民　俞　洁　汪庆华　周国华　吴小勇

编辑委员会

主　　编	叶泽富　解怀生　徐登财　王长江　张　翔　林钟扬
编　　委	龚冬琴　林道秀　汪一凡　冯立新　褚先尧　潘锦勃　管建强
	董旭明　刘永祥　李春忠　王海宝　谷安庆　魏迎春　黄春雷
	徐明星　简中华　龚瑞君　殷汉琴　管敏琳　徐德君　王学寅
	全斌斌　周文忠　耿永坡　王雪涛　王　磊　李　伟　韦继康
	刘　煜　孙彬彬　毛昌伟　郝　立　吕海钰　赵冰冰

《温州市土壤元素背景值》组织委员会

主办单位：
    浙江省自然资源厅
    浙江省地质院
    自然资源部平原区农用地生态评价与修复工程技术创新中心

协办单位：
    温州市自然资源和规划局
    温州市自然资源和规划局鹿城分局
    温州市自然资源和规划局龙湾分局
    温州市自然资源和规划局瓯海分局
    温州市自然资源和规划局洞头分局
    乐清市自然资源和规划局
    瑞安市自然资源和规划局
    永嘉县自然资源和规划局
    文成县自然资源和规划局
    平阳县自然资源和规划局
    泰顺县自然资源和规划局
    苍南县自然资源和规划局
    龙港市自然资源与规划建设局
    浙江省自然资源集团有限公司

承担单位：
    浙江省地质院
    浙江省第十一地质大队
    自然资源部平原区农用地生态评价与修复工程技术创新中心
    中国地质调查局农业地质应用研究中心
    浙江省地矿科技有限公司

序 一

土地质量地质调查,是以地学理论为指导、以地球化学测量为主要技术手段,通过对土壤及相关介质(岩石、风化物、水、大气、农作物等)环境中有益和有害元素含量的测定,进而对土地质量的优劣做出评判的过程。2016年,浙江省国土资源厅(现为浙江省自然资源厅)启动了"浙江省土地质量地质调查行动计划(2016—2020年)",并在"十三五"期间完成了浙江省85个县(市、区)的1∶5万土地质量地质调查(覆盖浙江省耕地全域),获得了20余项元素/指标近500万条土壤地球化学数据。

浙江省的地质工作历来十分重视土壤元素背景值的调查研究。早在20世纪60—70年代,浙江省就开展了全省1∶20万区域地质填图,对土壤中20余项元素/指标进行了分析;20世纪80年代,开展了浙江省1∶20万水系沉积物测量工作,分析了沉积物中30余项元素/指标;20世纪90年代末,开展了1∶25万多目标区域地球化学调查,分析了表层和深层土壤中50余项元素/指标;2016—2020年,开展了浙江省土地质量地质调查,系统部署了1∶5万土壤地球化学测量工作,重点分析了土壤中的有益元素(如N、P、K、Ca、Mg、S、Fe、Mn、Mo、B、Se、Ge等)和有害元素(如Cd、Hg、Pb、As、Cr、Ni、Cu、Zn等)。上述各时期的调查都进行了元素地球化学背景值的统计计算,早期的土壤元素背景值调查为本次开展浙江省土壤元素背景值研究奠定了扎实的基础。

元素地球化学背景值的研究,不仅具有重要的科学意义,同时也具有重要的应用价值。基于本轮土地质量地质调查获得的数百万条高精度土壤地球化学数据,结合1∶25万多目标区域地球化学调查数据,浙江省自然资源厅组织相关单位和人员对不同行政区、土壤母质类型、土壤类型、土地利用类型、水系流域类型、地貌类型和大地构造单元的土壤元素/指标的基准值和背景值进行了统计,编制了浙江省及11个设区市(杭州市、宁波市、温州市、湖州市、嘉兴市、绍兴市、金华市、衢州市、舟山市、台州市、丽水市)的"浙江省土地质量地质调查成果丛书"。

该丛书具有数据基础量大、样本体量大、数据质量高、元素种类多、统计参数齐全的特点,是浙江省土地质量地质调查的一项标志性成果,对深化浙江省土壤地球化学研究、支撑浙江省第三次全国土壤普查工作成果共享、推进相关地方标准制定和成果社会化应用均具有积极的作用。同时该丛书还具有公共服务性的特点,可作为农业、环保、地质等技术工作人员的一套"工具书",能进一步提升各级政府管理部门、科研院所在相关工作中对"浙江土壤"的基本认识,在自然资源、土地科学、农业种植、土壤污染防治、农产品安全追溯等行政管理领域具有广泛的科学价值和指导意义。

值此丛书出版之际,对参加项目调查工作和丛书编写工作的所有地质科技工作者致以崇高的敬意,并表示热烈的祝贺!

中国科学院院士

2023年10月

序 二

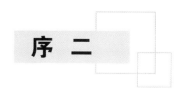

2002年,全国首个省部合作的农业地质调查项目落户浙江省,自此浙江省的农业地质工作犹如雨后春笋般不断开拓前行。农业地质调查成果支撑了土地资源管理,也服务了现代农业发展及土壤污染防治等诸多方面。2004—2005年,时任浙江省委书记习近平同志在两年间先后4次对浙江省的农业地质工作做出重要批示指示,指出"农业地质环境调查有意义,要应用其成果指导农业生产""农业地质环境调查有意义,应继续开展并扩大成果"。

近20年来,浙江省坚定不移地贯彻习近平总书记的批示指示精神,积极探索,勇于实践,将农业地质工作不断推向新高度。2016年,在实施最严格耕地保护政策、推动绿色发展和开展生态文明建设的时代背景下,浙江省国土资源厅(现为浙江省自然资源厅)立足于浙江省经济社会发展对地质工作的实际需求,启动了"浙江省土地质量地质调查行动计划(2016—2020年)",旨在通过行动计划的实施,全面查明浙江省的土地质量现状,建立土地质量档案、推进成果应用转化,为实现土地数量、质量和生态"三位一体"管护提供技术支持。

本轮土地质量调查覆盖了浙江省85个县(市、区),历时5年完成,涉及18家地勘单位、10家分析测试单位,有近千名技术人员参加,取得了多方面的成果。一是查明了浙江省耕地土壤养分丰缺状况,土壤重金属污染状况和富硒、富锗土地分布情况,成为全国首个完成1∶5万精度县级全覆盖耕地质量调查的省份;二是采用"文-图-卡-码-库五位一体"表达形式,建成了浙江省1000万亩(1亩≈666.67m^2)永久基本农田示范区土地质量地球化学档案;三是汇集了土壤、水、生物等750万条实测数据,建成了浙江省土地质量地质调查数据库与管理平台;四是初步建立了2000个浙江省耕地质量地球化学监测点;五是圈定了334万亩天然富硒土地、680万亩天然富锗土地,并编制了相关区划图;六是圈出了约2575万亩清洁土地,建立了最优先保护和最优先修复耕地类别清单。

立足于地学优势、以中大比例尺精度开展的浙江省土地质量地质调查在全国尚属首次。此次调查积累了大量的土壤元素含量实测数据和相关基础资料,为全省土壤元素地球化学背景的研究奠定了坚实基础。浙江省及11个设区市的土壤元素背景值研究是浙江省土地质量地质调查行动计划取得的一项重要基础性研究成果,该研究成果的出版将全面更新浙江省的土地(土壤)资料,大大提升浙江省土地科学的研究程度,也将为自然资源"两统一"职责履行、生态安全保障提供重要的基础支撑,从而助力乡村振兴,助推共同富裕示范区建设。

浙江省土地质量地质调查行动计划是迄今浙江省乃至全国覆盖范围最广、调查精度最高的县级尺度土壤地球化学调查行动计划。基于调查成果编写而成的"浙江省土地质量地质调查成果丛书",具有数据样本量大、数据质量高、元素种类多、统计参数全的特点,实现了土壤学与地学的有机融合,是对数十年来浙江省土壤地球化学调查工作的系统总结,也是全面反映浙江省土壤元素环境背景研究的最新成果。该丛书可供地质、土壤、环境、生态、农学等相关专业技术人员以及有关政府管理部门和科研院校参考使用。

原浙江省国土资源厅党组书记、厅长

2023年10月

前言

土壤元素背景值一直是国内外学者关注的重点。20世纪70年代,国家"七五"重点科技攻关项目建立了全国41个土类60余种元素的土壤背景值,并出版了《中国土壤环境背景值图集》。同期,农业部(现为农业农村部)主持完成了我国13个省(自治区、直辖市)主要农业土壤及粮食作物中几种污染元素背景值研究,建立了我国主要粮食生产区土壤与粮食作物背景值。21世纪初,国土资源部(现为自然资源部)中国地质调查局与有关省(自治区、直辖市)联合,在全国范围内部署开展了1:25万多目标区域地球化学调查工作,累计完成调查面积260余万平方千米,相继出版了部分省(自治区、直辖市)或重要区域的多目标区域地球化学图集,发布了区域土壤背景值与基准值研究成果。不同时期各地各部门的大量研究学者针对各地区情况陆续开展了大量背景值调查研究工作,获得的许多宝贵数据资料为区域背景值研究打下了坚实基础。

土壤元素背景值是指在一定历史时期、特定区域内,不受或者很少受人类活动和现代工业污染影响(排除局部点源污染影响)的土壤元素与化合物的含量水平,是一种原始状态或近似原始状态下的物质丰度,也代表了地质演化与成土过程发展到特定历史阶段,土壤与各环境要素之间物质和能量交换达到动态平衡时元素与化合物的含量状态。土壤元素背景值是制定土壤环境质量标准的重要依据。元素背景值研究必须具备3个条件:一是要有一定面积区域范围的系统调查资料;二是要有统一的调查采样与测试分析方法;三是要有科学的数理统计方法。多年来,浙江省的土地质量地质调查(含1:25万多目标区域地球化学)工作均符合上述元素背景值研究条件,这为浙江省级、市级土壤元素背景值研究提供了充分必要条件。

2002—2018年,全面完成了温州市1:25万多目标区域地球化学调查工作,项目由浙江省地质调查院、中国地质科学院地球物理地球化学勘查研究所承担,共采集2796件表层土壤样品、688件深层土壤样品。样品测试由中国地质科学院地球物理地球化学勘查研究的实验测试中心承担,分析测试了Ag、As、Au、B、Ba、Be、Bi、Br、Cd、Ce、Cl、Co、Cr、Cu、F、Ga、Ge、Hg、I、La、Li、Mn、Mo、N、Nb、Ni、P、Pb、Rb、S、Sb、Sc、Se、Sn、Sr、Th、Ti、Tl、U、V、W、Y、Zn、Zr、SiO_2、Al_2O_3、TFe_2O_3、MgO、CaO、Na_2O、K_2O、TC、Corg、pH共54项元素/指标,获取分析数据18.8万条。2016—2020年,温州市系统开展了11个县(市、区)土地质量地质调查工作,按照平均9~10件/km^2的采样密度,共采集24291件表层土壤样品,分析测试了As、B、Cd、Co、Cr、Cu、Ge、Hg、Mn、Mo、N、Ni、P、Pb、Se、V、Zn、K_2O、Corg、pH共20项元素/指标,获取分析数据51万多条。项目由浙江省第十一地质大队、中国建筑材料工业地质勘查中心浙江总队、浙江省第七地质大队、浙江省第一地质大队4家单位承担,样品测试由河南省岩石矿物测试中心、湖北省地质实验测试中心、湖南省地质实验测试中心3家单位承担。严格按照相关规范要求,开展样品采集与测试分析,从而确保调查数据质量,通过数据整理、分布形态检验、异常值剔除等,进行了土壤元素背景值参数的统计与计算。

温州市土壤元素背景值研究是温州市土地质量地质调查(含1:25万多目标区域地球化学调查)的集成性、标志性成果之一,而《温州市土壤元素背景值》的出版,为科学研究、地方环境标准制定、环境演化与生态修复等提供了最新基础数据,也填补了市级土壤元素背景值研究的空白。

本书共分为7章。第一章区域概况,简要介绍了温州市自然地理与社会经济概况、土壤地质特征、土地资源与土地利用现状,由叶泽富、徐登财、王长江等执笔;第二章数据基础及研究方法,详细介绍了本书的数据来源、质量监控及土壤元素背景值的计算方法,由解怀生、汪一凡、林道秀、林钟扬、张翔等执笔;第三章区域地球化学分布特征,介绍了温州市区域地球化学分布特征,由解怀生、林道秀、张翔、龚冬琴等执笔;第四章土壤地球化学基准值,介绍了温州市土壤地球化学基准值,由叶泽富、解怀生、王长江、汪一凡、张翔等执笔;第五章土壤元素背景值,介绍了温州市土壤元素背景值,由解怀生、徐登财、龚冬琴、林钟扬等执笔;第六章土壤碳储量与健康质量评价,介绍了温州市土壤碳储量与健康质量评价,由林道秀、张翔、龚冬琴等执笔;第七章结语,由叶泽富执笔;全书由解怀生、叶泽富、徐登财负责统稿。

本书在编写过程中得到了浙江省生态环境厅、浙江省农业农村厅、浙江省生态环境监测中心、浙江省耕地质量与肥料管理总站、浙江省国土整治中心、浙江省自然资源调查登记中心等单位的大力支持与帮助。中国地质调查局教授级奚小环高级工程师、中国地质科学院地球物理地球化学勘查研究所周国华教授级高级工程师、中国地质大学(北京)杨忠芳教授、浙江大学翁焕新教授等对本书提出了诸多宝贵意见和建议,在此一并表示衷心的感谢!

本书力求全面介绍温州市土地质量地质(地球化学)调查工作在土壤元素背景值研究方面的成果,但由于土壤环境的复杂性和影响土壤元素背景值因素的多样性,加之受水平所限,书中的不足之处在所难免,有些问题也尚待深入研究,敬请各位专家和同仁不吝赐教,批评指正!

著　者

2023年6月

目 录

第一章 区域概况 … (1)

第一节 自然地理与社会经济概况 … (1)
- 一、自然地理 … (1)
- 二、水文、海洋与气候 … (2)
- 三、社会经济概况 … (3)

第二节 土壤地质特征 … (4)
- 一、岩石地层 … (4)
- 二、土壤母质类型 … (5)
- 三、土壤类型 … (7)
- 四、土壤酸碱度 … (11)
- 五、土壤有机质 … (13)

第三节 土地资源与土地利用 … (15)
- 一、土地利用总体规划 … (15)
- 二、土地利用现状 … (15)

第二章 数据基础及研究方法 … (18)

第一节 1∶25万多目标区域地球化学调查 … (18)
- 一、样品布设与采集 … (18)
- 二、分析测试与质量控制 … (21)

第二节 1∶5万土地质量地质调查 … (23)
- 一、样点布设与采集 … (25)
- 二、分析测试与质量监控 … (26)

第三节 背景值研究方法 … (27)
- 一、概念与约定 … (27)
- 二、参数计算方法 … (28)
- 三、统计单元划分 … (28)
- 四、数据处理与背景值确定 … (29)

第三章 区域地球化学分布特征 … (31)

第一节 土壤元素地球化学组合特征 … (31)
- 一、表层土壤元素地球化学组合特征 … (31)

二、深层土壤元素地球化学组合特征 …………………………………………………………（35）

　第二节　区域土壤地球化学元素组合分布特征 …………………………………………………（42）

　　一、表层土壤地球化学元素组合分布特征 ………………………………………………………（42）

　　二、深层土壤地球化学元素组合分布特征 ………………………………………………………（43）

　　三、土壤剖面元素分布特征 ………………………………………………………………………（45）

　第三节　区域土壤元素富集与风化淋溶特征 ……………………………………………………（49）

　　一、土壤元素富集特征 ……………………………………………………………………………（49）

　　二、土壤风化淋溶特征 ……………………………………………………………………………（51）

第四章　土壤地球化学基准值 …………………………………………………………………（53）

　第一节　各行政区土壤地球化学基准值 …………………………………………………………（53）

　　一、温州市土壤地球化学基准值 …………………………………………………………………（53）

　　二、乐清市土壤地球化学基准值 …………………………………………………………………（53）

　　三、龙港市土壤地球化学基准值 …………………………………………………………………（56）

　　四、龙湾区土壤地球化学基准值 …………………………………………………………………（56）

　　五、鹿城区土壤地球化学基准值 …………………………………………………………………（63）

　　六、瓯海区土壤地球化学基准值 …………………………………………………………………（63）

　　七、平阳县土壤地球化学基准值 …………………………………………………………………（68）

　　八、瑞安市土壤地球化学基准值 …………………………………………………………………（68）

　　九、泰顺县土壤地球化学基准值 …………………………………………………………………（73）

　　十、文成县土壤地球化学基准值 …………………………………………………………………（73）

　　十一、永嘉县土壤地球化学基准值 ………………………………………………………………（78）

　第二节　主要土壤母质类型地球化学基准值 ……………………………………………………（78）

　　一、松散岩类沉积物土壤母质地球化学基准值 …………………………………………………（78）

　　二、紫色碎屑岩类风化物土壤母质地球化学基准值 ……………………………………………（83）

　　三、中酸性火成岩类风化物土壤母质地球化学基准值 …………………………………………（83）

　第三节　主要土壤类型地球化学基准值 …………………………………………………………（88）

　　一、黄壤土壤地球化学基准值 ……………………………………………………………………（88）

　　二、红壤土壤地球化学基准值 ……………………………………………………………………（88）

　　三、粗骨土土壤地球化学基准值 …………………………………………………………………（88）

　　四、紫色土土壤地球化学基准值 …………………………………………………………………（95）

　　五、水稻土土壤地球化学基准值 …………………………………………………………………（95）

　　六、潮土土壤地球化学基准值 ……………………………………………………………………（95）

　　七、滨海盐土土壤地球化学基准值 ………………………………………………………………（102）

　第四节　主要土地利用类型地球化学基准值 ……………………………………………………（102）

　　一、水田土壤地球化学基准值 ……………………………………………………………………（102）

　　二、旱地土壤地球化学基准值 ……………………………………………………………………（102）

　　三、园地土壤地球化学基准值 ……………………………………………………………………（109）

　　四、林地土壤地球化学基准值 ……………………………………………………………………（109）

第五章 土壤元素背景值

第一节 各行政区土壤元素背景值
- 一、温州市土壤元素背景值 (114)
- 二、乐清市土壤元素背景值 (114)
- 三、龙港市土壤元素背景值 (119)
- 四、龙湾区土壤元素背景值 (119)
- 五、鹿城区土壤元素背景值 (122)
- 六、瓯海区土壤元素背景值 (127)
- 七、平阳县土壤元素背景值 (127)
- 八、瑞安市土壤元素背景值 (132)
- 九、泰顺县土壤元素背景值 (132)
- 十、文成县土壤元素背景值 (137)
- 十一、永嘉县土壤元素背景值 (137)
- 十二、洞头区土壤元素背景值 (142)
- 十三、苍南县土壤元素背景值 (142)

第二节 主要土壤母质类型元素背景值
- 一、松散岩类沉积物土壤母质元素背景值 (145)
- 二、紫色碎屑岩类风化物土壤母质元素背景值 (145)
- 三、中酸性火成岩类风化物土壤母质元素背景值 (145)

第三节 主要土壤类型元素背景值
- 一、黄壤土壤元素背景值 (150)
- 二、红壤土壤元素背景值 (150)
- 三、粗骨土土壤元素背景值 (157)
- 四、紫色土土壤元素背景值 (157)
- 五、水稻土土壤元素背景值 (162)
- 六、潮土土壤元素背景值 (162)
- 七、滨海盐土土壤元素背景值 (162)

第四节 主要土地利用类型元素背景值
- 一、水田土壤元素背景值 (169)
- 二、旱地土壤元素背景值 (169)
- 三、园地土壤元素背景值 (174)
- 四、林地土壤元素背景值 (174)

第六章 土壤碳储量与健康质量评价

第一节 土壤碳储量估算
- 一、土壤碳与有机碳的区域分布 (179)
- 二、单位土壤碳量与碳储量计算方法 (180)
- 三、土壤碳密度分布特征 (182)
- 四、土壤碳储量分布特征 (184)

第二节　土壤健康质量评价 ……………………………………………………………………（188）
　　　一、天然富硒土地资源评价 ……………………………………………………………………（188）
　　　二、天然富锗土地资源评价 ……………………………………………………………………（195）
　　　三、天然富硒（锗）土地资源保护建议 …………………………………………………………（199）
　　第三节　耕地土壤肥力提升区划建议 ……………………………………………………………（200）
　　　一、耕地土壤肥力丰缺现状分布特征 …………………………………………………………（200）
　　　二、土壤养分提升区划建议 ……………………………………………………………………（200）

第七章　结　语 ……………………………………………………………………………………（203）

主要参考文献 ………………………………………………………………………………………（204）

第一章 区域概况

第一节 自然地理与社会经济概况

一、自然地理

1. 地理位置

温州市位于浙江省东南部,东濒东海,南毗福建省宁德市,西及西北部与丽水市相连,北和东北部与台州市接壤。全境介于北纬27°03′—28°36′、东经119°37′—121°18′之间。全市土地面积12 103km²,海域面积8649km²。

2. 地形地貌

温州市三面环山,一面临海,境内地势从西南向东北呈梯形倾斜,地貌可分为西部中山区、中部低山丘陵盆地区、东部平原滩涂区和沿海岛屿区。境内洞宫山山脉雄踞于西,括苍山山脉盘亘西北,中部雁荡山脉以瓯江为界分为南雁荡山脉与北雁荡山脉。瓯江、飞云江、鳌江三大河流自西向东贯穿山区平原入海(图1-1)。

温州市地形地貌主要有以下特点。

(1)西高东低:西部海拔高,主要山峰海拔在1000m以上,属于中山区,泰顺的白云尖海拔为1611m,为全市最高峰;中部多为海拔500~1000m的低山,低于500m的丘陵盆地错落于低山之中;东部山前河谷冲积平原海拔在20m以下,海积平原海拔在10m以下,平原区地势低平,河网纵横交错,密如蛛网。

(2)山区多,平原少:山地面积约占陆域总面积的61%,丘陵面积约占20%,平原区约占19%。

(3)海岸曲折,岛屿众多:海岸线长1248km,其中大陆海岸线长355km,沿海有岛屿714.5个(横仔屿为温州市与台州市共有)。

3. 行政区划

根据《2022年温州市国民经济和社会发展统计公报》,截至2022年末,温州市下辖鹿城区、龙湾区、瓯海区、洞头区4个区,瑞安市、乐清市、龙港市3个市,以及永嘉县、平阳县、苍南县、文成县、泰顺县5个县。全市设26个乡、92个镇、67个街道,以及707个居委会(含社区居委会)和2951个村委会。全市常住人口为967.9万人,城镇人口为712.9万人,农村人口为255.0万人。城镇人口占总人口的比例(即城镇化率)为73.7%,与2021年相比,上升0.9个百分点。温州市以瓯江为界,在瓯江以北,东、西两侧分别为乐清市和永嘉县;在瓯江以南,由北往南分别是鹿城区、瓯海区、龙湾区、瑞安市、平阳县、龙港市、苍南县、文成县及泰顺县,洞头区位于瓯江口(图1-2)。

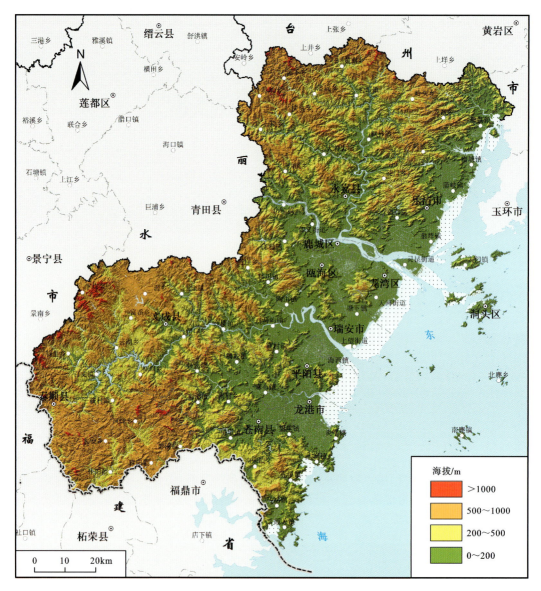

图 1-1 温州市地形地势图

二、水文、海洋与气候

1. 河流水文

温州市有大小河道1104条,河网长度达5652km。浙江省八大河流中有瓯江、飞云江和鳌江3条河流经过温州,由西向东注入东海。市内沿海平原水网密布,主要有温瑞塘河、瑞平塘河等内河。

2. 海洋

温州市地处浙江省东南沿海,有广阔的海域,海域面积8649km²。海域潮汐是不规则半日潮,潮差大,潮流强,潮汐复杂多变。沿海平均潮差为4.5m,最大潮差高达7.21m,是浙江省的高潮差区。

3. 气候特征

温州市地区气候温和,属亚热带海洋季风湿润性气候区,冬夏季风交替显著,温度适中,四季分明,雨

图1-2 温州市行政区划图

量充沛。常年平均气温在17.3~19.4℃之间,1月份平均气温为4.9~9.9℃,7月份平均气温为26.7~29.6℃,冬无严寒,夏无酷暑。根据温州市气象台历年各月逐日逐时气温记录数据,温暖舒适期(10~28℃)每年长达9个月,是浙江省热量资源最丰富的地区。年降水量在1113~2494mm之间,春夏之交有梅雨,7月至9月间有热带气旋,无霜期为241~326d,全年日照数在1442~2264h之间。

三、社会经济概况

根据《2022年温州市国民经济和社会发展统计公报》,截至2022年末,全市户籍总人口831.8万人。初步核算,2022年全市实现地区生产总值8 029.8亿元,按可比价格计算(下同),比上年增长3.7%。从产业看,第一、二、三产业增加值分别为177.5亿元、3 380.8亿元和4 471.5亿元,比上年分别增长4.6%、3.5%和3.8%。三次产业增加值结构为2.2∶42.1∶55.7,其中制造业增加值占比为32.0%,比上年提高了0.2个百分点。人均地区生产总值为83 107元(按年平均汇率折算为12 356美元),比上年增长3.2%。

按照中国地区生产总值统一核算和数据发布制度规定,地区生产总值核算包括初步核算和最终核实两个步骤。经最终核实,2022年,全市生产总值现价总量为7 658.8亿元,按可比价格计算,比上年增长7.7%,三次产业增加值结构为2.2∶41.9∶55.9。

全市规模以上工业企业7701家,实现工业增加值1 467.8亿元,比上年增长4.7%。其中,轻工业增加值479.2亿元,比上年增长2.6%;重工业增加值988.6亿元,比上年增长5.8%。规模以上工业销售产值7 241.4亿元,比上年增长8.3%,其中出口交货值921.6亿元,比上年增长15.9%。

第二节 土壤地质特征

一、岩石地层

温州地区岩石地层可划分为第四系和前第四系(表1-1)。

表1-1 山麓沟谷区第四系地层简表

统	组	代号	主要岩性特征	地貌形态	分布特征
全新统		Qh	灰色、灰白色砂砾、卵石夹黏性土,或砂土与黏性土互层,稍密—松散状,为现代冲积物	呈狭条状分布于现代溪沟及沿江两侧	表现为冲积平原
上更新统	上组	Qp_3^2	灰色、灰褐色砂卵石含黏性土,其中砂卵石含量75%~90%,稍密—中密状,为洪积物	表现为较完整的洪积扇,坡度3°~10°	分布范围广,主要见于沟谷的中下游地区
	下组	Qp_3^1	灰色、黄褐色砂卵石含黏土,其中砂卵石含量70%~90%,中密状,为洪积物	表现为较完整的洪积扇,坡度略大于上更新统上组	分布范围广,主要分布于沟谷的中下游,海拔略高于上更新统上组
中更新统	上组	Qp_2^2	黄褐色碎石夹黏土,碎石含量50%~60%,中密—密实状,为洪坡积物	以埋藏型为主,形态受后期流水的侵蚀破坏	仅分布在少数沟谷的两侧,分布海拔极高
	下组	Qp_2^1	灰黄色—棕黄色碎石夹黏土,碎石含量40%~60%,且大部呈全风化状,具半胶结网纹状构造	呈埋藏型分布	仅在局部深沟切割强烈处偶见

1. 第四系

温州地区第四系可分为山麓沟谷区沉积和平原区沉积两大序列。

(1)山麓沟谷区:沉积物由暂时性流水堆积的一套粗粒物质组成,分布海拔为5~70m,厚度为3~20m,沉积环境简单,岩性单一,主要分布于山前及沟谷地带。地层划分及岩性特征见表1-1。

(2)平原区:按陆相物质来源及沉积环境的不同将平原划分为瓯江干道沉积区、古溪流沉积区、古山麓带、古湖盆沉积区4个区。瓯江干道沉积区和古溪流沉积区地层岩性主要为冲积、冲洪积的砂砾卵石,前者砾卵石磨圆较好,为圆至次圆状,后者多为次圆至次棱角状;古山麓带堆积物岩性主要为洪积、冲洪积的黏性土混碎块石;古湖盆沉积区地层岩性主要为冲积、冲湖积的黏性土。

2. 前第四系

温州地区属华南地层区,基岩山区主要出露下白垩统磨石山群和永康群,局部零星分布上古生界芝溪头变质杂岩,由下至上划分为上古生界芝溪头变质杂岩(Pz_2)、下白垩统大爽组(K_1d)、高坞组(K_1g)、西山头组(K_1x)、茶湾组(K_1c)、九里坪组(K_1j)、祝村组(K_1z)、馆头组(K_1gt)、朝川组(K_1cc)及小平田组(K_1x),详见表1-2。

表1-2 前第四系地层简表

界	系	统	群	组、段	代号	主要岩性岩相特征
中生界	白垩系	下白垩统	永康群	小平田组	K_1x	上部为碎屑流相(碱长)流纹质(晶屑)玻屑熔结凝灰岩,含集块角砾岩-角砾熔结凝灰岩、粗面英安质玻屑熔结凝灰岩及喷溢相球泡(粒)流纹(斑)岩;下部为碎屑流相流纹质晶屑玻屑熔结凝灰岩、流纹质(或英安质)含角砾玻屑熔结凝灰岩、喷溢相流纹岩夹喷发沉积相凝灰质砂岩、粉砂岩及流纹质晶屑玻屑凝灰岩等。控制厚度大于848.7m
				朝川组	K_1cc	上部为灰紫色、紫红色中厚层状含钙中粗粒砂岩、钙质粉砂岩、细粒岩,常有钙质结核;下部为紫红色中厚层状凝灰质粉砂岩泥岩、凝灰质砂岩、砂砾岩,间夹沉凝灰岩、流纹质玻屑凝灰岩、晶屑玻屑凝灰岩
				馆头组	K_1gt	以河湖相杂色厚—薄层状砂砾岩、砂岩、粉砂岩为主,夹细砂岩、硅质泥岩、页岩等,局部夹空落相流纹质(晶屑)玻屑凝灰岩等。控制厚度在769.8~848.2m之间
			磨石山群	祝村组	K_1z	空落相流纹质含晶屑玻屑凝灰岩、碎屑流相英安质玻屑熔结凝灰岩夹喷溢相英安岩和凝灰质粉砂岩、粉砂质泥岩
				九里坪组	K_1j	以喷溢相(球泡)流纹(斑)岩为主,局部夹喷发沉积相凝灰质粉砂岩和空落相流纹质含角砾晶屑玻屑凝灰岩,底部可见流纹质角砾凝灰岩等。控制厚度大于852.7m
				茶湾组	K_1c	喷发沉积相凝灰质砂岩、粉砂岩、沉凝灰岩,局部夹空落相流纹质含角砾玻屑凝灰岩等。控制厚度约为112.9m
				西山头组	K_1x	碎屑流相流纹质(含角砾)晶屑玻屑熔结凝灰岩、流纹质玻屑晶屑熔结凝灰岩,局部相变为碎屑流相灰黑色英安质熔结凝灰岩,间夹喷发沉积相沉凝灰岩、凝灰质粉砂岩及玻屑凝灰岩等。控制厚度在474.43~692.0m之间
				高坞组	K_1g	碎屑流相流纹质晶屑熔结凝灰岩、流纹质(含角砾)玻屑晶屑熔结凝灰岩。控制厚度大于843.52m
				大爽组	K_1d	空落相流纹质含晶屑玻屑凝灰岩夹喷溢相流纹岩及喷发沉积相凝灰质粉砂岩、砂岩
上古生界				芝溪头变质杂岩	Pz_2z^c	低绿片岩相浅粒岩、片岩、片麻岩。控制厚度大于1 275.22m

二、土壤母质类型

地质背景决定了成土母质或母岩,是除气候、地貌、生物等因素之外,对土壤形成类型、分布及其地球化学特征的关键影响。土壤母质,即成土母质,是指母岩(基岩)经风化剥蚀、搬运及堆积等作用后于地表形成的松散风化壳的表层。因此,成土母质对母岩具有较强的承袭性。成土母质又是形成土壤的物质基础,对土壤的形成和发育具有特别重要的意义,在一定的生物、气候条件下,成土母质的差异性往往成为土壤分异的主要因素。

按岩石的地质成因及地球化学特征,温州市成土母质可划分为2种成因类型3种成土母质类型(表1-3,图1-3)。

表1-3　温州市主要成土母质分类表

成因类型	成土母质类型	主要岩性	主要成土特征	主要分布区域
运积型	松散岩类沉积物	滨海相淤泥	淤泥	质地偏重,中性至碱性,养分较好,通气透水性较差,结持性强,保肥蓄水性能高	只分布在乐清市雁荡镇、南塘镇等地方
		滨海相粉砂质淤泥	粉砂、淤泥	质地含砂性,黏壤质、粉砂质黏土,中性至碱性,养分含量较丰富,通透性与耕性尚好,供肥与保蓄性能较好,宜种性广	主要分布在乐清市、龙湾区及瑞安市的沿海地带
		滨海相粉砂	粉砂	质地砂性较重,中性至弱碱性,肥力较低,通透性好	主要分布在温州市沿海各县市区及鹿城区一带
		滨海相砂(粉砂)	砂、粉砂	质地砂性重,中性,土壤通透性好,保肥蓄水能力较差,易旱	主要分布在瓯江等三大流域的中下游地带
		湖沼相淤泥质粉砂	淤泥、粉砂	质地黏重,滞水,微酸性至中性,盐基饱和,养分丰富,耕性差,迟发田	主要分布在乐清市中南部、鹿城、瓯海与龙湾区中部,瑞安市与平阳县东部及龙港市等水网密集地区
		河流相冲(洪)积物	砂、粉砂	质地砂性重,弱酸至中性,肥力一般,通透性较好	零星分布于瑞安市、乐清市和永嘉县、平阳县及苍南县等水库、河流地区
残坡积型	紫色碎屑岩类风化物	钙泥页岩、粉砂质泥岩、砂(砾)岩风化物	泥页岩、粉砂质泥岩、砂(砾)岩	地表岩石风化较强烈,破碎,土质疏松,土层较厚,质地黏重,呈中酸性,适种林果等	主要分布在苍南县西北部、文成县西北与东部及泰顺县东西部
		非钙质紫色泥岩、粉砂质泥岩、砂(砾)岩风化物	泥岩、粉砂质泥岩、砂(砾)岩	地表岩石风化强烈,破碎,地层土层深厚,质地黏重,呈中酸性,适种林果等	主要分布在文成县中部及泰顺县南北部地区
	中酸性火成岩类风化物	中酸性火山碎屑岩类风化物	流纹质凝灰岩、晶屑凝灰岩、玻屑凝灰岩	岩性坚硬,山体陡峭,土体厚度中等,黏壤至壤黏,(微)酸性,钾素储量较高,适种茶叶、经济果林、用材林	只见于永嘉县西部的黄章地区
		中酸性侵入岩类风化物	花岗岩、花岗闪长岩	岩石风化较强,粗骨性明显,土体深厚,酸性较强,适种茶叶、果树及经济林木等	分布于温州市各个县(市、区),是主要的成土母质

运积型成土母质:主要母质类型为松散岩类沉积物,在区域分布上,该类成土母质主要分布于滨海平原区和山间河流谷地带。受流水作用,成土母质经基岩风化后,存在一定的搬运距离,按搬运距离由近到远,沉积物颗粒逐渐由粗变细,岩石物质成分混杂。在地形地貌上,该类成土母质主要涉及区内的滨海平原区、河谷盆地等地貌类型。主要岩性特征包括河流相冲(洪)积沉积物,滨海相淤泥、粉砂质淤泥、粉砂、砂(粉砂)沉积物,以及湖沼相淤泥质粉砂等沉积物。

残坡积型成土母质:是经基岩风化形成后,未出现明显搬运或搬运距离有限,母质中砾石岩性成分可识别,并与周边基岩有一定的对应性。全市根据岩石地球化学性质,总体划分为紫色类风化物碎屑岩、中

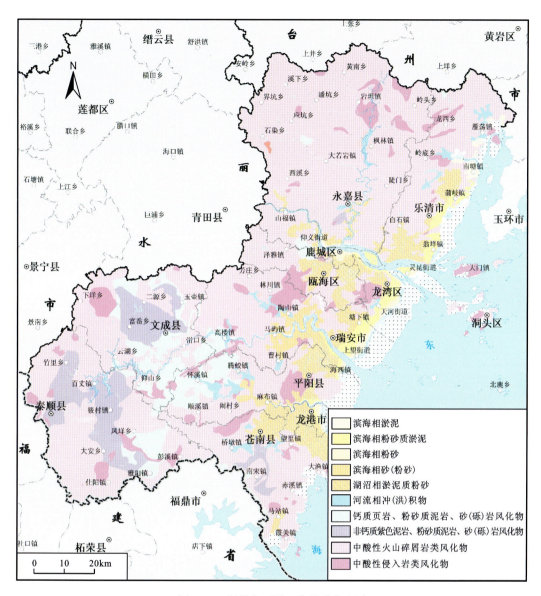

图 1-3 温州市不同土壤母质分布图

酸性火成岩类风化物两大类。该类成土母质主要分布于山地丘陵区,表现为质地较粗、形成的土壤对原岩具有明显的续承性(表 1-3,图 1-3)。

三、土壤类型

根据第二次全国土壤普查结果,温州市土壤主要分为七大类,分别是水稻土、红壤、黄壤、紫色土、粗骨土、潮土、滨海盐土。平原地区主要为水稻土,次为潮土、滨海盐土;丘陵山区主要为红壤、粗骨土,次为黄壤、紫色土(表 1-4,图 1-4)。

1. 水稻土

水稻土是全市重要的土壤资源,分布面积较广,主要分布于水网平原区和部分低山丘陵地区。水稻土是在各类母质上经过平整造田和淹水种稻,在周期性的耕耘、灌、排、施肥、轮作基础上逐步形成的。水稻土的亚类主要有淹育水稻土、渗育水稻土、潴育水稻土、潜育水稻土和脱潜水稻土 5 种。水稻土土壤剖面发育类型有 A-Ap-P-C 型、A-Ap-P-W-C 型或 A-Ap-W-C 型、A-Ap-Gw-G 型、A-Ap-C 型、

A-Ap-G型。水稻土呈酸性,表层pH在5.0~6.5之间,土体深厚,由蓝灰色、褐色、青灰色亚黏土、黏土组成,局部夹碎屑物质、腐泥和泥炭层,矿物组成主要为石英、伊利石、长石、蒙脱石、方解石等。水稻土土壤腐殖质含量高,保肥蓄水性强,是全市最肥沃的土壤资源。

表1-4 温州市土壤类型分类表

土类	亚类	亚类面积/万亩	土类面积/万亩	占比/%
水稻土	淹育水稻土	28.37	370.20	19.43
	渗育水稻土	80.71		
	潴育水稻土	60.25		
	潜育水稻土	85.47		
	脱潜水稻土	115.40		
红壤	饱和红壤	5.21	955.36	50.14
	红壤	72.90		
	红壤性土	7.26		
	黄红壤	869.99		
黄壤	黄壤	202.93	202.93	10.65
紫色土	酸性紫色土	58.20	58.20	3.05
粗骨土	酸性粗骨土	207.11	207.11	10.87
潮土	灰潮土	18.67	18.67	0.98
滨海盐土	滨海盐土	17.31	92.95	4.88
	潮滩盐土	75.64		
合计		1 905.42	1 905.42	100.00

注:1亩≈666.67m²。

(1)淹育水稻土:该亚类水稻土土体构型为A-Ap-C型,主要分布于低丘山地的缓坡和岗背上,多为梯田,土体较浅薄。耕层为暗棕色,心土层为红黄色、暗红棕色。因受母质的影响,土壤多呈微酸性或酸性。该亚类水稻土地下水水位很深或不见地下水,剖面发育不受地下水的直接影响。该亚类水稻土因多系梯田,靠降水和引水灌溉种植水稻,土体内水分移动以单向的自上而下渗透为主,氧化还原作用显示铁、锰斑纹淀积较弱,氧化铁迁移不明显,土壤剖面层次处于初步分化发育阶段,属于幼年水稻土。该亚类水稻土地处岗背或山坡,水利设施相对较差,水源缺乏,有相当一部分属于靠天田,易受旱灾,生产水平相对较低。代表性土种为红黏田、砂性黄泥田、焦砾塥砂性黄泥田和泥砂田。该亚类水稻土主要分布在瓯海区中部及瑞安市中西部等地区。淹育水稻土剖面上下均紧实,团粒状结构,砾石含量向下增加,孔隙逐渐减少,根系也减少,有机质分布微量或无,35cm以上出现障碍层,漏水漏肥严重,影响作物根系的发育,从而影响作物的生长。

(2)渗育水稻土:该亚类水稻土土体构型为A-P-C型,主要分布于河谷河漫滩及滨海平原地势稍高处。该亚类水稻土种植历史较淹育水稻土长,水耕熟化程度较好。土体内水分以降水和灌溉水的自上而下渗透淋溶为主,氧化还原作用较为频繁,土体剖面分化较为明显,渗育层发育良好,其剖面上部常有铁在上、锰在下的较有规律的分层淀积现象,其下部常保持原母质的形态特征。该亚类水稻土有一定的水源保障,灌溉条件良好,主要土种为黄泥田、培泥砂田、淡塘泥田和泥砂质淡塘泥田。该亚类水稻土主要分布在永嘉县东南部、龙湾区及瑞安市沿海、龙港市与平阳县交界处及平阳县西部等地区。

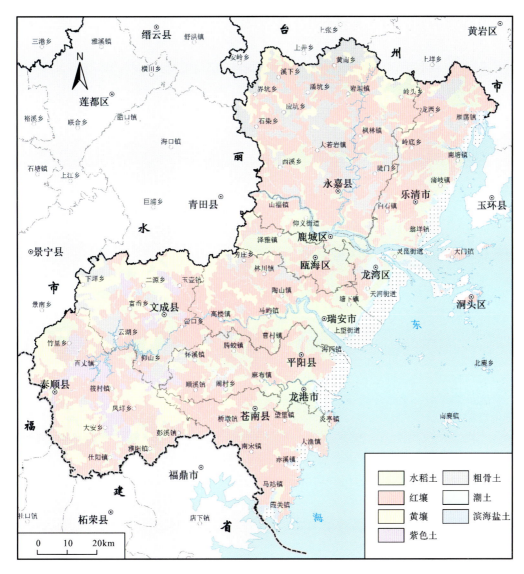

图1-4 温州市不同土壤类型分布图

(3)潴育水稻土:该亚类水稻土土体构型主要为 A-W_1-W_2-G 和 A-Ap-W_1-W_2-C 型,个别为 A-W_1-W_2型,主要分布于河谷、山谷、平原和丘陵山区的山坳中。母质为河、海相冲积物和沉积物及红黄壤坡积-再积物。潴育水稻土受灌溉水和地下水的双重影响,冬季地下水水位常在60cm以下。受地表水和地下水的双重作用,土体交替产生氧化还原作用和物质淋溶淀积作用强烈,结构体表面有明显的铁锰斑纹。其剖面发育层次明显,犁底层以下的潴育层段发育较显著。该亚类水稻土主要土种为黄泥砂田、洪积泥砂田、焦砾塥洪积泥砂田、老黄筋泥田和老淡涂泥田。温州市地区该亚类水稻土主要分布在鹿城区中东部、瓯海区中西部、乐清市北部、文成县南部及泰顺县西北部等地区。

(4)潜育水稻土:该亚类水稻土土体构型为 A-G-C 型,零星分布于沿海平原和河谷平原的局部低洼处。母质为冲积、洪积及浅海沉积物,是高潜水位型水稻土,潜育水位常常高达地表或接近地表,还原性强,无明显犁底层,土体软糊,很少见锈斑锈纹。主要土种为烂泥田,潜水位较浅且水量大。该亚类水稻土主要分布在永嘉县西溪乡和岭头乡、瓯海区东部、乐清市南部及文成县中部等地区。

(5)脱潜水稻土:该亚类水稻土土体构型主要为 A-W-Gw-G 型,个别为 A-W_1-W_2-Gw-G 型。脱潜水稻土分布区的地形为古海湾的海积平原,母质为老海积物,系发育于古潜育体上的水稻土。该类土壤的母质在沉积形成过程中曾经历湖沼化过程,由于原地下水水位较高,土体呈潜育化,土色呈青灰色,后来由于种种原因(包括排水),地下水水位下降,土壤剖面出现潴育化特征(具有明显的铁锰氧化物淀积),逐渐成为"良水型"水稻土,但古潜育体特征(基色为青灰色)还保留在土体中。该亚类土壤地处人口稠密的水网平原,经精耕细作,水源充沛,土壤有机质较高,是高产粮田。该亚类水稻土主要分布在温州市沿海地区一带。总体上,该类土壤质地一般较黏重,通透性较差,要注意开沟排水,合理轮作。该亚类水稻土主要土属有青紫塥黏田等,该类水稻土在调查区内主要分布在温瑞平原、三垟湿地等地势低洼地区。

2. 红壤

红壤是全市面积最大、分布最广的土壤资源,分布范围覆盖全市陆域,主要分布在北西部及南东部丘陵区,又可分为红壤、红壤性土、黄红壤及饱和红壤4个亚类,成土母质主要为下白垩统凝灰岩类。土体较厚,一般为1.0m左右,剖面分化不明显,属A-[B]-C型。土黄色,质地以壤土为主。A层土体通透性好,含较多植物根系;[B]层一般较A层紧实,植物根系明显减少;C层一般无植物根系,紧实,普遍含有处于强风化状态的母质碎石。该类土壤区植被茂密,是山区主要的农业种植区。

3. 黄壤

黄壤在全市分布范围较小,主要分布于乐清市、永嘉县、文成县、泰顺县等海拔高于500m的地带,是一种在山地特定的生物-气候条件下形成的强风化、强淋溶的富铝化土壤。主要成土母质类型为下白垩统凝灰岩。土体厚度一般为1.0m左右,一般较红壤厚,剖面分化不明显,属A-[B]-C型。黄壤一般偏黄色、橙黄色,土体较紧实,缺乏松脆性和多孔性,质地以黏壤、壤土为主,比红壤质地粗,粉砂性较显著,常含处于强风化状态的母质碎石。黄壤一般呈酸性—强酸性,矿物组成以石英、长石为主,黏粒矿物以蛭石、绿泥石及高岭石为主。

4. 紫色土

紫色土小面积分布于文成县北部和泰顺县西北部,分布形态特征受母岩分布和山体性状联合控制。成土母岩为紫红色砂砾岩。土体一般较薄,山间缓坡地带相对较厚,但不超过1.0m,剖面分化不明显,属A-[B]-C型。土体中普遍含有较多母质砾石,常保留母岩某些特性。紫色土一般呈浅紫色,质地以砂壤土为主。土壤结持性差,表土易遭冲刷,水土流失严重。主要矿物组成为石英、长石等,黏粒矿物主要为伊利石,高岭石、蛭石、蒙脱石次之。

5. 粗骨土

粗骨土主要分布于永嘉县和文成县,多处于山体陡峭、植被稀疏地段。粗骨土主要母岩类型为中—细粒花岗岩及中性—酸性火山岩、砂岩、砾岩等,土体厚度不足1m,一般为0.5m左右,剖面分化不明显,属A-C型。粗骨土颜色随母质岩石和植被类型的变化而变化,常呈浅灰紫色—灰色、土黄色,质地为砂壤土、壤土,含较多(一般为10%~30%)碎石和砂粒。粗骨土常呈微酸、酸性,植被较红壤、黄壤区稀疏,靠近山顶部位局部基岩出露,坡麓土体较厚处局部有农业种植。

6. 潮土

潮土主要分布于龙湾区、瑞安市、平阳县东部平原区,是一种处于周期性渍水影响且经历脱盐淡化、潴育化和耕作熟化过程后形成的土壤类型。发育完整的潮土剖面发生层可分为耕作层、亚耕层、心土层和底土层,其中耕作层一般厚10~15cm,多含植物根系,心土层和底土层常有铁锰斑纹。土体厚度较大,质地从砂质壤土至黏土均有。

7. 滨海盐土

滨海盐土主要分布于龙湾区和洞头区及瑞安市、平阳县等滨海滩涂区。滨海盐土是由近代海相或冲海相沉积物经盐渍化、脱盐化过程发育而成,历经历史短,剖面发育差,含盐量高,质地变化大,从砂质壤土至黏土皆有。其黏粒矿物以伊利石为主,高岭石、蒙脱石、蛭石、绿泥石次之。本类土壤pH介于7.5~8.5之间,呈碱性反应。

四、土壤酸碱度

1. 表层酸碱度

温州市表层土壤酸碱度(pH)以酸性—强酸性为主,pH为3.59~9.61,平均值为5.25。在区域分布上总体表现为,北部的永嘉县—中部的瑞安市中西地区为强酸性土壤区,全市仅在沿海及河流冲积区域土壤为中性或弱碱性,其他地区则以酸性—强酸性为主。表层土壤pH的区域分布与地形地貌、成土母岩母质类型密切相关,同样也与农业生产耕作密切相关(图1-5)。

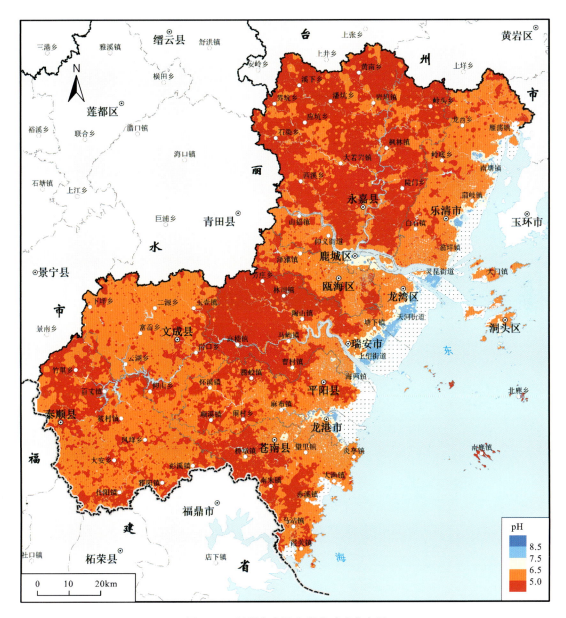

图1-5 温州市表层土壤酸碱度分布图

2. 深层酸碱度

全市深层土壤酸碱度(pH)以酸性—强酸性为主,pH为4.49~8.59,平均值为5.61。在区域分布特征上总体为,北部及西南部为酸性—强酸性,西部山区基本都为酸性土壤,东部沿海地区为中性—弱碱性。永嘉县—乐清市西部、鹿城区—瓯海区—瑞安市—平阳县西部、苍南县南部及文成县—泰顺县深层土壤均为酸性;东部沿海的乐清市、龙湾区、瑞安市、平阳县、龙港市及洞头区深层土壤为碱性。深层土壤pH的区域分布与地形地貌、成土母岩母质类型密切相关(图1-6)。

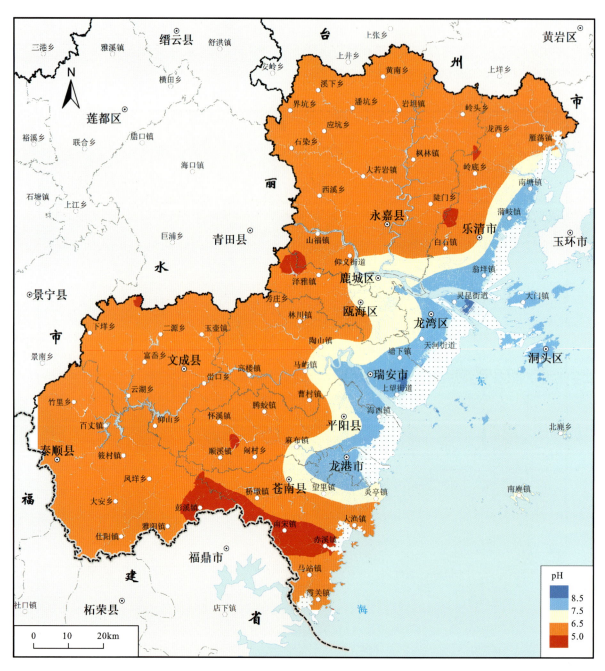

图1-6 温州市深层土壤酸碱度分布图

五、土壤有机质

1. 表层有机质

表层土壤有机质含量区间为0.03%～19.30%,平均值为2.70%,总体呈现出北高南低的态势,高值、低值分布区较为分散。其中,高值区(≥4.51%)主要分布在东北部乐清湾、飞云江南岸及西南部下垟等地区,而低值区(<1.45%)主要分布在沿海的瑞安市—洞头区、楠溪江两岸以及珊溪水库流域范围等地。表层土壤有机质的分布同样与地形地貌及农业种植结构相关(图1-7)。

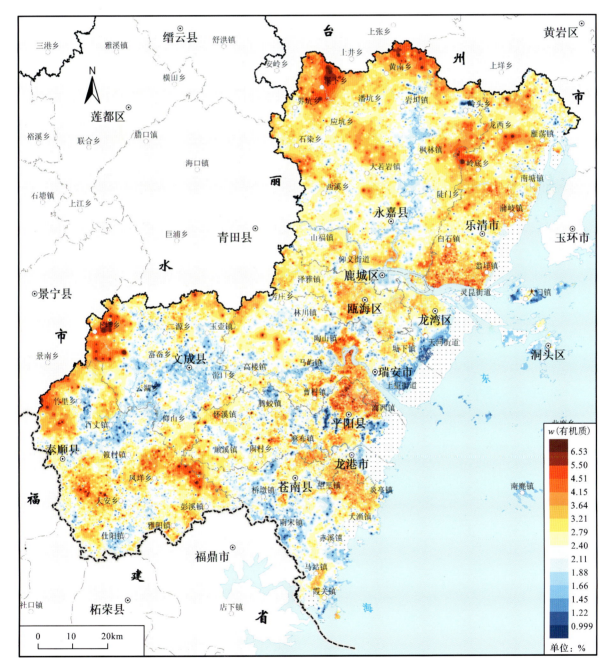

图1-7 温州市表层土壤有机质地球化学图

2. 深层有机质

土壤有机质中很大部分是由碳组成,但不同的有机质含碳量是不同的。根据文献资料(鲍士旦,2008),采用深层土壤有机碳含量的1.724倍作为深层土壤有机质的含量,范围为0.18%~4.57%,平均值为0.81%。深层土壤有机质的分布特征如图1-8所示。

不同于表层有机质,深层有机质呈现出一定的聚集性,总体分布特征是:靠近沿海地区的中东部深层有机质含量较高,而西北部及西南部地区则较低。深层有机质的分布特征可能与地形地貌及土壤母质关系较大。

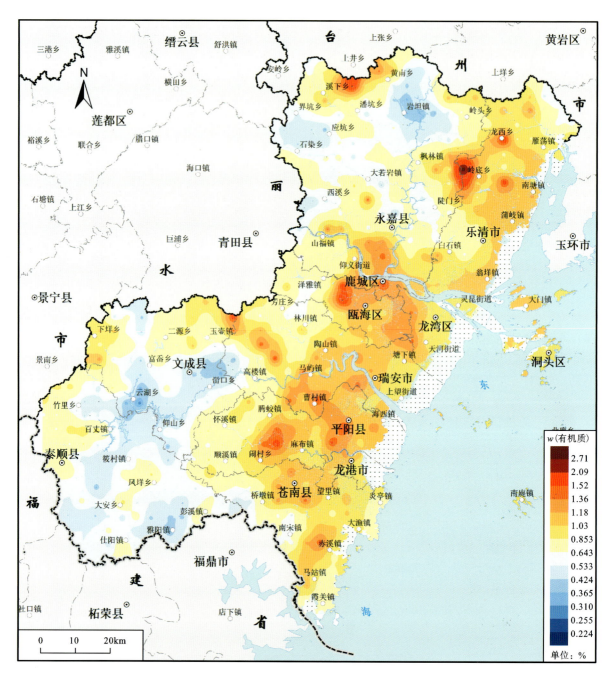

图1-8 温州市深层土壤有机质地球化学图

第三节 土地资源与土地利用

一、土地利用总体规划

根据《温州市土地利用总体规划(2006—2020年)》,确定规划期末(2020年底)温州市11项主要控制指标(表1-5),具体参数为:①耕地保有量不低于222 427hm²(333.64万亩);②基本农田面积不低于211 367hm²(317.05万亩);③标准农田保护面积不低于88 000hm²(132.00万亩);④建设用地总规模控制在116 683hm²(175.02万亩)以内;⑤城乡建设用地总规模控制在81 600hm²(122.40万亩)以内;⑥新增建设用地规模控制在24 008hm²之内;⑦新增建设占用农用地规模控制在20 499hm²以内;⑧新增建设占用耕地规模控制在14 687hm²以内;⑨整理复垦开发补充耕地义务量规模不少于18 036hm²;⑩人均城镇工矿用地水平控制在90m²以内;⑪全市第二、三产业增加值用地量控制在22.44m²以内。

表1-5 温州市2005—2020年土地规划主要控制指标表

主要指标	具体指标	2005年	2010年	2020年	属性
总量指标 (单位:hm²/万亩)	耕地保有量	240 810(361.22)	226 700(340.05)	222 427(333.64)	约束性
	基本农田面积	221 033(331.55)	211 367(317.05)	211 367(317.05)	约束性
	标准农田保护	—	88 000(132.00)	88 000(132.00)	约束性
	建设用地总规模	81 071(121.61)	88 204(132.31)	116 683(175.02)	预期性
	城乡建设用地规模	66 325(99.49)	71 905(107.86)	81 600(122.40)	约束性
	城镇工矿用地规模	30 382(45.57)	39 315(58.97)	52 015(78.02)	预期性
增量指标 (单位:hm²)	新增建设用地规模	—	11 444	24 008	预期性
	新增建设占用农用地规模	—	8698	20 499	预期性
	新增建设占用耕地规模	—	6469	14 687	约束性
	整理复垦开发补充耕地义务量	—	6469	18 036	约束性
效率指标 (单位:m²)	人均城镇工矿用地	70	80	90	约束性
	第二、三产业增加值用地量	52.95	39.9	22.44	预期性

注:①耕地保有量与基本农田面积两项指标要求用公顷(hm²)与万亩两种单位表示,万亩以下划线区分;②园地、林地、牧草地非强制性要求填写。

二、土地利用现状

1. 全市土地利用情况

根据温州市第三次全国国土调查(2018—2021年)结果,温州市域土地总面积为1 190 209.88hm²。其中,耕地面积为156 246.84hm²,占比13.13%;园地面积为43 850.06hm²,占比3.69%;林地面积为740 174.81hm²,占比62.19%;草地面积为8 108.99hm²,占比0.68%;湿地面积为52 901.07hm²,占比4.44%;城镇村及工矿用地面积为109 050.72hm²,占比9.16%;交通运输用地面积为26 424.96hm²,占比2.22%;水域及水利设施用地面积为53 452.43hm²,占比4.49%。温州市土地利用现状统计见表1-6。

表 1-6 温州市土地利用现状(利用结构)统计表

地类		面积/hm²		占比/%
		分项面积	小计	
耕地	水田	27 794.47	156 246.84	13.13
	旱地	28 452.37		
园地	果园	27 102.57	43 850.06	3.69
	茶园	9 298.32		
	其他园地	7 449.17		
林地	乔木林地	609 374.82	740 174.81	62.19
	竹林地	56 274.37		
	灌木林地	40 442.1		
	其他林地	34 083.52		
草地	其他草地	8 108.99	8 108.99	0.68
湿地	红树林地	114.71	52 901.07	4.44
	森林沼泽	0.41		
	沿海滩涂	49 570.98		
	内陆滩涂	3 214.97		
城镇村及工矿用地	城市用地	15 170.7	109 050.72	9.16
	建制镇用地	33 394.76		
	村庄用地	55 456.75		
	采矿用地	2 023.52		
	风景名胜及特殊用地	3 004.99		
交通运输用地	铁路用地	960.77	26 424.96	2.22
	轨道交通用地	175.17		
	公路用地	13 698.94		
	农村道路	10 730.67		
	机场用地	371.94		
	港口码头用地	486.38		
	管道运输用地	1.09		
水域及水利设施用地	河流水面	35 769.99	53 452.43	4.49
	湖泊水面	11.54		
	水库水面	6 744.42		
	坑塘水面	7 108.29		
	沟渠	995.69		
	水工建筑用地	2 822.5		
土地总面积		1 190 209.88	1 190 209.88	100.00

2. 土地利用主要面临的问题

温州市地形以山地丘陵为主,素有"七山二水一分田"的说法,山地丘陵面积为9212km^2,平原面积为2059km^2。人均耕地仅0.45亩,远低于联合国粮食及农业组织认定的(人均耕地0.8亩)警戒线,人多地少的问题十分突出。

随着社会经济的高速发展,一方面因城市、交通、工业等大量建设,土地需求不断增大;另一方面因人类的高强度活动,特别是化工、印染、制革、电镀、造纸、有色金属矿采选、有色金属冶炼、铅蓄电池制造等企业的发展,土壤污染退化的问题日益增加、范围不断扩大,土壤质量恶化加剧。耕地数量不断减少且质量下降,已经影响到温州市可持续发展战略目标的实现,未来温州市将面临更为严峻的挑战。

第二章　数据基础及研究方法

自2002年至2022年,20年间温州市相继开展了1∶25万、1∶5万等尺度的区域土壤地球化学调查、土地质量地质调查,积累了大量的土壤元素含量实测数据和相关基础资料,为该地区土壤元素背景值研究奠定了坚实基础。

第一节　1∶25万多目标区域地球化学调查

多目标区域地球化学调查是一项基础性地质调查工作,通过系统的"双层网格化"的土壤地球化学调查,获得了高精度、高质量的地球化学数据,为基础地质、农业生产、土地利用规划与管护、生态环境保护等多领域研究、多部门应用提供多层级的基础资料。

温州市1∶25万多目标区域地球化学调查始于2002年,于2018年结束,前后历经2个阶段,完成了全域覆盖的系统调查工作。全市1∶25万多目标区域地球化学调查共采集2796件表层土壤样、688件深层土壤样(表2-1,图2-1)。

表2-1　温州市1∶25万多目标区域地球化学调查工作统计表

时间	项目名称	主要负责人	调查区域
2002—2005年	浙江省1∶25万多目标区域地球化学调查	吴小勇	东部沿海平原区
2016—2018年	浙东南地区1∶25万多目标区域地球化学调查	周国华、孙彬彬	西部、北部和南部低山丘陵区

2002—2005年,在省部合作的"浙江省农业地质环境调查"项目中,浙江省地质调查院组织开展了"浙江省1∶25万多目标区域地球化学调查"项目,完成了温州市东部沿海平原区调查工作。2016—2018年,中国地质科学院地球物理地球化学勘查研究所开展的"浙东南地区1∶25万多目标地球化学调查项目"覆盖了温州市西部、北部和南部山地丘陵区调查工作。至此,温州市实现了1∶25万多目标区域地球化学调查全覆盖。

一、样品布设与采集

调查的方法技术主要依据中国地质调查局的《多目标区域地球化学调查规范(1∶250 000)》(DZ/T 0258—2014)、《区域地球化学勘查规范》(DZ/T 0167—2006)、《土壤地球化学测量规范》(DZ/T 0145—2017)、《区域生态地球化学评价规范》(DZ/T 0289—2015)等规范。

(一)样品布设和采集

1∶25万多目标区域地球化学调查采用"网格+图斑"双层网格化方式布设,样点布设以代表性为首要

图2-1 温州市1:25万多目标区域地球化学调查工作程度图

原则,兼顾均匀性、特殊性。代表性原则指按规定的基本密度将样点布设在网格单元内主要土地利用、主要土壤类型或地质单元的最大图斑内。均匀性原则指样点与样点之间应保持相对固定的距离。以规定的基本密度形成网格。一般情况下,样点应布设于网格中心部位,每个网格均应有样点控制,不得出现连续4个或以上的空白小格。特殊性原则指水库、湖泊等采样难度较大的区域,按照最低采样密度要求进行布设,一般选择沿水域边部采集水下淤泥物质。城镇、居民区等区域样点布设可适当放宽均匀性原则,一般布设于公园、绿化地等"老土"区域。

表层土壤样采集深度为0~20cm,平原区深层土壤采集深度为150cm以下,低山丘陵区深层土壤采集深度为120cm以下。

1. 表层土壤样

表层土壤样品布设以1:5万标准地形图4km²的方里网格为采样大格,以1km²为采样单元格,再按1件/4km²的密度样品作为该单元的分析样品。样品自左向右、自上而下依次编号。

在平原区及山间盆地区,样点布设于单元格中间部位,以耕地为主要采样对象,根据实地情况采用"X"形或"S"形进行多点组合采样,注意远离村庄、主干交通线,避开田间堆肥区及养殖场等人为影响区域。

在丘陵坡地区,样点布设于沟谷下部、平缓坡地、山间平坝等土壤易于汇集处,在布设的采样点周边100m范围内多点采集子样组合成1件样品,在采样时主要选择单元格中大面积分布的土地利用类型区,如林地区、园地区等,同时兼顾面积较大的耕地区。

在湖泊、水库及宽大的河流水域区,当水域面积超过2/3单元格面积时,于单元格中间近岸部位采集水底沉积物样品,当水域面积较小时采集岸边土壤样品。

在中低山林地区,由于通行困难,局部地段土层较薄,选山脊、鞍部或相对平坦、土层较厚、土壤发育成熟地段进行多点组合样品采集。

采集深度为0~20cm,采集过程中去除表层枯枝落叶及样品中的砾石、草根等杂物,上下均匀采集。土壤样品原始质量大于1000g,采样时远离矿山、工厂等污染源,严禁采集人工搬运的堆积土等。

在样品采集过程中,原则上要求按照样品布设点位图进行采集,为保证样点在图面上分布的均匀性、代表性不得随意移动采样点位。但在实际采样中,由于通行条件困难,或受单元格中矿点、工厂等污染分布的影响,可根据实际情况适当合理地移动采样点位,并在备注栏中说明,同时该采样点与四临样点间距离不小于500m。

2. 深层土壤样

深层土壤样品采样点以1件/4km²的密度布设,再按1件/16km²的密度进行组合,作为该单元(4km×4km)的分析样品。样品布设以1∶10万标准地形图16km²的方里网格为采样大格,以4km²为采样单元格,自左向右、自上而下依次编号。

在平原及山间盆地区,样品布设采集于单元格中间部位,采集深度为150cm以下,样品为10~50cm的长土柱。

在山地丘陵及中低山区,样品采集于沟谷下部平缓部位或是山脊、鞍部土层较厚地区,由于土层较薄,采样深度控制在120cm以下;当反复尝试发现土壤厚度达不到要求时,采样控制深度可放松至100cm以下。当单孔样品量不足时,可在周边选择合适地段采用多孔平行孔进行采集。

土壤样品原始质量大于1000g,样品采集为成熟土壤,避开山区河谷中的砂砾石层及山坡上残坡积物下部(半)风化的基岩层。

在样品采集过程中,原则上同表层土壤样品相同,按照样品布设点位图进行采集,不得随意移动采样点位。但在实际采样中,可根据实际点位处土层厚度、土壤成熟度等情况适当合理地移动采样点位,并在备注栏中说明,同时该采样点与四临样点间距离不小于1000m。

(二)样品加工与组合

样品加工选择在干净、通风、无污染场地进行,加工时对加工工具进行全面清洁,防止发生人为玷污。样品采用日光晒干和自然风干,干燥后采用木槌敲打达到自然粒级,用20目尼龙筛全样过筛。加工过程中表层、深层样加工工具分开为两套独立工具,样品加工好后保留副样500~550g,分析测试子样质量达70g以上,认真核对填写标签,并装瓶、装袋。装瓶样品及分析子样按(表层1∶5万、深层1∶10万)图幅排放整理,填写副样单或子样清单,移交样品库管理人员,做好交接手续。

组合样品质量不少于200g,组合分析样品在样品库管理人员监督指导下进行。每次只取4件需组合的分析子样,等量取样称重后进行组合,并充分混合均匀后装袋。填写送样单并核对,在技术人员检查清点后,送往实验室进行分析。

第二章 数据基础及研究方法

（三）样品库建设

区域土壤地球化学调查采集的土壤实物样品将长期保存。样品按图幅号存放，并根据表层土壤和深层土壤样品编码图建立样品资料档案。样品库保持定期通风、干燥、防火、防虫。建立定期检查制度，发现样品标签不清、样品瓶破损等情况时要及时处理。样品出入库时办理交接手续。

（四）样品采集质量控制

质量检查组对样品采集、加工、组合、副样入库等进行全过程质量跟踪监管，从采样点位的代表性，采样深度，野外标记，记录的客观性、全面性等方面抽查。野外检查内容主要包括：①样品采集质量，样品防玷污措施，记录卡填写内容的完整性、准确性，记录卡、样品、点位图的一致性；②GPS航点航迹的完整性及存储情况等；③样品加工检查，对野外采样组移交的样品进行一致性核对，要求样袋完整、编号清楚、原始质量满足要求，样本数与样袋数一致，样品编号与样袋编号对应；④填写野外样品加工日常检查登记表，组合与副样入库等过程符合规范要求。

二、分析测试与质量控制

1. 分析指标

温州市1∶25万多目标区域地球化学调查土壤样品测试由中国地质科学院地球物理地球化学勘查研究所实验测试中心、浙江省地质矿产研究所承担，共分析54项元素/指标银（Ag）、砷（As）、金（Au）、硼（B）、钡（Ba）、铍（Be）、铋（Bi）、溴（Br）、碳（C）、镉（Cd）、铈（Ce）、氯（Cl）、钴（Co）、铬（Cr）、铜（Cu）、氟（F）、镓（Ga）、锗（Ge）、汞（Hg）、碘（I）、镧（La）、锂（Li）、锰（Mn）、钼（Mo）、氮（N）、铌（Nb）、镍（Ni）、磷（P）、铅（Pb）、铷（Rb）、硫（S）、锑（Sb）、钪（Sc）、硒（Se）、锡（Sn）、锶（Sr）、钍（Th）、钛（Ti）、铊（Tl）、铀（U）、钒（V）、钨（W）、钇（Y）、锌（Zn）、锆（Zr）、硅（SiO_2）、铝（Al_2O_3）、铁（Fe_2O_3）、镁（MgO）、钙（CaO）、钠（Na_2O）、钾（K_2O）、有机碳（Corg）、pH。

2. 分析方法及检出限

优化选择以X射线荧光光谱法（XRF）、电感耦合等离子体质谱法（ICP-MS）为主，以发射光谱法（ES）、原子荧光光谱法（AFS）、催化分光光度法（COL）以及离子选择性电极法（ISE）等为辅的分析方法配套方案。该套分析方案技术参数均满足中国地质调查局规范要求。分析测试方法和要求方法的检出限列于表2-2。

表2-2　各元素/指标分析方法及检出限

元素/指标		分析方法	检出限	元素/指标		分析方法	检出限
Ag	银	ES	0.02μg/kg	Mn	锰	ICP-OES	10mg/kg
Al_2O_3	铝	XRF	0.05%	Mo	钼	ICP-MS	0.2mg/kg
As	砷	HG-AFS	1mg/kg	N	氮	KD-VM	20mg/kg
Au	金	GF-AAS	0.2μg/kg	Na_2O	钠	ICP-OES	0.05%
B	硼	ES	1mg/kg	Nb	铌	ICP-MS	2mg/kg
Ba	钡	ICP-OES	10mg/kg	Ni	镍	ICP-OES	2mg/kg
Be	铍	ICP-OES	0.2mg/kg	P	磷	ICP-OES	10mg/kg

续表 2-2

元素/指标		分析方法	检出限	元素/指标		分析方法	检出限
Bi	铋	ICP-MS	0.05mg/kg	Pb	铅	ICP-MS	2mg/kg
Br	溴	XRF	1.5mg/kg	Rb	铷	XRF	5mg/kg
TC	碳	氧化热解-电导法	0.1%	S	硫	XRF	50mg/kg
CaO	钙	XRF	0.05%	Sb	锑	ICP-MS	0.05mg/kg
Cd	镉	ICP-MS	0.03mg/kg	Sc	钪	ICP-MS	1mg/kg
Ce	铈	ICP-MS	2mg/kg	Se	硒	HG-AFS	0.01mg/kg
Cl	氯	XRF	20mg/kg	SiO_2	硅	XRF	0.1%
Co	钴	ICP-MS	1mg/kg	Sn	锡	ES	1mg/kg
Cr	铬	ICP-MS	5mg/kg	Sr	锶	ICP-OES	5mg/kg
Cu	铜	ICP-MS	1mg/kg	Th	钍	ICP-MS	1mg/kg
F	氟	ISE	100mg/kg	Ti	钛	ICP-OES	10mg/kg
Fe_2O_3	铁	XRF	0.1%	Tl	铊	ICP-MS	0.1mg/kg
Ga	镓	ICP-MS	2mg/kg	U	铀	ICP-MS	0.1mg/kg
Ge	锗	HG-AFS	0.1mg/kg	V	钒	ICP-OES	5mg/kg
Hg	汞	CV-AFS	3μg/kg	W	钨	ICP-MS	0.2mg/kg
I	碘	COL	0.5mg/kg	Y	钇	ICP-MS	1mg/kg
K_2O	钾	XRF	0.05%	Zn	锌	ICP-OES	2mg/kg
La	镧	ICP-MS	1mg/kg	Zr	锆	XRF	2mg/kg
Li	锂	ICP-MS	1mg/kg	Corg	有机碳	氧化热解-电导法	0.1%
MgO	镁	ICP-OES	0.05%	pH		电位法	0.1

注:ICP-MS 为电感耦合等离子体质谱法;XRF 为 X 射线荧光光谱法;ICP-OES 为电感耦合等离子体光学发射光谱法;HG-AFS 为氢化物发生-原子荧光光谱法;GF-AAS 为石墨炉原子吸收光谱法;ISE 为离子选择性电极法;CV-AFS 为冷蒸气-原子荧光光谱法;ES 为发射光谱法;COL 为催化分光光度法;KD-VM 为凯氏化蒸馏-容量法。

3. 实验室内部质量控制

(1)报出率(P):土壤分析样品各元素报出率均为 99.99% 以上,满足《多目标区域地球化学调查规范(1∶250 000)》(DZ/T 0258—2014)不低于 95% 的要求,说明所采用分析方法能完全满足分析要求。

(2)准确度和精密度:按《多目标区域地球化学调查规范(1∶250 000)》(DZ/T 0258—2014)中"土壤地球化学样品分析测试质量要求及质量控制"的有关规定,根据 12 种国家一级土壤地球化学标准物质分析值,统计测定平均值与标准值之间的对数误差($\Delta lgC = |lgC_i - lgC_s|$)和相对标准偏差(RSD),结果表明对数误差($\Delta lgC$)和相对标准偏差(RSD)均满足规范要求。

Au 采用国家一级痕量金标准物质的 12 次 Au 元素分析值,统计得到 $|\Delta lgC| \leqslant 0.026$,RSD$\leqslant 10.0\%$,满足规范要求。

pH 项目参照《生态地球化学评价样品分析技术要求(试行)》(DD 2005-03)要求,依据国家一级土壤有效态标准物质 pH 指标的 6 次分析值计算其绝对偏差的绝对值小于等于 0.1,满足规范要求。

(3)异常点检验:每批次样品分析测试工作完成后,检查各项指标的含量范围,对部分指标特高含量试样进行了异常点重复性分析,异常点检验合格率均为 100%。

(4)重复性检验监控:土壤测试分析按不低于5.0%的比例进行重复性检验,计算两次分析之间相对偏差(RD),对照规范允许限,统计合格率,其中Au重复性检验比例为10%。重复性检验合格率满足《多目标区域地球化学调查规范(1∶250 000)》(DZ/T 0258—2014)一次重复性检验合格率90%的要求。

4. 用户方数据质量检验

(1)重复样检验:在区域地球化学调查中,为了监控野外调查采样质量及分析测试质量,一般均按不低于2%的比例要求插入重复样。重复样与基本样品一样,以密码形式连续编号进行送检分析。在收到分析测试数据之后,计算相对偏差(RD),根据相对偏差允许限量要求进行合格率统计,元素合格率要求在90%以上。

(2)元素地球化学图检验:依据实验室提供的样品分析数据,按照《多目标区域地球化学调查规范(1∶250 000)》(DZ/T 0258—2014)相关要求绘制地球化学图。地球化学图采用累积频率法成图,按累积频率的0.5%、1.5%、4%、8%、15%、25%、40%、60%、75%、85%、92%、96%、98.5%、99.5%、100%划分等值线含量,进行色阶分级。各元素地球化学图所反映的背景和异常分布情况与地质背景基本吻合,图面结构"协调",未出现阶梯状、条带状或区块状图形分布。

5. 分析数据质量检查验收

根据中国地质调查局有关区域地球化学样品测试要求,中国地质调查局区域化探样品质量检查组对全部样品测试分析数据进行了质量检查验收。检查组重点对测试分析中配套方法的选择,实验室内、外部质量监控,标准样插入比例,异常点复检、外检,日常准确度、精密度复核等进行了仔细检查。结果表明各项测试分析数据质量指标达到规定要求,检查组同意通过验收。

第二节 1∶5万土地质量地质调查

2016年8月5日,浙江省国土资源厅发布了《浙江省土地质量地质调查行动计划(2016—2020年)》(浙土资发〔2016〕15号),在全省范围内全面部署实施"711"土地质量调查工程。根据文件要求,温州市自然资源和规划局相继于2016—2019年落实完成了温州市范围除主城区(无永久基本农田分布)外的11个县(市、区)1∶5万土地质量地质调查工作,全面完成了全市耕地区的土地质量地质调查任务,共采集表层土壤地球化学样品24 291件。

温州市以各县(市、区)行政辖区为调查范围,共分11个土地质量地质调查项目,由4家地勘单位承担,分别为浙江省第十一地质大队、中国建筑材料工业地质勘查中心浙江总队、浙江省第七地质大队、浙江省第一地质大队。温州市11个县(市、区)土地质量地质调查项目样品测试由3家测试单位承担。具体工作情况见表2-3。

表2-3 温州市土地质量地质调查工作情况一览表

序号	工作区	承担单位	项目负责人	样品测试单位
1	鹿城区	浙江省第十一地质大队	王雪涛	河南省岩石矿物测试中心
2	龙湾区	浙江省第十一地质大队	全斌斌	河南省岩石矿物测试中心
3	瓯海区	浙江省第十一地质大队	王雪涛、林道秀	河南省岩石矿物测试中心
4	洞头区	浙江省第十一地质大队	全斌斌	河南省岩石矿物测试中心
5	乐清市	浙江省第十一地质大队	周文忠	河南省岩石矿物测试中心

续表 2-3

序号	工作区	承担单位	项目负责人	样品测试单位
6	瑞安市	浙江省第十一地质大队	王学寅	河南省岩石矿物测试中心
7	永嘉县	浙江省第十一地质大队	耿永坡	河南省岩石矿物测试中心
8	文成县	浙江省第十一地质大队	全斌斌	河南省岩石矿物测试中心
9	平阳县	中国建筑材料工业地质勘查中心浙江总队	郝立	湖北省地质实验测试中心
10	泰顺县	浙江省第一地质大队	毛昌伟	湖南省地质实验测试中心
11	苍南县	浙江省第七地质大队	徐德君、吴瑞清	湖北省地质实验测试中心

温州市土地质量地质调查严格按照《土地质量地球化学评价规范》(DZ/T 0295—2016)等技术规范要求，开展土壤地球化学调查采样点的布设和样品采集、加工、分析测试等工作。温州市1∶5万土地质量地质调查土壤采样点分布如图2-2所示。

图2-2 温州市1∶5万土地质量地质调查土壤采样点分布图

一、样点布设与采集

1. 样点布设

以"二调"图斑为基本调查单元,根据市内地形地貌、地质背景、成土母质、土地利用方式、地球化学异常、工矿企业分布以及种植结构特点等(遥感影像图及踏勘情况),将调查区划分为地球化学异常区、重要农业产区、低山丘陵区及一般耕地区。按照不同分区采样密度布设样点,异常区为 $11\sim12$ 件/km^2,农业产区为 $9\sim10$ 件/km^2,低山丘陵区为 $7\sim8$ 件/km^2,一般耕地区为 $4\sim6$ 件/km^2,控制全市平均采样密度约 9 件/km^2。在地形地貌复杂、土地利用方式多样、人为污染强烈、元素及污染物含量空间变异性大的地区,根据实际情况适当增加采样密度。

样品主要布设在耕地中,对调查范围内园地、林地以及未利用地等进行有效控制。样品布设时避开沟渠、田埂、路边、人工堆土及微地形高低不平等无代表性地段。每件样品均由 5 件分样等量均匀混合而成,采样深度为 $0\sim20cm$。

样品由左至右、自上而下连续顺序编号,每 50 件样品随机取 1 个号码为重复采样号。样品编号时将县(市、区)名称汉语拼音的第一个字母(大写)缩写作为样品编号的前缀,如瑞安市样品编号为 RA0001,便于成果资料供县级使用。

2. 样品采集与记录

选择种植现状具有代表性的地块,在采样图斑中央采集样品。采样时避开人为干扰较大地段,用不锈钢小铲一点多坑(5 个点以上)均匀采集地表至 20cm 深处的土柱组合成 1 件样品。样品装于干净布袋中,湿度大的样品在布袋外套塑料密封袋隔离,防止样品间相互污染。土壤样品质量达 1500g 以上。野外利用 GPS 定位仪确定地理坐标,以布设的采样点为主采样坑,定点误差均小于 10m,保存所有采样点航点与航迹文件。

现场用 2H 铅笔填写土壤样品野外采集记录卡,根据设计要求,主要采用代码和简明文字记录样品的各种特征。记录卡填写的内容真实、正确、齐全,字迹要清晰、工整,不得涂擦,对于需要修改的文字要轻轻划掉后,再将正确内容填写好。

3. 样品保存与加工

保存当日野外调查航迹文件,收队前清点采集的样本数量,与布样图进行编号核对,并在野外手图中汇总;晚上对信息采集记录卡、航点航迹等进行检查,完成当天自检和互检工作,资料由专人管理。

从野外采回的土壤样品及时清理登记后,由专人进行晾晒和加工处理,并按要求填写样品加工登记表。加工场地和加工处理均严格按照下列要求进行。

样品晾晒场地应确保无污染。将样品置于干净整洁的室内通风场地晾晒,或悬挂在样品架上自然风干,严禁暴晒和烘烤,并注意防止雨淋以及酸、碱等气体和灰尘污染。在风干过程中,适时翻动,并将大土块用木棒敲碎以防止固结,加速干燥,同时剔除土壤以外的杂物。

将风干后样品平铺在制样板上,用木棍或塑料棍碾压,并将植物残体、石块等侵入体和新生体剔除干净,细小已断的植物须根可采用静电吸附的方法清除。压碎的土样要全部通过 2mm(10 目)的孔径筛;未过筛的土粒必须重新碾压过筛,直至全部样品通过 2mm 孔径筛为止。

过筛后土壤样品充分混匀、缩分、称重,分为正样、副样两件样品。正样送实验室分析,用塑料瓶或纸袋盛装(质量一般在 500g 左右)。副样(质量不低于 500 g)装入干净塑料瓶,送样品库长期保存。

4. 质量管理

野外各项工作严格按照质量管理要求开展小组自(互)检、二级部门抽检、单位抽检等三级质量检查,并在全部野外工作结束前,由当地自然资源部门组织专家进行野外工作检查验收,确保各项野外工作系统、规范、质量可靠。

二、分析测试与质量监控

1. 分析实验室及资质

全市各县(市、区)11个土地质量地质调查项目的样品测试由3家测试单位承担,分别为河南省岩石矿物测试中心、湖北省地质实验测试中心、湖南省地质实验测试中心,以上各测试单位均具有省级检验检测机构资质认定证书,并得到中国地质调查局的资质认定,完全满足本次土地质量地质调查项目的样品检测工作要求。

2. 分析测试指标

根据技术规范要求,本次土地质量地质调查土壤全量测试砷(As)、硼(B)、镉(Cd)、钴(Co)、铬(Cr)、铜(Cu)、锗(Ge)、汞(Hg)、锰(Mn)、钼(Mo)、氮(N)、镍(Ni)、磷(P)、铅(Pb)、硒(Se)、钒(V)、锌(Zn)、钾(K_2O)、有机碳(Corg)、pH 共20项元素/指标。

3. 分析方法配套方案

依据国家标准方法和相关行业标准分析方法,制订了以 X 射线荧光光谱法(XRF)、电感耦合等离子体质谱法(ICP-MS)为主,以发射光谱法(ES)、原子荧光光谱法(AFS)以及容量法(VOL)等为辅的分析方法配套方案。提供以下指标的分析数据,具体见表2-4。

表2-4 土壤样品元素/指标全量分析方法配套方案

分析方法	简称	项数/项	测定元素/指标
电感耦合等离子体质谱法	ICP-MS	6	Cd、Co、Cu、Mo、Ni、Ge
X 射线荧光光谱法	XRF	8	Cr、Cu、Mn、P、Pb、V、Zn、K_2O
发射光谱法	ES	1	B
氢化物发生-原子荧光光谱法	HG-AFS	2	As、Se
冷蒸气发生-原子荧光光谱法	CV-AFS	1	Hg
容量法	VOL	1	N
玻璃电极法	—	1	pH
重铬酸钾容量法	VOL	1	Corg

4. 分析方法的检出限

本配套方案各分析方法检出限见表2-5,满足《多目标区域地球化学调查规范(1:250 000)》(DZ/T 0258—2014)和《生态地球化学评价样品分析技术要求(试行)》(DD 2015-03)的要求。

5. 分析测试质量控制

(1)实验室资质能力条件:选择的实验室均具备相应资质要求,软硬件、人员技术能力等方面均具备相关分析测试条件,均制订了工作实施方案并严格按照方案要求开展各类样品测试工作。

表 2-5 各元素/指标分析方法检出限要求

元素/指标	单位	要求检出限	方法检出限	元素/指标	单位	要求检出限	方法检出限
pH		0.1	0.1	Cu②	mg/kg	1	0.5
Cr	mg/kg	5	3	Mo	mg/kg	0.3	0.2
Cu①	mg/kg	1	0.1	Ni	mg/kg	2	0.2
Mn	mg/kg	10	10	Ge	mg/kg	0.1	0.1
P	mg/kg	10	10	B	mg/kg	1	1
Pb	mg/kg	2	2	K_2O	%	0.05	0.01
V	mg/kg	5	5	As	mg/kg	1	0.5
Zn	mg/kg	4	1	Hg	mg/kg	0.0005	0.0005
Cd	mg/kg	0.03	0.02	Se	mg/kg	0.01	0.01
Corg	mg/kg	250	200	N	mg/kg	20	20
Co	mg/kg	1	0.1				

注：Cu①和Cu②采用不同检测方法，Cu①为X射线荧光光谱法，Cu②为电感耦合等离子体质谱法。

（2）实验室内部质量监控：实验室在接受委托任务后，制订了行之有效的工作方案，并严格按照方案进行各类样品分析测试；各类样品分析选择的分析方法、检出限、准确度、精密度等均满足相关规范要求；内部质量监控各环节均有效运行，均满足规范要求。

（3）实验室外部质量监控：主要通过密码外控样和外检样的形式进行监控，各批次监控样品相对偏差均符合规范要求。

（4）土壤元素/指标含量分布与土壤环境背景吻合状况：依据实验室提供的分析数据，按照规定要求绘制了各元素/指标的地球化学图。土壤元素地球化学图反映的地球化学背景和异常分布与地质、土壤和地貌等基本吻合；未发现明显成图台阶，不存在明显的由非地质条件引起的条带异常；依据土壤元素含量评价得出的土壤环境质量、养分等级分布规律与地质背景、土地利用、人类影响活动等情况基本一致。

6. 测试分析数据质量检查验收

在完成样品测试分析提交用户方验收使用之前，由浙江省自然资源厅项目管理办公室邀请国内权威专家，对每个县区分析测试数据质量进行了检查验收。验收专家认为各项目样品分析质量和质量监控已达到《多目标区域地球化学调查规范（1:250 000）》（DZ/T 0258—2014）和《生态地球化学评价样品分析技术要求（试行）》（DD 2005-03）要求，一致同意予以验收通过。

第三节 背景值研究方法

一、概念与约定

土壤元素地球化学基准值是土壤地球化学本底的量值，反映在一定范围内深层土壤地球化学特征，是指在未受人为影响（污染）条件下，反映原始沉积环境中的元素含量水平；通常以深层土壤地球化学元素含量来表征，其含量水平主要受地形地貌、地质背景、成土母质来源与类型等因素影响，以区域地球化学调查中的深层样品作为元素基准值统计的样品。

土壤元素（环境）背景值是指在不受或少受人类活动及现代工业污染影响下的土壤元素与化合物的含量水平。但人类活动与现代工业发展的影响已遍布全球，现在已很难找到绝对不受人类活动影响的土壤，严格意义上的土壤自然背景已很难确定。因此，土壤元素背景值只能是一个相对的概念，即土壤在一定自然历史时期、一定地域内元素（或化合物）的丰度或含量水平。目前，一般以区域地球化学调查获取的表层土壤地球化学资料作为土壤元素背景值统计的资料依据。

基准值和背景值的求取必须同时满足以下条件：样品要有足够的代表性；样品分析方法技术先进，分析质量可靠，数据具有权威性；经过地球化学分布形态检验，在此基础上，统计系列地球化学参数，确定地球化学基准值和背景值。

二、参数计算方法

土壤元素地球化学基准值、背景值统计参数主要有样本数（N）、极大值（X_{max}）、极小值（X_{min}）、算术平均值（$\overline{X}$）、几何平均值（$\overline{X}_g$）、几何标准差（S_g）、中位数（X_{me}）、众值（X_{mo}）、算术标准差（S）、变异系数（CV）、分位值（$X_{5\%}$、$X_{10\%}$、$X_{25\%}$、$X_{50\%}$、$X_{75\%}$、$X_{90\%}$、$X_{95\%}$）等。

算术平均值（$\overline{X}$）：$\overline{X} = \frac{1}{N}\sum_{i=1}^{N} X_i$

几何平均值（$\overline{X}_g$）：$\overline{X}_g = \sqrt[N]{\prod_{i=1}^{N} X_i} = \left(\frac{1}{N}\sum_{i=1}^{N} \ln X_i\right)$

算术标准差（S）：$S = \sqrt{\dfrac{\sum_{i=1}^{N}(X_i - \overline{X})^2}{N}}$

几何标准差（S_g）：$S_g = \exp\left(\sqrt{\dfrac{\sum_{i=1}^{N}(\ln X_i - \ln \overline{X}_g)^2}{N}}\right)$

变异系数（CV）：$CV = \dfrac{S}{\overline{X}} \times 100\%$

中位数（X_{me}）：将一组数据排序后，处于中间位置的数值。当样本数为奇数时，中位数为第$(N+1)/2$位的数值；当样本数为偶数时，中位数为第$N/2$位与第$(N+1)/2$位数的平均值。

众值（X_{mo}）：一组数据中出现频率最高的那个数值。

pH 平均值计算方法：在进行 pH 参数统计时，先将土壤 pH 换算为[H^+]平均浓度进行统计计算，然后换算成 pH。换算公式为：$[H^+] = 10^{-pH}$，$[H^+]_{平均浓度} = \sum 10^{-pH}/N$，$pH = -\lg[H^+]_{平均浓度}$。

三、统计单元划分

科学合理的统计单元划分是统计土壤元素地球化学参数，确定地球化学基准值和背景值的前提性工作。

本次温州市土壤元素地球化学基准值、背景值参数统计参照区域土壤元素地球化学基准值和背景值研究的通用方法，结合代杰瑞和庞绪贵（2019）、张伟等（2021）、苗国文等（2020）及陈永宁等（2014）的研究成果，按照行政区、土壤母质类型、土壤类型、土地利用类型等划分统计单元，分别进行地球化学参数统计。

1. 行政区

根据温州市行政区最新行政区划分布情况，分别按照温州市（全市）、鹿城区、龙湾区、瓯海区、洞头区、瑞安市、乐清市、龙港市、永嘉县、平阳县、苍南县、文成县、泰顺县统计单元进行划分。注意：洞头区、苍南县、由于项目实施限制,无基准值分析内容。

2. 土壤母质类型

基于温州市岩石地层地质成因及地球化学特征,温州市土壤母质类型将按照松散岩类沉积物、紫色碎屑岩类风化物、中酸性火成岩类风化物 3 种类型划分统计单元。

3. 土壤类型

温州市地貌类型多样,成土环境复杂,土壤性质差异较大,全市共有 9 个土类 18 个亚类 58 个土属及 148 个土种。本次土壤元素地球化学基准值和背景值研究按照黄壤、红壤、粗骨土、紫色土、水稻土、潮土、滨海盐土 7 种土壤类型进行统计单元划分。

4. 土地利用类型

由于本次调查主要涉及农用地,因此根据土地利用分类,结合第三次全国国土调查情况,土地利用分类型按照水田、旱地、园地(茶园、果园、其他园地)、林地 4 类划分统计单元。

四、数据处理与背景值确定

基于统计单元内各层次样本数据,依据《区域性土壤环境背景含量统计技术导则(试行)》(HJ 1185—2021),进行数据分布类型检验、异常值判别与处理及区域土壤地球化学参数统计、地球化学基准值与背景值的确定。

1. 数据分布形态检验

依据《数据的统计处理和解释正态性检验》(GB/T 4882—2001)进行样本数据的分布形态检验。首先利用 SPSS 19 对原始数据频率分布进行正态分布检验,将不符合正态分布的数据进行对数转换后再进行对数正态分布检验。当数据不服从正态分布或对数正态分布时,采用箱线图法判别剔除异常值,再进行正态分布或对数正态分布检验。注意:部分统计单元(或部分元素/指标)因样品较少无法进行正态分布检验。

2. 异常值判别与剔除

对于明显来源于局部受污染场所的数据,或者因样品采集、分析检测等导致的异常值,必须进行判别和剔除。由于本次温州市土壤元素地球化学基准值、背景值研究的数据样本量较大,采用箱线图法判别并剔除异常值。

利用原始数据分别计算各元素/指标的第一四分位数(Q_1)、第三四分位数(Q_3),以及四分位距(IQR=Q_3-Q_1)、$Q_3+1.5$IQR 值、$Q_1-1.5$IQR 内限值。根据计算结果对内限值以外的异常数据,结合频率分布直方图与点位区域分布特征逐个甄别并剔除。

3. 参数表征与背景值确定

(1)参数表征主要包括统计样本数(N)、极大值($X_{\max}$)、极小值($X_{\min}$)、算术平均值($\overline{X}$)、几何平均值($\overline{X}_g$)、中位数(X_{me})、众值(X_{mo})、算术标准差(S)、几何标准差(S_g)、变异系数(CV)、分位值($X_{5\%}$、$X_{10\%}$、$X_{25\%}$、$X_{50\%}$、$X_{75\%}$、$X_{90\%}$、$X_{95\%}$)、数据分布类型等。

(2)地球化学基准值、背景值分为以下几种情况加以确定:①当数据为正态分布或剔除异常值后正态分布时,取算术平均值作为地球化学基准值、背景值;②当数据为对数正态分布或剔除异常值后对数正态分布时,取几何平均值作为地球化学基准值、背景值;③当数据经反复剔除后,仍不服从正态分布或对数正态分布时,取众值作为地球化学基准值、背景值,有 2 个众值时取靠近中位数的众值,3 个众值时取中间位众值;④对于样本数少于 30 件的统计单元,则取中位数作为地球化学基准值、背景值。

(3)数值有效位数确定原则:参数统计结果取值原则,数值小于等于 50 的小数点后保留 2 位,数值大于 50 小于等于 100 的小数点后保留 1 位,数值大于 100 的取整数。注意:极个别数值保留 3 位小数。

说明:本书中样本数单位统一为"件";变异系数(CV)为无量纲,按照计算公式结果用百分数表示,为方便表示本书统一换算成小数,且小数点后保留 2 位;氧化物、TC、Corg 单位为％,N、P 单位为 g/kg,Au、Ag 单位为 μg/kg,pH 为无量纲,其他元素/指标单位为 mg/kg。

第三章　区域地球化学分布特征

受成土母岩母质、地形地貌、气候、土地利用方式等多因素影响,大多数土壤元素/指标区域分布极为不均,出现明显的局部富集或贫化、区域组合与分布特征。

第一节　土壤元素地球化学组合特征

一、表层土壤元素地球化学组合特征

表层土壤位于土体表层,土壤元素除成土母岩母质的影响外,受后期人类活动的影响更为突出,如旱耕、水作的影响,农药化肥使用的影响,导致浅表层土壤元素再次分配、组合特征发生变化。

1. 表层土壤元素的因子分析

利用 SPSS 19 软件,对温州市表层土壤 SiO_2、K_2O、Na_2O、CaO、MgO、TFe_2O_3、Al_2O_3、$Corg$、S、N、P、B、Mo、Mn、Se、Cu、Pb、Zn、Ni、Cd、Cr、As、Hg、F、pH、Cl、Br、La、Y、Au、Ag 等 54 项元素/指标数据进行因子分析。

在 KMO 和 Bartlett 检验中,KMO 值越大,越接近 1,而且 sig 值小于 0.05,说明样本数据适合进行因子分析,所提取的主因子特征明显,更具有现实意义。

表层土壤元素的 KMO 和 Bartlett 检验结果显示,KMO 值为 0.841,接近 1,sig 值为 0,远小于 0.05,说明样本适合进行因子分析。根据碎石图及解释的总方差特征,提取前 6 个主因子成分,其特征根累计百分比贡献率已达到 53.796%,所以这 6 个因子已经基本反映了表层土壤中地球化学元素的组合信息(表 3-1、表 3-2,图 3-1、图 3-2)。

表 3-1　表层土壤元素/指标因子分析特征根一览表

因子	初始特征值			提取平方和载入			旋转平方和载入		
	因子得分	方差贡献率/%	累计贡献率/%	因子得分	方差贡献率/%	累计贡献率/%	因子得分	方差贡献率/%	累计贡献率/%
F1	13.897	25.736	25.736	13.897	25.736	25.736	10.432	19.318	19.318
F2	6.612	12.244	37.980	6.612	12.244	37.980	6.219	11.517	30.835
F3	4.312	7.986	45.966	4.312	7.986	45.966	5.203	9.636	40.471
F4	3.289	6.090	52.056	3.289	6.090	52.056	3.401	6.298	46.769
F5	3.082	5.708	57.764	3.082	5.708	57.764	2.607	4.827	51.596
F6	2.080	3.851	61.615	2.080	3.851	61.615	2.527	4.680	56.276

注:提取方法为主成分分析。

表 3-2　表层土壤因子分析特征根旋转矩阵表

序号	元素/指标	F1	F2	F3	F4	F5	F6
1	V	0.945	−0.015	0.125	−0.066	−0.004	0.017
2	TFe_2O_3	0.939	−0.204	0.017	−0.021	0.046	0.056
3	Sc	0.932	0.036	0.165	−0.005	0.039	0.037
4	Co	0.889	0.049	0.038	−0.112	0.084	0.001
5	Ti	0.840	−0.127	0.144	0.187	−0.029	0.032
6	SiO_2	−0.828	0.139	−0.008	−0.219	−0.108	−0.028
7	Ni	0.754	0.372	0.271	−0.221	0.074	−0.025
8	P	0.750	0.112	0.272	0.072	0.050	−0.008
9	Cu	0.743	0.099	0.142	−0.103	0.366	0.037
10	Li	0.637	0.535	0.243	−0.240	−0.001	0.032
11	MgO	0.634	0.597	0.210	−0.226	0.025	−0.058
12	Nb	−0.609	−0.082	0.078	0.003	0.086	0.025
13	Sr	0.576	0.429	0.148	0.184	−0.011	−0.176
14	S	0.349	0.330	0.293	−0.135	0.075	−0.047
15	Rb	−0.110	0.872	−0.010	−0.078	0.059	0.106
16	K_2O	−0.119	0.828	0.049	0.296	0.034	−0.113
17	pH	0.509	0.636	0.159	−0.213	−0.008	−0.114
18	Na_2O	0.342	0.633	0.249	0.014	0.006	−0.210
19	F	0.328	0.599	0.193	−0.346	0.078	0.154
20	Se	0.022	−0.567	0.433	0.022	0.148	0.284
21	I	0.122	−0.499	0.306	0.044	0.140	0.216
22	Al_2O_3	0.390	−0.493	−0.173	0.339	0.093	0.079
23	Ge	0.084	−0.462	−0.212	−0.105	−0.018	0.149
24	B	0.398	0.458	0.367	−0.283	−0.041	0.036
25	Cr	0.375	0.327	0.010	0.020	−0.123	0.041
26	Corg	0.157	0.052	0.934	0.022	0.039	−0.036
27	TC	0.250	0.185	0.883	−0.040	0.034	−0.025
28	N	0.302	0.253	0.824	−0.054	0.017	−0.010
29	Br	0.041	−0.215	0.592	0.100	0.066	0.163
30	Hg	0.007	−0.015	0.537	−0.006	0.043	0.113
31	Ce	0.051	−0.085	0.036	0.909	0.060	0.008
32	Ba	0.001	0.237	0.003	0.831	−0.022	−0.089
33	Zr	−0.350	−0.159	0.086	0.721	0.018	0.116
34	La	0.258	−0.339	−0.210	0.593	0.060	−0.066
35	Pb	−0.036	−0.113	−0.040	0.021	0.846	0.050

续表 3-2

序号	元素/指标	F1	F2	F3	F4	F5	F6
36	Zn	0.226	0.022	0.082	0.064	0.804	−0.006
37	Mn	0.542	0.316	0.096	0.023	0.551	−0.014
38	Ag	0.095	0.090	0.154	−0.006	0.523	0.059
39	As	0.081	0.008	0.030	−0.103	−0.064	0.856
40	Sb	0.208	−0.227	0.110	−0.128	−0.021	0.766
41	Mo	−0.127	−0.031	−0.076	0.164	0.103	0.628
42	Tl	−0.239	0.236	−0.076	0.147	0.275	0.525
43	Th	−0.271	0.005	0.040	−0.087	−0.021	0.013
44	U	−0.190	−0.208	0.079	0.026	−0.072	0.171
45	Ga	0.338	−0.263	−0.172	0.233	0.204	0.101
46	Cl	0.130	0.131	0.059	−0.074	−0.011	0.071
47	CaO	0.469	0.439	0.145	−0.132	−0.006	−0.050
48	Y	0.115	0.124	−0.015	0.088	0.165	−0.112
49	Cd	0.064	0.119	0.218	0.057	0.378	−0.027
50	Bi	0.181	−0.083	0.148	−0.087	0.288	0.188
51	Sn	0.104	−0.021	0.103	−0.069	0.053	0.033
52	Be	0.165	0.480	0.068	−0.119	0.047	−0.039
53	Au	0.154	0.103	0.160	0	0.011	0.195
54	W	−0.011	−0.061	−0.005	0.033	−0.101	0.130

注：提取方法为主成分分析；旋转法是具有 Kaiser 标准化的正交旋转法，旋转在 12 次迭代后收敛。

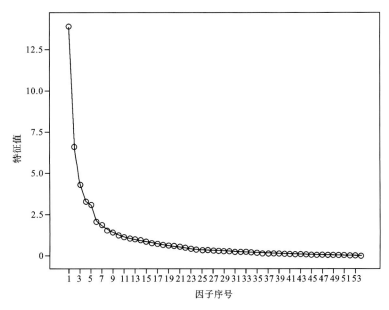

图 3-1 表层土壤元素因子分析碎石图

注：因子序号与表 3-2 中对应序号一致。

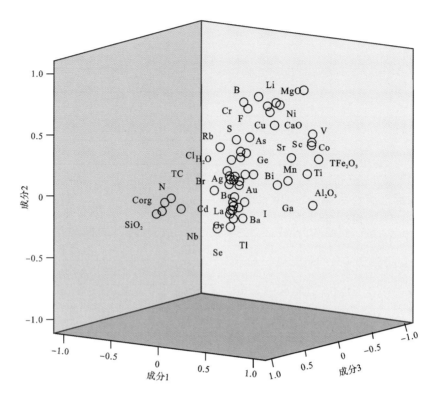

图 3-2 表层土壤元素旋转空间因子分布图

由表 3-2 可知,表层土壤元素因子组特征如表 3-3 所示。

表 3-3 表层土壤元素因子组合特征

因子	元素组合	因子特征指示意义
F1	V-TFe$_2$O$_3$-Sc-Co-Ti-Ni-P-Cu-MgO-(-SiO$_2$)	为铁族元素组合,与地质背景有关
F2	K$_2$O-Na$_2$O-pH-F-Rb	主要为盐基离子,与土壤酸碱度密切相关
F3	Corg-TC-N-Br-Hg	与生物地球化学作用、人为生产活动相关
F4	Ce-Ba-Zr-La	为稀土与分散元素组合,与地质构造环境有关
F5	Pb-Zn-Mn-Ag	为成矿元素组合,与地质背景相关
F6	As-Sb-Mo-Tl	为亲硫元素组合,区域分布具有稳定性

注:-SiO$_2$ 中负号代表负相关。

由以上元素组合特征可以得出如下因子特征。

(1)F1 因子为 V、TFe$_2$O$_3$、Sc、Co、Ti、Ni、P、Cu、MgO、(-SiO$_2$)代表的铁族元素组合,具有相同的地球化学性质,与区域地质背景相关。

(2)F2 因子为 K$_2$O、Na$_2$O、pH、F、Rb 指标/元素组合,土壤主要盐基离子,风化淋溶与土壤酸碱度密切相关。

(3)F3 因子为 Corg、TC、N、Br、Hg 组合,与生物地球化学作用、人为生产活动相关。

(4) F4因子为Ce、Ba、Zr、La稀土元素与分散元素组合,可能与区域地质构造背景环境,如大的断裂构造带及不同期次的岩浆活动有关。

(5) F5因子以Pb、Zn、Mn、Ag为主要成矿元素组合,与区内的地质矿产背景因素相关。

(6) F6因子为以As、Sb、Mo、Tl代表的亲硫元素组合,该簇元素组合具有相同的地球化学性质,同时具有亲硫、亲铁、亲氧等多重性,因此在区域分布中具有一定的稳定性。

2. 表层土壤元素的聚类分析

聚类分析是研究(样品或指标)分类问题的一种统计分析方法,其基本原理是根据样本自身的属性,用数学方法按照某种相似性或差异性指标,定量地确定样本之间的亲疏关系,并按这种亲疏关系程度对样本进行聚类。通过对表层土壤样品Na_2O、MgO、Al_2O_3、SiO_2、P、K_2O、CaO、Ba、Ti、Cr、TFe_2O_3、Zn、Pb、Ag、Cu、Mn、Ni、Cd、Co、As、Hg、Mo、F、Corg、Au、pH等54项元素/指标以相关系数为统计量,利用SPSS 19进行R型聚类分析,结果如图3-3所示。

当相关系数为25%时,总体可以分为两大簇群。

第一簇群由CaO、MgO、Na_2O、TC、Corg、N、P、Co、Ni、Mn、Hg、Cd、As、Pb及Br、I、Cl、F等元素组成,是土壤中大量盐基离子、养分元素和部分易淋溶元素、稀散元素组合,是区域多样地形地貌特征、地质背景与成土母岩地球化学性质的体现。

第一簇群在相关系数为10%时,可进一步细分为2个子群,总体是因子分析中的F1、F3的综合体现。其中,第一子群主要为TC、Corg、Na_2O、MgO、N、P、Se、I等,是人为生产活动(农业生产)及土壤中较易表生富集元素的综合体现;第二子群主要为W、Mo、As、Pb、Zn、Ag、Bi、CaO等,与区内地质背景和金属硫化物矿(床)点以及土壤的风化淋溶、酸碱度、地形地貌分布等有关。

第二簇群在相关系数为15%时,可进一步细分为2个子群。其中,第一子群主要为K_2O、TFe_2O_3、Sc、Ce、Zr等,是区域分布稀散相对稳定元素,与地质构造环境有关;第二子群为Al_2O_3、SiO_2等大量造岩元素组合,是区内复杂的地质背景、地形地貌、土壤类型的客观反映,与温州市大的地质背景或地质块体的分布有关。

从整体来看,表层土壤元素的因子分析、聚类分析结果既有差异,又有相似之处。因子分析中由于根据方差贡献特征值大小,取其主要因子,对部分元素信息进行了取舍,仅反映了主要因子信息,而聚类分析中对54项元素/指标信息的全部体现。但两种分析结果均表明元素组合特征与地质背景、农业生产活动、自然成土等因素有关。

二、深层土壤元素地球化学组合特征

深层土壤位于土体下部,土壤元素受后期人类活动的影响较小,元素的分布组合主要受成土母岩母质的影响,是一种相对原生环境下区域土壤元素的分布状态的客观反映。

1. 深层土壤元素的因子分析

利用SPSS 19软件,对温州市深层土壤元素SiO_2、K_2O、Na_2O、CaO、MgO、TFe_2O_3、Al_2O_3、Corg、S、N、P、B等54项元素/指标数据进行因子分析。KMO和Bartlett检验结果显示,KMO值为0.876,接近于1,sig值为0,远小于0.05,说明数据适合于进行因子分析。根据碎石图解及解释的总方差特征,提取前6个主因子成分,其特征根累计百分比贡献率已达到61.600%,所以这6个因子已经基本反映了深层土壤中地球化学元素的组合信息(图3-4,图3-5,表3-4,表3-5)。

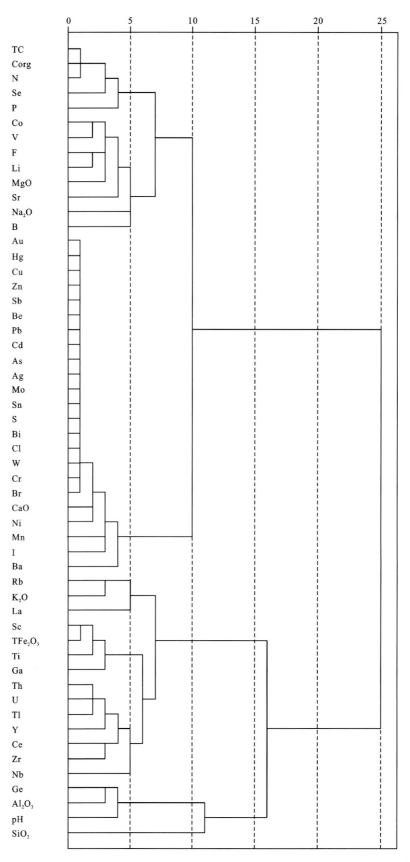

图 3-3 表层土壤元素聚类分析树状图

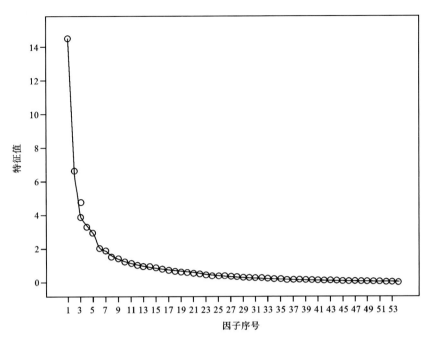

图 3-4 深层土壤元素因子分析碎石图

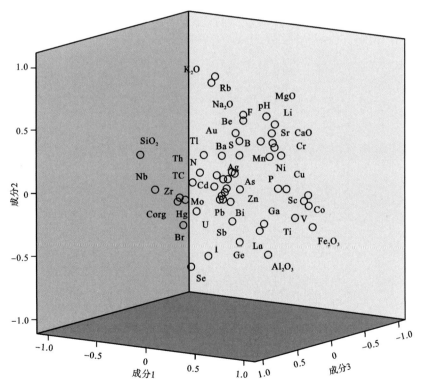

图 3-5 深层土壤元素旋转空间因子分布图

表 3-4 深层土壤元素因子分析特征根一览表

因子	初始特征值			提取平方和载入			旋转平方和载入		
	因子得分	方差贡献率/%	累计贡献率/%	因子得分	方差贡献率/%	累计贡献率/%	因子得分	方差贡献率/%	累计贡献率/%
F1	14.500	26.852	26.852	14.500	26.852	26.852	11.317	20.958	20.958
F2	6.613	12.246	39.098	6.613	12.246	39.098	6.400	11.852	32.810
F3	3.878	7.181	46.279	3.878	7.181	46.279	4.215	7.806	40.615
F4	3.292	6.095	52.375	3.292	6.095	52.375	3.420	6.333	46.948
F5	2.943	5.449	57.824	2.943	5.449	57.824	2.623	4.857	51.805
F6	2.039	3.776	61.600	2.039	3.776	61.600	2.516	4.659	56.464

表 3-5 深层土壤因子分析特征根旋转矩阵表

序号	指标	F1	F2	F3	F4	F5	F6
1	V	0.948	−0.046	0.094	−0.047	−0.001	0.017
2	Sc	0.939	0.007	0.144	0.013	0.039	0.037
3	TFe_2O_3	0.929	−0.240	−0.006	−0.004	0.047	0.058
4	Co	0.891	0.016	0.006	−0.094	0.085	0.003
5	Ti	0.833	−0.155	0.122	0.206	−0.027	0.028
6	SiO_2	−0.815	0.177	0.016	−0.231	−0.112	−0.034
7	Ni	0.788	0.362	0.258	−0.203	0.070	−0.028
8	P	0.758	0.088	0.236	0.087	0.058	−0.012
9	Cu	0.753	0.078	0.121	−0.090	0.369	0.037
10	Cr	0.741	0.429	0.295	−0.240	0.014	−0.014
11	Li	0.673	0.525	0.229	−0.220	−0.006	0.029
12	MgO	0.671	0.587	0.185	−0.209	0.024	−0.058
13	Nb	−0.604	−0.057	0.134	−0.006	0.074	0.017
14	Sr	0.592	0.413	0.094	0.197	−0.002	−0.177
15	Mn	0.555	0.302	0.074	0.035	0.551	−0.012
16	S	0.377	0.330	0.273	−0.128	0.078	−0.048
17	Rb	−0.087	0.862	−0.028	−0.072	0.061	0.110
18	K_2O	−0.097	0.828	0.020	0.299	0.040	−0.110
19	Na_2O	0.379	0.636	0.217	0.023	0.010	−0.214
20	pH	0.548	0.633	0.134	−0.200	−0.007	−0.114
21	F	0.360	0.590	0.188	−0.333	0.075	0.152
22	Se	0.012	−0.566	0.463	0.026	0.143	0.274
23	Al_2O_3	0.353	−0.526	−0.176	0.340	0.096	0.088
24	I	0.112	−0.501	0.347	0.049	0.129	0.210

续表 3-5

序号	指标	F1	F2	F3	F4	F5	F6
25	B	0.441	0.467	0.367	−0.268	−0.045	0.028
26	Ge	0.066	−0.466	−0.193	−0.109	−0.023	0.153
27	Corg	0.186	0.062	0.885	0.034	0.049	−0.050
28	TC	0.285	0.193	0.842	−0.028	0.041	−0.038
29	N	0.338	0.259	0.797	−0.037	0.020	−0.024
30	Br	0.049	−0.210	0.620	0.103	0.058	0.152
31	Hg	0.022	−0.020	0.569	−0.003	0.037	0.091
32	Ce	0.034	−0.091	0.041	0.910	0.059	0.008
33	Ba	−0.005	0.237	−0.013	0.833	−0.019	−0.089
34	Zr	−0.361	−0.141	0.122	0.717	0.010	0.109
35	La	0.224	−0.364	−0.228	0.590	0.067	−0.057
36	Pb	−0.044	−0.116	−0.040	0.016	0.846	0.052
37	Zn	0.227	0.014	0.073	0.067	0.802	−0.005
38	Ag	0.105	0.100	0.153	−0.011	0.532	0.053
39	As	0.083	0.006	0.047	−0.105	−0.065	0.856
40	Sb	0.204	−0.235	0.127	−0.125	−0.024	0.765
41	Mo	−0.133	−0.024	−0.079	0.157	0.108	0.631
42	Tl	−0.249	0.224	−0.089	0.144	0.279	0.529
43	Th	−0.264	0.013	0.057	−0.089	−0.025	0.014
44	U	−0.197	−0.209	0.089	0.027	−0.073	0.168
45	Ga	0.317	−0.288	−0.164	0.237	0.199	0.11
46	Cl	0.145	0.135	0.071	−0.083	−0.015	0.072
47	CaO	0.498	0.435	0.124	−0.126	−0.005	−0.050
48	Y	0.116	0.115	−0.019	0.084	0.171	−0.109
49	Cd	0.075	0.121	0.172	0.061	0.384	−0.035
50	Bi	0.190	−0.081	0.127	−0.083	0.288	0.183
51	Sn	0.105	−0.024	0.114	−0.074	0.062	0.024
52	Be	0.176	0.460	0.047	−0.114	0.054	−0.042
53	Au	0.160	0.097	0.164	−0.003	0.019	0.188
54	W	−0.016	−0.072	−0.010	0.039	−0.112	0.127

注：提取方法为主成分分析；旋转法是具有 Kaiser 标准化的正交旋转法，旋转在 19 次迭代后收敛。

由表 3-5 可知，深层土壤元素因子组特征如表 3-6 所示。

由以上元素组合特征可以得出以下因子特征。

（1）F1 因子为 SiO_2、TFe_2O_3、MgO、Co、Ni、Cr、Mn、P、V、Ti 组合，是以 SiO_2 为代表的基本造岩元素的体现，该类元素具有相同的地球化学性质和基本相同的来源，在区域分布上具有相同的特征，与大的区域构造背景单元有关。

（2）F2 因子为 K_2O、Na_2O、Al_2O_3、F、Se、I、pH 组合，是 Na_2O、Al_2O_3、K_2O 等主量元素和其他一些分散元素或稀散元素（氧化物），体现了研究区多源的物源组合，在区域上分布较为均一稳定，含量变化相对较小，受土壤风化淋溶物质搬运迁移因素影响。

表 3-6 深层土壤元素因子组合特征

因子	元素组合	因子特征指示意义
F1	SiO_2 - TFe_2O_3 - MgO - Co - Ni - Cr - Mn - P - V - Ti	造岩与铁族元素组合，与地质背景有关
F2	K_2O - Na_2O - Al_2O_3 - F - Se - I - pH	主要为盐基离子，与土壤酸碱度密切相关
F3	Corg - TC - N - Br - Hg	与生物地球化学作用、人为生产活动相关
F4	Ce - Ba - Zr - La	稀土与分散元素组合，与地质构造环境有关
F5	Pb - Zn - Ag	成矿元素组合，与区域成矿相关
F6	As - Sb - Mo - Tl	亲硫元素组合，区域分布具有稳定性

（3）F3 因子为 Corg、TC、N、Br、Hg 组合，说明与区内农业生产活动及土壤成土相关，一般在农田区由于长期的农业生产种植，土壤中 Corg、N 等相对丰富，而农田区往往土层较为深厚，土壤成熟度相对较高，土壤中的有机质及黏粒物质高，部分重金属元素易于富集。

（4）F4 因子为 Ce、Ba、Zr、La 组合，是稀土与分散元素组合，与地质构造环境有关。

（5）F5 因子为 Pb、Zn、Ag 成矿元素组合，受区内地质背景环境及特殊的地质体、矿点矿化点控制。

（6）F6 因子为 As、Sb、Mo、Tl 组合及亲硫元素组合，区域分布具有一定的稳定性，可能与地质构造及矿产点有关。

由以上分析可以看出，温州市深层土壤元素的组合特征主要与以下因素有关。

（1）地质背景因素，如区内特殊的地质体、矿点矿化点、中性—基性岩类等，具体表现为铁族元素及成矿有益元素的组合特征与区域分布明显受其控制。

（2）地形地貌及土壤类型，受地形地貌及土壤类型的影响，一些活性较强易淋溶元素，在低山丘陵酸性土壤区中，含量较低，而地水网平原区中性或弱碱性土壤区中，相对富集。

（3）农业生产活动，主要因为在农业种植区土壤中的含量丰富，而在山地丘陵区非农业种植区中则含量相对较低。

2. 深层土壤元素的聚类分析

与表层土壤相同，利用深层土壤 54 项元素/指标，通过 SPSS 19 进行 R 型聚类分析，结果如图 3-6 所示。当相关系数为 14% 时，总体可以分为两大簇群。

第一簇群由 CaO、MgO、Na_2O、TC、Corg、N、P、Co、Ni、Mn、Hg、Cd、As、Pb 及 Br、I、Cl、F 等元素组成，是土壤中大量盐基离子、养分元素和部分易淋溶元素、稀散元素组合，是区域多样地形地貌特征、地质背景与成土母岩地球化学性质的体现。

第一簇群在相关系数为 5% 时，可进一步细分为 3 个子群，总体是因子分析中的 F3、F2、F4 因子的综合体现。其中，第一子群主要为 TC、Corg、N、Se、I 等，是人为生产活动（农业生产）及土壤中较易表生富集元素的综合体现；第二子群主要为 W、Mo、As、Pb、Zn、Ag、Bi 等，与区内地质背景及金属硫化物矿（床）点有关；第三子群主要为 Na_2O、MgO、N、P 等土壤盐基离子，与土壤的风化淋溶及酸碱度有关；第四子群主要为 MgO、TFe_2O_3、P、Cr、Ni 等，与地质背景及土壤风化淋溶、自然表生地球化学作用有关。

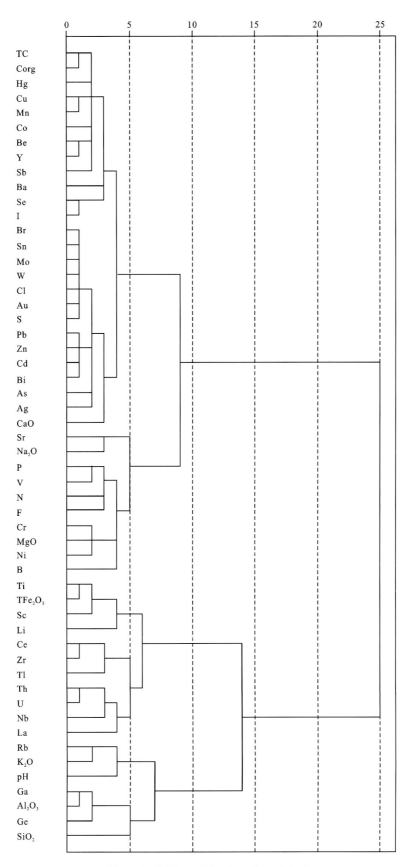

图 3-6 深层土壤元素聚类分析树状图

第二簇群在相关系数为7%时,可进一步细分为2个子群。其中,第一子群主要为TFe_2O_3、Sc、Ce、Zr等,是区域分布稀散的相对稳定元素,与地质构造环境有关;第二子群为K_2O、Al_2O_3、SiO_2等大量造岩元素组合,是区内复杂的地质背景、地形地貌、土壤类型的客观反映,与温州市大的地质背景或地质块体的分布有关。

整体来看,表层土壤元素的因子分析、聚类分析结果既有差异,又有相似之处。因子分析中由于根据方差贡献特征值大小,取其主要因子,对部分元素信息进行了取舍,仅反映了主要因子信息,而聚类分析中对54项元素/指标信息进行了全部体现。但两种分析结果均表明元素组合特征与地质背景、农业生产活动、自然成土等因素有关。

第二节 区域土壤地球化学元素组合分布特征

受成土母岩母质、地形地貌、土地利用方式等多种因素影响,大多数土壤元素区域分布极为不均,表现出明显的局部富集或贫化现象。

主成分分析是一种通常用于环境研究的多变量统计方法。它能有效降低实测变量并揭示变量之间的相互关系,在多指标(变量)区域地球化学分布特征研究中具有独特优势。本次温州市区域土壤地球化元素学分布特征研究,通过SPSS 19软件对数据进行主成分分析,提取主要特征根因子,不同主成分因子中的元素组合说明这些元素的来源具有一定的相关性,并有效指示了土壤的物质来源或迁移途径及区域分布特征。然后根据因子得分利用常用的克里金(Kriging)插值,使用ArcGIS软件绘制了温州市土壤主要因子得分图,结合地质背景、地形地貌等因素,对土壤元素的区域地球化学分布特征进行分析研究。

一、表层土壤地球化学元素组合分布特征

如表层土壤元素因子分析所述,温州市表层土壤共提取6个主成分因子。

主成分F1总因子得分13.897,方差贡献率为25.736%,组合为V、TFe_2O_3、Sc、Co、Ti、Ni、P、Cu、MgO、SiO_2,温州市单点因子分值在-1.90~-2.50之间,其因子得分分布如图3-7所示。全市高值区主要分布在西部中低山永嘉县西北、文成县、苍南县,以及乐清市—龙港市河谷与滨海平原区。低值区主要分布于泰顺县、文成县、永嘉县低山丘陵中生代火山岩区。西部高值区多为孤点状,可能与区内矾矿等矿点以及侵入岩体、断裂构造有关;河谷与滨海平原呈面状分布,为第四系松散岩类分布区,与后期人类生产活动有关。

主成分F2总因子得分6.612,方差贡献率为12.244%,组合为K_2O、Na_2O、pH、F、Rb,土壤主要盐基离子与土壤酸碱度密切相关。温州市单点因子分值在-1.51~-2.79之间(图3-8),在区域分布上,受地形地貌、土壤母质成因控制明显。高值区主要分布在河流谷地与滨海平原、东部岛屿等地。河流谷地与滨海平原为运积型母质区,土壤风化淋溶较弱,K_2O、Na_2O等盐基离子含量较高;东部岛屿区土壤母质为中酸性(侵入岩)火成岩风化物,母岩中K_2O含量丰富。

主成分F3总因子得分4.312,方差贡献率为7.986%,组合为Corg、TC、N、Br、Hg,是土壤养分指标,温州市单点因子分值在-1.51~-3.32之间。高值区主要分布在永嘉县西北、文成县西部、苍南县西中低山顶部,与植被落叶长期腐殖对碳的富集有关。低值区分布在永嘉县楠溪江沿岸、瑞安市西部、文成县、平阳县以及沿海平原等地,主要受风化淋溶、土壤质地等影响,土层较薄,保肥性差,总体土壤养分水平较低。

主成分F4因子(Ce、Ba、Zr、La)为稀土元素与分散元素组合,F5因子(Pb、Zn、Mn、Ag)主要为成矿元素组合,在区域上分布较为吻合。高值区主要分布在永嘉县—乐清市北部一带,与区域地质构造背景环境及区内中酸性侵入岩、矿(化)点分布有关。区内紫色碎屑岩区、滨海平原区则主要为低值区。

第三章 区域地球化学分布特征

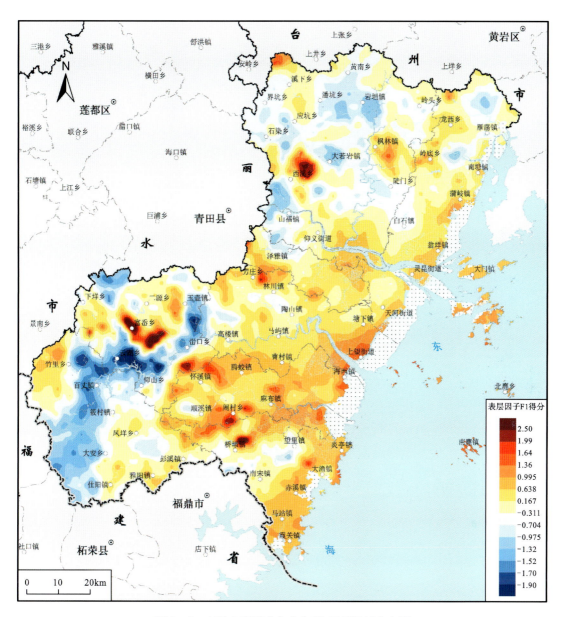

图 3-7 表层土壤元素主成分 F1 因子区域分布图

F6 因子为以 As、Sb、Mo、Tl 等为代表的亲硫元素组合,该簇元素组合具有相同的地球化学性质,同时具有亲硫、亲铁、亲氧等多重性。高值区多为点状分布于西部低山及龙湾区、瑞安市、苍南县等地,受地质背景与人为活动双重因素影响。

二、深层土壤地球化学元素组合分布特征

如深层土壤元素因子分析所述,温州市表层土壤共提取 6 个主成分因子。

主成分 F1 因子总因子得分 14.50,方差贡献率为 26.852%,为 SiO_2、TFe_2O_3、MgO、Co、Ni、Mn、P、V、Ti 组合;主成分 F2 因子总因子得分 6.613,方差贡献率为 12.246%,为 K_2O、Na_2O、Al_2O_3、F、Se、I、pH 组合,是以 Na_2O、Al_2O_3、K_2O 等为代表的基本大量造岩元素与盐基离子的体现,该类元素具有相同的地球化学性质和相同的来源,在区域分布上具有相同的特征,与大的区域构造背景单元有关。在温州市深层土壤中,由于受土壤风化淋溶物质搬运迁移因素的影响,F1、F2 因子在温州市分布特征基本吻合(图 3-9、图 3-10)。

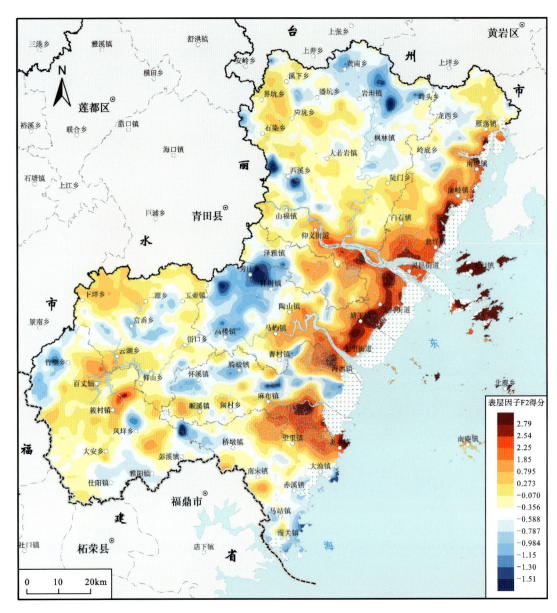

图3-8 表层土壤元素主成分F2因子区域分布图

高值区主要分布在河流谷地与滨海平原第四系松散沉积物区,土壤中MgO、Na_2O、K_2O淋溶较弱而相对富集。而山地丘陵区由于处于物质风化剥蚀、淋溶较强区,多为低值区或中—低值区。

主成分F3因子总因子得分3.878,方差贡献率为7.181%,为Corg、TC、N、Br、Hg组合。全市高值区的分布具有中低山顶部与城镇区富集两大特点。中低山高值区主要分布在永嘉县北部、乐清市西部、文成县西部等地,与中低山顶部植被落叶长期腐殖对碳的富集有关。城镇区主要分布在鹿城区—瓯海区一带,与区内人类生产活动相关,长期的生产活动使得土壤中Corg、N等相对丰富,土壤成熟度相对较高,土壤中的有机质及黏粒物质高,部分重金属元素易于富集。

主成分F4因子总因子得分3.292,方差贡献率为6.095%,为Ce、Ba、Zr、La组合,为稀土元素与分散元素组合,总体受地质构造环境控制。全市高值区主要分布在永嘉县、乐清市北部,与区内的断裂构造及中酸性侵入岩体有关。低值区主要分布在滨海平原及文成县、泰顺县等紫色碎屑岩区。

主成分F5为Pb、Zn、Ag成矿元素组合,F6因子为As、Sb、Mo、Tl组合,为亲硫成矿元素组合,主体受区内特殊的地质体、矿点及矿化点控制。全市高值区主要分布在瑞安市和文成县北部、苍南县西部一带,

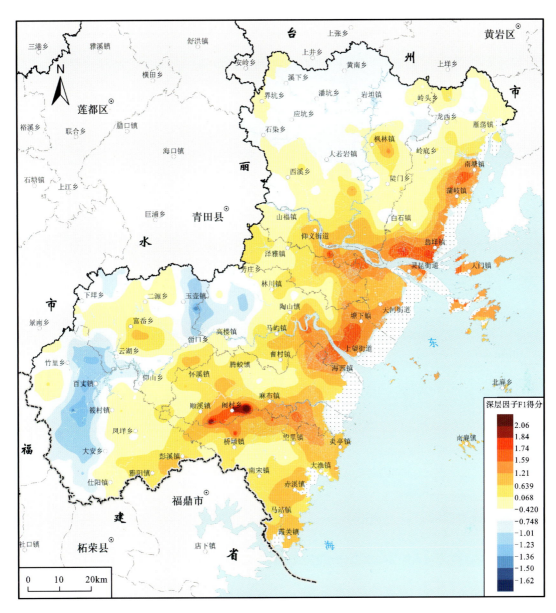

图 3-9　深层土壤元素主成分 F1 区域分布图

与区内金属硫化物矿（化）点及中酸性侵入岩体有关。低值区则主要分布在紫色碎屑岩与无矿化的火山碎屑岩区（图 3-11）。

三、土壤剖面元素分布特征

1. 总体分布特征

温州市土壤剖面中 As、B、Cd、Cl、Co、Cr、Cu、F、Ge、Hg、K_2O、Mn、Mo、N、Ni、P、Pb、pH、S、Se、V、Zn 等元素/指标随土壤剖面深度的含量变化情况如图 3-12 和表 3-7 所示。

温州地区土壤剖面中土壤元素受元素自身地球化学性质和地表水、潜层地下水的影响，其淋溶、淀积及迁移分布具有不同的特点。

（1）土壤剖面酸碱度（pH）：土壤剖面的酸碱度总体随深度的增加而增大，由表层土壤的酸性土壤（pH

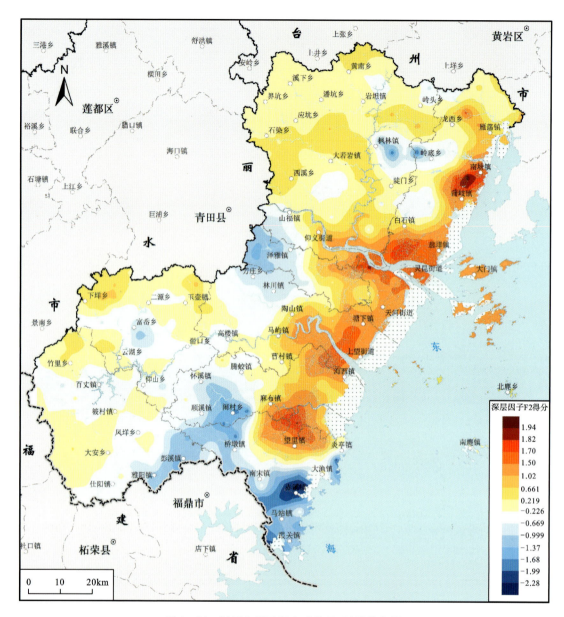

图 3-10 深层土壤元素主成分 F2 区域分布图

为 5.64)到心土层中的近中性土壤(pH 为 6.24~6.99),再到底土层中的碱性土壤(pH 为 7.72),表现出比较明显的由表层酸性土壤向深部碱性土壤的转变。

(2)土壤剖面其他元素:在 As、B、Cd、Cl、Co、Cr、Cu、F、Ge、Hg、K_2O、Mn、Mo、N、Ni、P、Pb、S、Se、V、Zn 等元素/指标中,随着土壤剖面深度的增加,各元素含量变化表现出明显的差异性,可以分为以下 3 种主要类型。

表层富集型:即"表聚型"。该类元素总体表现为在表层土壤中明显富集,随剖面深度的增加,含量逐渐降低。主要原因为元素自身地球化学性质和表层土壤中有机质含量高,土壤质地较细,富含黏粒,对该类元素具强烈的吸附作用,从而使 Cd、Hg、Mo、N、P、Pb、Se 等元素残留于表层土壤中,向下由于淋溶迁移作用含量逐渐降低,最终达到土壤成土母质的"本底值"(背景值)。

下层富集型:即"底聚型"。元素含量随剖面深度的增加而增加,表现为表层贫化深部富集的特征。该类元素特征较为明显的是 B、Cl、Co、Cr、F、Ge、K_2O、Mn、Ni、V 等,主要与这些元素具有较高"本底值"或不

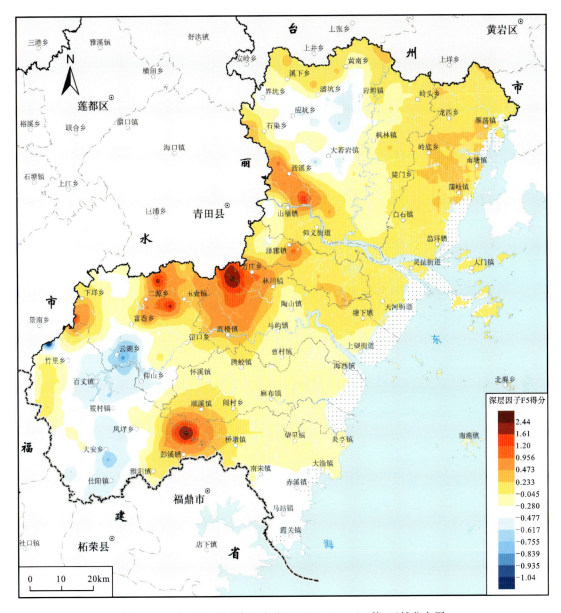

图 3-11 深层土壤元素主成分 F5(Pb-Zn-Ag 等)区域分布图

容易被表层有机质吸附而被淋漓向下迁移聚集有关。

先降低后增加型：剖面中元素含量表现为表层土壤中相对富集，向下到心土层逐渐降低，再到底土层中又逐渐升高的特征。主要特征元素为 Cu、S 元素，形成特征原因主要与元素地球化学性质，表层土壤中有机质、黏土矿物的吸附作用，以及剖面中地下水水位的季节性升降对土壤元素的淋溶、淀积作用有关。

除了以上 3 种主要类型外，温州市土壤剖面元素变化特征类型还有心土层聚集型(As)、均匀分布型(Zn)等。

2. 典型土壤剖面中元素变化特征

研究选取永嘉县潴育水稻土剖面(YJP39)进行分析，剖面深 170cm。剖面位于瓯江区北部永嘉县枫林镇霞美村，地表为水稻种植，所在位置是较典型的潴育水稻土，成土母质为中酸性火山碎屑岩类风化物，剖面土体构型为 $A-Ap-W_1-W_2-G$ 型，剖面各层中元素/指标含量测试结果见表 3-8，统计特征如下。

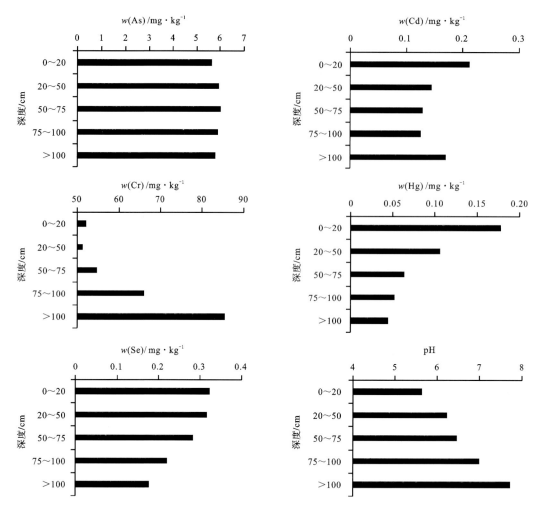

图 3-12 土壤剖面主要元素含量对比柱状图

表 3-7 土壤剖面元素含量变化统计表

深度/cm	As	B	Cd	Cl	Co	Cr	Cu	F	Ge	Hg	K_2O
	%	%	%	%	%	%	%	%	%	%	%
0~20	5.66	33.8	0.212	96.1	9.25	52.0	24.3	531	1.43	0.178	2.60
20~50	5.94	36.3	0.145	97.6	10.5	51.4	18.5	507	1.50	0.106	2.68
50~75	6.01	38.5	0.129	117	12.0	54.7	18.0	536	1.55	0.064	2.77
75~100	5.92	48.0	0.126	185	13.5	65.9	19.7	609	1.59	0.051	2.91
>100	5.78	64.5	0.171	351	15.9	85.6	23.0	718	1.66	0.044	3.19
深度/cm	Mn	Mo	N	Ni	P	Pb	pH	S	Se	V	Zn
	mg/kg	mg/kg	mg/kg	mg/kg	mg/kg	mg/kg		mg/kg	mg/kg	mg/kg	mg/kg
0~20	599	1.20	1587	21.6	670	50.0	5.64	317	0.323	71.1	110
20~50	919	1.08	812	21.8	370	44.7	6.24	176	0.318	78.5	91.2
50~75	1069	1.13	586	23.9	332	42.1	6.47	146	0.282	84.3	94.6
75~100	1188	1.04	601	28.6	374	40.9	6.99	294	0.222	92.6	100
>100	1336	0.643	674	37.1	452	36.4	7.72	645	0.178	108	105

表 3-8 永嘉县土壤剖面 YJP39 元素/指标参数表

深度/cm	As %	B %	Cd %	Cl %	Co %	Cr %	Cu %	F %	Ge %	Hg %	K$_2$O %
0~15	2.20	22.3	0.38	74.0	5.70	39.7	17.4	260	1.28	0.149	2.73
15~30	1.48	18.5	0.27	73.9	5.85	34.2	16.9	387	1.31	0.097	2.85
30~60	1.44	21.4	0.17	61.0	5.28	31.9	12.5	357	1.34	0.054	2.68
60~100	1.83	20.4	0.10	46.2	5.75	38.8	13.2	356	1.40	0.037	3.13
100~170	1.56	20.0	0.13	45.9	8.00	40.0	13.3	374	1.42	0.041	3.26

深度/cm	Mn mg/kg	Mo mg/kg	N mg/kg	Ni mg/kg	P mg/kg	Pb mg/kg	pH	S mg/kg	Se mg/kg	V mg/kg	Zn mg/kg
0~15	527	0.63	2085	12.7	468	47.0	5.49	329	0.24	43.8	96.0
15~30	550	0.50	845	14.0	243	43.9	6.33	136	0.23	49.5	73.9
30~60	1297	0.50	578	13.8	103	29.7	6.39	94.7	0.31	48.0	54.8
60~100	405	0.73	311	14.0	183	32.4	6.39	40.3	0.23	57.1	68.0
100~170	545	0.84	222	15.1	385	36.2	5.50	40.3	0.086	56.4	80.6

土壤剖面酸碱度(pH)均为弱酸性,可能与该地区为重要农业种植区,长期的肥料等外源输入导致土壤酸化。

在分析研究的其他元素中,Cd、Cl、S、N、Hg 均表现出了明显随深度增加而含量降低的特征,这5种"表聚型"垂向分布的元素中除了 Cl 含量为缓慢下降外,其他4种含量随着深度的增加含量急剧下降,表层(0~15cm)与深层(100~170cm)含量之比为3~9,"表聚型"特征十分明显。而 As、Cu、Pb 整体上也表现出"表聚型",但它们在心土层(30~60cm)含量较低。

Cr、Mo、P、Zn 则表现为降到升的分布态势:在地表以下 0~60cm 为由高到低的下降趋势,元素处于向下淋溶状;60~170cm 地下潜水位处即潜育层上部,含量为升高阶段。

B 元素整体为由地表到地下含量变化不明显较为均匀,表层 0~15cm 与深层 100~170cm 含量之比小于1.2。

Co、F、Ge、K$_2$O、Ni、V 整体呈现出"底聚型",即含量由表层随深度增加而逐渐增加,尤其是 Ge,"底聚型"特征较为明显。

Se、Mn 则表现为心土层聚集型,尤其是 Mn。这两种元素均在 30~60cm 的心土层位置为高峰值,可能与该层位的重黏土阻隔 Se、Mn 向下淋溶、迁移而在该层聚集有关。

第三节 区域土壤元素富集与风化淋溶特征

一、土壤元素富集特征

(一)土壤元素富集指标

在长期的自然作用与人为影响下,表层土壤、深层土壤的元素地球化学特征会产生一定的差异性。通过计算表层与深层土壤元素的含量比值,并根据比值大小可以研究各种元素/指标在表层土壤与深层土壤中的相对富集或贫化特征。

表层土壤元素含量的背景值是一个相对概念,是土壤在一定自然历史时期、一定地域内元素的丰度,而深层土壤元素含量的基准值则代表了这一地区的原始沉积环境中元素含量水平,也称为本底值。用这两者的含量进行对比:一方面可以表明哪些元素具有较强的继承性,哪些元素则是后期受到人类活动影响造成背景值过高;另一方面则对于一个地区土壤评价、修复等技术规范的制定具有较高的参考价值。

为进行定量对比研究分析,计算了 $16km^2$ 内 4 件表层土壤样品元素/指标平均值与深层样品中相应元素/指标的比值,按表 3-9 所列标准分为明显贫化、相对贫化、基本接近、相对富集、明显富集、极度富集 5 种类型。

表 3-9 温州市表层与深层土壤元素/指标比值分类表

比值	≤0.5	0.5~0.9	0.9~1.1	1.1~1.5	1.5~2.0	>2.0
特征描述	明显贫化	相对贫化	基本接近	相对富集	明显富集	极度富集

表 3-10 为温州市表层与深层土壤元素含量比值的分类。由此可见,温州市大多数元素/指标在表层与深层含量基本接近,无明显的贫化或富集,温州市没有明显贫化元素/指标。

表 3-10 温州市表层与深层土壤元素比值分类表

比值	特征描述	元素/指标
≤0.5	明显贫化	—
0.5~0.9	相对贫化	I、Mn、Mo、CaO、TFe$_2$O$_3$、Co、MgO、As、Tl、Li、Al$_2$O$_3$、Sc、U、Ga、Ge
0.9~1.1	基本接近	Th、pH、V、Rb、Be、Ti、K$_2$O、Ni、Y、La、Ba、Ce、W、Pb、Se、Zn、Nb、Sr、SiO$_2$、Bi
1.1~1.5	相对富集	Zr、B、F、Cr、Sn、Sb、Cl、Na$_2$O、Cu、Ag、Br、S
1.5~2.0	明显富集	Hg、Cd、Au、P
>2.0	极度富集	Corg、TC、N

由于 I、CaO、MgO 等自身的地球化学性质,在自然风化淋漓作用下其在表层土壤中呈相对贫化特征。Zr、B、F、Cr、Sn、Sb、Cl、Na$_2$O、Cu、Ag、Br、Si 等则处于相对富集水平,Hg、Cd、Au、P 等处于明显富集水平,Corg、TC、N 处于极度富集水平,表层与深层比值的平均值在 2.0 以上,TC、Corg 表层与深层比值的平均值在 3.0 以上,最高可达 23.27。

由此可见:①由于温州市位于东南湿润气候区铁铝土壤带,CaO、MgO 淋溶贫化强烈,体现了表生自然成土作用的特点;②温州市多为山地丘陵区,植被发育,土壤中腐殖质丰富,同时一些元素/指标受表层土壤腐殖质及黏土矿物吸附作用影响,导致 Hg、TC、Corg、P、N、Zn、Cu、Sb 等在表层土壤中明显富集;③表层土壤中 Hg、Cd 等的富集还可能与工业污染、农业种植活动有关。

(二)土壤元素富集变化特征

土壤元素富集系数(P)是反映区域内土壤元素基于原始地球化学背景场下,在后期人为因素、自然因素等多重作用下,在地表富集程度的一项评价指标。不同学者在计算时选用的参比元素有所不同,如 Sc、Zr、Nb、Ti、Fe、Al 等。原则上参比元素必须是成土过程中相对稳定、无明显人为污染影响的元素。本次选取 Sc 作为参比元素,采用如下公式计算:

$$P = (C_{表}/C_{表Sc})/(C_{深}/C_{深Sc}) \qquad (3-1)$$

式中:$C_{表}$ 为 $16km^2$ 内 4 件表层土壤样品各元素/指标的平均值;$C_{深}$ 为深层样品各元素/指标的含量值;$C_{表Sc}$ 和 $C_{深Sc}$ 分别为表层、深层土壤中 Sc 含量的参比值。

1. 总体富集特征

表 3-11 为温州市土壤元素/指标富集系数计算统计结果。

表 3-11 温州市土壤元素富集系数均值统计表

P	富集程度	特征元素/指标
≤0.80	贫化	I
0.81~1.20	无明显变化	Mn、Mo、CaO、TFe$_2$O$_3$、Co、MgO、As、Tl、Li、Al$_2$O$_3$、Sc、U、Ga、Ge、Th、pH、V、Rb、Be、Ti、K$_2$O、Ni、Y、La、Ba
1.21~2.00	弱富集	Ce、W、Pb、Se、Zn、Nb、Sr、SiO$_2$、Bi、Zr、B、F、Cr、Sn、Sb、Cl、Na$_2$O、Cu、Ag、Br、S、Hg、Cd
2.01~3.00	中富集	Au
>3.01	强富集	P、N、TC、Corg

由表 3-11 可以看出,全市仅 I 一项的 P 值小于 0.8,为相对贫化水平;Mn、Mo、CaO、TFe$_2$O$_3$、Co、MgO、As、Tl、Li、Al$_2$O$_3$、Sc、U、Ga、Ge、Th、pH、V、Rb、Be、Ti、K$_2$O、Ni、Y、La、Ba 共 25 项元素/指标为无明显变化状态;Ce、W、Pb、Se、Zn、Nb、Sr、SiO$_2$、Bi、Zr、B、F、Cr、Sn、Sb、Cl、Na$_2$O、Cu、Ag、Br、S、Hg、Cd 共 23 项元素/指标为弱富集状态;Au 的 R 值为 2~3,处于中富集水平;P、N、TC、Corg 等为强富集水平。

可以看出,未富集元素/指标多为易于淋滤元素,在长期的自然成土作用过程中,表层逐渐淋失,深层则相对富集;在中—强富集水平的元素/指标中,Au、P、N、TC、Corg 等与生物地球化学作用、农业生产有关,腐殖层发育、农田耕作施肥致使其在表层土壤中明显富集。

2. 土壤元素富集的成因分析

通过元素/指标富集系数对比,结合地形地貌、地质背景综合分析可知,不同元素/指标表层土壤中的富集主要与地质背景、地形地貌及人类活动有关。

(1)与地质背景有关:如 F、V、Cr、Ni、Cu、Sb、Au 等富集区呈零星状分布,与矿点、特殊地质体基本吻合,受地质背景因素控制明显;S、TC、N、Corg 强富集区主要分布在永嘉县、瑞安市等地,成土母质为第四系沉积物,成土母质自身 Corg、S 等含量较高,加之后期农业种植等因素,使得 S、TC、N、Corg 等在表层土壤中明显富集。

(2)与地形地貌有关:TFe$_2$O$_3$、Al$_2$O$_3$、CaO、MgO、K$_2$O、I、Cl 等,受地形地貌及自然成土因素的影响,多在低山丘陵区或平原区富集明显。例如 TFe$_2$O$_3$、Al$_2$O$_3$ 等在乐清市、永嘉县西部、文成县等低山区明显富集,CaO、MgO、K$_2$O、I、Cl 等则在近海平原区富集明显。

(3)与人类活动有关:Hg、Cd 等元素以城镇为中心,多以城市为中心向周边地区呈面状分布。城市区人类工农业生产扰动强烈,污染历史悠久。

二、土壤风化淋溶特征

土壤风化淋溶系数(ba),是区域土壤成熟度的一个重要指标,是成土母岩母质类型、地形地貌特征、人为耕种条件等影响因素的综合体现。

温州市表层土壤风化淋溶系数(ba)根据式(3-2)进行计算,公式为:

$$ba = \frac{Na_2O + K_2O + CaO + MgO}{Al_2O_3} \quad (3-2)$$

计算结果如表 3-12 所示。

表3-12 温州市土壤风化淋溶系数(ba)统计参数

分项	样本数/件	平均值	极大值	极小值	中位数	众值	算术标准差	变异系数
数值	2887	0.284	0.723	0.076	0.272	0.273	0.091	0.32

ba计算结果表明,全市平均值为0.284,极大值为0.723,极小值为0.076,变异系数为0.32,属弱—中等变异程度,表明在温州地区土壤风化淋溶程度相对较为均匀。

在区域分布上,高值区主要分布在东部沿海地区、洞头区岛屿以及瓯江、楠溪江、飞云江、鳌江等主要河流流域的两岸;而低值区主要分布在中西部的泽雅镇、南部的马站镇以及西南部的百丈镇—彭溪镇等地区。总体上,ba值与区内的地形地貌及母岩母质类型、人类耕种条件相关,表现为低山丘陵区淋溶系数ba值低于水网平原区,近现代冲积-沉积区ba值高于早期冲积-沉积区,旱地耕作区ba值低于水田耕作区等(图3-13)。

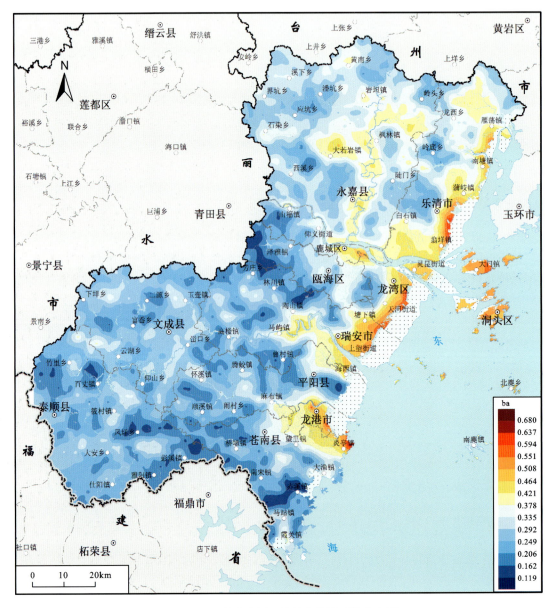

图3-13 温州市表层土壤风化淋溶系数分布图

第四章 土壤地球化学基准值

第一节 各行政区土壤地球化学基准值

一、温州市土壤地球化学基准值

温州市土壤地球化学基准值数据经正态分布检验，结果表明，原始数据中仅 Ga、Rb、SiO_2、K_2O 符合正态分布，Ag、As、Au、Be、Bi、Br、Cd、Ce、Co、Cu、F、Ge、Hg、I、La、Mo、N、Nb、Sb、Sc、Se、Th、U、V、Y、Al_2O_3、Corg 共 27 项符合对数正态分布，Ba、Zn、Zr 剔除异常值后符合正态分布（简称剔除后正态分布），Cl、Cr、Li、Mn、Ni、Sn、Tl、W、MgO 剔除异常值后符合对数正态分布（简称剔除后对数分布），其他元素/指标不符合正态分布或对数正态分布（表 4-1）。

温州市深层土壤总体呈酸性，土壤 pH 基准值为 5.20，极大值为 6.83，极小值为 4.49，接近于浙江省基准值，略低于中国基准值。

深层土壤各元素/指标中，多数元素/指标变异系数小于 0.40，分布相对均匀；仅 Sb、V、P、Se、Co、Hg、I、B、TC、Corg、Bi、Sr、Ni、Ag、Cr、CaO、Cu、As、Cd、Br、Na_2O、pH、Au、Mo 共 24 项元素/指标变异系数大于 0.40，其中 Na_2O、pH、Au、Mo 变异系数大于 0.80，空间变异性较大。

与浙江省土壤基准值相比，温州市土壤基准值中 B、Cr、Sr 基准值明显偏低，为浙江省基准值的 60% 以下，其中 B 基准值最低，仅为浙江省基准值的 25%；而 Li、P、V、CaO、Na_2O 基准值略低于浙江省基准值，为浙江省基准值的 60%~80%；Ce、Hg、La、Pb、Se、Sn、Tl 基准值略高于浙江省基准值，与浙江省基准值比值在 1.2~1.4 之间；而 Bi、Br、I、Mo、TC 基准值明显偏高，与浙江省基准值比值均在 1.4 以上，其中 Br 基准值最高，为浙江省基准值的 2.56 倍；其他元素/指标基准值则与浙江省基准值基本接近。

与中国土壤基准值相比，温州市土壤基准值中 Ni、Cr、B、MgO、P、Sr、Na_2O、CaO 基准值明显偏低，为中国基准值的 60% 以下，其中 Na_2O、CaO 基准值为中国基准值的 7% 以下；而 Sb、S、Cu、As、Cl 基准值略低于中国基准值，为中国基准值的 60%~80%；Mn、Rb、Zr、N、Ti、Ge、Be 基准值略高于中国基准值，与中国基准值比值在 1.2~1.4 之间；I、Hg、Se、Br、Nb、Mo、Pb、Tl、Th、Ce、La、Zn、U、Bi、Ga、Al_2O_3、W、Corg 基准值明显偏高，与中国基准值比值均在 1.4 以上，其中 I、Hg、Se、Br 基准值为中国基准值的 2.0 倍以上；其他元素/指标基准值则与中国基准值基本接近。

二、乐清市土壤地球化学基准值

乐清市土壤地球化学基准值数据经正态分布检验，结果表明，原始数据中 B、Be、Bi、Cd、Ce、F、Ga、Ge、I、La、Mn、N、Nb、P、Rb、Sc、Sn、Sr、Th、Ti、U、V、W、Y、Zr、SiO_2、Al_2O_3、TFe_2O_3、Na_2O、K_2O、TC 共 31 项元素/指标符合正态分布，Ag、As、Au、Br、Cl、Co、Cr、Cu、Hg、Li、Ni、Pb、S、Sb、Se、Tl、MgO、CaO、Corg 共 19 项元素/指标符合对数正态分布，Mo、Zn 剔除异常值后符合正态分布，其他元素/指标不符合正态分布

表 4-1 温州市土壤地球化学基准值参数统计表

元素/指标	N	$X_{5\%}$	$X_{10\%}$	$X_{25\%}$	$X_{50\%}$	$X_{75\%}$	$X_{90\%}$	$X_{95\%}$	$\bar{X}$	S	$\bar{X}_g$	S_g	X_{max}	X_{min}	CV	X_{me}	X_{mo}	分布类型	温州市基准值	浙江省基准值	中国基准值
Ag	688	45.00	50.00	57.0	70.0	90.0	116	132	80.2	45.83	73.7	12.66	580	33.00	0.57	70.0	64.0	对数正态分布	73.7	70.0	70.0
As	688	2.88	3.27	4.31	5.55	7.51	10.63	13.06	6.60	4.39	5.81	3.11	64.6	1.72	0.67	5.55	4.40	对数正态分布	5.81	6.83	9.00
Au	688	0.44	0.51	0.64	0.90	1.32	2.00	2.89	1.24	1.48	0.98	1.83	22.20	0.29	1.20	0.90	1.20	对数正态分布	0.98	1.10	1.10
B	622	11.80	12.81	15.90	19.70	26.90	42.66	51.0	23.68	11.80	21.34	6.47	60.0	7.00	0.50	19.70	18.00	其他分布	18.00	73.0	41.00
Ba	638	246	303	406	510	608	741	809	515	164	486	37.32	968	108	0.32	510	470	剔除后正态分布	515	482	522
Be	688	1.68	1.80	2.06	2.43	2.87	3.24	3.50	2.51	0.71	2.43	1.79	11.80	1.14	0.28	2.43	2.17	对数正态分布	2.43	2.31	2.00
Bi	688	0.20	0.23	0.30	0.40	0.53	0.66	0.83	0.44	0.23	0.40	1.94	2.78	0.13	0.52	0.40	0.50	对数正态分布	0.40	0.24	0.27
Br	688	1.80	2.20	2.80	3.80	5.20	7.10	8.56	4.40	3.35	3.84	2.57	63.3	0.90	0.76	3.80	3.90	对数正态分布	3.84	1.50	1.80
Cd	688	0.04	0.04	0.06	0.09	0.14	0.18	0.23	0.11	0.08	0.09	4.34	0.92	0.01	0.74	0.09	0.11	对数正态分布	0.09	0.11	0.11
Ce	688	76.0	80.1	88.9	98.8	112	127	143	103	23.00	101	14.44	264	61.4	0.22	98.8	112	对数正态分布	101	84.1	62.0
Cl	592	28.36	30.52	35.08	40.80	51.6	71.4	91.4	46.60	17.70	43.94	9.54	109	21.10	0.38	40.80	38.30	剔除后对数正态分布	43.94	39.00	72.0
Co	688	4.56	5.34	6.91	9.81	14.60	18.30	19.86	11.06	5.33	9.89	4.25	48.80	2.08	0.48	9.81	10.70	对数正态分布	9.89	11.90	11.0
Cr	598	10.38	11.30	15.62	22.70	34.10	48.13	64.6	26.93	15.89	23.10	6.99	78.5	6.70	0.59	22.70	21.80	对数正态分布	23.10	71.0	50.0
Cu	688	5.30	6.40	8.60	12.20	18.92	26.55	30.35	14.68	9.03	12.62	5.04	108	2.20	0.62	12.20	10.30	对数正态分布	12.62	11.20	19.00
F	688	257	280	336	422	539	690	754	451	152	427	34.12	1266	186	0.34	422	754	对数正态分布	427	431	456
Ga	688	18.00	19.09	20.40	22.00	23.70	25.40	26.56	22.12	2.61	21.97	5.95	32.60	15.20	0.12	22.00	22.40	正态分布	22.12	18.92	15.00
Ge	688	1.39	1.43	1.50	1.60	1.73	1.85	1.94	1.62	0.17	1.61	1.33	2.19	1.17	0.11	1.60	1.50	对数正态分布	1.61	1.50	1.30
Hg	688	0.04	0.04	0.05	0.06	0.08	0.10	0.12	0.07	0.03	0.06	5.01	0.45	0.02	0.49	0.06	0.06	对数正态分布	0.06	0.048	0.018
I	688	3.05	3.60	4.78	6.59	9.00	11.83	13.96	7.33	3.60	6.57	3.27	34.20	0.81	0.49	6.59	10.80	对数正态分布	6.57	3.86	1.00
La	688	38.30	41.00	45.00	51.00	57.8	65.9	70.3	52.2	10.64	51.3	9.70	99.0	29.00	0.20	51.0	47.00	对数正态分布	51.3	41.00	32.00
Li	623	18.57	20.40	23.60	27.90	35.02	44.94	52.2	30.41	9.87	29.01	7.27	60.4	13.10	0.32	27.90	23.90	剔除后对数正态分布	29.01	37.51	29.00
Mn	669	368	435	600	794	1052	1284	1412	836	318	774	49.59	1720	171	0.38	794	792	对数正态分布	774	713	562
Mo	688	0.51	0.59	0.85	1.22	1.91	2.75	3.59	1.64	2.28	1.29	1.88	52.0	0.34	1.39	1.22	0.87	对数正态分布	1.29	0.62	0.70
N	688	0.30	0.33	0.40	0.50	0.66	0.82	0.91	0.54	0.20	0.51	1.64	1.79	0.15	0.37	0.50	0.36	对数正态分布	0.51	0.49	0.399
Nb	688	17.20	18.00	19.48	22.25	25.82	30.10	32.56	23.18	4.93	22.71	6.01	48.20	14.00	0.21	22.25	19.10	对数正态分布	22.71	19.60	12.00
Ni	624	5.32	6.48	8.90	12.40	18.02	27.61	33.10	14.70	8.20	12.77	5.02	39.40	3.17	0.56	12.40	11.00	剔除后对数正态分布	12.77	11.00	22.00
P	681	0.12	0.14	0.19	0.27	0.39	0.49	0.54	0.29	0.13	0.26	2.36	0.69	0.08	0.45	0.27	0.19	偏峰分布	0.19	0.24	0.488
Pb	623	26.91	29.20	33.60	37.60	44.05	52.7	58.2	39.34	9.17	38.32	8.34	66.5	17.30	0.23	37.60	38.00	其他分布	38.00	30.00	21.00

第四章 土壤地球化学基准值

续表 4-1

元素/指标	N	$X_{5\%}$	$X_{10\%}$	$X_{25\%}$	$X_{50\%}$	$X_{75\%}$	$X_{90\%}$	$X_{95\%}$	$\overline{X}$	S	$\overline{X}_g$	S_g	X_{max}	X_{min}	CV	X_{me}	X_{mo}	分布类型	温州市基准值	浙江省基准值	中国基准值
Rb	688	90.4	99.3	116	132	149	161	167	131	24.14	129	16.76	216	60.2	0.18	132	144	正态分布	131	128	96.0
S	591	95.6	101	110	127	148	173	201	134	31.86	130	17.15	243	50.0	0.24	127	121	偏峰分布	121	114	166
Sb	688	0.29	0.33	0.40	0.49	0.61	0.79	0.99	0.54	0.22	0.50	1.69	2.74	0.21	0.42	0.49	0.40	对数正态分布	0.50	0.53	0.67
Sc	688	6.30	6.87	8.20	9.90	12.60	15.40	16.30	10.57	3.26	10.09	4.06	22.80	4.70	0.31	9.90	8.20	对数正态分布	10.09	9.70	9.00
Se	688	0.14	0.16	0.21	0.28	0.40	0.50	0.57	0.31	0.14	0.29	2.33	1.38	0.08	0.45	0.28	0.24	对数正态分布	0.29	0.21	0.13
Sn	652	2.50	2.66	3.07	3.48	4.02	4.57	4.82	3.56	0.72	3.49	2.12	5.70	1.80	0.20	3.48	3.40	剔除后对数分布	3.49	2.60	3.00
Sr	684	20.13	24.16	32.50	47.00	81.0	106	115	58.0	31.82	49.74	11.05	150	8.20	0.55	47.00	60.2	其他分布	60.2	112	197
Th	688	11.54	12.97	14.80	16.80	19.00	21.30	23.40	17.08	3.76	16.68	5.16	36.20	6.28	0.22	16.80	16.50	对数正态分布	16.68	14.50	10.00
Ti	680	2433	2882	3432	4294	5077	5476	6140	4288	1127	4129	127	7576	1321	0.26	4294	4326	其他分布	4326	4602	3406
Tl	654	0.78	0.83	0.92	1.00	1.14	1.29	1.38	1.03	0.17	1.02	1.19	1.51	0.58	0.17	1.00	0.93	剔除后对数正态分布	1.02	0.82	0.60
U	688	2.50	2.71	3.14	3.58	4.10	4.77	5.23	3.68	0.84	3.59	2.16	8.00	1.78	0.23	3.58	3.00	对数正态分布	3.59	3.14	2.40
V	688	30.80	36.17	48.98	66.5	57.6	117	124	73.6	32.43	66.7	12.34	236	14.40	0.44	66.5	108	对数正态分布	66.7	110	67.0
W	648	1.51	1.65	1.83	2.08	2.44	2.92	3.17	2.18	0.49	2.12	1.60	3.57	1.12	0.22	2.08	1.93	剔除后对数分布	2.12	1.93	1.50
Y	688	19.73	21.10	23.70	27.10	30.22	33.13	36.60	27.45	6.15	26.91	6.75	113	13.70	0.22	27.10	25.70	对数正态分布	26.91	26.13	23.00
Zn	664	58.9	64.1	74.4	88.3	105	117	128	90.2	21.11	87.7	13.55	153	39.10	0.23	88.3	117	剔除后正态分布	90.2	77.4	60.0
Zr	658	188	199	242	287	337	379	409	291	67.4	283	25.86	489	165	0.23	287	299	剔除后正态分布	291	287	215
SiO₂	688	58.2	60.0	62.6	65.7	63.9	71.4	72.9	65.6	4.52	65.4	11.13	77.8	50.8	0.07	65.7	64.9	正态分布	65.6	70.5	67.9
Al₂O₃	688	14.08	14.73	15.79	16.94	18.83	20.43	21.36	17.32	2.23	17.18	5.18	24.70	11.40	0.13	16.94	16.22	对数正态分布	17.18	14.82	11.90
TFe₂O₃	681	3.02	3.30	3.87	4.71	5.93	6.68	7.22	4.91	1.33	4.73	2.59	9.19	2.46	0.27	4.71	4.51	其他分布	4.51	4.70	4.10
MgO	585	0.32	0.37	0.42	0.52	0.67	0.83	0.98	0.57	0.20	0.54	1.60	1.32	0.24	0.36	0.52	0.55	剔除后对数分布	0.54	0.67	1.36
CaO	608	0.11	0.12	0.14	0.19	0.29	0.48	0.58	0.24	0.14	0.21	2.72	0.72	0.06	0.60	0.19	0.14	其他分布	0.14	0.22	2.57
Na₂O	682	0.09	0.10	0.14	0.27	0.60	0.98	1.07	0.40	0.33	0.29	2.78	1.27	0.07	0.82	0.27	0.12	其他分布	0.12	0.16	1.81
K₂O	688	1.39	1.62	2.09	2.59	3.03	3.26	3.57	2.55	0.66	2.45	1.84	4.53	0.71	0.26	2.59	2.59	正态分布	2.55	2.99	2.36
TC	675	0.19	0.22	0.31	0.43	0.69	0.87	0.99	0.51	0.25	0.45	1.93	1.26	0.11	0.50	0.43	0.82	偏峰分布	0.82	0.43	0.90
Corg	688	0.19	0.22	0.31	0.42	0.60	0.75	0.88	0.47	0.24	0.42	1.93	2.65	0.10	0.51	0.42	0.61	对数分布	0.42	0.42	0.30
pH	580	4.77	4.85	4.96	5.16	5.37	5.78	6.02	5.11	5.30	5.24	2.61	6.83	4.49	1.04	5.16	5.20	其他分布	5.20	5.12	8.10

注：氧化物、TC、Corg 单位为%，N、P 单位为 g/kg，Au、Ag 单位为 μg/kg，其他量纲为 mg/kg；pH 为无量纲；其他元素/指标单位为 mg/kg；浙江省基准值引自《浙江省土壤地球化学基准值与土壤地球化学基准值网建立与基准值特征》(王学求等，2016)；中国基准值引自《全国地球化学基准网建立与基准值特征》(王学求等，2016)；中国基准值引自《浙江省土壤元素背景值》(黄春雷等，2023)；中国基准值引自《全国地球化学基准网建立与基准值特征》(王学求等，2016)；后表单位和资料来源相同。

或对数正态分布(表4-2)。

乐清市深层土壤总体呈酸性，土壤pH基准值为5.30，极大值为8.38，极小值为4.67，接近于温州市基准值和浙江省基准值。

深层土壤各元素/指标中，多半元素/指标变异系数小于0.40，分布相对均匀；Li、Co、Mn、Sr、Cu、Ag、Se、I、Corg、B、Ni、TC、Cd、MgO、Na_2O、As、Cr、Pb、S、pH、CaO、Br、Au、Cl共24项元素/指标变异系数大于0.40，其中pH、CaO、Br、Au、Cl变异系数大于0.80，空间变异性较大。

与温州市土壤基准值相比，乐清市土壤基准值中Mn、Li、N、Cd、Corg、Au、Cu、I、V、F基准值略高于温州市基准值，与温州市基准值比值在1.2～1.4之间；而Na_2O、CaO、Cl、B、P、Cr、MgO、Ni、S、Br、Mn基准值明显偏高，与温州市基准值比值均在1.4以上，其中Na_2O、CaO、Cl、B基准值为温州市基准值的2.0倍以上，Na_2O基准值最高，为温州市基准值的5.0倍；其他元素/指标基准值则与温州市基准值基本接近。

与浙江省土壤基准值相比，乐清市土壤基准值中B、Cr基准值明显低于浙江省基准值，不足浙江省基准值的60%；Sr、V基准值略低于浙江省基准值，为浙江省基准值的60%～80%；Ce、La、N、Tl、Zn、MgO、Corg基准值略高于浙江省基准值，与浙江省基准值比值在1.2～1.4之间；Bi、Br、Cl、Cu、I、Mn、Mo、Ni、P、Pb、S、Se、CaO、Na_2O、TC、Hg基准值明显偏高，与浙江省基准值比值均在1.4以上，其中Br、Cl、I、Na_2O基准值为浙江省基准值的2.0倍以上；其他元素/指标基准值则与浙江省基准值基本接近。

三、龙港市土壤地球化学基准值

龙港市土壤地球化学基准值数据经正态分布检验，结果表明，原始数据中Ag、Ba、Be、Cd、Ce、Co、Cu、Ga、Ge、Hg、I、La、Mn、N、Nb、P、Rb、Sb、Sc、Se、Sr、Th、Ti、U、V、Y、Zn、Zr、SiO_2、Al_2O_3、TFe_2O_3、K_2O、TC、Corg共34项符合正态分布，As、Au、B、Bi、Br、Cl、Cr、Li、Mo、Ni、Pb、S、Sn、Tl、W、MgO、CaO、Na_2O、pH共19项符合对数正态分布，F不符合正态分布或对数正态分布(表4-3)。

龙港市深层土壤总体呈酸性，土壤pH基准值为5.76，极大值为8.50，极小值为4.49，与温州市基准值和浙江省基准值接近。

深层土壤各元素/指标中，大多数元素/指标变异系数小于0.40，分布相对均匀；Li、TC、Se、Au、I、As、Bi、Sr、Cd、S、Ni、Br、Mo、Cr、B、MgO、Na_2O、pH、CaO、Cl共20项元素/指标变异系数大于0.40，其中Na_2O、pH、CaO、Cl变异系数大于0.80，空间变异性较大。

与温州市土壤基准值相比，龙港市土壤基准值中TC、F基准值略低于温州市基准值，为温州市基准值的60%～80%；Sn、Ni、V、Se、TFe_2O_3、MgO、Cu、Co、Sc、Corg基准值略偏高，与温州市基准值比值均在1.2～1.4之间，其中Na_2O、CaO、P、I、B、Cl、Cr、S基准值为温州市基准值的1.4倍以上；其他元素/指标基准值则与温州市基准值基本接近。

与浙江省土壤基准值相比，龙港市土壤基准值中B、Cr、Sr基准值明显偏低，不足浙江省基准值的60%，B基准值最低，仅为浙江省基准值的35%；F、K_2O基准值略低于浙江省基准值，为浙江省基准值的60%～80%；Ga、La、Mn、N、Pb、Sc、Th、Tl、U、Al_2O_3、TFe_2O_3、CaO、TC、Corg、Hg基准值略高于浙江省基准值，与浙江省基准值比值在1.2～1.4之间；Bi、Br、Cl、Cu、I、Mo、Ni、P、S、Se、Sn、Na_2O基准值明显偏高，与浙江省基准值比值均在1.4以上，其中Br基准值最高，为浙江省基准值的2.85倍；其他元素/指标基准值则与浙江省基准值基本接近。

四、龙湾区土壤地球化学基准值

龙湾区土壤样品采集12件，小于30件无法进行正态分布检验，具体数据统计见表4-4。

龙湾区深层土壤总体呈碱性，土壤pH基准值为8.04，极大值为8.50，极小值为5.25，明显高于温州市基准值和浙江省基准值。

第四章 土壤地球化学基准值

表 4-2 乐清市土壤地球化学基准值参数统计表

元素/指标	N	$X_{5\%}$	$X_{10\%}$	$X_{25\%}$	$X_{50\%}$	$X_{75\%}$	$X_{90\%}$	$X_{95\%}$	$\overline{X}$	S	$\overline{X}_g$	S_g	X_{max}	X_{min}	CV	X_{me}	X_{mo}	分布类型	乐清市基准值	温州市基准值	浙江省基准值
Ag	75	51.7	55.8	64.0	79.0	97.0	132	153	89.9	47.26	82.8	13.40	351	43.00	0.53	79.0	64.0	对数正态分布	82.8	73.7	70.0
As	75	3.48	3.60	4.62	5.60	7.74	10.05	12.12	6.68	4.32	5.99	3.16	36.80	2.76	0.65	5.60	6.00	对数正态分布	5.99	5.81	6.83
Au	75	0.59	0.64	0.78	1.20	1.65	2.31	3.41	1.69	2.61	1.25	1.94	22.20	0.42	1.54	1.20	1.40	对数正态分布	1.25	0.98	1.10
B	75	14.31	15.78	19.40	33.00	59.5	68.6	76.6	38.57	21.30	32.92	8.98	83.0	11.90	0.55	33.00	37.10	正态分布	38.57	18.00	73.0
Ba	73	472	500	542	608	808	1041	1139	696	213	667	41.25	1230	392	0.31	608	576	偏峰分布	576	515	482
Be	75	1.73	1.89	2.09	2.60	3.01	3.23	3.27	2.55	0.53	2.49	1.82	3.70	1.56	0.21	2.60	2.63	正态分布	2.55	2.43	2.31
Bi	75	0.21	0.30	0.34	0.42	0.54	0.61	0.66	0.44	0.14	0.42	1.77	0.86	0.17	0.33	0.42	0.34	正态分布	0.44	0.40	0.24
Br	75	2.47	2.70	3.65	5.10	5.25	9.98	11.65	6.81	7.80	5.42	3.02	63.3	2.00	1.14	5.10	3.60	正态分布	5.42	3.84	1.50
Cd	75	0.05	0.05	0.07	0.11	0.15	0.19	0.20	0.12	0.08	0.10	3.84	0.60	0.03	0.63	0.11	0.16	正态分布	0.12	0.09	0.11
Ce	75	78.2	81.3	89.7	101	115	127	141	104	20.49	102	14.01	170	64.4	0.20	101	113	正态分布	104	101	84.1
Cl	75	39.58	40.58	48.10	59.8	172	290	1051	264	822	97.5	20.02	6734	35.60	3.11	59.8	54.3	对数正态分布	97.5	43.94	39.00
Co	75	5.74	6.41	8.11	9.63	17.35	19.86	20.33	12.06	5.17	11.03	4.53	23.90	4.90	0.43	9.63	18.30	对数正态分布	11.03	9.89	11.90
Cr	75	13.42	15.20	18.95	36.10	39.5	103	106	50.5	34.55	39.15	10.61	113	11.90	0.68	36.10	33.60	对数正态分布	39.15	23.10	71.0
Cu	75	7.64	8.72	10.60	14.33	24.83	29.80	33.20	17.99	9.10	15.92	5.72	46.37	6.60	0.51	14.33	12.30	正态分布	15.92	12.62	11.20
F	75	246	267	357	486	500	754	799	514	187	479	37.62	849	202	0.36	486	754	正态分布	514	427	431
Ga	75	18.29	19.16	20.45	22.30	25.20	24.64	25.19	21.91	2.16	21.80	5.88	26.60	16.30	0.10	22.30	22.40	正态分布	21.91	22.12	18.92
Ge	75	1.40	1.41	1.48	1.52	1.62	1.71	1.78	1.55	0.12	1.55	1.29	1.93	1.36	0.08	1.52	1.52	正态分布	1.55	1.61	1.50
Hg	75	0.04	0.05	0.06	0.07	0.08	0.09	0.11	0.07	0.03	0.07	4.78	0.23	0.03	0.40	0.07	0.08	剔除后正态分布	0.07	0.06	0.048
I	75	3.21	4.02	5.15	7.87	10.25	11.98	13.94	8.24	4.46	7.33	3.28	34.20	2.65	0.54	7.87	5.39	正态分布	8.24	6.57	3.86
La	75	38.00	40.00	43.00	49.00	55.0	59.8	62.5	49.69	8.61	48.98	9.28	77.6	31.44	0.17	49.00	43.00	正态分布	49.69	51.3	41.00
Li	75	21.50	24.16	27.81	35.31	62.5	68.7	70.1	42.14	17.09	38.94	9.11	73.1	20.00	0.41	35.31	34.70	对数正态分布	38.94	29.01	37.51
Mn	75	536	615	745	983	1545	1600	2009	1087	475	998	56.9	2943	398	0.44	983	1073	正态分布	1087	774	713
Mo	67	0.56	0.59	0.85	1.08	1.27	1.47	1.67	1.08	0.35	1.03	1.41	2.03	0.39	0.32	1.08	0.57	正态分布	1.08	1.29	0.62
N	75	0.40	0.42	0.52	0.66	0.79	0.95	1.02	0.68	0.23	0.64	1.48	1.79	0.27	0.34	0.66	0.67	正态分布	0.68	0.51	0.49
Nb	75	18.00	18.20	19.00	21.20	23.30	25.08	25.83	21.40	2.63	21.24	5.73	26.50	16.30	0.12	21.20	22.40	对数正态分布	21.40	22.71	19.60
Ni	75	8.38	9.70	12.00	18.30	38.60	44.28	45.09	23.80	13.34	20.24	6.81	48.00	7.02	0.56	18.30	25.90	正态分布	20.24	12.77	11.00
P	75	0.17	0.19	0.22	0.32	0.42	0.52	0.57	0.34	0.14	0.31	2.07	0.79	0.15	0.40	0.32	0.34	正态分布	0.34	0.19	0.24
Pb	75	30.56	32.39	35.00	38.00	45.10	61.3	73.8	47.94	36.82	42.97	8.83	311	25.90	0.77	38.00	38.00	对数正态分布	42.97	38.00	30.00

续表 4-2

元素/指标	N	$X_{5\%}$	$X_{10\%}$	$X_{25\%}$	$X_{50\%}$	$X_{75\%}$	$X_{90\%}$	$X_{95\%}$	$\bar{X}$	S	$\bar{X}_g$	S_g	$X_{\max}$	$X_{\min}$	CV	X_{me}	X_{mo}	分布类型	乐清市基准值	温州市基准值	浙江省基准值
Rb	75	106	109	123	137	161	165	168	139	22.13	137	17.25	199	95.8	0.16	137	128	正态分布	139	131	128
S	75	117	122	136	156	240	437	505	226	179	190	23.10	991	93.8	0.79	156	138	对数正态分布	190	121	114
Sb	75	0.38	0.40	0.44	0.49	0.60	0.74	0.77	0.54	0.15	0.52	1.55	1.05	0.30	0.27	0.49	0.53	对数正态分布	0.52	0.50	0.53
Sc	75	6.97	7.94	9.15	10.50	13.85	16.82	17.35	11.54	3.35	11.08	4.30	20.60	6.20	0.29	10.50	9.50	正态分布	11.54	10.09	9.70
Se	75	0.16	0.17	0.20	0.30	0.41	0.49	0.52	0.33	0.17	0.30	2.36	1.38	0.14	0.53	0.30	0.24	对数正态分布	0.30	0.29	0.21
Sn	75	2.52	2.76	3.06	3.45	4.02	4.50	5.26	3.64	0.98	3.53	2.19	8.20	2.00	0.27	3.45	3.60	正态分布	3.64	3.49	2.60
Sr	75	28.70	32.02	41.00	59.4	99.0	110	119	69.7	34.85	61.8	12.17	202	25.80	0.50	59.4	38.30	正态分布	69.7	60.2	112
Th	75	12.42	13.70	14.70	16.40	18.80	20.48	21.64	16.79	3.15	16.51	5.01	29.10	9.60	0.19	16.40	17.20	正态分布	16.79	16.68	14.50
Ti	75	3227	3316	4082	4648	5120	5272	5538	4533	795	4460	129	6792	2730	0.18	4648	4529	正态分布	4533	4326	4602
Tl	75	0.86	0.87	0.93	0.99	1.08	1.25	1.34	1.05	0.30	1.03	1.21	3.25	0.78	0.28	0.99	0.93	对数正态分布	1.03	1.02	0.82
U	75	2.50	2.74	3.00	3.55	4.23	4.83	5.13	3.66	0.84	3.57	2.10	6.00	2.20	0.23	3.55	2.90	正态分布	3.66	3.59	3.14
V	75	44.67	49.88	60.4	71.9	110	121	126	81.0	27.54	76.5	13.14	130	41.13	0.34	71.9	65.0	正态分布	81.0	66.7	110
W	75	1.46	1.67	1.80	1.98	2.18	2.45	2.79	2.02	0.37	1.99	1.55	3.16	1.26	0.18	1.98	2.04	正态分布	2.02	2.12	1.93
Y	75	20.22	21.10	24.05	26.90	29.55	30.40	31.13	26.64	3.91	26.36	6.74	40.00	18.80	0.15	26.90	30.07	正态分布	26.64	26.91	26.13
Zn	72	65.9	69.8	77.3	96.3	113	122	128	96.8	21.98	94.3	14.13	149	57.0	0.23	96.3	89.1	剔除后正态分布	96.8	90.2	77.4
Zr	75	175	180	201	299	394	474	502	309	108	291	25.28	516	165	0.35	299	318	正态分布	309	291	287
SiO_2	75	58.7	59.9	61.8	65.1	67.4	69.1	70.4	64.7	3.87	64.6	10.96	73.9	54.3	0.06	65.1	64.9	正态分布	64.7	65.6	70.5
Al_2O_3	75	14.79	15.07	16.01	16.74	18.33	19.59	20.13	17.09	1.65	17.01	5.07	20.66	13.60	0.10	16.74	16.39	正态分布	17.09	17.18	14.82
TFe_2O_3	75	3.12	3.60	4.14	4.72	6.28	6.71	6.80	5.00	1.21	4.85	2.64	7.10	2.49	0.24	4.72	4.77	正态分布	5.00	4.51	4.70
MgO	75	0.40	0.44	0.55	0.71	1.78	2.13	2.28	1.07	0.69	0.88	1.86	2.70	0.32	0.64	0.71	0.55	对数正态分布	0.88	0.54	0.67
CaO	75	0.13	0.13	0.17	0.25	0.70	1.15	1.66	0.51	0.55	0.34	2.72	3.18	0.06	1.07	0.25	0.16	对数正态分布	0.34	0.14	0.22
Na_2O	75	0.15	0.18	0.26	0.54	0.94	1.05	1.16	0.60	0.38	0.48	2.22	1.70	0.13	0.64	0.54	0.18	正态分布	0.60	0.12	0.16
K_2O	75	1.93	2.08	2.49	2.99	3.24	3.35	3.68	2.88	0.57	2.82	1.89	4.34	1.49	0.20	2.99	3.27	正态分布	2.88	2.55	2.99
TC	75	0.28	0.36	0.44	0.70	0.85	1.05	1.34	0.72	0.42	0.64	1.69	3.30	0.20	0.58	0.70	0.77	正态分布	0.72	0.82	0.43
Corg	75	0.28	0.36	0.44	0.57	0.66	0.76	1.05	0.60	0.33	0.55	1.66	2.65	0.20	0.54	0.57	0.61	对数正态分布	0.55	0.42	0.42
pH	75	4.80	4.86	4.94	5.26	7.49	8.03	8.23	5.21	5.22	6.05	2.95	8.38	4.67	1.00	5.26	5.30	其他分布	5.30	5.20	5.12

第四章 土壤地球化学基准值

表 4-3 龙港市土壤地球化学基准值参数统计表

元素/指标	N	$X_{5\%}$	$X_{10\%}$	$X_{25\%}$	$X_{50\%}$	$X_{75\%}$	$X_{90\%}$	$X_{95\%}$	$\overline{X}$	S	$\overline{X}_g$	S_g	X_{max}	X_{min}	CV	X_{me}	X_{mo}	分布类型	龙港市基准值	温州市基准值	浙江省基准值
Ag	76	44.00	48.50	57.8	71.0	88.0	100.0	106	73.7	20.73	70.9	12.03	140	38.00	0.28	71.0	100.0	正态分布	73.7	73.7	70.0
As	76	3.76	4.45	4.90	5.83	7.53	9.99	12.85	6.84	3.30	6.31	3.06	25.90	2.55	0.48	5.83	4.90	对数正态分布	6.31	5.81	6.83
Au	76	0.52	0.56	0.78	0.96	1.19	1.40	1.82	1.02	0.46	0.95	1.47	3.00	0.42	0.45	0.96	1.00	对数正态分布	0.95	0.98	1.10
B	76	10.11	11.90	15.88	21.45	38.85	70.0	73.8	31.38	21.55	25.30	7.78	83.0	7.43	0.69	21.45	38.00	对数正态分布	25.30	18.00	73.0
Ba	76	224	264	364	466	527	641	760	467	162	440	33.81	1018	192	0.35	466	450	正态分布	467	515	482
Be	76	1.59	1.81	2.12	2.52	2.99	3.46	3.94	2.62	0.71	2.53	1.86	4.51	1.46	0.27	2.52	2.50	正态分布	2.62	2.43	2.31
Bi	76	0.29	0.32	0.36	0.45	0.54	0.77	0.84	0.51	0.26	0.47	1.73	2.09	0.22	0.50	0.45	0.45	对数正态分布	0.47	0.40	0.24
Br	76	2.00	2.30	3.18	4.45	5.43	6.60	7.67	4.79	2.91	4.27	2.51	19.84	1.90	0.61	4.45	4.60	对数正态分布	4.27	3.84	1.50
Cd	76	0.03	0.04	0.05	0.07	0.12	0.16	0.18	0.09	0.05	0.08	4.56	0.23	0.02	0.54	0.07	0.05	正态分布	0.09	0.09	0.11
Ce	76	78.2	79.7	90.7	99.3	126	116	119	99.0	15.86	97.8	13.89	176	61.7	0.16	99.3	104	正态分布	99.0	101	84.1
Cl	76	32.97	36.50	40.60	50.8	8-.3	214	251	189	664	69.0	14.90	4261	29.90	3.50	50.8	62.5	对数正态分布	69.0	43.94	39.00
Co	76	6.70	7.79	9.96	12.55	15.53	17.40	19.25	12.63	3.81	12.03	4.42	21.60	5.07	0.30	12.55	12.60	对数正态分布	12.63	9.89	11.90
Cr	76	14.20	17.90	22.25	34.05	58.5	94.4	97.7	43.94	29.79	35.72	9.27	137	10.10	0.68	34.05	36.00	对数正态分布	35.72	23.10	71.0
Cu	76	8.23	9.60	11.55	14.50	20.90	24.62	29.60	16.35	6.57	15.17	5.12	34.80	6.30	0.40	14.50	13.00	正态分布	16.35	12.62	11.20
F	76	258	264	295	360	529	694	740	422	164	394	33.48	810	214	0.39	360	264	偏峰分布	264	427	431
Ga	76	19.56	20.45	21.72	23.10	24.62	26.10	27.05	23.21	2.42	23.09	6.06	30.00	18.10	0.10	23.10	23.20	正态分布	23.21	22.12	18.92
Ge	76	1.45	1.48	1.56	1.65	1.77	1.94	1.98	1.68	0.17	1.67	1.35	2.15	1.38	0.10	1.65	1.59	正态分布	1.68	1.61	1.50
Hg	76	0.03	0.04	0.04	0.06	0.07	0.09	0.09	0.06	0.02	0.06	5.19	0.13	0.02	0.35	0.06	0.06	对数正态分布	0.06	0.06	0.048
I	76	3.98	5.04	6.76	10.85	13.70	17.85	19.10	10.72	4.87	9.61	3.76	24.60	2.53	0.45	10.85	11.00	正态分布	10.72	6.57	3.86
La	76	39.75	41.00	47.00	55.6	62.0	68.1	70.3	55.3	10.16	54.3	9.82	79.8	32.00	0.18	55.6	47.00	正态分布	55.3	51.3	41.00
Li	76	19.40	21.46	25.07	29.75	41.88	62.7	64.5	35.09	14.79	32.48	8.00	68.0	17.20	0.42	29.75	29.80	对数正态分布	32.48	29.01	37.51
Mn	76	456	528	678	840	1143	1503	1537	927	355	865	52.0	1917	426	0.38	840	733	正态分布	927	774	713
Mo	76	0.46	0.47	0.89	1.29	2.32	2.91	3.46	1.62	1.08	1.31	1.96	5.98	0.39	0.67	1.29	0.59	对数正态分布	1.31	1.29	0.62
N	76	0.33	0.37	0.47	0.58	0.72	0.80	0.91	0.59	0.17	0.57	1.53	0.96	0.30	0.29	0.58	0.59	正态分布	0.59	0.51	0.49
Nb	76	16.57	16.95	17.80	19.65	23.43	26.50	27.30	21.00	4.43	20.61	5.77	39.10	15.00	0.21	19.65	21.10	对数正态分布	21.00	22.71	19.60
Ni	76	8.61	8.86	12.00	15.55	28.38	42.03	43.72	20.78	12.05	17.81	6.06	46.71	4.98	0.58	15.55	16.80	对数正态分布	17.81	12.77	11.00
P	76	0.19	0.23	0.26	0.34	0.40	0.50	0.60	0.35	0.12	0.33	2.01	0.65	0.10	0.34	0.34	0.37	正态分布	0.35	0.19	0.24
Pb	76	29.15	32.00	34.18	37.95	43.05	56.4	65.5	40.91	11.50	39.61	8.40	97.9	27.55	0.29	37.95	38.00	对数正态分布	39.61	38.00	30.00

续表 4-3

元素/指标	N	$X_{5\%}$	$X_{10\%}$	$X_{25\%}$	$X_{50\%}$	$X_{75\%}$	$X_{90\%}$	$X_{95\%}$	$\bar{X}$	S	$\bar{X}_g$	S_g	X_{max}	X_{min}	CV	X_{me}	X_{mo}	分布类型	龙港市基准值	温州市基准值	浙江省基准值
Rb	76	75.2	84.0	97.8	118	147	154	159	119	28.38	116	15.86	180	60.2	0.24	118	107	正态分布	119	131	128
S	76	127	128	144	156	185	263	321	189	108	174	20.69	800	111	0.57	156	148	对数正态分布	174	121	114
Sb	76	0.38	0.40	0.44	0.55	0.70	0.85	0.98	0.60	0.22	0.57	1.61	1.67	0.25	0.37	0.55	0.44	正态分布	0.60	0.50	0.53
Sc	76	8.88	9.65	10.93	12.45	14.90	16.00	16.73	12.79	2.80	12.49	4.39	22.80	6.90	0.22	12.45	12.10	正态分布	12.79	10.09	9.70
Se	76	0.14	0.18	0.26	0.36	0.51	0.59	0.66	0.39	0.17	0.35	2.24	0.84	0.11	0.43	0.36	0.33	对数正态分布	0.39	0.29	0.21
Sn	76	2.91	3.06	3.43	4.11	4.72	5.76	6.53	4.38	1.57	4.20	2.38	14.20	2.74	0.36	4.11	3.40	正态分布	4.20	3.49	2.60
Sr	76	23.70	28.40	34.52	53.6	87.6	108	113	62.9	33.51	54.6	11.25	158	19.30	0.53	53.6	33.10	对数正态分布	62.9	60.2	112
Th	76	13.67	13.85	15.47	17.00	19.32	21.55	24.90	17.79	3.66	17.47	5.30	34.10	12.60	0.21	17.00	16.80	正态分布	17.79	16.68	14.50
Ti	76	3250	3416	4161	4862	5273	5740	6020	4742	919	4650	130	7454	2584	0.19	4862	4738	正态分布	4742	4326	4602
Tl	76	0.76	0.82	0.90	0.97	1.11	1.27	1.40	1.03	0.27	1.01	1.23	2.70	0.64	0.26	0.97	0.93	正态分布	1.01	1.02	0.82
U	76	2.68	2.90	3.40	4.08	4.77	5.35	5.62	4.12	0.97	4.01	2.26	7.00	2.30	0.23	4.08	3.50	正态分布	4.12	3.59	3.14
V	76	47.72	58.3	75.9	93.5	110	121	126	92.4	26.89	88.3	13.52	204	34.40	0.29	93.5	93.3	对数正态分布	92.4	66.7	110
W	76	1.63	1.73	1.85	2.10	2.55	2.95	3.13	2.26	0.61	2.19	1.64	4.90	1.36	0.27	2.10	2.10	正态分布	2.19	2.12	1.93
Y	76	20.82	22.45	25.10	29.03	31.52	33.55	34.05	28.33	4.79	27.92	6.89	43.60	15.70	0.17	29.03	33.60	正态分布	28.33	26.91	26.13
Zn	76	60.9	65.8	77.8	90.1	103	109	117	90.6	21.66	88.2	13.53	198	45.00	0.24	90.1	87.3	正态分布	90.6	90.2	77.4
Zr	76	184	192	219	264	300	337	364	267	66.0	260	24.33	575	178	0.25	264	264	正态分布	267	291	287
SiO₂	76	56.9	58.1	60.5	62.5	64.6	67.4	70.3	62.6	3.87	62.4	10.83	72.2	51.8	0.06	62.5	61.7	正态分布	62.6	65.6	70.5
Al₂O₃	76	15.00	15.54	16.28	19.25	20.67	22.19	22.59	18.79	2.52	18.62	5.32	22.99	14.45	0.13	19.25	19.97	正态分布	18.79	17.18	14.82
TFe₂O₃	76	3.43	4.40	4.99	6.01	6.44	7.22	7.78	5.87	1.30	5.72	2.79	10.80	2.82	0.22	6.01	5.87	正态分布	5.87	4.51	4.70
MgO	76	0.41	0.42	0.47	0.56	0.89	2.05	2.15	0.85	0.60	0.70	1.81	2.33	0.34	0.71	0.56	0.42	对数正态分布	0.70	0.54	0.67
CaO	76	0.11	0.13	0.16	0.23	0.46	0.92	1.05	0.42	0.52	0.29	2.77	3.23	0.09	1.24	0.23	0.13	对数正态分布	0.29	0.14	0.22
Na₂O	76	0.08	0.09	0.12	0.23	0.65	1.04	1.15	0.43	0.42	0.27	3.16	1.83	0.07	0.99	0.23	0.13	对数正态分布	0.27	0.12	0.16
K₂O	76	1.01	1.17	1.52	2.08	2.85	3.09	3.14	2.12	0.74	1.98	1.78	3.32	0.71	0.35	2.08	3.09	正态分布	2.12	2.55	2.99
TC	76	0.23	0.29	0.40	0.51	0.74	0.90	1.00	0.57	0.24	0.52	1.75	1.20	0.16	0.42	0.51	0.65	正态分布	0.57	0.82	0.43
Corg	76	0.23	0.29	0.39	0.50	0.63	0.76	0.83	0.52	0.19	0.48	1.74	1.09	0.16	0.37	0.50	0.43	正态分布	0.52	0.42	0.42
pH	76	4.72	4.80	4.91	5.20	5.92	8.16	8.31	5.12	5.15	5.76	2.83	8.50	4.49	1.01	5.20	5.20	对数正态分布	5.76	5.20	5.12

第四章 土壤地球化学基准值

表 4-4 龙湾区土壤地球化学基准值参数统计表

元素/指标	N	$X_{5\%}$	$X_{10\%}$	$X_{25\%}$	$X_{50\%}$	$X_{75\%}$	$X_{90\%}$	$X_{95\%}$	$\overline{X}$	S	$\overline{X}_g$	S_g	X_{max}	X_{min}	CV	X_{me}	X_{mo}	龙湾区基准值	温州市基准值	浙江省基准值
Ag	12	69.4	73.9	94.0	103	124	138	149	107	27.96	104	14.14	162	65.0	0.26	103	110	103	73.7	70.0
As	12	5.17	5.82	6.53	7.10	9.80	12.20	12.20	8.11	2.70	7.72	3.21	12.20	4.40	0.33	7.10	12.20	7.10	5.81	6.83
Au	12	1.31	1.40	1.48	1.70	2.05	3.13	3.38	1.96	0.75	1.85	1.65	3.60	1.20	0.38	1.70	1.70	1.70	0.98	1.10
B	12	23.65	26.00	39.50	55.5	68.0	72.8	73.5	52.1	18.54	48.49	9.30	74.0	22.00	0.36	55.5	54.0	55.5	18.00	73.0
Ba	12	453	462	477	492	527	574	604	508	53.9	506	33.89	635	444	0.11	492	511	492	515	482
Be	12	2.76	2.80	2.82	2.91	3.03	3.35	3.38	2.97	0.22	2.96	1.87	3.39	2.71	0.07	2.91	2.80	2.91	2.43	2.31
Bi	12	0.45	0.47	0.50	0.55	0.58	0.71	0.73	0.56	0.09	0.55	1.42	0.74	0.43	0.17	0.55	0.55	0.55	0.40	0.24
Br	12	2.91	3.37	4.13	5.00	5.33	6.29	7.56	4.99	1.71	4.73	2.48	9.08	2.35	0.34	5.00	5.00	5.00	3.84	1.50
Cd	12	0.09	0.10	0.12	0.11	0.16	0.20	0.21	0.14	0.04	0.14	3.19	0.21	0.08	0.28	0.14	0.14	0.14	0.09	0.11
Ce	12	80.2	81.5	83.6	91.0	95.0	114	135	96.1	21.59	94.3	13.37	157	78.7	0.22	91.0	95.8	91.0	101	84.1
Cl	12	97.6	106	120	164	304	318	602	257	235	202	18.95	948	89.4	0.91	164	295	164	43.94	39.00
Co	12	13.56	14.62	15.10	16.05	17.70	18.54	19.09	16.26	2.05	16.14	4.78	19.70	12.30	0.13	16.05	15.30	16.05	9.89	11.90
Cr	12	56.2	67.8	75.4	83.2	90.5	102	103	82.0	16.49	80.2	12.02	104	42.90	0.20	83.2	82.8	83.2	23.10	71.0
Cu	12	20.80	21.78	22.44	23.72	31.44	32.00	32.10	26.12	4.87	25.71	6.20	32.15	19.63	0.19	23.72	24.51	23.72	12.62	11.20
F	12	566	580	646	707	754	754	803	695	91.4	690	40.19	862	552	0.13	707	754	707	427	431
Ga	12	18.16	18.37	20.20	20.90	22.15	22.66	23.33	20.98	1.77	20.91	5.68	24.10	18.10	0.08	20.90	21.20	20.90	22.12	18.92
Ge	12	1.33	1.43	1.51	1.54	1.58	1.64	1.64	1.53	0.11	1.52	1.29	1.64	1.23	0.07	1.54	1.54	1.54	1.61	1.50
Hg	12	0.05	0.05	0.06	0.06	0.07	0.08	0.09	0.07	0.01	0.06	4.70	0.10	0.05	0.21	0.06	0.06	0.06	0.06	0.048
I	12	4.17	4.41	4.72	5.60	6.72	7.61	7.79	5.78	1.35	5.64	2.63	7.90	3.90	0.23	5.60	5.00	5.60	6.57	3.86
La	12	41.00	41.00	41.00	45.50	47.25	49.80	50.9	45.25	3.77	45.11	8.61	52.0	41.00	0.08	45.50	41.00	45.50	51.3	41.00
Li	12	51.9	52.9	54.4	58.2	62.2	63.7	67.6	58.8	5.89	58.6	9.98	72.3	50.8	0.10	58.2	58.8	58.2	29.01	37.51
Mn	12	674	823	995	1161	1192	1256	1272	1070	223	1042	51.1	1286	509	0.21	1161	1116	1161	774	713
Mo	12	0.59	0.60	0.68	0.75	0.79	1.93	4.24	1.34	1.80	0.93	1.98	6.91	0.58	1.34	0.75	0.80	0.75	1.29	0.62
N	12	0.57	0.58	0.62	0.73	0.77	0.78	0.81	0.70	0.09	0.70	1.28	0.85	0.56	0.13	0.73	0.73	0.73	0.51	0.49
Nb	12	16.11	16.77	17.70	18.30	20.30	20.78	21.16	18.63	1.83	18.55	5.29	21.60	15.40	0.10	18.30	18.50	18.30	22.71	19.60
Ni	12	27.05	32.56	33.10	37.05	40.92	43.88	45.10	36.58	6.85	35.88	7.60	46.20	20.40	0.19	37.05	33.10	37.05	12.77	11.00
P	12	0.39	0.43	0.44	0.48	0.52	0.56	0.57	0.48	0.07	0.47	1.57	0.57	0.34	0.14	0.48	0.49	0.48	0.19	0.24
Pb	12	32.10	33.00	33.75	35.50	40.00	45.40	50.9	37.92	7.27	37.37	8.00	57.0	31.00	0.19	35.50	36.00	35.50	38.00	30.00

续表 4-4

元素/指标	N	$X_{5\%}$	$X_{10\%}$	$X_{25\%}$	$X_{50\%}$	$X_{75\%}$	$X_{90\%}$	$X_{95\%}$	$\bar{X}$	S	$\bar{X}_g$	S_g	X_{max}	X_{min}	CV	X_{me}	X_{mo}	龙湾区基准值	温州市基准值	浙江省基准值
Rb	12	142	145	148	150	158	163	167	153	8.93	152	17.24	172	138	0.06	150	152	150	131	128
S	12	159	177	278	348	491	763	1498	537	600	391	34.61	2359	145	1.12	348	493	348	121	114
Sb	12	0.37	0.38	0.40	0.57	0.65	0.77	0.85	0.57	0.18	0.54	1.62	0.94	0.36	0.32	0.57	0.57	0.57	0.50	0.53
Sc	12	12.54	13.38	14.25	14.90	15.43	15.68	15.83	14.64	1.21	14.59	4.54	16.00	11.60	0.08	14.90	14.80	14.90	10.09	9.70
Se	12	0.12	0.12	0.13	0.16	0.23	0.41	0.50	0.22	0.15	0.19	2.75	0.60	0.12	0.65	0.16	0.16	0.16	0.29	0.21
Sn	12	2.90	3.31	3.48	3.95	4.22	4.30	4.43	3.80	0.59	3.75	2.13	4.60	2.40	0.16	3.95	4.00	3.95	3.49	2.60
Sr	12	86.8	87.8	101	109	119	122	123	108	13.26	107	13.73	124	86.4	0.12	109	106	109	60.2	112
Th	12	15.77	15.90	15.97	17.05	19.50	22.08	25.43	18.67	4.06	18.33	5.30	29.50	15.60	0.22	17.05	15.90	17.05	16.68	14.50
Ti	12	4259	4617	4863	4997	5147	5269	5303	4919	396	4902	122	5336	3848	0.08	4997	4907	4997	4326	4602
Tl	12	0.88	0.88	0.91	0.93	0.99	1.06	1.18	0.98	0.12	0.97	1.12	1.33	0.88	0.13	0.93	0.93	0.93	1.02	0.82
U	12	2.75	2.80	2.88	3.00	4.10	4.28	5.60	3.60	1.27	3.45	2.17	7.20	2.70	0.35	3.00	4.10	3.00	3.59	3.14
V	12	87.9	92.4	95.6	101	111	119	121	103	11.90	103	13.67	122	82.8	0.12	101	101	101	66.7	110
W	12	1.81	1.86	1.99	2.12	2.29	2.36	2.99	2.24	0.51	2.20	1.62	3.77	1.77	0.23	2.12	2.22	2.12	2.12	1.93
Y	12	25.03	26.77	29.00	30.02	30.90	30.99	31.43	29.34	2.37	29.24	6.79	31.94	23.20	0.08	30.02	30.90	30.02	26.91	26.13
Zn	12	92.8	96.7	98.5	101	105	112	115	103	7.87	102	13.69	119	88.1	0.08	101	102	101	90.2	77.4
Zr	12	184	187	189	204	231	262	277	216	34.62	214	21.04	293	180	0.16	204	208	204	291	287
SiO₂	12	58.9	59.1	60.2	62.0	62.9	64.2	65.0	61.8	2.16	61.8	10.32	66.0	58.7	0.03	62.0	61.7	62.0	65.6	70.5
Al₂O₃	12	14.56	15.15	15.40	15.69	17.08	17.86	18.56	16.18	1.46	16.12	4.86	19.31	13.85	0.09	15.69	16.02	15.69	17.18	14.82
TFe₂O₃	12	5.01	5.39	5.59	5.78	6.08	6.19	6.53	5.79	0.56	5.77	2.71	6.93	4.56	0.10	5.78	5.79	5.78	4.51	4.70
MgO	12	1.23	1.46	1.57	1.91	2.08	2.22	2.25	1.80	0.39	1.76	1.47	2.27	0.96	0.21	1.91	1.84	1.91	0.54	0.67
CaO	12	0.46	0.69	0.78	0.99	1.47	2.20	2.32	1.16	0.64	0.99	1.89	2.37	0.19	0.55	0.99	0.99	0.99	0.14	0.22
Na₂O	12	0.55	0.74	0.89	1.07	1.14	1.17	1.18	0.97	0.26	0.92	1.45	1.20	0.31	0.27	1.07	0.93	1.07	0.12	0.16
K₂O	12	2.67	2.72	2.95	3.04	3.08	3.31	3.35	3.02	0.22	3.01	1.87	3.38	2.63	0.07	3.04	3.00	3.04	2.55	2.99
TC	12	0.63	0.68	0.74	0.89	1.00	1.13	1.15	0.88	0.19	0.86	1.27	1.17	0.58	0.22	0.89	0.94	0.89	0.82	0.43
Corg	12	0.43	0.49	0.49	0.60	0.69	0.90	0.95	0.62	0.18	0.60	1.49	0.99	0.36	0.29	0.60	0.49	0.60	0.42	0.42
pH	12	6.06	6.82	7.66	8.04	8.33	8.34	8.41	6.31	5.79	7.74	3.16	8.50	5.25	0.92	8.04	8.34	8.04	5.20	5.12

深层土壤各元素/指标中,绝大多数元素/指标变异系数小于0.40,分布相对均匀;CaO、Se、Cl、pH、S、Mo变异系数大于0.40,其中Cl、pH、S、Mo变异系数大于0.80,空间变异性较大。

与温州市土壤基准值相比,龙湾区土壤基准值中Se基准值明显偏低,为温州市基准值的55%;Zr、Mo基准值略低于温州市基准值,为温州市基准值的60%~80%;Bi、Br、TFe_2O_3、As、Ag基准值略高于温州市基准值,与温州市基准值比值在1.2~1.4之间;而Na_2O、CaO、Cl、S、Cr、MgO、B、Ni、P、Li、Cu、F、Sr、Au、Cd、Co、V、Sc、Mn、N、Corg基准值明显偏高,与温州市基准值比值均在1.2~1.4;Na_2O、CaO、Cl、S、Cr、MgO、B、Ni、P、As、Li基准值为温州市基准值的2.0倍以上,Na_2O、CaO、Cl基准值温州市基准值的6.0倍以上;其他元素/指标基准值则与温州市基准值基本接近。

与浙江省土壤基准值相比,龙湾区土壤基准值中B、Se、Zr基准值略低于浙江省基准值,为浙江省基准值的60%~80%;Be、Cd、Co、Mo、Zn、TFe_2O_3、Hg基准值略高于浙江省基准值,与浙江省基准值比值在1.2~1.4之间;Ag、Au、Bi、Br、Cl、Cu、F、I、Li、Mn、N、Ni、P、S、Sc、Sn、MgO、CaO、Na_2O、TC、Corg基准值明显偏高,与浙江省基准值比值均在1.4以上,其中Bi、Br、Cl、Cu、Ni、P、S、MgO、CaO、Na_2O、TC基准值为浙江省基准值的2.0倍以上,Cl、CaO、Na_2O基准值为浙江省基准值的4.0倍以上;其他元素/指标基准值则与浙江省基准值基本接近(表4-4)。

五、鹿城区土壤地球化学基准值

鹿城区土壤样品采集共17件,不足30件无法进行正态分布检验,具体数据统计见表4-5。

鹿城区深层土壤总体呈弱酸性,土壤pH基准值为6.40,极大值为7.98,极小值为4.47,接近于温州市基准值和浙江省基准值。

深层土壤各元素/指标中,一多半元素/指标变异系数小于0.40,分布相对均匀;B、Mn、V、N、Co、Corg、I、Sr、P、Ni、Cr、Cu、MgO、TC、Na_2O、Cl、CaO、Mo、Cd、Au、Hg、S、pH变异系数大于0.40,其中pH、S、Hg变异系数大于0.80,空间变异性较大。

与温州市土壤基准值相比,鹿城区土壤基准值中Cd、TC基准值明显偏低,为温州市基准值的60%以下;Zr、Mo基准值略低于温州市基准值,为温州市基准值的60%~80%;V、TFe_2O_3、Ag、Mn基准值略高于温州市基准值,与温州市基准值比值在1.2~1.4之间;而B、Cr、CaO、S、Ni、Cu、P、Co、Au、Cd、Li、MgO、Na_2O基准值明显偏高,与温州市基准值比值均在1.4以上,其中Cr、CaO、Ni、Na_2O基准值为温州市基准值的2.0倍以上,Cr、Na_2O为温州市基准值的3.0倍以上;其他元素/指标基准值则与温州市基准值基本接近。

与浙江省土壤基准值相比,鹿城区土壤基准值中B基准值明显低于浙江省基准值,为浙江省基准值的44%;Sr基准值略低于浙江省基准值,为浙江省基准值的63%;Be、Cd、Cl、Co、La、Mn、Pb、S、Sn、Zn、TFe_2O_3、MgO基准值略高于浙江省基准值,与浙江省基准值比值在1.2~1.4之间;Ag、Au、Bi、Br、Cu、Hg、I、Mo、Ni、P、Se、CaO、Na_2O基准值明显偏高,与浙江省基准值比值均在1.4以上,其中Br、Ni、Na_2O基准值为浙江省基准值的2.0倍以上;其他元素/指标基准值则与浙江省基准值基本接近(表4-5)。

六、瓯海区土壤地球化学基准值

瓯海区土壤地球化学基准值数据经正态分布检验,结果表明,原始数据中Pb、Th、W、Zn、MgO、CaO、pH符合对数正态分布,其他元素/指标符合正态分布(表4-6)。

瓯海区深层土壤总体呈酸性,土壤pH基准值为5.86,极大值为7.99,极小值为4.75,接近于温州市基准值和浙江省基准值。

深层土壤各元素/指标中,约一半元素/指标变异系数小于0.40,分布相对均匀;Ag、Cu、Br、I、Li、Se、Corg、TC、Ni、Sr、W、Cl、Pb、B、Cr、Mo、Hg、MgO、S、Cd、Au、CaO、Na_2O、Zn、pH变异系数大于0.40,其中Zn、pH变异系数大于0.80,空间变异性较大。

温州市土壤元素背景值

表4-5 鹿城区土壤地球化学基准值参数统计表

元素/指标	N	$X_{5\%}$	$X_{10\%}$	$X_{25\%}$	$X_{50\%}$	$X_{75\%}$	$X_{90\%}$	$X_{95\%}$	$\bar{X}$	S	$\bar{X}_g$	S_g	X_{max}	X_{min}	CV	X_{me}	X_{mo}	鹿城区基准值	温州市基准值	浙江省基准值
Ag	17	54.8	55.0	64.0	98.0	120	147	166	98.3	37.37	91.7	13.98	170	54.0	0.38	98.0	55.0	98.0	73.7	70.0
As	17	5.04	5.31	5.60	6.83	9.90	11.98	13.06	7.78	3.01	7.30	3.35	14.50	4.31	0.39	6.83	5.60	6.83	5.81	6.83
Au	17	0.76	0.78	0.98	1.55	2.30	4.42	5.54	2.16	1.71	1.71	2.19	6.90	0.74	0.79	1.55	1.40	1.55	0.98	1.10
B	17	19.04	19.82	23.50	32.00	49.00	59.4	60.0	36.47	15.02	33.62	8.13	60.0	18.80	0.41	32.00	60.0	32.00	18.00	73.0
Ba	17	333	366	398	479	536	566	595	470	87.6	461	33.71	596	287	0.19	479	464	479	515	482
Be	17	1.32	1.46	2.13	2.88	3.24	3.30	3.39	2.62	0.75	2.49	1.94	3.43	1.14	0.29	2.88	2.52	2.88	2.43	2.31
Bi	17	0.27	0.32	0.42	0.47	0.55	0.56	0.60	0.47	0.12	0.45	1.66	0.71	0.25	0.25	0.47	0.55	0.47	0.40	0.24
Br	17	1.40	1.82	3.20	4.40	4.90	5.69	5.87	3.98	1.47	3.65	2.45	6.10	1.40	0.37	4.40	4.90	4.40	3.84	1.50
Cd	17	0.03	0.03	0.05	0.14	0.20	0.22	0.27	0.14	0.10	0.10	4.63	0.42	0.01	0.74	0.14	0.03	0.14	0.09	0.11
Ce	17	80.2	83.2	91.2	99.7	105	111	113	98.5	11.35	97.9	13.64	121	80.2	0.12	99.7	80.2	99.7	101	84.1
Cl	17	30.70	32.40	40.40	48.40	122	145	163	77.8	50.7	64.0	13.20	181	27.50	0.65	48.40	92.3	48.40	43.94	39.00
Co	17	5.84	6.12	7.75	15.70	17.50	20.22	22.10	13.39	6.00	12.00	4.91	24.10	5.27	0.45	15.70	15.70	15.70	9.89	11.90
Cr	17	18.80	20.88	26.20	70.1	86.7	88.4	91.0	56.5	31.07	47.23	11.19	98.5	17.20	0.55	70.1	70.1	70.1	23.10	71.0
Cu	17	8.06	8.68	11.30	18.00	29.82	36.38	42.11	20.66	11.57	17.77	6.30	42.87	7.50	0.56	18.00	13.90	18.00	12.62	11.20
F	17	314	321	359	477	623	748	788	516	168	490	36.70	789	312	0.32	477	477	477	427	431
Ga	17	19.84	20.20	20.70	21.90	22.50	22.74	23.54	21.81	1.58	21.76	5.81	26.50	19.60	0.07	21.90	21.90	21.90	22.12	18.92
Ge	17	1.40	1.44	1.46	1.56	1.64	1.72	1.74	1.56	0.12	1.55	1.30	1.76	1.30	0.08	1.56	1.62	1.56	1.61	1.50
Hg	17	0.05	0.06	0.06	0.07	0.10	0.17	0.25	0.10	0.09	0.08	4.42	0.41	0.04	0.90	0.07	0.06	0.07	0.06	0.048
I	17	3.28	3.49	4.61	5.90	8.59	12.58	13.18	6.99	3.46	6.27	2.93	13.90	3.09	0.49	5.90	5.90	5.90	6.57	3.86
La	17	40.32	42.68	49.00	51.1	54.0	59.3	60.4	50.9	6.34	50.5	9.41	63.0	38.80	0.12	51.1	50.00	51.1	51.3	41.00
Li	17	22.70	23.88	28.00	44.00	58.7	64.7	65.3	42.85	16.69	39.65	9.22	65.6	22.30	0.39	44.00	28.30	44.00	29.01	37.51
Mn	17	362	433	508	979	1252	1319	1397	916	376	830	49.96	1424	360	0.41	979	865	979	774	713
Mo	17	0.78	0.79	0.81	0.99	1.13	1.92	3.20	1.27	0.91	1.10	1.58	4.22	0.77	0.72	0.99	0.80	0.99	1.29	0.62
N	17	0.33	0.39	0.45	0.53	0.84	0.93	1.05	0.65	0.27	0.60	1.58	1.34	0.33	0.42	0.53	0.84	0.53	0.51	0.49
Nb	17	18.22	18.48	19.30	20.00	23.00	27.28	30.50	21.68	3.95	21.38	5.57	30.90	17.90	0.18	20.00	22.70	20.00	22.71	19.60
Ni	17	9.73	11.24	13.10	31.20	41.30	43.14	44.32	26.35	13.89	22.53	7.24	46.40	8.23	0.53	31.20	31.20	31.20	12.77	11.00
P	17	0.12	0.13	0.19	0.36	0.52	0.64	0.65	0.38	0.19	0.32	2.22	0.69	0.12	0.51	0.36	0.36	0.36	0.19	0.24
Pb	17	27.56	30.96	36.00	41.00	48.50	54.3	57.4	41.95	10.60	40.74	8.49	68.0	25.00	0.25	41.00	38.00	41.00	38.00	30.00

第四章 土壤地球化学基准值

续表 4-5

元素/指标	N	$X_{5\%}$	$X_{10\%}$	$X_{25\%}$	$X_{50\%}$	$X_{75\%}$	$X_{90\%}$	$X_{95\%}$	$\overline{X}$	S	$\overline{X}_g$	S_g	X_{max}	X_{min}	CV	X_{me}	X_{mo}	鹿城区基准值	温州市基准值	浙江省基准值
Rb	17	101	107	121	142	151	167	168	138	22.97	136	16.94	168	94.8	0.17	142	139	142	131	128
S	17	116	121	130	149	388	550	700	293	278	220	26.62	1184	105	0.95	149	298	149	121	114
Sb	17	0.40	0.44	0.49	0.59	0.68	0.84	0.89	0.61	0.18	0.58	1.54	0.97	0.28	0.29	0.59	0.49	0.59	0.50	0.53
Sc	17	6.74	7.40	8.20	10.50	14.60	15.18	16.22	11.61	3.78	11.04	4.36	19.90	6.50	0.33	10.50	9.70	10.50	10.09	9.70
Se	17	0.16	0.17	0.22	0.31	0.40	0.48	0.49	0.31	0.12	0.29	2.30	0.51	0.15	0.37	0.31	0.22	0.31	0.29	0.21
Sn	17	2.54	2.95	3.32	3.60	4.33	4.48	4.70	3.71	0.71	3.64	2.13	5.11	2.40	0.19	3.60	4.40	3.60	3.49	2.60
Sr	17	21.72	25.14	27.70	70.1	99.2	103	104	66.6	32.91	57.0	11.98	105	19.80	0.49	70.1	66.1	70.1	60.2	112
Th	17	14.40	14.80	15.30	16.80	18.40	19.70	20.30	17.08	2.13	16.95	4.94	21.50	14.00	0.12	16.80	16.80	16.80	16.68	14.50
Ti	17	3142	3380	3822	4357	5154	5813	6676	4600	1153	4474	126	7400	3040	0.25	4357	4739	4357	4326	4602
Tl	17	0.82	0.87	0.92	0.97	1.04	1.06	1.08	0.97	0.09	0.96	1.10	1.13	0.77	0.09	0.97	1.04	0.97	1.02	0.82
U	17	2.74	2.92	3.04	3.30	3.50	3.90	4.11	3.38	0.54	3.34	2.00	4.92	2.50	0.16	3.30	3.00	3.30	3.59	3.14
V	17	44.20	47.08	53.1	90.5	113	121	134	88.1	35.87	81.1	13.85	167	39.40	0.41	90.9	89.1	90.9	66.7	110
W	17	1.73	1.78	1.94	2.05	2.32	2.58	3.15	2.25	0.73	2.18	1.63	4.89	1.69	0.33	2.05	1.81	2.05	2.12	1.93
Y	17	17.38	19.98	23.40	29.70	30.90	33.05	33.51	27.63	5.39	27.06	6.79	34.33	17.30	0.20	29.70	27.10	29.70	26.91	26.13
Zn	17	58.9	61.8	78.1	99.6	115	116	119	95.6	23.14	92.6	13.79	130	58.8	0.24	99.6	115	99.6	90.2	77.4
Zr	17	187	190	213	231	274	316	330	246	48.24	242	21.94	346	184	0.20	231	245	231	291	287
SiO_2	17	59.4	60.1	61.0	66.1	67.4	71.0	71.2	65.3	4.46	65.1	10.62	71.4	57.1	0.07	66.1	65.2	66.1	65.6	70.5
Al_2O_3	17	14.84	15.06	15.59	16.43	17.64	18.04	18.23	16.54	1.18	16.50	4.96	18.53	14.73	0.07	16.49	15.59	16.49	17.18	14.82
TFe_2O_3	17	3.66	3.83	4.37	5.66	6.34	7.20	7.94	5.55	1.47	5.36	2.84	8.68	3.28	0.26	5.66	5.66	5.66	4.51	4.70
MgO	17	0.41	0.42	0.47	0.91	1.38	1.85	1.93	1.03	0.58	0.87	1.83	1.99	0.38	0.56	0.91	0.47	0.91	0.54	0.67
CaO	17	0.10	0.11	0.14	0.40	0.57	0.90	0.91	0.44	0.29	0.34	2.51	0.91	0.10	0.66	0.40	0.40	0.40	0.14	0.22
Na_2O	17	0.11	0.12	0.19	0.71	0.86	0.90	0.96	0.58	0.35	0.43	2.56	1.12	0.09	0.60	0.71	0.71	0.71	0.12	0.16
K_2O	17	1.41	1.52	2.18	2.46	2.99	3.23	3.26	2.47	0.62	2.39	1.83	3.28	1.39	0.25	2.46	2.46	2.46	2.55	2.99
TC	17	0.27	0.29	0.32	0.46	0.82	0.96	1.11	0.59	0.33	0.51	1.83	1.46	0.23	0.57	0.46	0.82	0.46	0.82	0.43
Corg	17	0.27	0.28	0.32	0.45	0.70	0.74	0.82	0.51	0.24	0.47	1.77	1.13	0.23	0.46	0.45	0.74	0.45	0.42	0.42
pH	17	4.75	4.84	5.07	5.90	7.08	7.82	7.96	5.31	5.19	6.16	2.95	7.98	4.74	0.98	5.90	6.40	5.90	5.20	5.12

表4-6 瓯海区土壤地球化学基准值参数统计表

元素/指标	N	$X_{5\%}$	$X_{10\%}$	$X_{25\%}$	$X_{50\%}$	$X_{75\%}$	$X_{90\%}$	$X_{95\%}$	$\overline{X}$	S	$\overline{X}_g$	S_g	X_{max}	X_{min}	CV	X_{me}	X_{mo}	分布类型	瓯海区基准值	温州市基准值	浙江省基准值
Ag	32	52.5	56.0	62.5	71.5	114	124	130	87.3	35.77	81.5	13.59	214	50.00	0.41	71.5	64.0	正态分布	87.3	73.7	70.0
As	32	3.24	3.63	5.00	6.20	6.89	8.19	9.90	6.19	2.40	5.78	3.02	15.10	2.04	0.39	6.20	6.20	正态分布	6.19	5.81	6.83
Au	32	0.56	0.67	1.05	1.70	3.40	4.89	4.95	2.23	1.55	1.74	2.40	5.40	0.39	0.70	1.70	3.40	正态分布	2.23	0.98	1.10
B	32	11.38	13.71	17.68	26.90	55.0	64.0	69.5	35.31	20.55	29.70	8.64	77.0	11.00	0.58	26.90	36.00	正态分布	35.31	18.00	73.0
Ba	32	249	309	375	480	546	648	688	469	129	450	34.02	711	232	0.28	480	375	正态分布	469	515	482
Be	32	1.60	1.60	1.86	2.42	3.13	3.50	3.55	2.48	0.71	2.39	1.87	3.61	1.58	0.28	2.42	1.60	正态分布	2.48	2.43	2.31
Bi	32	0.27	0.28	0.37	0.51	0.60	0.63	0.70	0.49	0.17	0.47	1.66	1.09	0.23	0.35	0.51	0.61	正态分布	0.49	0.40	0.24
Br	32	2.55	2.66	3.02	3.53	4.95	6.26	7.94	4.21	1.85	3.92	2.30	9.90	2.35	0.44	3.53	4.90	正态分布	4.21	3.84	1.50
Cd	32	0.04	0.05	0.06	0.10	0.15	0.20	0.28	0.12	0.08	0.10	3.87	0.37	0.03	0.67	0.10	0.06	正态分布	0.12	0.09	0.11
Ce	32	90.0	93.2	97.8	100.0	108	127	141	105	17.96	104	14.38	166	65.3	0.17	100.0	98.2	正态分布	105	101	84.1
Cl	32	32.93	35.94	39.50	60.5	100.0	128	149	73.7	40.05	64.4	12.84	164	31.80	0.54	60.5	48.20	正态分布	73.7	43.94	39.00
Co	32	6.86	7.93	10.12	12.60	16.75	18.73	19.14	13.11	4.27	12.38	4.56	21.80	5.17	0.33	12.60	12.40	正态分布	13.11	9.89	11.90
Cr	32	12.13	20.18	25.77	42.60	76.5	95.2	99.2	50.7	29.23	41.83	10.74	106	8.70	0.58	42.60	39.60	正态分布	50.7	23.10	71.0
Cu	32	7.23	9.47	12.05	18.95	22.43	27.45	28.16	18.09	7.75	16.37	5.67	40.33	4.20	0.43	18.95	18.90	正态分布	18.09	12.62	11.20
F	32	285	321	344	451	610	751	770	480	170	452	35.97	789	200	0.35	451	552	正态分布	480	427	431
Ga	32	20.11	20.85	21.80	23.65	25.02	26.62	27.38	23.56	2.23	23.46	6.04	28.20	19.80	0.09	23.65	23.90	正态分布	23.56	22.12	18.92
Ge	32	1.49	1.52	1.58	1.62	1.72	1.82	1.88	1.66	0.13	1.65	1.33	2.04	1.45	0.08	1.62	1.61	正态分布	1.66	1.61	1.50
Hg	32	0.05	0.06	0.06	0.08	0.12	0.19	0.25	0.11	0.06	0.09	3.89	0.29	0.04	0.59	0.08	0.08	正态分布	0.11	0.06	0.048
I	32	3.61	4.03	5.33	8.09	10.53	14.52	14.92	8.32	3.69	7.53	3.28	15.40	3.30	0.44	8.09	3.30	正态分布	8.32	6.57	3.86
La	32	37.05	38.70	46.75	52.0	58.2	63.6	70.5	52.8	11.27	51.6	9.44	87.8	29.00	0.21	52.0	46.00	正态分布	52.8	51.3	41.00
Li	32	21.33	23.33	24.32	31.00	52.7	67.1	69.3	39.19	17.16	35.84	8.76	71.2	18.24	0.44	31.00	36.80	正态分布	39.19	29.01	37.51
Mn	32	552	618	734	910	1220	1339	1567	994	344	941	53.2	2001	505	0.35	910	1021	正态分布	994	774	713
Mo	32	0.52	0.57	0.85	1.07	1.69	2.30	2.55	1.33	0.78	1.15	1.71	3.93	0.42	0.58	1.07	0.97	正态分布	1.33	1.29	0.62
N	32	0.35	0.40	0.46	0.55	0.77	0.91	1.00	0.63	0.23	0.60	1.54	1.28	0.30	0.37	0.55	0.54	正态分布	0.63	0.51	0.49
Nb	32	18.75	19.01	19.38	21.45	25.10	27.50	31.17	22.69	4.11	22.37	5.93	33.70	18.30	0.18	21.45	22.20	正态分布	22.69	22.71	19.60
Ni	32	8.52	11.27	14.25	22.75	34.08	43.12	44.73	24.29	11.87	21.25	6.91	45.70	5.27	0.49	22.75	21.30	正态分布	24.29	12.77	11.00
P	32	0.18	0.19	0.27	0.35	0.41	0.46	0.49	0.35	0.11	0.33	1.95	0.57	0.15	0.30	0.35	0.40	正态分布	0.35	0.19	0.24
Pb	32	32.35	34.74	39.42	45.15	50.2	74.9	94.1	52.3	29.68	47.95	9.54	191	27.90	0.57	45.15	50.00	对数正态分布	47.95	38.00	30.00

续表 4-6

元素/指标	N	$X_{5\%}$	$X_{10\%}$	$X_{25\%}$	$X_{50\%}$	$X_{75\%}$	$X_{90\%}$	$X_{95\%}$	$\overline{X}$	S	$\overline{X}_g$	S_g	X_{max}	X_{min}	CV	X_{me}	X_{mo}	分布类型	瓯海区基准值	温州市基准值	浙江省基准值
Rb	32	81.9	85.1	100.0	119	150	165	169	123	30.02	119	16.40	176	74.0	0.24	119	123	正态分布	123	131	128
S	32	132	140	150	185	324	383	539	256	168	222	25.46	872	109	0.65	185	150	正态分布	256	121	114
Sb	32	0.36	0.39	0.43	0.51	0.60	0.77	0.91	0.55	0.18	0.52	1.59	1.06	0.25	0.33	0.51	0.55	正态分布	0.55	0.50	0.53
Sc	32	8.76	9.00	10.05	12.85	15.25	16.49	16.69	12.68	2.95	12.34	4.43	17.80	7.60	0.23	12.85	14.80	正态分布	12.68	10.09	9.70
Se	32	0.21	0.21	0.29	0.39	0.47	0.56	0.61	0.40	0.19	0.37	2.02	1.18	0.20	0.46	0.39	0.39	正态分布	0.40	0.29	0.21
Sn	32	2.96	3.03	3.56	3.88	4.68	5.30	6.10	4.12	0.96	4.02	2.34	6.40	2.50	0.23	3.88	3.93	正态分布	4.12	3.49	2.60
Sr	32	23.84	28.77	34.83	47.91	52.3	102	103	58.7	29.78	51.5	11.12	108	20.60	0.51	47.91	58.6	正态分布	58.7	60.2	112
Th	32	14.75	16.03	16.65	17.40	19.68	21.09	24.40	18.57	4.02	18.24	5.32	36.20	14.10	0.22	17.40	17.40	对数正态分布	18.24	16.68	14.50
Ti	32	3021	3147	3984	4874	5306	5591	6569	4730	1151	4594	128	7987	2702	0.24	4874	4841	正态分布	4730	4326	4602
Tl	32	0.77	0.84	0.90	0.99	1.02	1.14	1.17	0.97	0.12	0.96	1.14	1.24	0.71	0.13	0.99	0.99	正态分布	0.97	1.02	0.82
U	32	3.00	3.12	3.38	3.66	4.33	5.50	5.83	3.99	0.92	3.90	2.24	6.70	3.00	0.23	3.66	3.60	正态分布	3.99	3.59	3.14
V	32	42.39	44.09	68.7	95.8	116	122	132	89.9	30.58	84.0	13.55	144	37.00	0.34	95.8	87.6	正态分布	89.9	66.7	110
W	32	1.55	1.59	1.79	2.08	2.32	2.63	2.91	2.26	1.15	2.13	1.69	8.24	1.53	0.51	2.08	2.39	对数正态分布	2.13	2.12	1.93
Y	32	21.02	22.05	24.45	27.79	30.98	32.67	34.58	27.86	4.46	27.51	6.82	37.70	19.40	0.16	27.79	25.70	正态分布	27.86	26.91	26.13
Zn	32	72.5	74.5	84.5	103	115	128	134	117	98.9	104	15.14	649	69.4	0.84	103	74.5	对数正态分布	104	90.2	77.4
Zr	32	184	190	243	284	319	352	371	282	58.3	276	24.49	395	178	0.21	284	328	正态分布	282	291	287
SiO$_2$	32	57.5	58.7	60.1	62.5	66.2	67.8	68.8	62.7	3.83	62.6	10.69	68.9	53.2	0.06	62.5	62.7	正态分布	62.7	65.6	70.5
Al$_2$O$_3$	32	15.92	16.08	16.71	17.94	20.23	21.16	21.39	18.56	2.19	18.44	5.26	24.70	15.75	0.12	17.94	18.62	正态分布	18.56	17.18	14.82
TFe$_2$O$_3$	32	3.49	3.87	4.66	5.78	6.53	7.32	7.66	5.61	1.33	5.45	2.74	8.40	3.32	0.24	5.78	6.53	正态分布	5.61	4.51	4.70
MgO	32	0.35	0.37	0.46	0.59	1.38	1.75	1.95	0.90	0.57	0.75	1.85	2.06	0.31	0.63	0.59	0.55	对数正态分布	0.75	0.54	0.67
CaO	32	0.12	0.12	0.14	0.19	0.59	0.74	0.79	0.35	0.27	0.26	2.68	1.00	0.10	0.77	0.19	0.13	对数正态分布	0.26	0.14	0.22
Na$_2$O	32	0.09	0.10	0.12	0.30	0.78	0.94	0.94	0.42	0.33	0.29	2.88	0.96	0.08	0.79	0.30	0.12	正态分布	0.42	0.12	0.16
K$_2$O	32	1.36	1.39	1.75	2.51	2.91	3.12	3.18	2.34	0.67	2.24	1.83	3.34	1.25	0.29	2.51	2.85	正态分布	2.34	2.55	2.99
TC	32	0.28	0.31	0.40	0.69	0.90	1.05	1.20	0.69	0.33	0.61	1.70	1.66	0.25	0.48	0.69	0.66	正态分布	0.69	0.82	0.43
Corg	32	0.28	0.30	0.40	0.55	0.70	0.82	1.02	0.59	0.28	0.54	1.67	1.53	0.25	0.47	0.55	0.61	正态分布	0.59	0.42	0.42
pH	32	4.80	4.84	4.93	5.29	6.83	7.65	7.79	5.20	5.22	5.86	2.86	7.99	4.75	1.00	5.29	5.19	对数正态分布	5.86	5.20	5.12

与温州市土壤基准值相比,瓯海区土壤基准值中 MgO、Se、Li、V、Cd、Co、Mn、I、Pb、Sc、TFe$_2$O$_3$、N、Bi 基准值略高于温州市基准值,与温州市基准值比值在 1.2~1.4 之间;而 Na$_2$O、Au、Cr、S、B、Ni、CaO、P、Hg、Cl、Cu、Corg 基准值明显偏高,与温州市基准值比值均在 1.4 以上,其中 Na$_2$O、Au、Cr、S 基准值为温州市基准值的 2.0 倍以上,Na$_2$O 基准值最高,为温州市基准值的 3.50 倍;其他元素/指标基准值则与温州市基准值基本接近。

与浙江省土壤基准值相比,瓯海区土壤基准值中 B、Sr 基准值明显偏低,不足浙江省基准值的 60%;Cr、K$_2$O 基准值略低于浙江省基准值,为浙江省基准值的 60%~80%;Ag、Ce、Ga、La、Mn、N、Sc、Th、U、Zn、Al$_2$O$_3$ 基准值略高于浙江省基准值,比值在 1.2~1.4 之间;Au、Bi、Br、Cl、Cu、Hg、I、Mo、Ni、P、Pb、S、Se、Sn、Na$_2$O、TC、Corg 基准值明显偏高,比值均在 1.4 以上,其中 Au、Bi、Br、Hg、I、Mo、Ni、S、Na$_2$O 基准值为浙江省基准值的 2.0 倍以上;其他元素/指标基准值则与浙江省基准值基本接近。

七、平阳县土壤地球化学基准值

平阳县土壤地球化学基准值数据经正态分布检验,结果表明,原始数据中 Au、Ba、Br、Cd、Ce、Co、Cu、Ga、Ge、Hg、I、La、Li、Mn、N、Nb、P、Rb、Sc、Se、Sr、Th、U、V、W、Y、Zn、Zr、SiO$_2$、Al$_2$O$_3$、TFe$_2$O$_3$、K$_2$O、TC、Corg 共 34 项元素/指标符合正态分布,As、B、Be、Bi、Cl、Cr、Mo、Ni、Pb、S、Sb、Sn、Tl、MgO、CaO、pH 共 16 项元素/指标符合对数正态分布,Ag、Ti 剔除异常值后符合正态分布,其他元素/指标不符合正态分布或对数正态分布(表 4-7)。

平阳县深层土壤总体呈酸性,土壤 pH 基准值为 5.98,极大值为 8.36,极小值为 4.55,接近于温州市基准值和浙江省基准值。

深层土壤各元素/指标中,大多数元素/指标变异系数小于 0.40,分布相对均匀;Br、Cu、Li、Co、Mn、Cd、Bi、I、Be、Au、Ni、B、Cr、MgO、Sb、CaO、Na$_2$O、Cl、S、Mo、pH、As、Sn 变异系数大于 0.40,其中 S、Mo、pH、As、Sn 变异系数大于 0.80,空间变异性较大。

与温州市土壤基准值相比,平阳县土壤基准值中 V、Co、Corg、Bi、Mn、Se、TFe$_2$O$_3$、Li、Sr、Sc、Sn、N、Cd 基准值略高于温州市基准值,与温州市基准值比值在 1.2~1.4 之间;而 CaO、P、Cl、Cr、B、S、Cu、MgO、Au、Ni、Na$_2$O 基准值明显偏高,与温州市基准值比值均在 1.4 以上,其中 CaO、P 基准值为温州市基准值的 2.0 倍以上;其他元素/指标基准值则与温州市基准值基本接近。

与浙江省土壤基准值相比,平阳县土壤基准值中 B、Cr 基准值明显偏低,不足浙江省基准值的 60%;Sr 基准值略低于浙江省基准值,为浙江省基准值的 67%;Au、La、Mn、N、Pb、Sc、Tl、Zn、TFe$_2$O$_3$、Corg 基准值略高于浙江省基准值,与浙江省基准值比值在 1.2~1.4 之间;Bi、Br、Cl、Cu、I、Mo、Ni、P、S、Se、Sn、CaO、TC、Hg 基准值明显偏高,与浙江省基准值比值均在 1.4 以上,其中 Bi、Br、Mo 基准值为浙江省基准值的 2.0 倍以上;其他元素/指标基准值则与浙江省基准基本接近。

八、瑞安市土壤地球化学基准值

瑞安市土壤地球化学基准值数据经正态分布检验,结果表明,原始数据中 Ba、Be、Bi、Br、Cd、Ce、Co、Cu、F、Ga、Ge、I、Mn、N、Nb、P、Rb、Sb、Sc、Se、Sr、Ti、Tl、U、V、W、Y、Zr、SiO$_2$、Al$_2$O$_3$、TFe$_2$O$_3$、Na$_2$O、K$_2$O、TC、Corg 共 35 项元素/指标符合正态分布,Ag、As、Au、B、Cl、Cr、Hg、La、Li、Mo、Ni、Pb、S、Sn、Th、Zn、MgO、CaO、pH 共 19 项元素/指标符合对数正态分布(表 4-8)。

瑞安市深层土壤总体呈弱酸性,土壤 pH 基准值为 6.11,极大值为 8.59,极小值为 4.69,接近于温州市基准值和浙江省基准值。

深层土壤各元素/指标中,约一半元素/指标变异系数小于 0.40,分布相对均匀;Co、Br、Sn、As、Corg、I、Se、Cd、Cu、TC、Li、Sr、Pb、Au、Ni、Na$_2$O、B、S、Ag、MgO、Cr、Mo、pH、CaO、Cl 变异系数大于 0.40,其中

第四章 土壤地球化学基准值

表 4-7 平阳县土壤地球化学基准值参数统计表

元素/指标	N	$X_{5\%}$	$X_{10\%}$	$X_{25\%}$	$X_{50\%}$	$X_{5\%}$	$X_{90\%}$	$X_{95\%}$	$\bar{X}$	S	$\bar{X}_g$	S_g	X_{max}	X_{min}	CV	X_{me}	X_{mo}	分布类型	平阳县基准值	温州市基准值	浙江省基准值
Ag	54	53.0	55.9	68.0	74.0	87.0	107	114	78.6	19.25	76.5	12.46	131	50.00	0.24	74.0	70.0	剔除后正态分布	78.6	73.7	70.0
As	59	3.82	4.06	5.02	6.51	8.93	10.56	13.94	7.99	8.03	6.72	3.38	64.6	2.05	1.01	6.51	7.60	对数正态分布	6.72	5.81	6.83
Au	59	0.68	0.73	0.90	1.30	1.62	2.12	2.61	1.44	0.78	1.29	1.67	4.90	0.44	0.54	1.30	1.50	对数正态分布	1.44	0.98	1.10
B	59	14.17	18.28	19.80	25.40	51.0	67.2	70.0	35.01	19.62	30.11	8.11	78.0	7.00	0.56	25.40	70.0	对数正态分布	30.11	18.00	73.0
Ba	59	325	368	485	528	572	716	783	541	142	524	37.18	1077	299	0.26	528	535	正态分布	541	515	482
Be	59	1.78	1.93	2.20	2.48	3.02	3.19	3.26	2.73	1.35	2.58	1.87	11.80	1.60	0.49	2.48	2.94	对数正态分布	2.58	2.43	2.31
Bi	59	0.37	0.39	0.45	0.50	0.59	0.76	1.29	0.58	0.26	0.54	1.62	1.60	0.34	0.45	0.50	0.50	对数正态分布	0.54	0.40	0.24
Br	59	2.09	2.24	3.03	3.90	4.90	6.52	7.62	4.17	1.69	3.86	2.31	8.90	1.60	0.41	3.90	3.90	正态分布	4.17	3.84	1.50
Cd	59	0.05	0.05	0.07	0.11	0.15	0.17	0.19	0.11	0.05	0.10	3.89	0.24	0.03	0.44	0.11	0.11	正态分布	0.11	0.09	0.11
Ce	59	79.2	81.8	91.2	99.1	198	117	122	99.8	13.24	99.0	13.94	129	72.8	0.13	99.1	113	对数正态分布	99.8	101	84.1
Cl	59	31.96	34.84	42.30	68.4	123	214	234	98.2	78.0	76.6	14.79	386	27.70	0.79	68.4	95.3	对数正态分布	76.6	43.94	39.00
Co	59	6.69	6.94	9.49	12.10	17.10	20.60	22.97	13.68	5.86	12.59	4.44	32.90	6.48	0.43	12.10	12.40	正态分布	13.68	9.89	11.90
Cr	59	18.01	20.94	24.95	36.40	67.8	96.3	97.4	47.38	27.33	40.25	9.51	98.4	11.80	0.58	36.40	36.40	对数正态分布	40.25	23.10	71.0
Cu	59	8.43	9.19	13.54	16.55	24.66	28.68	34.27	18.82	7.96	17.13	5.32	39.90	4.88	0.42	16.55	17.40	正态分布	18.82	12.62	11.20
F	58	296	384	417	448	536	709	792	498	135	482	36.05	810	284	0.27	448	448	偏峰分布	448	427	431
Ga	59	18.34	19.34	20.15	21.80	23.55	24.64	27.48	22.00	2.65	21.84	5.84	29.10	15.91	0.12	21.80	21.60	正态分布	22.00	22.12	18.92
Ge	59	1.29	1.43	1.50	1.59	1.67	1.77	1.81	1.59	0.17	1.58	1.31	2.12	1.17	0.10	1.59	1.43	正态分布	1.59	1.61	1.50
Hg	59	0.04	0.05	0.06	0.07	0.08	0.10	0.11	0.07	0.02	0.07	4.73	0.13	0.04	0.31	0.07	0.05	正态分布	0.07	0.06	0.048
I	59	2.99	3.48	4.40	7.58	9.47	11.84	13.75	7.52	3.52	6.72	3.13	17.10	2.40	0.47	7.58	8.39	正态分布	7.52	6.57	3.86
La	59	40.80	42.80	47.00	50.00	57.0	67.2	68.5	52.8	10.50	51.9	9.60	89.0	33.00	0.20	50.00	50.00	正态分布	52.8	51.3	41.00
Li	59	18.75	21.36	23.65	31.02	45.86	62.9	65.1	36.39	15.13	33.60	8.04	67.3	18.30	0.42	31.02	22.20	正态分布	36.39	29.01	37.51
Mn	59	541	591	691	925	1189	1391	1580	995	425	921	51.5	2746	349	0.43	925	976	正态分布	995	774	713
Mo	59	0.49	0.63	0.89	1.40	1.99	2.56	3.02	1.71	1.65	1.35	1.91	10.12	0.39	0.96	1.40	2.00	对数正态分布	1.35	1.29	0.62
N	59	0.35	0.39	0.46	0.59	0.74	0.86	1.13	0.63	0.23	0.60	1.53	1.48	0.28	0.36	0.59	0.59	正态分布	0.63	0.51	0.49
Nb	59	17.27	17.84	18.60	20.60	22.75	24.82	28.34	21.14	3.47	20.89	5.73	33.50	15.80	0.16	20.60	20.60	对数正态分布	21.14	22.71	19.60
Ni	59	8.34	9.58	12.05	17.60	29.80	42.16	44.68	21.75	12.07	18.70	6.02	45.90	5.80	0.55	17.60	18.00	正态分布	21.75	12.77	11.00
P	59	0.21	0.24	0.33	0.42	0.49	0.57	0.68	0.42	0.15	0.40	1.91	0.92	0.19	0.36	0.42	0.42	正态分布	0.42	0.19	0.24
Pb	59	32.78	33.00	35.00	38.80	44.00	61.0	77.6	44.09	17.47	41.95	8.55	138	26.20	0.40	38.80	35.00	对数正态分布	41.95	38.00	30.00

69

续表 4-7

元素/指标	N	$X_{5\%}$	$X_{10\%}$	$X_{25\%}$	$X_{50\%}$	$X_{75\%}$	$X_{90\%}$	$X_{95\%}$	$\bar{X}$	S	$\bar{X}_g$	S_g	X_{max}	X_{min}	CV	X_{me}	X_{mo}	分布类型	平阳县基准值	温州市基准值	浙江省基准值
Rb	59	95.4	102	117	128	152	158	165	132	24.13	130	16.73	216	79.4	0.18	128	128	正态分布	132	131	128
S	59	108	125	132	153	236	570	710	252	230	200	23.72	1455	101	0.92	153	127	对数正态分布	200	121	114
Sb	59	0.34	0.35	0.42	0.54	0.67	1.00	1.22	0.63	0.38	0.57	1.74	2.74	0.28	0.60	0.54	0.40	对数正态分布	0.57	0.50	0.53
Sc	59	8.60	8.78	9.85	11.40	15.05	17.06	18.59	12.49	3.40	12.07	4.31	22.70	8.30	0.27	11.40	12.50	正态分布	12.49	10.09	9.70
Se	59	0.16	0.20	0.24	0.37	0.46	0.53	0.59	0.37	0.13	0.34	2.11	0.72	0.15	0.37	0.37	0.46	对数正态分布	0.37	0.29	0.21
Sn	59	2.58	2.92	3.36	4.04	4.74	5.50	7.52	5.07	6.38	4.23	2.54	51.7	1.80	1.26	4.04	3.20	对数正态分布	4.23	3.49	2.60
Sr	59	32.01	36.16	51.9	72.6	101	109	120	75.4	30.17	69.0	12.28	142	25.80	0.40	72.6	73.7	正态分布	75.4	60.2	112
Th	59	10.39	11.56	13.55	15.70	17.85	20.90	22.96	15.95	3.72	15.53	4.97	25.00	8.45	0.23	15.70	15.70	正态分布	15.95	16.68	14.50
Ti	52	3924	4102	4594	4959	5293	5456	5636	4872	551	4839	131	5797	3488	0.11	4959	4834	剔除后正态分布	4872	4326	4602
Tl	59	0.80	0.84	0.92	1.02	1.13	1.35	1.46	1.08	0.28	1.05	1.24	2.40	0.71	0.26	1.02	1.02	对数正态分布	1.05	1.02	0.82
U	59	2.38	2.51	2.90	3.44	3.84	4.63	6.13	3.55	1.01	3.43	2.11	6.50	2.10	0.28	3.44	3.50	正态分布	3.55	3.59	3.14
V	59	50.7	56.8	68.4	85.5	113	124	170	92.9	35.15	87.2	13.22	220	44.10	0.38	85.5	85.5	正态分布	92.9	66.7	110
W	59	1.34	1.61	1.86	2.07	2.50	3.16	3.42	2.29	0.90	2.18	1.65	7.63	1.26	0.39	2.07	2.20	正态分布	2.29	2.12	1.93
Y	59	22.33	23.28	25.90	28.61	30.64	32.40	34.46	28.36	4.25	28.05	6.92	43.59	17.10	0.15	28.61	30.59	正态分布	28.36	26.91	26.13
Zn	59	64.7	68.3	77.3	91.4	106	115	132	93.5	23.80	90.9	13.27	192	54.8	0.25	91.4	91.4	正态分布	93.5	90.2	77.4
Zr	59	191	199	248	308	350	365	382	296	63.7	289	25.72	421	176	0.21	308	350	正态分布	296	291	287
SiO_2	59	56.8	58.8	61.4	63.6	66.5	68.8	69.7	63.5	4.12	63.3	10.92	71.5	50.8	0.06	63.6	63.6	正态分布	63.5	65.6	70.5
Al_2O_3	59	15.09	15.63	16.30	16.97	19.45	20.28	22.19	17.73	2.14	17.60	5.16	23.44	13.19	0.12	16.97	16.30	正态分布	17.73	17.18	14.82
TFe_2O_3	59	3.92	4.13	4.61	5.52	6.41	7.42	9.21	5.75	1.57	5.57	2.71	11.30	3.75	0.27	5.52	6.41	正态分布	5.75	4.51	4.70
MgO	59	0.47	0.49	0.54	0.66	1.31	1.93	1.99	0.92	0.54	0.80	1.67	2.26	0.40	0.59	0.66	0.54	对数正态分布	0.80	0.54	0.67
CaO	59	0.13	0.14	0.20	0.31	0.62	0.83	0.98	0.43	0.29	0.34	2.42	1.16	0.11	0.68	0.31	0.16	对数正态分布	0.34	0.14	0.22
Na_2O	59	0.10	0.10	0.14	0.41	0.87	1.07	1.09	0.50	0.39	0.34	2.84	1.39	0.09	0.77	0.41	0.17	其他分布	0.50	0.12	0.16
K_2O	59	1.56	1.72	2.12	2.54	3.02	3.19	3.58	2.56	0.64	2.48	1.86	4.31	1.06	0.25	2.54	3.19	正态分布	2.56	2.55	2.99
TC	59	0.32	0.37	0.48	0.63	0.79	0.95	1.14	0.66	0.25	0.61	1.56	1.45	0.25	0.38	0.63	0.53	正态分布	0.66	0.82	0.43
Corg	59	0.32	0.37	0.45	0.55	0.65	0.85	0.99	0.58	0.21	0.55	1.58	1.22	0.25	0.36	0.55	0.57	正态分布	0.58	0.42	0.42
pH	59	4.85	4.93	5.12	5.41	6.89	7.96	8.13	5.30	5.26	5.98	2.87	8.36	4.55	0.99	5.41	5.80	对数正态分布	5.98	5.20	5.12

第四章 土壤地球化学基准值

表 4-8 瑞安市土壤地球化学基准值参数统计表

元素/指标	N	$X_{5\%}$	$X_{10\%}$	$X_{25\%}$	$X_{50\%}$	$X_{75\%}$	$X_{90\%}$	$X_{95\%}$	$\bar{X}$	S	$\bar{X}_g$	S_g	X_{max}	X_{min}	CV	X_{me}	X_{mo}	分布类型	瑞安市基准值	温州市基准值	浙江省基准值
Ag	71	51.5	57.0	67.5	83.0	97.0	120	126	93.3	67.8	84.1	13.22	580	41.00	0.73	83.0	100.0	对数正态分布	84.1	73.7	70.0
As	71	3.04	3.25	3.88	5.20	6.80	9.30	9.80	5.63	2.43	5.20	2.88	13.90	2.60	0.43	5.20	9.30	对数正态分布	5.20	5.81	6.83
Au	71	0.53	0.58	0.67	1.01	1.55	2.20	2.39	1.23	0.76	1.07	1.71	4.80	0.50	0.61	1.01	1.10	对数正态分布	1.07	0.98	1.10
B	71	11.95	12.20	16.30	20.70	49.50	66.0	68.5	31.56	20.58	25.75	7.88	75.0	7.19	0.65	20.70	20.70	对数正态分布	25.75	18.00	73.0
Ba	71	287	332	428	520	617	699	782	525	162	498	36.58	1039	142	0.31	520	505	正态分布	525	515	482
Be	71	1.80	1.85	2.05	2.66	2.98	3.22	3.41	2.59	0.62	2.52	1.82	5.03	1.51	0.24	2.66	1.78	正态分布	2.59	2.43	2.31
Bi	71	0.29	0.34	0.42	0.52	0.61	0.84	0.91	0.55	0.22	0.52	1.70	1.42	0.20	0.40	0.52	0.55	正态分布	0.55	0.40	0.24
Br	71	2.15	2.24	2.86	3.70	4.70	6.22	7.50	4.04	1.69	3.73	2.33	9.30	1.20	0.42	3.70	3.90	正态分布	4.04	3.84	1.50
Cd	71	0.06	0.07	0.09	0.12	0.16	0.19	0.23	0.13	0.06	0.12	3.52	0.40	0.04	0.47	0.12	0.13	正态分布	0.13	0.09	0.11
Ce	71	79.6	81.8	89.9	99.0	114	127	137	104	18.93	102	14.33	161	65.9	0.18	99.0	110	正态分布	104	101	84.1
Cl	71	36.50	37.60	41.00	58.0	104	331	372	115	137	76.6	15.72	823	33.00	1.19	58.0	42.30	对数正态分布	76.6	43.94	39.00
Co	71	5.58	6.15	7.07	11.20	15.20	17.90	18.85	11.51	4.67	10.57	4.34	22.10	4.55	0.41	11.20	13.10	正态分布	11.51	9.89	11.90
Cr	71	10.50	11.20	17.55	29.40	72.5	96.4	99.3	44.64	34.13	33.04	9.86	154	7.30	0.76	29.40	17.20	对数正态分布	33.04	23.10	71.0
Cu	71	7.30	8.60	10.14	14.40	21.40	29.40	30.93	16.39	7.68	14.77	5.25	35.97	5.90	0.47	14.40	9.60	对数正态分布	16.39	12.62	11.20
F	71	270	311	358	461	617	721	721	482	154	459	35.72	754	254	0.32	461	721	正态分布	482	427	431
Ga	71	18.35	19.40	20.60	22.00	23.70	24.60	25.30	21.99	2.28	21.87	5.87	28.30	15.20	0.10	22.00	22.20	正态分布	21.99	22.12	18.92
Ge	71	1.38	1.41	1.44	1.57	1.64	1.71	1.77	1.56	0.13	1.55	1.30	1.91	1.34	0.08	1.57	1.59	正态分布	1.56	1.61	1.50
Hg	71	0.05	0.05	0.06	0.07	0.08	0.09	0.12	0.07	0.02	0.07	4.78	0.17	0.03	0.34	0.07	0.07	正态分布	0.07	0.06	0.048
I	71	2.90	3.50	4.73	6.61	9.54	10.90	12.65	7.09	3.11	6.37	3.04	14.90	1.40	0.44	6.61	6.30	正态分布	7.09	6.57	3.86
La	71	37.10	42.00	44.00	48.00	57.6	67.3	74.8	52.0	11.61	50.8	9.54	89.7	34.00	0.22	48.00	48.00	对数正态分布	50.8	51.3	41.00
Li	71	18.45	20.00	21.65	26.90	50.9	64.3	66.0	35.58	17.45	31.92	8.32	70.0	16.00	0.49	26.90	21.10	对数正态分布	31.92	29.01	37.51
Mn	71	588	623	786	957	1389	1412	1741	1022	341	969	54.6	2011	389	0.33	957	1012	正态分布	1022	774	713
Mo	71	0.52	0.56	0.78	1.66	2.37	3.94	5.00	1.92	1.50	1.48	2.08	7.38	0.48	0.78	1.66	0.51	正态分布	1.48	1.29	0.62
N	71	0.30	0.36	0.42	0.56	0.77	0.86	0.94	0.60	0.20	0.56	1.58	1.12	0.26	0.34	0.56	0.78	正态分布	0.60	0.51	0.49
Nb	71	17.70	18.00	19.25	22.30	26.10	30.00	31.45	23.22	4.92	22.75	5.91	40.80	17.20	0.21	22.30	19.50	对数正态分布	23.22	22.71	19.60
Ni	71	6.53	8.27	11.05	16.40	31.55	41.20	43.20	20.80	12.75	17.18	6.32	45.90	4.46	0.61	16.40	17.70	对数正态分布	17.18	12.77	11.00
P	71	0.17	0.19	0.21	0.33	0.43	0.52	0.55	0.33	0.13	0.30	2.15	0.59	0.09	0.39	0.33	0.19	正态分布	0.33	0.19	0.24
Pb	71	32.50	34.00	37.00	42.60	56.9	84.8	118	54.4	32.37	48.97	9.33	208	28.00	0.59	42.60	37.00	对数正态分布	48.97	38.00	30.00

续表 4-8

元素/指标	N	$X_{5\%}$	$X_{10\%}$	$X_{25\%}$	$X_{50\%}$	$X_{75\%}$	$X_{90\%}$	$X_{95\%}$	$\bar{X}$	S	$\bar{X}_g$	S_g	X_{max}	X_{min}	CV	X_{me}	X_{mo}	分布类型	瑞安市基准值	温州市基准值	浙江省基准值
Rb	71	95.9	101	111	126	147	155	160	128	21.66	126	16.55	167	75.9	0.17	126	123	正态分布	128	131	128
S	71	120	123	134	162	259	404	480	229	163	198	23.74	1178	104	0.71	162	128	对数正态分布	198	121	114
Sb	71	0.29	0.31	0.36	0.45	0.53	0.62	0.67	0.46	0.15	0.44	1.69	1.28	0.27	0.33	0.45	0.49	正态分布	0.46	0.50	0.53
Sc	71	7.00	7.50	8.75	10.70	13.90	15.20	16.00	11.16	3.01	10.77	4.20	18.00	6.40	0.27	10.70	14.30	正态分布	11.16	10.09	9.70
Se	71	0.14	0.15	0.21	0.32	0.42	0.54	0.60	0.33	0.15	0.29	2.42	0.72	0.12	0.45	0.32	0.24	对数正态分布	0.33	0.29	0.21
Sn	71	2.81	3.10	3.40	3.80	4.32	4.80	5.06	4.10	1.72	3.91	2.29	16.00	2.40	0.42	3.80	4.00	正态分布	3.91	3.49	2.60
Sr	71	22.75	28.30	40.35	64.2	103	114	122	69.4	34.67	59.4	12.32	130	10.10	0.50	64.2	107	正态分布	69.4	60.2	112
Th	71	14.00	14.30	15.90	17.30	19.00	20.60	23.25	17.97	3.81	17.65	5.24	33.70	12.30	0.21	17.30	17.10	对数正态分布	17.65	16.68	14.50
Ti	71	2778	2999	3504	4375	5090	5333	5608	4295	1065	4162	125	7385	1966	0.25	4375	4317	正态分布	4295	4326	4602
Tl	71	0.81	0.86	0.94	1.03	1.27	1.50	1.58	1.11	0.26	1.09	1.25	2.00	0.65	0.24	1.03	1.16	正态分布	1.11	1.02	0.82
U	71	2.55	2.75	3.02	3.41	3.88	4.90	5.35	3.63	0.95	3.53	2.13	8.00	2.20	0.26	3.41	3.00	正态分布	3.63	3.59	3.14
V	71	35.65	40.80	49.15	68.8	103	116	120	74.3	29.38	68.3	12.41	127	26.60	0.40	68.8	80.2	正态分布	74.3	66.7	110
W	71	1.62	1.68	1.90	2.13	2.43	2.97	3.22	2.26	0.61	2.19	1.62	5.58	1.24	0.27	2.13	2.21	正态分布	2.26	2.12	1.93
Y	71	20.85	23.10	26.30	29.55	31.31	36.60	38.60	29.22	5.04	28.78	6.99	43.10	18.30	0.17	29.55	29.55	正态分布	29.22	26.91	26.13
Zn	71	71.5	76.8	90.5	104	114	128	149	105	29.00	102	14.49	255	56.1	0.28	104	120	对数正态分布	102	90.2	77.4
Zr	71	182	191	246	301	330	369	399	288	66.7	280	24.89	462	172	0.23	301	308	正态分布	288	291	287
SiO$_2$	71	59.4	59.8	61.7	64.9	67.1	69.2	69.8	64.5	3.56	64.4	10.95	70.8	57.0	0.06	64.9	62.6	正态分布	64.5	65.6	70.5
Al$_2$O$_3$	71	15.20	15.47	15.97	16.88	18.55	20.54	20.91	17.41	1.92	17.31	5.15	21.71	14.06	0.11	16.88	16.89	正态分布	17.41	17.18	14.82
TFe$_2$O$_3$	71	3.26	3.44	4.04	4.76	6.01	6.39	6.73	4.91	1.16	4.78	2.59	7.72	2.48	0.24	4.76	4.45	正态分布	4.91	4.51	4.70
MgO	71	0.33	0.35	0.41	0.52	1.40	2.13	2.26	0.93	0.68	0.73	1.99	2.34	0.31	0.74	0.52	0.41	对数正态分布	0.73	0.54	0.67
CaO	71	0.11	0.14	0.16	0.27	0.70	1.10	1.64	0.51	0.52	0.34	2.74	2.63	0.10	1.02	0.27	0.16	对数正态分布	0.34	0.14	0.22
Na$_2$O	71	0.12	0.16	0.23	0.51	0.95	1.07	1.11	0.58	0.37	0.44	2.37	1.27	0.08	0.64	0.51	0.57	正态分布	0.58	0.12	0.16
K$_2$O	71	1.64	1.94	2.38	2.66	3.04	3.17	3.21	2.64	0.49	2.59	1.84	3.61	1.31	0.19	2.66	2.66	正态分布	2.64	2.55	2.99
TC	71	0.24	0.28	0.38	0.63	0.82	1.08	1.18	0.64	0.30	0.57	1.78	1.31	0.13	0.47	0.63	0.79	正态分布	0.64	0.82	0.43
Corg	71	0.24	0.28	0.38	0.52	0.68	0.85	1.04	0.55	0.23	0.50	1.75	1.21	0.13	0.43	0.52	0.60	正态分布	0.55	0.42	0.42
pH	71	4.84	4.93	5.08	5.51	7.62	8.13	8.39	5.31	5.27	6.11	2.95	8.59	4.69	0.99	5.51	5.04	对数正态分布	6.11	5.20	5.12

pH、CaO、Cl变异系数大于0.80,空间变异性较大。

与温州市土壤基准值相比,瑞安市土壤基准值中TC基准值略低于温州市基准值,为温州市基准值的78%;Bi、MgO、Ni、Mn、Corg、Cu、Pb基准值略高于温州市基准值,与温州市基准值比值在1.2～1.4之间;而Na$_2$O、CaO、Cl、P、S、Cd、B、Cr基准值明显偏高,与温州市基准值比值均在1.4以上,其中Na$_2$O、CaO基准值为温州市基准值的2.0倍以上,Na$_2$O基准值最高,为温州市基准值的4.83倍;其他元素/指标基准值则与温州市基准值基本接近。

与浙江省土壤基准值相比,瑞安市土壤基准值中Cr、B基准值明显偏低,不足浙江省基准值的60%;Sr、As、V基准值略低于浙江省基准值,为浙江省基准值的60%～80%;Ag、Ce、La、N、P、Th、Tl、Zn、Corg基准值略高于浙江省基准值,与浙江省基准值比值在1.2～1.4之间;Bi、Br、Cl、Cu、I、Mn、Mo、Hg、Ni、Pb、S、Se、Sn、CaO、Na$_2$O、TC基准值明显偏高,与浙江省基准值比值均在1.4以上,其中Bi、Br、Mo、Na$_2$O基准值为浙江省基准值的2.0倍以上;其他元素/指标基准值则与浙江省基准值基本接近。

九、泰顺县土壤地球化学基准值

泰顺县土壤地球化学基准值数据经正态分布检验,结果表明,原始数据中Ba、Be、Br、Ce、Cl、Cr、F、Ga、Ge、Hg、I、La、Li、N、Ni、Rb、Sc、Th、Ti、Tl、U、V、Y、Zr、SiO$_2$、Al$_2$O$_3$、TFe$_2$O$_3$、MgO、K$_2$O、pH共30项元素/指标符合正态分布,Ag、As、Au、B、Bi、Cd、Co、Cu、Mo、Nb、P、Pb、S、Sb、Se、Sn、Sr、W、Zn、CaO、Na$_2$O、TC、Corg共23项元素/指标符合对数正态分布,Mn剔除异常值后符合正态分布(表4-9)。

泰顺县深层土壤总体呈酸性,土壤pH基准值为5.07,极大值为6.06,极小值为4.66,接近于温州市基准值和浙江省基准值。

深层土壤各元素/指标中,一多半元素/指标变异系数小于0.40,分布相对均匀;B、Se、V、Sb、P、Ba、Cr、I、CaO、Br、Ni、Au、Co、Ag、Sr、As、Bi、Zn、Na$_2$O、Mo、Cu、pH、Pb、Cd、W共25项元素/指标变异系数大于0.40,其中Na$_2$O、Mo、Cu、pH、Pb、Cd、W变异系数大于0.80,空间变异性较大。

与温州市土壤基准值相比,泰顺县土壤基准值中Sr、TC基准值明显偏低,不足温州市基准值的60%;Cl、Co、Corg、Mn、Cu、Au、Cd基准值略低于温州市基准值,为温州市基准值的60%～80%;W、Na$_2$O基准值略高于温州市基准值,与温州市基准值比值在1.2～1.4之间;其他元素/指标基准值则与温州市基准值基本接近。

与浙江省土壤基准值相比,泰顺县土壤基准值中B、Cd、Cr、Sr、V基准值明显偏低,不足浙江省基准值的60%;Au、Co、Cu、Li、P、Ti、MgO、CaO、K$_2$O、TC、Corg基准值略低于浙江省基准值,为浙江省基准值的60%～80%;La、Nb、Pb、Se、Sn、Th、Tl基准值略高于浙江省基准值,与浙江省基准值比值在1.2～1.4之间;Bi、Br、I、Mo、W、Hg基准值明显偏高,与浙江省基准值比值均在1.4以上,其中Br基准值最高,为浙江省基准值的2.22;其他元素/指标基准值则与浙江省基准值基本接近。

十、文成县土壤地球化学基准值

文成县土壤地球化学基准值数据经正态分布检验,结果表明,原始数据中Ag、Au、B、Ba、Ce、Co、Cr、F、Ga、Ge、Hg、I、Li、Mn、Mo、N、Nb、Ni、P、Rb、S、Sb、Sc、Se、Th、Ti、Tl、U、V、W、Zr、SiO$_2$、Al$_2$O$_3$、TFe$_2$O$_3$、MgO、K$_2$O、TC、Corg、pH共39项元素/指标符合正态分布,As、Be、Bi、Br、Cd、Cl、Cu、La、Pb、Sn、Sr、Y、CaO、Na$_2$O共14项元素/指标符合对数正态分布,Zn剔除异常值后符合正态分布(表4-10)。

文成县深层土壤总体呈酸性,土壤pH基准值为5.15,极大值为6.08,极小值为4.61,接近于温州市基准值和浙江省基准值。

深层土壤各元素/指标中,大多数元素/指标变异系数小于0.40,分布相对均匀;Au、Mn、P、Ni、Cr、Ba、Bi、Co、V、CaO、Corg、Cu、TC、Na$_2$O、Mo、Br、As、Sr、Pb、pH、Cd变异系数大于0.40,其中Pb、pH、Cd变异系数大于0.80,空间变异性较大。

表 4-9 泰顺县土壤地球化学基准值参数统计表

元素/指标	N	$X_{5\%}$	$X_{10\%}$	$X_{25\%}$	$X_{50\%}$	$X_{75\%}$	$X_{90\%}$	$X_{95\%}$	$\bar{X}$	S	$\bar{X}_g$	S_g	X_{max}	X_{min}	CV	X_{me}	X_{mo}	分布类型	泰顺县基准值	温州市基准值	浙江省基准值
Ag	100	44.95	45.00	51.8	59.0	66.2	85.5	96.2	65.7	39.49	61.5	11.05	420	38.00	0.60	59.0	56.0	对数正态分布	61.5	73.7	70.0
As	100	2.54	2.71	3.85	5.49	8.11	13.70	14.99	6.89	4.61	5.78	3.23	30.20	1.79	0.67	5.49	3.76	对数正态分布	5.78	5.81	6.83
Au	100	0.33	0.41	0.51	0.66	0.84	1.17	1.39	0.75	0.42	0.68	1.65	3.22	0.30	0.56	0.66	0.76	对数正态分布	0.68	0.98	1.10
B	100	11.20	12.49	14.78	17.50	22.88	30.52	34.43	19.59	8.10	18.27	5.72	59.8	7.72	0.41	17.50	18.40	对数正态分布	18.27	18.00	73.0
Ba	100	180	212	298	398	535	664	736	431	208	387	31.58	1341	78.0	0.48	398	424	正态分布	431	515	482
Be	100	1.58	1.78	1.99	2.27	2.61	2.96	3.33	2.33	0.52	2.27	1.67	3.98	1.34	0.22	2.27	2.27	正态分布	2.33	2.43	2.31
Bi	100	0.18	0.20	0.25	0.35	0.48	0.72	0.83	0.42	0.32	0.36	2.11	2.78	0.13	0.76	0.35	0.48	对数正态分布	0.36	0.40	0.24
Br	100	1.40	1.60	2.00	2.85	4.20	5.83	6.41	3.33	1.76	2.94	2.25	10.90	0.90	0.53	2.85	1.80	正态分布	2.94	3.84	1.50
Cd	100	0.03	0.04	0.04	0.06	0.08	0.11	0.12	0.08	0.09	0.06	5.29	0.92	0.03	1.20	0.06	0.04	对数正态分布	0.06	0.09	0.11
Ce	100	72.4	75.7	81.0	92.8	109	132	140	98.0	23.11	95.7	13.84	208	63.7	0.24	92.8	103	正态分布	98.0	101	84.1
Cl	100	25.48	27.15	29.68	32.90	37.30	42.51	46.51	34.33	6.65	33.73	7.62	59.0	21.10	0.19	32.90	32.90	对数正态分布	34.33	43.94	39.00
Co	100	3.57	3.91	4.78	7.70	10.20	15.21	18.78	8.79	4.96	7.63	3.75	23.90	2.08	0.56	7.70	10.10	对数正态分布	7.63	9.89	11.90
Cr	99	8.97	10.56	12.30	17.40	24.90	32.94	37.65	19.78	9.56	17.78	5.80	55.5	7.00	0.48	17.40	21.80	正态分布	19.78	23.10	71.0
Cu	100	4.10	4.59	6.30	8.70	12.03	17.03	18.52	10.65	10.82	8.91	4.04	108	2.20	1.02	8.70	7.00	正态分布	8.91	12.62	11.20
F	100	288	311	349	422	502	580	619	434	114	421	33.12	786	233	0.26	422	432	正态分布	434	427	431
Ga	100	17.09	18.73	20.27	21.70	24.12	25.82	27.47	22.33	3.28	22.09	6.01	32.60	15.50	0.15	21.70	21.40	正态分布	22.33	22.12	18.92
Ge	100	1.46	1.50	1.60	1.76	1.84	1.95	2.07	1.74	0.19	1.73	1.41	2.19	1.28	0.11	1.76	1.83	正态分布	1.74	1.61	1.50
Hg	100	0.04	0.05	0.05	0.06	0.09	0.11	0.12	0.07	0.02	0.07	4.94	0.13	0.03	0.34	0.06	0.06	剔除后正态分布	0.07	0.06	0.048
I	100	2.37	2.74	4.17	5.58	8.22	9.54	10.60	6.10	3.01	5.37	3.04	15.70	0.81	0.49	5.58	4.28	正态分布	6.10	6.57	3.86
La	100	38.62	40.68	44.90	51.0	58.0	67.0	73.1	52.7	11.28	51.6	9.75	97.3	35.60	0.21	51.0	55.7	正态分布	52.7	51.3	41.00
Li	100	20.50	21.68	25.08	27.55	34.42	38.41	41.62	29.56	7.12	28.77	7.13	52.0	15.60	0.24	27.55	27.40	正态分布	29.56	29.01	37.51
Mn	98	321	343	412	550	725	880	1006	586	216	548	38.56	1162	171	0.37	550	611	剔除后正态分布	586	774	713
Mo	100	0.45	0.49	0.70	0.94	1.87	3.02	3.60	1.47	1.27	1.13	2.01	7.40	0.34	0.86	0.94	0.87	对数正态分布	1.13	1.29	0.62
N	100	0.27	0.32	0.36	0.41	0.48	0.55	0.63	0.42	0.11	0.41	1.76	0.82	0.15	0.26	0.41	0.36	正态分布	0.42	0.51	0.49
Nb	100	18.66	19.28	21.60	23.80	27.62	33.10	36.31	25.06	5.43	24.53	6.36	45.00	15.00	0.22	23.80	24.10	对数正态分布	24.53	22.71	19.60
Ni	100	4.56	5.04	6.53	9.57	13.78	18.81	21.49	10.99	5.98	9.68	4.18	35.30	3.17	0.54	9.57	11.00	对数正态分布	10.99	12.77	11.00
P	100	0.11	0.12	0.15	0.19	0.22	0.28	0.35	0.20	0.11	0.18	2.81	0.61	0.09	0.45	0.19	0.20	对数正态分布	0.19	0.19	0.24
Pb	100	26.20	28.04	32.00	36.55	48.95	62.5	94.1	49.52	56.0	41.91	9.21	556	24.40	1.13	36.55	49.40	对数正态分布	41.91	38.00	30.00

续表 4-9

元素/指标	N	$X_{5\%}$	$X_{10\%}$	$X_{25\%}$	$X_{50\%}$	$X_{75\%}$	$X_{90\%}$	$X_{95\%}$	$\bar{X}$	S	$\bar{X}_g$	S_g	X_{max}	X_{min}	CV	X_{me}	X_{mo}	分布类型	泰顺县基准值	温州市基准值	浙江省基准值
Rb	100	90.1	101	116	132	144	161	166	130	23.36	128	16.28	184	76.4	0.18	132	122	正态分布	130	131	128
S	100	90.4	92.2	100.0	107	126	142	146	115	29.94	112	15.40	353	82.7	0.26	107	107	对数正态分布	112	121	114
Sb	100	0.32	0.35	0.39	0.51	0.72	0.92	1.03	0.57	0.25	0.53	1.68	1.76	0.21	0.44	0.51	0.51	对数正态分布	0.53	0.50	0.53
Sc	100	5.50	6.07	6.90	8.35	10.60	11.91	13.01	8.81	2.44	8.49	3.59	15.80	5.20	0.28	8.35	6.90	正态分布	8.81	10.09	9.70
Se	100	0.15	0.17	0.20	0.26	0.35	0.48	0.53	0.30	0.13	0.27	2.31	0.65	0.10	0.42	0.26	0.28	对数正态分布	0.27	0.29	0.21
Sn	100	2.43	2.51	2.81	3.33	3.83	4.61	5.71	3.57	1.27	3.42	2.16	11.30	2.33	0.36	3.33	3.17	对数正态分布	3.42	3.49	2.60
Sr	100	16.33	17.07	23.55	31.35	39.90	53.3	75.4	35.95	22.25	31.44	7.63	139	8.20	0.62	31.35	33.50	对数正态分布	31.44	60.2	112
Th	100	12.26	12.60	14.80	17.40	20.00	22.74	24.21	17.64	4.08	17.18	5.23	31.40	8.69	0.23	17.40	16.30	正态分布	17.64	16.68	14.50
Ti	100	1753	2015	2842	3496	4271	5332	5938	3616	1222	3408	113	7073	1321	0.34	3496	3606	正态分布	3616	4326	4602
Tl	100	0.72	0.79	0.89	1.02	1.18	1.35	1.47	1.05	0.23	1.03	1.25	1.67	0.55	0.21	1.02	1.15	正态分布	1.05	1.02	0.82
U	100	2.55	2.70	3.15	3.54	4.32	4.68	5.00	3.68	0.80	3.59	2.16	5.80	2.13	0.22	3.54	3.65	正态分布	3.68	3.59	3.14
V	100	22.99	27.66	34.33	53.2	67.0	87.6	99.0	54.9	23.76	49.91	10.25	126	14.40	0.43	53.2	55.5	正态分布	54.9	66.7	110
W	100	1.62	1.76	2.04	2.48	3.19	4.33	5.53	3.41	5.38	2.72	2.11	54.4	1.45	1.58	2.48	2.91	对数正态分布	2.72	2.12	1.93
Y	100	18.68	19.98	22.55	25.85	30.93	36.68	39.83	27.22	7.18	26.41	6.67	61.2	16.20	0.26	25.85	25.90	正态分布	27.22	26.91	26.13
Zn	100	55.4	60.3	67.4	80.8	96.4	124	138	92.1	71.2	83.7	13.30	744	44.90	0.77	80.8	88.1	对数正态分布	83.7	90.2	77.4
Zr	100	214	226	254	295	341	393	417	306	80.9	297	26.98	687	166	0.26	295	313	正态分布	306	291	287
SiO$_2$	100	61.2	63.0	64.5	67.8	70.8	73.1	74.3	67.7	4.41	67.5	11.31	76.2	55.3	0.07	67.8	68.7	正态分布	67.7	65.6	70.5
Al$_2$O$_3$	100	13.41	14.08	15.80	16.96	18.75	19.91	20.39	17.16	2.26	17.02	5.16	23.33	12.71	0.13	16.96	16.94	正态分布	17.16	17.18	14.82
TFe$_2$O$_3$	100	2.77	2.92	3.39	4.29	5.20	6.34	6.76	4.45	1.32	4.27	2.46	8.48	2.48	0.30	4.29	4.51	正态分布	4.45	4.51	4.70
MgO	100	0.28	0.32	0.39	0.49	0.60	0.70	0.81	0.51	0.16	0.49	1.66	0.90	0.24	0.31	0.49	0.54	正态分布	0.51	0.54	0.67
CaO	100	0.10	0.11	0.12	0.14	0.19	0.25	0.29	0.17	0.08	0.16	3.13	0.53	0.09	0.49	0.14	0.12	对数正态分布	0.16	0.14	0.22
Na$_2$O	100	0.08	0.09	0.10	0.13	0.22	0.34	0.47	0.19	0.16	0.15	3.43	1.09	0.07	0.83	0.13	0.10	对数正态分布	0.15	0.12	0.16
K$_2$O	100	1.29	1.43	1.83	2.32	2.64	2.96	3.26	2.26	0.61	2.18	1.67	4.17	1.07	0.27	2.32	2.56	正态分布	2.26	2.55	2.99
TC	100	0.18	0.20	0.26	0.32	0.38	0.54	0.65	0.35	0.13	0.32	2.10	0.72	0.14	0.39	0.32	0.32	对数正态分布	0.32	0.82	0.43
Corg	100	0.18	0.20	0.25	0.31	0.38	0.54	0.65	0.34	0.13	0.32	2.11	0.71	0.14	0.39	0.31	0.31	对数正态分布	0.32	0.42	0.42
pH	100	4.80	4.87	4.96	5.13	5.25	5.37	5.48	5.07	5.37	5.13	2.56	6.06	4.66	1.06	5.13	5.25	正态分布	5.07	5.20	5.12

表 4-10 文成县土壤地球化学基准值参数统计表

元素/指标	N	$X_{5\%}$	$X_{10\%}$	$X_{25\%}$	$X_{50\%}$	$X_{75\%}$	$X_{90\%}$	$X_{95\%}$	$\overline{X}$	S	$\overline{X}_g$	S_g	X_{max}	X_{min}	CV	X_{me}	X_{mo}	分布类型	文成县基准值	温州市基准值	浙江省基准值
Ag	83	44.00	46.20	52.0	61.0	75.0	99.8	100.0	67.0	20.13	64.3	11.28	130	41.00	0.30	61.0	100.0	正态分布	67.0	73.7	70.0
As	83	2.50	3.04	3.96	5.33	6.70	10.47	12.59	6.26	4.21	5.43	2.94	26.10	1.90	0.67	5.33	5.72	对数正态分布	5.43	5.81	6.83
Au	83	0.37	0.42	0.52	0.68	0.84	1.16	1.35	0.74	0.32	0.68	1.58	1.92	0.29	0.43	0.68	0.64	正态分布	0.74	0.98	1.10
B	83	11.00	12.60	14.65	17.90	21.35	24.52	31.49	18.84	6.14	17.99	5.53	45.10	8.72	0.33	17.90	18.20	正态分布	18.84	18.00	73.0
Ba	83	224	278	354	446	557	714	801	483	241	440	34.21	2038	108	0.50	446	485	正态分布	483	515	482
Be	83	1.79	1.87	2.16	2.44	2.87	3.71	4.43	2.66	0.78	2.57	1.83	5.58	1.69	0.29	2.44	2.41	对数正态分布	2.57	2.43	2.31
Bi	83	0.16	0.18	0.23	0.29	0.38	0.49	0.60	0.33	0.17	0.30	2.16	1.09	0.14	0.50	0.29	0.31	对数正态分布	0.30	0.40	0.24
Br	83	1.40	1.60	2.40	3.00	4.35	7.14	8.66	3.87	2.53	3.29	2.45	14.50	1.00	0.65	3.00	3.00	对数正态分布	3.29	3.84	1.50
Cd	83	0.04	0.04	0.05	0.07	0.09	0.15	0.26	0.09	0.10	0.07	4.85	0.70	0.02	1.05	0.07	0.08	对数正态分布	0.07	0.09	0.11
Ce	83	73.5	77.0	88.8	95.9	108	118	124	99.6	22.01	97.7	13.98	224	64.4	0.22	95.9	112	正态分布	99.6	101	84.1
Cl	83	26.16	27.12	29.85	34.20	39.85	46.54	52.8	36.38	10.97	35.26	7.93	108	24.10	0.30	34.20	35.40	正态分布	35.26	43.94	39.00
Co	83	4.08	4.68	6.62	8.94	13.40	18.28	19.59	10.40	5.20	9.22	3.98	27.20	3.23	0.50	8.94	9.87	正态分布	10.40	9.89	11.90
Cr	82	8.82	10.41	13.78	21.55	27.88	33.10	36.05	21.79	10.16	19.61	5.91	69.1	7.10	0.47	21.55	10.90	正态分布	21.79	23.10	71.0
Cu	83	4.73	5.42	7.35	9.70	14.05	20.72	26.30	11.72	6.57	10.22	4.28	31.10	3.30	0.56	9.70	9.40	对数正态分布	10.22	12.62	11.20
F	83	284	328	384	429	499	546	602	442	92.9	432	33.08	721	241	0.21	429	525	正态分布	442	427	431
Ga	83	18.65	19.30	20.50	21.90	24.40	26.20	27.23	22.37	2.80	22.20	5.98	29.60	16.00	0.13	21.90	21.80	正态分布	22.37	22.12	18.92
Ge	83	1.43	1.47	1.54	1.66	1.75	1.89	2.01	1.67	0.18	1.66	1.36	2.17	1.29	0.11	1.66	1.58	正态分布	1.67	1.61	1.50
Hg	83	0.04	0.04	0.05	0.06	0.08	0.10	0.13	0.07	0.03	0.06	5.14	0.16	0.03	0.40	0.06	0.04	正态分布	0.07	0.06	0.048
I	83	3.50	3.74	5.19	6.44	8.30	9.91	12.15	6.92	2.73	6.44	3.17	16.40	2.24	0.39	6.44	5.57	正态分布	6.92	6.57	3.86
La	83	39.24	41.44	45.75	52.3	56.5	63.1	73.6	53.4	12.16	52.2	9.76	99.0	30.50	0.23	52.3	52.8	正态分布	52.2	51.3	41.00
Li	83	19.10	20.62	23.60	28.00	32.75	39.38	42.99	29.07	8.28	28.07	6.88	68.6	17.10	0.28	28.00	28.90	正态分布	29.07	29.01	37.51
Mn	83	384	413	520	714	948	1198	1246	764	326	700	45.86	2035	206	0.43	714	690	正态分布	764	774	713
Mo	83	0.55	0.64	0.97	1.33	2.08	2.83	3.54	1.65	1.05	1.40	1.81	5.84	0.49	0.64	1.33	1.78	正态分布	1.65	1.29	0.62
N	83	0.27	0.31	0.36	0.45	0.52	0.60	0.73	0.46	0.16	0.44	1.75	1.29	0.20	0.34	0.45	0.48	正态分布	0.46	0.51	0.49
Nb	83	16.37	18.34	20.75	26.80	30.90	33.04	36.84	26.45	6.79	25.60	6.54	48.20	14.00	0.26	26.80	26.30	正态分布	26.45	22.71	19.60
Ni	83	4.97	5.60	7.83	11.50	14.90	18.96	20.17	11.92	5.38	10.79	4.26	28.60	4.24	0.45	11.50	12.60	正态分布	11.92	12.77	11.00
P	83	0.11	0.13	0.16	0.22	0.31	0.40	0.48	0.25	0.11	0.23	2.60	0.55	0.09	0.44	0.22	0.26	正态分布	0.25	0.19	0.24
Pb	83	23.10	24.02	29.60	37.10	52.2	71.6	103	48.74	43.05	41.07	9.34	316	18.50	0.88	37.10	52.9	对数正态分布	41.07	38.00	30.00

第四章 土壤地球化学基准值

续表 4-10

元素/指标	N	$X_{5\%}$	$X_{10\%}$	$X_{25\%}$	$X_{50\%}$	$X_{75\%}$	$X_{90\%}$	$X_{95\%}$	$\overline{X}$	S	$\overline{X}_g$	S_g	X_{max}	X_{min}	CV	X_{me}	X_{mo}	分布类型	文成县基准值	温州市基准值	浙江省基准值
Rb	83	92.6	103	120	133	146	159	168	133	23.47	131	16.70	203	75.8	0.18	133	133	正态分布	133	131	128
S	83	90.9	96.3	106	114	133	154	159	120	21.42	118	15.81	188	83.5	0.18	114	133	正态分布	120	121	114
Sb	83	0.26	0.28	0.35	0.41	0.52	0.60	0.76	0.46	0.17	0.43	1.80	1.03	0.21	0.37	0.41	0.49	正态分布	0.46	0.50	0.53
Sc	83	5.51	5.82	7.30	8.80	10.85	12.30	13.72	9.11	2.62	8.75	3.59	17.70	4.70	0.29	8.80	9.20	正态分布	9.11	10.09	9.70
Se	83	0.15	0.16	0.22	0.27	0.33	0.42	0.49	0.28	0.11	0.27	2.33	0.75	0.10	0.38	0.27	0.22	对数正态分布	0.28	0.29	0.21
Sn	83	2.49	2.68	3.04	3.45	4.03	4.57	6.22	3.77	1.48	3.59	2.24	13.20	2.35	0.39	3.45	2.87	对数正态分布	3.59	3.49	2.60
Sr	83	15.82	19.18	25.75	34.00	46.25	70.4	89.0	41.76	28.37	35.74	8.59	189	12.10	0.68	34.00	33.80	正态分布	35.74	60.2	112
Th	83	8.51	9.81	13.00	16.70	19.95	21.86	22.80	16.28	4.78	15.54	5.18	30.00	6.28	0.29	16.70	13.00	正态分布	16.28	16.68	14.50
Ti	83	2161	2329	3215	3930	4939	6213	6880	4159	1531	3909	118	10615	1655	0.37	3930	4939	正态分布	4159	4326	4602
Tl	83	0.73	0.82	0.93	1.04	1.23	1.38	1.46	1.09	0.24	1.06	1.25	2.02	0.56	0.23	1.04	0.97	正态分布	1.09	1.02	0.82
U	83	2.20	2.61	2.96	3.55	4.04	4.52	4.99	3.55	0.84	3.46	2.17	5.76	1.78	0.24	3.55	3.60	正态分布	3.55	3.59	3.14
V	83	23.43	29.10	39.70	58.8	84.7	108	122	65.5	33.54	57.5	11.01	178	15.30	0.51	58.8	108	正态分布	65.5	66.7	110
W	83	1.51	1.67	1.96	2.35	3.01	3.74	4.01	2.60	0.94	2.45	1.82	5.87	1.12	0.36	2.35	2.54	正态分布	2.60	2.12	1.93
Y	83	20.42	21.82	24.35	27.40	32.15	36.80	40.16	29.54	11.03	28.41	6.86	113	18.00	0.37	27.40	25.70	对数正态分布	28.41	26.91	26.13
Zn	77	52.9	61.9	69.5	82.1	87.7	113	129	85.4	21.42	82.9	12.99	148	47.20	0.25	82.1	102	剔除后正态分布	85.4	90.2	77.4
Zr	83	230	237	258	297	352	396	446	316	79.0	308	26.95	734	213	0.25	297	331	正态分布	316	291	287
SiO₂	83	59.6	62.3	64.8	67.0	70.2	73.2	74.0	67.2	4.47	67.1	11.27	76.6	54.3	0.07	67.0	67.0	正态分布	67.2	65.6	70.5
Al₂O₃	83	13.12	14.31	15.52	16.91	18.27	19.26	20.23	16.86	2.17	16.71	5.10	21.80	11.67	0.13	16.91	17.14	正态分布	16.86	17.18	14.82
TFe₂O₃	83	2.64	3.26	3.74	4.54	5.75	7.02	7.64	4.84	1.54	4.61	2.54	10.40	2.49	0.32	4.54	5.17	正态分布	4.84	4.51	4.70
MgO	83	0.32	0.34	0.41	0.52	0.69	0.86	0.96	0.57	0.20	0.54	1.62	1.09	0.26	0.35	0.52	0.49	正态分布	0.57	0.54	0.67
CaO	83	0.11	0.12	0.14	0.17	0.21	0.29	0.36	0.20	0.10	0.18	2.86	0.73	0.09	0.51	0.17	0.17	对数正态分布	0.18	0.14	0.22
Na₂O	83	0.09	0.10	0.12	0.16	0.23	0.35	0.44	0.20	0.11	0.17	3.07	0.60	0.07	0.57	0.16	0.15	对数正态分布	0.17	0.12	0.16
K₂O	83	1.52	1.79	2.20	2.43	2.69	3.23	3.61	2.45	0.56	2.39	1.72	3.94	1.28	0.23	2.43	2.59	正态分布	2.45	2.55	2.99
TC	83	0.15	0.17	0.23	0.34	0.48	0.64	0.77	0.38	0.21	0.34	2.17	1.42	0.11	0.56	0.34	0.38	正态分布	0.38	0.82	0.43
Corg	83	0.15	0.17	0.22	0.33	0.48	0.59	0.75	0.38	0.21	0.33	2.18	1.35	0.10	0.55	0.33	0.38	正态分布	0.38	0.42	0.42
pH	83	4.80	4.88	5.02	5.17	5.45	5.66	5.80	5.15	5.35	5.24	2.59	6.08	4.61	1.04	5.17	5.30	正态分布	5.15	5.20	5.12

与温州市土壤基准值相比,文成县土壤基准值中 Sr、TC 基准值明显偏低,不足温州市基准值的 60%;Cd、Au、Bi 基准值略低于温州市基准值,为温州市基准值的 60%~80%;P、CaO、Mo、W 基准值略高于温州市基准值,与温州市基准值比值在 1.2~1.4 之间;Na_2O 基准值明显偏高,是温州市基准值的 1.42 倍;其他元素/指标基准值则与温州市基准值基本接近。

与浙江省土壤基准值相比,文成县土壤基准值中 B、Cr、Sr、V 基准值明显偏低,不足浙江省基准值的 60%;As、Au、Cd、Li 基准值略低于浙江省基准值,为浙江省基准值的 60%~80%;Bi、La、Nb、Pb、Se、Sn、Tl、W 基准值略高于浙江省基准值,与浙江省基准值比值在 1.2~1.4 之间;I、Mo、Br、Hg 基准值明显偏高,与浙江省基准值比值均在 1.4 以上,其中 Br、Mo 基准值为浙江省基准值的 2.0 倍以上;其他元素/指标基准值则与浙江省基准值基本接近。

十一、永嘉县土壤地球化学基准值

永嘉县土壤地球化学基准值数据经正态分布检验,结果表明,原始数据中 Be、F、Ga、Ge、I、La、Mn、Nb、Rb、Se、Th、Ti、U、Y、SiO_2、Al_2O_3、K_2O 共 17 项元素/指标符合正态分布,Ag、As、Au、B、Bi、Br、Cd、Cl、Co、Cr、Cu、Hg、Li、Mo、N、Ni、P、Pb、Sb、Sc、Sn、Sr、Tl、V、W、Zn、Zr、TFe_2O_3、MgO、CaO、Na_2O、TC、Corg、pH 共 34 项元素/指标符合对数正态分布,Ba、S 剔除异常值后符合正态分布,Ce 剔除异常值后符合对数正态分布(表 4-11)。

永嘉县深层土壤总体呈酸性,土壤 pH 基准值为 5.35,极大值为 7.85,极小值为 4.67,接近于温州市基准值和浙江省基准值。

深层土壤各元素/指标中,一多半元素/指标变异系数小于 0.40,分布相对均匀;Cl、Sb、Br、MgO、V、Bi、Sr、P、B、Corg、Hg、TC、Co、CaO、Ni、Mo、As、Cr、Ag、Na_2O、Cd、Cu、Sn、pH、Au 共 25 项元素/指标变异系数大于 0.40,其中 pH、Au 变异系数大于 0.80,空间变异性较大。

与温州市土壤基准值相比,永嘉县土壤基准值中 TC 基准值明显偏低,为温州市基准值的 46%;Ba、P 基准值略高于温州市基准值,与温州市基准值比值在 1.2~1.4 之间;Na_2O、CaO 基准值明显偏高,与温州市基准值比值均在 1.4 以上,其中 Na_2O 基准值最高,为温州市基准值的 2.75 倍;其他元素/指标基准值则与温州市基准值基本接近。

与浙江省土壤基准值相比,永嘉县土壤基准值中 B、Cr、Sr、V 基准值明显偏低,不足浙江省基准值的 60%;As、Co、Li 基准值略低于浙江省基准值,为浙江省基准值的 60%~80%;Ba、Ce、La、Pb、Se、Sn、Tl、Hg 基准值略高于浙江省基准值,与浙江省基准值比值在 1.2~1.4 之间;Bi、Br、I、Mo、Na_2O 基准值明显偏高,与浙江省基准值比值均在 1.4 以上,其中 Na_2O 基准值最高,为浙江省基准值的 2.06 倍;其他元素/指标基准值则与浙江省基准值基本接近。

第二节 主要土壤母质类型地球化学基准值

一、松散岩类沉积物土壤母质地球化学基准值

松散岩类沉积物土壤母质地球化学基准值数据经正态分布检验,结果表明,原始数据中 Be、Cd、Ce、Cu、Ga、Ge、I、Mn、N、P、Sc、Th、U、W、TC 共 15 项元素/指标符合正态分布,Ag、As、Au、Bi、Br、Cl、Hg、La、Mo、Nb、Pb、Sb、Se、Sn、Tl、Zr、SiO_2、CaO、Corg 共 19 项元素/指标符合对数正态分布,Ba、Rb、S、Sr、Y、Zn、Al_2O_3、Na_2O、K_2O 剔除异常值后符合正态分布,其他元素/指标不符合正态分布或对数正态分布(表 4-12)。

第四章 土壤地球化学基准值

表 4-11 永嘉县土壤地球化学基准值参数统计表

元素/指标	N	$X_{5\%}$	$X_{10\%}$	$X_{25\%}$	$X_{50\%}$	$X_{75\%}$	$X_{90\%}$	$X_{95\%}$	$\overline{X}$	S	$\overline{X}_g$	S_g	X_{max}	X_{min}	CV	X_{me}	X_{mo}	分布类型	永嘉县基准值	温州市基准值	浙江省基准值
Ag	163	44.10	47.40	56.0	68.0	87.0	118	139	80.1	53.6	72.2	12.24	570	33.00	0.67	68.0	58.0	对数正态分布	72.2	73.7	70.0
As	163	2.85	3.12	3.95	5.18	6.98	9.44	12.23	6.20	4.04	5.45	3.01	33.40	1.72	0.65	5.18	5.85	对数正态分布	5.45	5.81	6.83
Au	163	0.47	0.53	0.62	0.82	1.21	1.69	2.28	1.27	2.00	0.93	1.86	19.20	0.29	1.57	0.82	0.75	对数正态分布	0.93	0.98	1.10
B	163	12.31	13.84	16.40	19.60	25.20	42.10	50.7	23.55	12.12	21.37	6.36	88.9	9.75	0.51	19.60	25.00	对数正态分布	21.37	18.00	73.0
Ba	146	383	413	500	622	758	933	1121	654	215	622	41.28	1304	242	0.33	622	583	剔除后正态分布	654	515	482
Be	163	1.65	1.74	2.01	2.27	2.66	2.89	3.14	2.33	0.47	2.28	1.70	3.99	1.30	0.20	2.27	2.17	正态分布	2.33	2.43	2.31
Bi	163	0.20	0.22	0.26	0.31	0.42	0.52	0.75	0.37	0.18	0.34	2.07	1.20	0.14	0.49	0.31	0.31	对数正态分布	0.34	0.40	0.24
Br	163	2.20	2.30	3.00	3.90	5.10	6.78	8.10	4.32	1.88	3.98	2.42	11.50	1.90	0.44	3.90	3.20	对数正态分布	3.98	3.84	1.50
Cd	163	0.04	0.04	0.06	0.09	0.15	0.21	0.27	0.12	0.08	0.09	4.37	0.46	0.01	0.69	0.09	0.11	对数正态分布	0.09	0.09	0.11
Ce	155	78.2	84.1	90.1	100.0	114	132	145	104	20.21	102	14.43	162	61.4	0.19	100.0	103	剔除后对数分布	102	101	84.1
Cl	163	33.10	34.28	37.85	43.30	50.1	65.4	92.9	48.56	19.77	45.98	9.51	159	27.10	0.41	43.30	38.30	对数正态分布	45.98	43.94	39.00
Co	163	4.48	5.16	6.17	7.75	11.80	14.86	16.80	9.41	5.49	8.40	3.83	48.80	2.56	0.58	7.75	16.80	对数正态分布	8.40	9.89	11.90
Cr	163	10.50	11.14	13.40	19.20	29.45	47.52	62.4	25.20	16.70	21.30	6.62	89.5	6.70	0.66	19.20	11.70	对数正态分布	21.30	23.10	71.0
Cu	163	5.42	6.32	7.30	9.60	14.27	20.32	23.17	11.96	8.29	10.44	4.34	84.1	4.00	0.69	9.60	10.30	对数正态分布	10.44	12.62	11.20
F	163	229	249	298	366	443	560	622	385	119	368	31.12	753	186	0.31	366	336	正态分布	385	427	431
Ga	163	17.76	18.30	19.80	21.40	25.85	23.98	25.56	21.39	2.36	21.26	5.84	28.20	16.10	0.11	21.40	21.30	正态分布	21.39	22.12	18.92
Ge	163	1.38	1.40	1.47	1.56	1.69	1.79	1.84	1.58	0.16	1.57	1.33	2.13	1.20	0.10	1.56	1.50	对数正态分布	1.58	1.61	1.50
Hg	163	0.04	0.04	0.05	0.06	0.07	0.08	0.10	0.06	0.04	0.06	5.24	0.45	0.03	0.56	0.06	0.06	对数正态分布	0.06	0.06	0.048
I	163	3.41	3.83	4.75	6.20	7.49	9.07	10.26	6.31	2.16	5.93	2.96	13.70	1.82	0.34	6.20	6.59	对数正态分布	6.31	6.57	3.86
La	163	39.34	40.52	44.15	49.90	55.9	65.3	68.1	51.6	10.30	50.7	9.69	94.3	31.30	0.20	49.90	46.90	正态分布	51.6	51.3	41.00
Li	163	17.41	18.60	23.00	26.60	35.10	41.64	47.87	28.67	9.39	27.33	7.02	64.5	13.10	0.33	26.60	23.90	对数正态分布	27.33	29.01	37.51
Mn	163	354	432	594	785	997	1175	1331	806	300	749	47.64	1720	182	0.37	785	782	正态分布	806	774	713
Mo	163	0.75	0.83	0.91	1.29	1.81	2.52	2.94	1.54	0.95	1.36	1.64	7.58	0.44	0.62	1.29	1.57	对数正态分布	1.36	1.29	0.62
N	163	0.28	0.31	0.38	0.45	0.56	0.73	0.82	0.49	0.17	0.46	1.73	1.22	0.19	0.34	0.45	0.33	对数正态分布	0.46	0.51	0.49
Nb	163	17.42	19.12	20.75	23.00	26.00	28.44	31.07	23.50	3.87	23.19	6.17	34.60	15.20	0.16	23.00	20.50	正态分布	23.50	22.71	19.60
Ni	163	5.61	6.48	8.17	10.30	14.60	21.18	28.95	12.73	7.53	11.18	4.54	53.9	4.02	0.59	10.30	11.30	对数正态分布	11.18	12.77	11.00
P	163	0.11	0.12	0.16	0.21	0.33	0.42	0.49	0.25	0.13	0.23	2.61	0.83	0.08	0.50	0.21	0.21	对数正态分布	0.23	0.19	0.24
Pb	163	26.81	28.52	33.10	37.70	45.75	63.1	73.9	41.98	15.57	39.80	8.58	119	17.30	0.37	37.70	32.50	对数正态分布	39.80	38.00	30.00

续表 4-11

元素/指标	N	$X_{5\%}$	$X_{10\%}$	$X_{25\%}$	$X_{50\%}$	$X_{75\%}$	$X_{90\%}$	$X_{95\%}$	$\bar{X}$	S	$\bar{X}_g$	S_g	X_{max}	X_{min}	CV	X_{me}	X_{mo}	分布类型	永嘉县基准值	温州市基准值	浙江省基准值
Rb	163	98.2	107	122	135	147	162	168	135	21.28	133	16.75	195	60.3	0.16	135	132	正态分布	135	131	128
S	150	98.0	101	107	117	127	141	145	119	14.86	118	15.72	161	85.7	0.13	117	121	剔除后正态分布	119	121	114
Sb	163	0.28	0.31	0.36	0.47	0.59	0.76	0.88	0.51	0.21	0.47	1.73	1.45	0.21	0.41	0.47	0.50	对数正态分布	0.47	0.50	0.53
Sc	163	6.20	6.50	7.45	8.70	10.10	12.58	13.72	9.13	2.51	8.84	3.65	21.10	5.00	0.28	8.70	8.30	对数正态分布	8.84	10.09	9.70
Se	163	0.14	0.16	0.19	0.25	0.31	0.40	0.47	0.27	0.10	0.25	2.42	0.62	0.08	0.37	0.25	0.19	正态分布	0.27	0.29	0.21
Sn	163	2.51	2.61	2.84	3.19	3.58	4.09	4.49	3.47	2.49	3.28	2.09	34.10	2.08	0.72	3.19	3.31	对数正态分布	3.28	3.49	2.60
Sr	163	26.46	29.82	36.45	50.6	75.3	101	115	59.3	29.36	53.1	10.46	177	18.00	0.49	50.6	60.2	正态分布	53.1	60.2	112
Th	163	11.54	12.52	14.80	16.40	18.30	20.76	21.89	16.55	3.02	16.28	5.01	25.60	8.07	0.18	16.40	16.40	正态分布	16.55	16.68	14.50
Ti	163	2504	2868	3330	4101	4845	5556	6651	4212	1265	4042	123	9375	2054	0.30	4101	3677	对数正态分布	4212	4326	4602
Tl	163	0.76	0.83	0.93	1.04	1.19	1.48	1.58	1.09	0.27	1.06	1.26	2.36	0.56	0.24	1.04	1.04	对数正态分布	1.06	1.02	0.82
U	163	2.69	2.98	3.30	3.61	3.86	4.24	4.61	3.59	0.56	3.55	2.11	5.46	1.94	0.16	3.61	3.63	正态分布	3.59	3.59	3.14
V	163	32.75	35.70	42.50	54.8	72.1	103	109	63.1	30.09	57.8	11.00	236	25.80	0.48	54.8	62.9	对数正态分布	57.8	66.7	110
W	163	1.48	1.57	1.74	2.00	2.42	2.92	3.22	2.17	0.72	2.09	1.63	7.57	1.15	0.33	2.00	2.32	对数正态分布	2.09	2.12	1.93
Y	163	19.01	19.90	22.80	25.40	27.55	29.85	31.91	25.15	3.87	24.85	6.50	38.40	13.70	0.15	25.40	25.40	正态分布	25.15	26.91	26.13
Zn	163	55.8	62.3	73.5	84.2	97.2	124	137	89.1	26.83	85.7	13.35	227	39.10	0.30	84.2	87.4	对数正态分布	85.7	90.2	77.4
Zr	163	210	230	262	305	360	495	560	332	107	318	28.08	768	191	0.32	305	243	对数正态分布	318	291	287
SiO$_2$	163	61.4	62.5	65.0	67.9	70.4	72.2	72.9	67.4	4.15	67.3	11.32	77.8	52.2	0.06	67.9	69.0	正态分布	67.4	65.6	70.5
Al$_2$O$_3$	163	13.64	14.26	15.21	16.44	18.29	19.95	20.83	16.83	2.24	16.69	5.08	24.15	11.40	0.13	16.44	14.96	对数正态分布	16.83	17.18	14.82
TFe$_2$O$_3$	163	2.94	3.19	3.48	4.07	4.91	5.98	6.60	4.40	1.36	4.23	2.42	11.10	2.46	0.31	4.07	3.31	对数正态分布	4.23	4.51	4.70
MgO	163	0.33	0.38	0.43	0.51	0.66	0.86	1.12	0.58	0.25	0.54	1.62	1.76	0.25	0.44	0.51	0.45	对数正态分布	0.54	0.54	0.67
CaO	163	0.11	0.14	0.16	0.20	0.29	0.41	0.51	0.25	0.15	0.22	2.62	0.99	0.09	0.58	0.20	0.14	对数正态分布	0.22	0.14	0.22
Na$_2$O	163	0.12	0.14	0.20	0.31	0.54	0.83	1.05	0.41	0.27	0.33	2.44	1.34	0.10	0.68	0.31	0.16	对数正态分布	0.33	0.12	0.16
K$_2$O	163	1.71	1.97	2.36	2.81	3.12	3.56	3.93	2.78	0.64	2.70	1.85	4.53	1.12	0.23	2.81	3.04	正态分布	2.78	2.55	2.99
TC	163	0.18	0.21	0.26	0.37	0.50	0.82	0.91	0.44	0.25	0.38	2.09	1.68	0.12	0.57	0.37	0.38	对数正态分布	0.38	0.82	0.43
C$_{org}$	163	0.17	0.20	0.26	0.36	0.48	0.73	0.87	0.42	0.22	0.37	2.10	1.57	0.11	0.53	0.36	0.32	对数正态分布	0.37	0.42	0.42
pH	163	4.86	4.89	5.03	5.19	5.51	5.88	6.46	5.17	5.36	5.35	2.65	7.85	4.67	1.04	5.19	5.14	对数正态分布	5.35	5.20	5.12

第四章 土壤地球化学基准值

表4-12 松散岩类沉积物土壤母质地球化学基准值参数统计表

元素/指标	N	$X_{5\%}$	$X_{10\%}$	$X_{25\%}$	$X_{50\%}$	$X_{75\%}$	$X_{90\%}$	$X_{95\%}$	$\overline{X}$	S	$\overline{X}_g$	S_g	X_{max}	X_{min}	CV	X_{me}	X_{mo}	分布类型	松散岩类沉积物基准值	温州市基准值
Ag	102	64.0	67.0	75.2	89.5	109	121	140	96.3	35.56	92.2	14.00	351	60.0	0.37	89.5	97.0	对数正态分布	92.2	73.7
As	102	3.82	4.31	5.10	6.00	8.04	10.55	11.98	6.75	2.46	6.35	3.14	13.90	3.26	0.36	6.00	6.00	对数正态分布	6.35	5.81
Au	102	0.77	1.00	1.20	1.40	1.90	2.98	4.89	1.83	1.29	1.58	1.80	8.80	0.53	0.70	1.40	1.40	对数正态分布	1.58	0.98
B	102	15.71	20.06	35.00	55.00	65.0	71.9	76.2	50.4	19.86	45.23	10.11	83.0	11.80	0.39	55.0	64.0	偏峰分布	64.0	18.00
Ba	87	468	473	492	517	545	595	610	524	44.94	522	36.73	668	443	0.09	517	511	剔除后正态分布	524	515
Be	102	2.20	2.53	2.83	3.01	3.24	3.41	3.52	3.01	0.44	2.98	1.94	4.50	1.60	0.15	3.01	2.99	正态分布	3.01	2.43
Bi	102	0.37	0.38	0.45	0.53	0.57	0.61	0.64	0.53	0.14	0.51	1.56	1.41	0.27	0.26	0.53	0.55	对数正态分布	0.51	0.40
Br	102	2.00	2.25	2.80	3.54	4.60	6.22	6.80	4.00	2.22	3.63	2.37	18.81	1.40	0.55	3.54	3.90	正态分布	3.63	3.84
Cd	102	0.08	0.09	0.11	0.14	0.17	0.19	0.21	0.14	0.04	0.13	3.25	0.24	0.05	0.30	0.14	0.15	正态分布	0.14	0.09
Ce	102	78.5	80.7	84.8	93.0	93.9	110	115	94.7	13.79	93.8	13.61	160	72.7	0.15	93.0	87.5	对数正态分布	94.7	101
Cl	102	45.59	62.1	91.4	141	229	354	831	245	443	153	21.65	4036	36.70	1.81	141	245	偏峰分布	153	43.94
Co	102	7.96	10.24	13.10	17.00	18.55	19.69	20.30	15.82	3.97	15.17	5.16	23.90	4.76	0.25	17.00	19.30	其他分布	19.30	9.89
Cr	98	23.88	38.46	65.1	88.4	97.3	102	104	79.2	25.02	73.2	13.13	112	16.50	0.32	88.4	95.2	正态分布	95.2	23.10
Cu	102	11.41	13.60	17.40	23.45	25.78	32.05	35.57	23.40	7.63	22.09	6.45	46.37	7.90	0.33	23.45	24.73	偏峰分布	23.40	12.62
F	102	360	437	532	668	754	788	809	632	146	612	42.38	862	246	0.23	668	754	正态分布	754	427
Ga	102	18.11	19.29	20.42	21.65	22.80	23.60	24.00	21.57	1.89	21.48	5.86	28.20	16.10	0.09	21.65	21.10	正态分布	21.57	22.12
Ge	102	1.38	1.42	1.47	1.52	1.60	1.65	1.70	1.54	0.10	1.53	1.29	1.79	1.20	0.07	1.52	1.50	正态分布	1.54	1.61
Hg	102	0.04	0.05	0.05	0.06	0.08	0.13	0.17	0.08	0.05	0.07	4.71	0.41	0.03	0.69	0.06	0.06	对数正态分布	0.07	0.06
I	102	3.20	3.41	4.00	5.20	7.07	8.55	11.36	5.95	2.89	5.41	2.78	18.09	1.40	0.49	5.20	3.60	正态分布	5.95	6.57
La	102	41.00	41.10	44.00	47.00	49.00	55.8	58.9	47.58	6.27	47.22	9.15	75.0	37.00	0.13	47.00	48.00	正态分布	47.22	51.3
Li	102	21.98	27.83	44.74	61.3	65.2	69.0	70.0	53.9	15.67	50.9	10.51	73.1	17.00	0.29	61.3	59.0	其他分布	59.0	29.01
Mn	102	734	818	1020	1243	1427	1680	1915	1262	363	1212	61.6	2746	595	0.29	1243	1262	正态分布	1262	774
Mo	102	0.43	0.47	0.56	0.73	1.02	1.58	2.23	0.92	0.61	0.80	1.69	3.69	0.39	0.67	0.73	0.51	对数正态分布	0.80	1.29
N	102	0.42	0.50	0.61	0.74	0.84	0.95	1.11	0.74	0.21	0.71	1.39	1.48	0.28	0.28	0.74	0.84	正态分布	0.74	0.51
Nb	102	17.30	17.81	18.23	18.80	20.10	22.62	23.58	19.50	2.00	19.41	5.48	26.00	16.70	0.10	18.80	19.40	对数正态分布	19.41	22.71
Ni	102	11.83	16.48	26.75	39.15	42.77	44.87	45.83	34.21	11.21	31.55	8.17	48.00	7.05	0.33	39.15	20.00	其他分布	20.00	12.77
P	102	0.32	0.33	0.39	0.45	0.49	0.54	0.59	0.44	0.09	0.43	1.66	0.69	0.20	0.19	0.45	0.44	正态分布	0.44	0.19
Pb	102	32.00	32.55	34.00	37.10	42.65	49.80	59.9	40.61	11.19	39.54	8.38	111	27.55	0.28	37.10	36.00	对数正态分布	39.54	38.00

续表 4-12

元素/指标	N	$X_{5\%}$	$X_{10\%}$	$X_{25\%}$	$X_{50\%}$	$X_{75\%}$	$X_{90\%}$	$X_{95\%}$	$\overline{X}$	S	$\overline{X}_g$	S_g	X_{max}	X_{min}	CV	X_{me}	X_{mo}	分布类型	松散岩类沉积物基准值	温州市基准值
Rb	98	121	124	143	152	161	166	169	150	15.19	149	18.09	182	110	0.10	152	150	剔除后正态分布	150	131
S	95	127	135	167	239	340	486	584	279	141	247	26.05	709	50.00	0.51	239	141	剔除后正态分布	279	121
Sb	102	0.35	0.38	0.42	0.49	0.56	0.71	0.74	0.50	0.12	0.49	1.59	0.87	0.27	0.25	0.49	0.49	对数正态分布	0.49	0.50
Sc	102	9.51	10.32	12.55	14.65	16.00	17.19	17.80	14.14	2.83	13.82	4.74	20.60	6.50	0.20	14.65	15.50	正态分布	14.14	10.09
Se	102	0.12	0.14	0.16	0.20	0.28	0.38	0.42	0.23	0.10	0.21	2.70	0.60	0.08	0.44	0.20	0.16	对数正态分布	0.21	0.29
Sn	102	2.51	2.91	3.40	3.80	4.55	5.76	6.29	4.20	1.84	3.97	2.33	16.00	2.00	0.44	3.80	3.80	对数正态分布	3.97	3.49
Sr	92	69.5	78.1	95.3	103	109	117	121	100.0	14.85	99.1	14.38	130	63.1	0.15	103	99.8	剔除后正态分布	100.0	60.2
Th	102	13.51	13.81	15.03	16.40	17.38	18.38	19.47	16.29	1.91	16.17	4.96	21.10	10.90	0.12	16.40	16.50	对数正态分布	16.29	16.68
Ti	90	4492	4598	4968	5182	5299	5361	5408	5092	293	5084	136	5556	4204	0.06	5182	5100	偏峰分布	5100	4326
Tl	102	0.83	0.86	0.91	0.95	1.02	1.10	1.18	0.98	0.13	0.97	1.13	1.55	0.77	0.13	0.95	1.02	对数正态分布	0.97	1.02
U	102	2.40	2.51	2.80	3.05	3.50	3.80	4.38	3.21	0.65	3.15	1.96	6.00	2.10	0.20	3.05	3.00	正态分布	3.21	3.59
V	95	68.6	80.4	99.0	111	118	123	126	106	16.78	105	14.79	127	60.8	0.16	111	114	偏峰分布	114	66.7
W	102	1.71	1.74	1.87	2.01	2.16	2.27	2.39	2.03	0.25	2.01	1.51	3.20	1.48	0.13	2.01	2.04	正态分布	2.03	2.12
Y	89	27.12	27.47	29.13	29.86	30.80	31.23	31.73	29.76	1.44	29.73	7.06	33.50	26.30	0.05	29.86	30.07	剔除后正态分布	29.76	26.91
Zn	99	82.6	87.2	97.7	104	113	118	120	104	11.83	103	14.67	128	72.7	0.11	104	104	剔除后正态分布	104	90.2
Zr	102	178	180	188	200	256	319	347	230	62.0	223	22.19	489	171	0.27	200	200	对数正态分布	223	291
SiO_2	102	58.8	59.6	60.5	62.1	64.3	67.3	69.5	62.7	3.21	62.7	10.80	71.8	55.9	0.05	62.1	62.8	剔除后正态分布	62.7	65.6
Al_2O_3	89	15.20	15.45	15.71	16.16	16.62	17.09	17.63	16.19	0.71	16.17	4.97	17.98	14.45	0.04	16.16	16.22	剔除后正态分布	16.19	17.18
TFe_2O_3	96	3.99	4.66	5.78	6.15	6.48	6.79	6.96	5.97	0.84	5.90	2.84	7.53	3.90	0.14	6.15	6.79	偏峰分布	6.79	4.51
MgO	102	0.47	0.57	1.21	1.82	2.06	2.23	2.29	1.59	0.61	1.42	1.80	2.43	0.32	0.38	1.82	1.76	其他分布	1.76	0.54
CaO	102	0.21	0.26	0.51	0.78	0.98	1.54	1.85	0.85	0.55	0.70	1.94	3.23	0.11	0.65	0.78	0.84	对数正态分布	0.70	0.14
Na_2O	93	0.56	0.64	0.85	0.98	1.07	1.15	1.20	0.94	0.20	0.92	1.29	1.34	0.39	0.21	0.98	1.04	剔除后正态分布	0.94	0.12
K_2O	91	2.69	2.82	3.00	3.10	3.21	3.27	3.33	3.08	0.19	3.08	1.92	3.58	2.56	0.06	3.10	3.19	正态分布	3.08	2.55
TC	102	0.38	0.42	0.67	0.81	0.94	1.10	1.17	0.80	0.25	0.76	1.44	1.66	0.25	0.31	0.81	0.82	对数正态分布	0.76	0.82
Corg	102	0.34	0.41	0.52	0.60	0.68	0.83	1.03	0.62	0.20	0.59	1.50	1.53	0.25	0.32	0.60	0.61	对数正态分布	0.59	0.42
pH	102	5.03	5.34	6.65	7.74	8.10	8.33	8.46	5.88	5.47	7.28	3.22	8.59	4.80	0.93	7.74	8.24	其他分布	8.24	5.20

注:氧化物、TC、Corg单位为g/kg,N、P单位为%,Au、Ag单位为μg/kg,pH为无量纲,其他元素、指标单位为mg/kg;后表单位相同。

第四章 土壤地球化学基准值

松散岩类沉积物区深层土壤总体呈碱性，土壤pH基准值为8.24，极大值为8.59，极小值为4.80，明显高于温州市基准值。

松散岩类沉积物区深层土壤各元素/指标中，大多数元素/指标变异系数均在0.40以下，说明分布较为均匀；Se、Sn、I、S、Br、CaO、Mo、Hg、Au、pH、Cl变异系数大于0.40，其中pH、Cl变异系数大于0.80，空间变异性较大。

与温州市土壤基准值相比，松散岩类沉积物区土壤基准值中Zr、Se、Mo基准值略低于温州市基准值，为温州市基准值的60%～80%；Bi、Ag、Be、K_2O基准值略高于温州市基准值，是温州市基准值的1.2～1.4倍；Na_2O、CaO、Cr、B、Cl、MgO、P、S、Li、Co、Cu、F、V、Sr、Mn、Au、Ni、Cd、TFe_2O_3、N、Sc、Corg基准值明显偏高，与温州市基准值比值均在1.4以上，Na_2O、CaO基准值为温州市基准值的5.0倍以上；其他元素/指标基准值则与温州市基准值基本接近。

二、紫色碎屑岩类风化物土壤母质地球化学基准值

紫色碎屑岩风化物土壤母质地球化学基准值数据经正态分布检验，结果表明，原始数据中Ba、Br、Ce、Co、Cr、Cu、F、Ga、Ge、Hg、I、La、Mn、N、Nb、Ni、Rb、S、Sc、Se、Th、Ti、Tl、U、V、Zr、SiO_2、Al_2O_3、TFe_2O_3、MgO、K_2O、pH共32项元素/指标符合正态分布，Ag、As、Au、B、Be、Bi、Cd、Cl、Li、Mo、P、Pb、Sb、Sn、Sr、W、Y、Zn、CaO、Na_2O、TC、Corg共22项元素/指标符合对数正态分布（表4-13）。

紫色碎屑岩风化物区深层土壤总体呈酸性，土壤pH基准值为5.15，极大值为6.08，极小值为4.66，与温州市基准值接近。

紫色碎屑岩风化物区深层土壤各元素/指标中，多数元素/指标变异系数均在0.40以下，说明分布较为均匀；B、Ni、Co、I、Cu、Br、Corg、Be、TC、Sb、W、CaO、Au、Bi、Sr、As、Pb、Na_2O、Mo、Cd、pH、Sn变异系数大于0.40，其中Mo、Cd、pH、Sn变异系数大于0.80，空间变异性较大。

与温州市土壤基准值相比，紫色碎屑岩风化物区土壤基准值中TC基准值明显偏低，为温州市基准值的43%；Cd、Cl、Au、Sr基准值略低于温州市基准值，为温州市基准值的60%～80%；CaO、P基准值略高于温州市基准值，是温州市基准值的1.2～1.4倍；Na_2O基准值明显偏高，与温州市基准值比值在1.4以上；其他元素/指标基准值则与温州市基准值基本接近。

三、中酸性火成岩类风化物土壤母质地球化学基准值

中酸性火成岩风化物土壤母质地球化学基准值数据经正态分布检验，结果表明，原始数据中Ga、Rb、Ti、SiO_2、Al_2O_3、K_2O符合正态分布，Ag、As、Au、Be、Bi、Br、Cd、Co、Cr、Cu、Ge、Hg、I、La、Li、Mo、N、Nb、Ni、P、Sb、Sc、Se、Sn、Sr、Th、Tl、U、V、W、Y、TFe_2O_3、TC、Corg共34项元素/指标符合对数正态分布，Ba、Ce、F、Mn、Zr剔除异常值后符合正态分布，B、Cl、Pb、MgO、CaO、pH剔除异常值后符合对数正态分布，S、Zn、Na_2O不符合正态分布或对数正态分布（表4-14）。

中酸性火成岩风化物区深层土壤总体呈酸性，土壤pH基准值为5.16，极大值为6.02，极小值为4.49，与温州市基准值基本接近。

中酸性火成岩风化物区深层土壤各元素/指标中，一多半元素/指标变异系数均在0.40以下，说明分布较为均匀；CaO、Sb、Se、Hg、I、Sn、V、P、Co、Corg、Sr、Bi、TC、Ni、Ag、Cu、Cr、Na_2O、As、Br、Cd、W、pH、Au、Mo共25项元素/指标变异系数大于0.40，其中W、pH、Au、Mo变异系数大于0.80，空间变异性较大。

与温州市土壤基准值相比，中酸性火成岩风化物区土壤基准值中TC基准值明显偏低，为温州市基准值的51%；Sr基准值略低于温州市基准值，为温州市基准值的74.6%；Zn、CaO、P基准值略高于温州市基准值，是温州市基准值的1.2～1.4倍；其他元素/指标基准值则与温州市基准值基本接近。

表 4-13 紫色碎屑岩类风化物土壤母质地球化学基准值参数统计表

元素/指标	N	$X_{5\%}$	$X_{10\%}$	$X_{25\%}$	$X_{50\%}$	$X_{75\%}$	$X_{90\%}$	$X_{95\%}$	$\bar{X}$	S	$\bar{X}_g$	S_g	X_{max}	X_{min}	CV	X_{me}	X_{mo}	分布类型	紫色碎屑岩类风化物基准值	温州市基准值
Ag	89	45.00	46.00	52.0	60.0	73.0	85.0	100.0	64.4	17.25	62.5	11.06	120	42.00	0.27	60.0	52.0	对数正态分布	62.5	73.7
As	89	2.45	2.62	3.69	5.33	7.28	11.94	14.90	6.42	4.59	5.38	3.17	30.20	1.79	0.71	5.33	14.90	对数正态分布	5.38	5.81
Au	89	0.39	0.42	0.52	0.68	0.84	1.17	1.45	0.77	0.40	0.70	1.57	3.00	0.30	0.52	0.68	0.68	对数正态分布	0.70	0.98
B	89	12.96	14.64	16.30	18.70	23.30	31.98	37.96	21.43	8.75	20.09	5.93	59.8	8.72	0.41	18.70	21.10	对数正态分布	20.09	18.00
Ba	89	279	328	380	475	572	673	719	483	135	464	34.62	874	208	0.28	475	406	正态分布	483	515
Be	89	1.72	1.78	2.00	2.23	2.53	2.97	3.34	2.42	1.15	2.30	1.74	11.80	1.34	0.48	2.23	1.78	对数正态分布	2.30	2.43
Bi	89	0.18	0.19	0.27	0.35	0.46	0.60	0.80	0.40	0.22	0.36	2.05	1.60	0.14	0.55	0.35	0.31	对数正态分布	0.36	0.40
Br	89	1.18	1.56	2.10	3.10	4.00	5.34	6.40	3.31	1.57	2.96	2.29	8.70	0.90	0.47	3.10	3.20	正态分布	3.31	3.84
Cd	89	0.04	0.04	0.05	0.07	0.09	0.13	0.22	0.09	0.09	0.07	4.87	0.70	0.03	1.00	0.07	0.08	对数正态分布	0.07	0.09
Ce	89	74.6	78.3	81.9	92.6	100.0	112	114	92.8	12.39	92.0	13.62	116	68.6	0.13	92.6	108	正态分布	92.8	101
Cl	89	24.98	25.98	29.30	33.30	37.00	48.28	55.3	35.10	9.08	34.10	7.88	67.7	21.10	0.26	33.30	35.40	对数正态分布	34.10	43.94
Co	89	4.87	6.13	7.87	10.00	12.80	18.02	20.14	11.06	4.78	10.14	4.09	27.20	3.71	0.43	10.00	12.00	正态分布	11.06	9.89
Cr	89	11.18	11.90	16.30	21.80	26.90	35.22	37.68	22.37	8.44	20.79	6.13	43.00	7.00	0.38	21.80	11.90	正态分布	22.37	23.10
Cu	89	6.04	7.24	9.00	11.80	15.60	20.24	23.40	12.97	5.79	11.86	4.52	34.20	4.70	0.45	11.80	12.20	正态分布	12.97	12.62
F	89	285	311	383	437	538	614	686	465	141	447	33.92	1266	241	0.30	437	437	正态分布	465	427
Ga	89	16.74	17.28	19.60	21.40	22.50	23.84	25.00	21.16	2.70	20.99	5.85	32.20	15.50	0.13	21.40	21.80	正态分布	21.16	22.12
Ge	89	1.47	1.53	1.59	1.71	1.81	1.93	2.09	1.72	0.18	1.71	1.38	2.19	1.22	0.10	1.71	1.69	正态分布	1.72	1.61
Hg	89	0.04	0.04	0.05	0.06	0.07	0.09	0.10	0.06	0.02	0.06	5.16	0.13	0.03	0.35	0.06	0.05	对数正态分布	0.06	0.06
I	89	2.00	2.96	4.16	5.83	7.91	9.52	10.46	6.00	2.61	5.36	3.16	12.40	0.81	0.43	5.83	4.59	正态分布	6.00	6.57
La	89	40.58	42.46	45.70	52.0	55.4	62.1	64.6	51.8	8.57	51.2	9.69	95.9	37.10	0.17	52.0	51.7	正态分布	51.8	51.3
Li	89	21.05	21.86	24.20	28.00	32.50	40.54	45.96	29.88	8.48	28.89	7.03	68.6	17.10	0.28	28.00	28.00	对数正态分布	28.89	29.01
Mn	89	364	399	487	714	916	1046	1187	724	260	676	44.29	1366	258	0.36	714	949	正态分布	724	774
Mo	89	0.48	0.52	0.66	1.06	1.78	2.58	3.13	1.46	1.32	1.15	1.96	9.00	0.34	0.90	1.06	0.88	对数正态分布	1.15	1.29
N	89	0.27	0.32	0.36	0.43	0.51	0.61	0.72	0.45	0.13	0.43	1.72	0.95	0.24	0.29	0.43	0.45	正态分布	0.45	0.51
Nb	89	16.34	17.64	19.20	21.60	24.10	28.60	30.44	22.21	4.23	21.83	5.99	34.50	14.00	0.19	21.60	21.60	正态分布	22.21	22.71
Ni	89	5.26	6.36	8.08	11.20	15.40	18.48	19.82	12.04	5.06	11.05	4.34	28.60	4.35	0.42	11.20	11.00	正态分布	12.04	12.77
P	89	0.13	0.16	0.19	0.22	0.31	0.42	0.48	0.26	0.10	0.24	2.42	0.57	0.12	0.40	0.22	0.28	对数正态分布	0.24	0.19
Pb	89	23.76	24.86	29.10	36.00	47.00	71.2	88.7	45.26	32.29	39.58	9.01	248	18.50	0.71	36.00	41.70	对数正态分布	39.58	38.00

续表 4-13

元素/指标	N	$X_{5\%}$	$X_{10\%}$	$X_{25\%}$	$X_{50\%}$	$X_{75\%}$	$X_{90\%}$	$X_{95\%}$	$\overline{X}$	S	$\overline{X}_g$	S_g	X_{max}	X_{min}	CV	X_{me}	X_{mo}	分布类型	紫色碎屑岩类风化物基准值	温州市基准值
Rb	89	90.1	96.5	116	128	143	158	165	129	23.77	127	16.31	216	76.4	0.18	128	122	正态分布	129	131
S	89	90.3	92.7	102	111	127	146	153	117	23.91	115	15.86	250	82.7	0.20	111	110	正态分布	117	121
Sb	89	0.27	0.32	0.36	0.46	0.58	0.86	1.03	0.54	0.27	0.49	1.76	1.76	0.24	0.50	0.46	0.40	对数正态分布	0.49	0.50
Sc	89	5.98	6.68	7.80	9.40	10.70	11.82	12.76	9.38	2.21	9.13	3.69	17.70	5.20	0.24	9.40	9.70	正态分布	9.38	10.09
Se	89	0.13	0.15	0.20	0.26	0.36	0.43	0.47	0.28	0.11	0.26	2.29	0.53	0.10	0.39	0.26	0.33	正态分布	0.28	0.29
Sn	89	2.45	2.51	2.87	3.42	3.93	4.59	6.45	4.21	5.30	3.60	2.37	51.7	2.33	1.26	3.42	2.87	对数正态分布	3.60	3.49
Sr	89	21.14	24.70	31.50	39.70	55.1	71.1	94.0	46.30	26.71	41.31	8.92	189	16.90	0.58	39.70	48.70	对数正态分布	41.31	60.2
Th	89	9.68	10.74	13.10	16.00	18.10	21.14	22.06	15.80	4.10	15.25	5.07	29.60	6.28	0.26	16.00	16.30	正态分布	15.80	16.68
Ti	89	2312	2980	3488	4091	4539	5991	6433	4315	1240	4140	123	8403	2001	0.29	4091	4292	正态分布	4315	4326
Tl	89	0.71	0.79	0.86	0.99	1.20	1.35	1.42	1.04	0.26	1.01	1.27	2.40	0.55	0.25	0.99	0.93	正态分布	1.04	1.02
U	89	2.37	2.62	3.04	3.60	4.19	4.60	4.92	3.61	0.80	3.53	2.18	5.80	2.20	0.22	3.60	3.23	正态分布	3.61	3.59
V	89	32.20	42.28	54.2	69.0	85.1	104	118	72.0	27.04	67.0	11.71	178	23.00	0.38	69.0	78.8	正态分布	72.0	66.7
W	89	1.53	1.68	1.93	2.20	2.74	3.35	3.97	2.53	1.30	2.35	1.84	11.20	1.12	0.51	2.20	1.76	对数正态分布	2.35	2.12
Y	89	18.52	19.80	22.40	24.90	27.80	32.50	34.86	26.28	10.36	25.33	6.48	113	17.10	0.39	24.90	25.50	对数正态分布	25.33	26.91
Zn	89	55.6	57.6	64.9	79.4	95.5	115	131	84.0	29.26	80.3	12.94	246	44.90	0.35	79.4	60.6	对数正态分布	80.3	90.2
Zr	89	226	231	247	282	317	354	363	285	45.61	282	26.11	395	215	0.16	282	298	正态分布	285	291
SiO_2	89	61.5	63.1	64.5	66.9	69.7	72.1	73.7	67.1	3.88	67.0	11.22	75.4	54.3	0.06	66.9	68.5	正态分布	67.1	65.6
Al_2O_3	89	13.87	14.46	15.93	16.85	18.37	19.54	20.26	17.04	2.02	16.92	5.16	23.33	12.71	0.12	16.85	16.79	正态分布	17.04	17.18
TFe_2O_3	89	3.33	3.43	4.13	4.89	5.89	6.95	7.50	5.09	1.36	4.93	2.61	10.40	2.86	0.27	4.89	4.08	正态分布	5.09	4.51
MgO	89	0.37	0.43	0.49	0.62	0.76	0.86	0.94	0.63	0.17	0.61	1.49	1.09	0.32	0.27	0.62	0.47	正态分布	0.63	0.54
CaO	89	0.10	0.12	0.15	0.19	0.23	0.34	0.47	0.21	0.11	0.19	2.84	0.73	0.09	0.51	0.19	0.16	对数正态分布	0.19	0.14
Na_2O	89	0.08	0.09	0.11	0.15	0.25	0.40	0.48	0.20	0.16	0.17	3.26	1.09	0.07	0.76	0.15	0.12	对数正态分布	0.17	0.12
K_2O	89	1.36	1.48	1.93	2.36	2.61	2.79	2.97	2.29	0.49	2.23	1.66	3.46	1.07	0.22	2.36	2.59	正态分布	2.29	2.55
TC	89	0.17	0.20	0.27	0.35	0.43	0.55	0.71	0.38	0.18	0.35	2.05	1.26	0.15	0.48	0.35	0.38	对数正态分布	0.35	0.82
Corg	89	0.17	0.20	0.27	0.34	0.42	0.55	0.70	0.37	0.18	0.34	2.06	1.25	0.15	0.47	0.34	0.38	对数正态分布	0.34	0.42
pH	89	4.84	4.88	5.03	5.20	5.43	5.68	5.84	5.15	5.36	5.24	2.59	6.08	4.66	1.04	5.20	5.20	正态分布	5.15	5.20

表 4-14 中酸性火成岩风化物土壤母质地球化学基准值参数统计表

元素/指标	N	$X_{5\%}$	$X_{10\%}$	$X_{25\%}$	$X_{50\%}$	$X_{75\%}$	$X_{90\%}$	$X_{95\%}$	$\overline{X}$	S	$\overline{X}_g$	S_g	X_{max}	X_{min}	CV	X_{me}	X_{mo}	分布类型	中酸性火成岩类风化物基准值	温州市基准值
Ag	478	44.00	49.00	56.0	68.0	87.0	117	138	79.7	50.7	72.4	12.43	580	33.00	0.64	68.0	100.0	对数正态分布	72.4	73.7
As	478	2.94	3.25	4.22	5.40	7.33	10.30	13.01	6.52	4.71	5.70	3.06	64.6	1.72	0.72	5.40	4.60	对数正态分布	5.70	5.81
Au	478	0.44	0.51	0.63	0.84	1.21	1.80	2.41	1.19	1.62	0.92	1.80	22.20	0.29	1.37	0.84	1.20	对数正态分布	0.92	0.98
B	429	10.94	12.48	15.20	19.00	23.50	32.08	35.28	20.24	7.17	19.07	5.82	42.10	7.00	0.35	19.00	18.00	剔除后对数正态分布	19.07	18.00
Ba	445	228	286	387	517	644	804	926	530	204	489	38.08	1118	78.0	0.38	517	567	剔除后正态分布	530	515
Be	478	1.63	1.78	2.01	2.32	2.72	3.16	3.49	2.42	0.61	2.35	1.73	5.66	1.14	0.25	2.32	2.17	对数正态分布	2.35	2.43
Bi	478	0.20	0.22	0.28	0.37	0.50	0.72	0.86	0.43	0.25	0.39	2.01	2.78	0.13	0.58	0.37	0.34	对数正态分布	0.39	0.40
Br	478	1.90	2.23	2.90	4.00	5.40	7.53	8.90	4.58	3.47	4.02	2.60	63.3	1.20	0.76	4.00	2.30	对数正态分布	4.02	3.84
Cd	478	0.03	0.04	0.06	0.08	0.13	0.18	0.23	0.10	0.08	0.08	4.52	0.92	0.01	0.79	0.08	0.11	对数正态分布	0.08	0.09
Ce	454	76.0	80.3	91.2	101	113	125	134	102	17.20	101	14.45	149	61.4	0.17	101	103	剔除后正态分布	102	101
Cl	426	29.65	31.95	35.70	40.55	48.20	59.2	65.9	43.25	10.82	42.04	9.02	79.5	26.20	0.25	40.55	38.30	剔除后正态分布	42.04	43.94
Co	478	4.32	4.94	6.42	8.66	12.40	16.23	18.86	9.90	5.12	8.86	3.95	48.80	2.08	0.52	8.66	10.50	对数正态分布	8.86	9.89
Cr	476	10.10	11.15	15.00	22.70	34.55	53.6	74.3	28.33	19.62	23.47	7.18	137	6.70	0.69	22.70	25.90	对数正态分布	23.47	23.10
Cu	478	4.99	6.07	7.80	10.70	15.40	21.98	27.11	12.85	8.58	11.13	4.58	108	2.20	0.67	10.70	9.60	对数正态分布	11.13	12.62
F	467	247	269	320	386	466	552	603	400	108	385	31.38	705	186	0.27	386	336	剔除后正态分布	400	427
Ga	478	18.20	19.20	20.42	22.30	24.10	25.80	26.90	22.41	2.68	22.25	5.97	32.60	15.20	0.12	22.30	20.40	正态分布	22.41	22.12
Ge	478	1.39	1.42	1.50	1.61	1.73	1.85	1.94	1.62	0.17	1.61	1.34	2.17	1.17	0.11	1.61	1.50	对数正态分布	1.61	1.61
Hg	478	0.04	0.04	0.05	0.06	0.08	0.10	0.12	0.07	0.03	0.07	5.02	0.45	0.02	0.44	0.06	0.06	对数正态分布	0.07	0.06
I	478	3.28	4.01	5.32	6.89	9.54	12.23	14.01	7.75	3.56	7.02	3.34	34.20	1.70	0.46	6.89	10.80	对数正态分布	7.02	6.57
La	478	37.09	40.37	45.52	52.0	59.3	67.3	72.9	53.2	11.40	52.1	9.82	99.0	29.00	0.21	52.0	50.00	对数正态分布	52.1	51.3
Li	478	18.38	19.87	23.50	27.65	34.50	41.93	51.8	29.87	9.91	28.48	7.18	72.2	13.10	0.33	27.65	28.30	对数正态分布	28.48	29.01
Mn	464	360	423	573	753	951	1156	1284	774	278	722	46.93	1563	171	0.36	753	792	剔除后正态分布	774	774
Mo	478	0.66	0.79	0.99	1.38	2.08	2.94	3.93	1.84	2.62	1.47	1.85	52.0	0.41	1.42	1.38	1.04	对数正态分布	1.47	1.29
N	478	0.30	0.33	0.39	0.48	0.61	0.75	0.84	0.51	0.18	0.49	1.67	1.79	0.15	0.36	0.48	0.36	对数正态分布	0.49	0.51
Nb	478	17.60	18.70	20.80	23.45	26.90	31.10	33.10	24.33	5.04	23.85	6.17	48.20	14.80	0.21	23.45	20.50	对数正态分布	23.85	22.71
Ni	478	5.22	6.42	8.76	12.10	17.49	25.90	33.24	14.44	8.62	12.46	4.92	53.9	3.17	0.60	12.10	12.10	对数正态分布	12.46	12.77
P	478	0.11	0.13	0.17	0.23	0.35	0.43	0.54	0.27	0.14	0.24	2.49	0.92	0.08	0.50	0.23	0.20	对数正态分布	0.24	0.19
Pb	433	27.96	30.00	34.00	38.00	45.60	54.6	60.8	40.37	9.68	39.28	8.44	70.2	17.30	0.24	38.00	38.00	剔除后对数正态分布	39.28	38.00

续表 4-14

元素/指标	N	$X_{5\%}$	$X_{10\%}$	$X_{25\%}$	$X_{50\%}$	$X_{5\%}$	$X_{90\%}$	$X_{95\%}$	$\overline{X}$	S	$\overline{X}_g$	S_g	X_{max}	X_{min}	CV	X_{me}	X_{mo}	分布类型	中酸性火成岩类风化物基准值	温州市基准值
Rb	478	89.6	97.8	113	128	144	158	166	129	23.82	126	16.43	203	60.3	0.19	128	127	正态分布	129	131
S	435	97.7	102	111	127	146	164	175	130	24.69	128	16.74	209	83.5	0.19	127	121	偏峰分布	121	121
Sb	478	0.29	0.32	0.39	0.49	0.61	0.78	0.99	0.53	0.23	0.50	1.70	2.74	0.21	0.43	0.49	0.40	对数正态分布	0.50	0.50
Sc	478	6.20	6.70	7.80	9.30	11.60	14.10	15.40	9.91	2.96	9.51	3.86	22.80	4.70	0.30	9.30	8.20	对数正态分布	9.51	10.09
Se	478	0.17	0.19	0.23	0.31	0.42	0.53	0.61	0.34	0.15	0.31	2.19	1.38	0.12	0.43	0.31	0.24	对数正态分布	0.31	0.29
Sn	478	2.53	2.71	3.06	3.48	4.10	4.73	5.31	3.74	1.76	3.58	2.19	34.10	1.80	0.47	3.48	3.10	对数正态分布	3.58	3.49
Sr	478	18.43	22.57	31.02	43.40	68.3	94.7	107	52.0	29.59	44.88	10.24	202	8.20	0.57	43.40	46.50	对数正态分布	44.88	60.2
Th	478	11.98	13.00	15.20	17.20	19.77	22.19	24.00	17.54	3.95	17.11	5.21	36.20	7.83	0.23	17.20	16.40	正态分布	17.11	16.68
Ti	478	2270	2743	3318	4107	4835	5684	6590	4191	1288	4000	124	10615	1321	0.31	4107	4326	正态分布	4191	4326
Tl	478	0.77	0.84	0.93	1.04	1.20	1.41	1.53	1.09	0.27	1.06	1.25	3.25	0.56	0.25	1.04	0.96	对数正态分布	1.06	1.02
U	478	2.66	2.90	3.28	3.67	4.20	4.87	5.32	3.79	0.84	3.71	2.20	8.00	1.78	0.22	3.67	3.40	对数正态分布	3.71	3.59
V	478	29.20	34.00	45.80	59.8	83.5	108	120	66.7	31.58	60.3	11.55	236	14.40	0.47	59.8	41.80	对数正态分布	60.3	66.7
W	478	1.49	1.62	1.83	2.17	2.56	3.27	3.93	2.49	2.56	2.27	1.75	54.4	1.15	1.03	2.17	2.32	偏峰分布	2.27	2.12
Y	478	19.48	20.80	23.40	26.50	30.00	33.39	38.04	27.17	5.60	26.64	6.66	61.2	13.70	0.21	26.50	25.70	对数正态分布	26.64	26.91
Zn	458	59.4	65.1	73.9	86.5	102	117	129	89.2	21.36	86.8	13.29	153	39.10	0.24	86.5	117	偏峰后正态分布	117	90.2
Zr	449	210	232	261	304	345	397	422	308	64.0	302	27.02	493	166	0.21	304	299	剔除后正态分布	308	291
SiO$_2$	478	57.8	60.1	63.3	66.4	69.2	71.8	73.0	66.1	4.57	65.9	11.21	77.8	50.8	0.07	66.4	65.2	正态分布	66.1	65.6
Al$_2$O$_3$	478	14.20	14.70	15.78	17.42	19.21	20.66	21.64	17.53	2.33	17.38	5.22	24.70	11.40	0.13	17.42	17.59	对数正态分布	17.53	17.18
TFe$_2$O$_3$	478	2.83	3.19	3.69	4.42	5.53	6.53	7.39	4.71	1.47	4.51	2.52	11.30	2.46	0.31	4.42	4.51	对数正态分布	4.51	4.51
MgO	440	0.31	0.35	0.41	0.49	0.60	0.73	0.80	0.52	0.15	0.50	1.60	1.02	0.24	0.29	0.49	0.42	剔除后正态分布	0.50	0.54
CaO	427	0.10	0.12	0.14	0.17	0.23	0.32	0.37	0.19	0.08	0.18	2.80	0.46	0.06	0.41	0.17	0.14	剔除后对数分布	0.18	0.14
Na$_2$O	453	0.09	0.10	0.13	0.23	0.41	0.61	0.73	0.30	0.21	0.24	2.73	0.91	0.07	0.69	0.23	0.12	其他分布	0.12	0.12
K$_2$O	478	1.37	1.59	2.00	2.51	2.56	3.32	3.64	2.50	0.68	2.40	1.82	4.53	0.83	0.27	2.51	2.44	正态分布	2.50	2.55
TC	478	0.18	0.22	0.30	0.41	0.62	0.82	1.00	0.49	0.29	0.42	1.99	3.30	0.11	0.59	0.41	0.43	对数正态分布	0.42	0.82
Corg	478	0.18	0.21	0.30	0.40	0.57	0.75	0.88	0.46	0.25	0.41	1.99	2.65	0.10	0.54	0.40	0.31	对数正态分布	0.41	0.42
pH	434	4.76	4.84	4.94	5.12	5.30	5.59	5.77	5.08	5.32	5.16	2.58	6.02	4.49	1.05	5.12	5.30	剔除后对数分布	5.16	5.20

第三节　主要土壤类型地球化学基准值

一、黄壤土壤地球化学基准值

黄壤土壤地球化学基准值数据经正态分布检验,结果表明,原始数据中 Ag、Au、Ba、Br、Ce、Cl、Cr、F、Ga、Ge、Hg、I、La、Li、Mn、N、Nb、Rb、S、Sb、Sc、Se、Th、Ti、U、V、W、Y、Zn、Zr、SiO_2、Al_2O_3、K_2O、TC、Corg、pH 共 36 项元素/指标符合正态分布,As、B、Be、Bi、Cd、Co、Cu、Mo、Ni、P、Pb、Sn、Sr、Tl、TFe_2O_3、MgO、CaO、Na_2O 共 18 项元素/指标符合对数正态分布(表 4-15)。

黄壤深层土壤总体呈酸性,土壤 pH 基准值为 5.07,极大值为 5.68,极小值为 4.80,略低于温州市基准值。

黄壤深层土壤各元素/指标中,多数元素/指标变异系数在 0.40 以下,说明分布较为均匀;Cr、I、Sb、V、Ba、P、Ni、Br、TC、Corg、Cu、Co、CaO、As、Sr、Na_2O、Bi、Mo、Pb、pH、Cd 共 21 项元素/指标变异系数大于 0.40,其中 Mo、Pb、pH、Cd 变异系数大于 0.80,空间变异性较大。

与温州市土壤基准值相比,黄壤土壤基准值中 Sr、TC 基准值明显偏低,不足温州市基准值的 60%;Au 基准值略低于温州市基准值,为温州市基准值的 77.5%;Pb、Br、W、CaO、Se 基准值略高于温州市基准值,是温州市基准值的 1.2～1.4 倍;Na_2O 基准值明显偏高,是温州市基准值的 1.67 倍;其他元素/指标基准值则与温州市基准值基本接近。

二、红壤土壤地球化学基准值

红壤土壤地球化学基准值数据经正态分布检验,结果表明,原始数据中 F、Ga、Ge、Rb、Th、Ti、SiO_2、Al_2O_3、K_2O 符合正态分布,Ag、As、Au、Be、Bi、Br、Ce、Co、Cu、Hg、La、Li、Mo、N、Nb、Ni、P、Sb、Sc、Se、Sn、Sr、Tl、U、V、W、Y、Zn、TFe_2O_3、Na_2O、TC、Corg 共 32 项元素/指标符合对数正态分布,Ba、Mn、Zr 剔除异常值后符合正态分布,B、Cd、Cl、Cr、I、Pb、S、MgO、pH 剔除异常值后符合对数正态分布,CaO 不符合正态分布或对数正态分布(表 4-16)。

红壤深层土壤总体呈酸性,土壤 pH 基准值为 5.21,极大值为 6.40,极小值为 4.49,略低于温州市基准值。

红壤深层土壤各元素/指标中,约一半元素/指标变异系数在 0.40 以下,说明分布较为均匀;I、Se、V、B、Co、Sb、P、CaO、Bi、Zn、Hg、Cr、Sr、Corg、Cd、Ni、TC、Ag、Cu、Sn、As、Na_2O、Br、pH、Au、Mo 共 26 项元素/指标变异系数大于 0.40,其中 Na_2O、Br、pH、Au、Mo 变异系数大于 0.80,空间变异性较大。

与温州市土壤基准值相比,红壤土壤基准值中 TC 基准值明显偏低,为温州市基准值的 54%;Sr 基准值略低于温州市基准值,为温州市基准值的 78%;P 基准值略高于温州市基准值,为温州市基准值的 1.37 倍;Na_2O 基准值明显偏高,是温州市基准值的 2.17 倍;其他元素/指标基准值则与温州市基准值基本接近。

三、粗骨土土壤地球化学基准值

粗骨土土壤地球化学基准值数据经正态分布检验,结果表明,原始数据中 Ag、Be、Br、F、Ga、Ge、Hg、I、La、Li、Mn、Nb、P、Rb、Sb、Sc、Se、Sr、Th、Ti、Tl、U、Y、Zn、Zr、SiO_2、Al_2O_3、TFe_2O_3、Na_2O、K_2O、TC、Corg 共 32 项元素/指标符合正态分布,As、Au、B、Bi、Cl、Co、Cr、Cu、Mo、N、Ni、Pb、S、Sn、V、W、MgO、CaO、pH 共 19 项元素/指标符合对数正态分布,Ba、Cd、Ce 剔除异常值后符合正态分布(表 4-17)。

第四章 土壤地球化学基准值

表 4-15 黄壤土壤地球化学基准值参数统计表

元素/指标	N	$X_{5\%}$	$X_{10\%}$	$X_{25\%}$	$X_{50\%}$	$X_{75\%}$	$X_{90\%}$	$X_{95\%}$	$\overline{X}$	S	$\overline{X}_g$	S_g	X_{max}	X_{min}	CV	X_{me}	X_{mo}	分布类型	黄壤基准值	温州市基准值
Ag	72	45.00	49.00	58.8	68.0	81.2	100.0	115	72.4	23.33	69.3	11.81	170	38.00	0.32	68.0	60.0	正态分布	72.4	73.7
As	72	2.96	3.56	4.29	5.58	7.85	11.59	12.99	6.83	4.11	6.00	3.14	25.90	2.46	0.60	5.58	6.81	对数正态分布	6.00	5.81
Au	72	0.40	0.44	0.57	0.72	0.88	1.14	1.28	0.76	0.28	0.71	1.49	1.71	0.30	0.37	0.72	0.76	对数正态分布	0.76	0.98
B	72	11.90	12.71	15.57	18.50	22.65	31.49	35.31	20.04	7.03	18.99	5.75	42.10	9.12	0.35	18.50	19.70	对数正态分布	18.99	18.00
Ba	72	267	289	339	470	595	721	909	502	218	465	36.10	1486	211	0.43	470	524	正态分布	502	515
Be	72	1.59	1.78	1.94	2.26	2.57	3.32	4.03	2.42	0.73	2.33	1.73	4.81	1.38	0.30	2.26	1.86	对数正态分布	2.33	2.43
Bi	72	0.20	0.23	0.28	0.37	0.48	0.80	0.87	0.45	0.35	0.39	2.04	2.78	0.17	0.78	0.37	0.36	对数正态分布	0.39	0.40
Br	72	1.98	2.30	2.98	4.30	6.40	8.10	10.02	4.97	2.51	4.39	2.79	12.60	1.40	0.51	4.30	5.80	对数正态分布	4.97	3.84
Cd	72	0.03	0.04	0.05	0.07	0.11	0.18	0.26	0.11	0.14	0.08	14.47	0.92	0.03	1.20	0.07	0.11	对数正态分布	0.08	0.09
Ce	72	79.9	82.5	89.8	100.0	109	118	131	101	15.48	100.0	14.32	152	71.0	0.15	100.0	112	正态分布	101	101
Cl	72	27.92	28.78	32.33	37.20	11.17	49.27	53.6	37.88	8.18	37.06	8.22	59.4	21.10	0.22	37.20	37.30	正态分布	37.88	43.94
Co	72	3.85	4.54	6.21	7.66	10.72	16.91	20.73	9.27	4.98	8.21	3.74	23.70	3.17	0.54	7.66	10.70	对数正态分布	8.21	9.89
Cr	72	9.67	11.19	16.98	21.65	28.70	36.58	40.19	23.16	9.59	21.15	6.20	45.70	7.30	0.41	21.65	21.80	正态分布	23.16	23.10
Cu	72	4.50	5.31	7.97	9.40	15.65	21.57	24.91	11.81	6.29	10.40	4.31	31.10	4.00	0.53	9.40	9.40	对数正态分布	10.40	12.62
F	72	271	303	337	402	464	527	563	408	93.1	398	31.36	705	250	0.23	402	329	正态分布	408	427
Ga	72	19.09	19.90	20.77	22.05	23.92	24.98	25.93	22.37	2.35	22.26	5.98	30.40	17.75	0.11	22.05	22.80	正态分布	22.37	22.12
Ge	72	1.43	1.47	1.55	1.67	1.74	1.83	1.93	1.66	0.16	1.65	1.36	2.11	1.31	0.10	1.67	1.64	正态分布	1.66	1.61
Hg	72	0.04	0.05	0.06	0.07	0.09	0.11	0.12	0.07	0.02	0.07	4.85	0.16	0.03	0.34	0.07	0.07	正态分布	0.07	0.06
I	72	3.20	4.24	5.83	7.14	9.52	11.57	14.68	7.80	3.17	7.18	3.41	16.40	2.78	0.41	7.14	8.97	正态分布	7.80	6.57
La	72	36.66	41.10	46.35	51.9	57.7	61.4	66.3	52.1	8.96	51.3	9.71	76.9	33.31	0.17	51.9	55.2	正态分布	52.1	51.3
Li	72	20.16	20.71	23.35	27.45	32.00	38.36	40.39	28.79	8.01	27.86	6.90	68.6	15.60	0.28	27.45	28.90	正态分布	28.79	29.01
Mn	72	389	462	595	802	1040	1200	1266	818	322	759	46.89	2035	276	0.39	802	679	正态分布	818	774
Mo	72	0.49	0.56	0.94	1.31	2.13	3.50	5.67	1.81	1.50	1.41	2.03	7.40	0.41	0.83	1.31	1.04	对数正态分布	1.41	1.29
N	72	0.31	0.33	0.38	0.46	0.59	0.70	0.75	0.50	0.17	0.47	1.68	1.29	0.27	0.33	0.46	0.36	正态分布	0.50	0.51
Nb	72	19.06	20.30	21.80	24.75	29.70	32.42	33.87	25.98	5.79	25.40	6.46	48.20	15.00	0.22	24.75	21.80	对数正态分布	25.98	22.71
Ni	72	5.01	6.49	9.02	12.05	15.62	19.79	24.85	12.82	5.86	11.63	4.44	33.00	3.91	0.46	12.05	12.10	正态分布	11.63	12.77
P	72	0.11	0.13	0.16	0.20	0.25	0.33	0.41	0.22	0.10	0.21	2.68	0.65	0.10	0.44	0.20	0.20	对数正态分布	0.21	0.19
Pb	72	30.62	32.10	34.77	45.45	63.5	89.8	151	62.8	54.9	52.0	10.56	316	26.20	0.87	45.45	60.0	对数正态分布	52.0	38.00

续表 4-15

元素/指标	N	$X_{5\%}$	$X_{10\%}$	$X_{25\%}$	$X_{50\%}$	$X_{75\%}$	$X_{90\%}$	$X_{95\%}$	$\bar{X}$	S	$\bar{X}_g$	S_g	X_{max}	X_{min}	CV	X_{me}	X_{mo}	分布类型	黄壤基准值	温州市基准值
Rb	72	86.6	95.8	116	132	144	156	170	130	25.40	128	16.26	203	75.8	0.20	132	132	正态分布	130	131
S	72	99.6	102	112	129	145	157	163	129	21.10	127	16.48	188	90.4	0.16	129	112	正态分布	129	121
Sb	72	0.32	0.36	0.41	0.50	0.61	0.82	0.99	0.55	0.23	0.52	1.64	1.67	0.25	0.41	0.50	0.50	正态分布	0.55	0.50
Sc	72	6.50	6.70	7.28	8.70	10.30	12.49	12.89	9.05	2.08	8.82	3.60	14.10	5.70	0.23	8.70	8.30	正态分布	9.05	10.09
Se	72	0.15	0.19	0.25	0.33	0.46	0.53	0.62	0.35	0.14	0.32	2.15	0.71	0.10	0.40	0.33	0.34	正态分布	0.35	0.29
Sn	72	2.58	2.72	3.03	3.42	4.36	5.28	6.35	3.82	1.19	3.67	2.23	7.93	2.34	0.31	3.42	3.61	对数正态分布	3.67	3.49
Sr	72	17.30	21.11	27.12	33.50	46.92	60.0	70.8	40.19	26.00	35.57	8.52	202	14.20	0.65	33.50	33.50	对数正态分布	35.57	60.2
Th	72	12.36	13.02	14.95	17.45	20.07	22.37	24.18	17.72	3.83	17.30	5.27	30.00	7.83	0.22	17.45	17.00	正态分布	17.72	16.68
Ti	72	2073	2666	3099	3705	4360	5755	6197	3878	1182	3702	116	6990	1652	0.30	3705	3862	对数正态分布	3878	4326
Tl	72	0.87	0.92	0.99	1.12	1.28	1.48	1.55	1.17	0.29	1.15	1.25	2.70	0.78	0.25	1.12	1.15	正态分布	1.15	1.02
U	72	2.95	3.06	3.32	3.69	4.15	4.67	5.05	3.82	0.70	3.76	2.19	6.12	2.79	0.18	3.69	3.61	正态分布	3.82	3.59
V	72	27.69	32.17	42.15	52.1	67.5	98.4	108	58.1	23.70	53.7	10.39	124	20.90	0.41	52.1	56.7	正态分布	58.1	66.7
W	72	1.62	1.75	1.96	2.40	3.05	3.48	4.07	2.64	1.06	2.49	1.84	8.56	1.24	0.40	2.40	1.76	正态分布	2.64	2.12
Y	72	19.51	20.61	22.62	25.80	29.45	32.66	35.39	26.34	5.90	25.74	6.50	51.0	13.70	0.22	25.80	24.00	正态分布	26.34	26.91
Zn	72	64.7	66.2	76.7	92.6	117	147	178	103	39.71	97.6	14.33	261	50.1	0.38	92.6	102	正态分布	103	90.2
Zr	72	219	237	270	310	349	387	404	309	58.5	304	27.32	459	166	0.19	310	316	正态分布	309	291
SiO₂	72	61.4	62.2	64.3	67.1	69.6	70.9	71.7	66.8	3.44	66.7	11.19	75.0	57.7	0.05	67.1	64.6	正态分布	66.8	65.6
Al₂O₃	72	14.80	15.11	16.09	17.27	18.95	19.72	20.10	17.44	1.90	17.34	5.21	22.34	12.34	0.11	17.27	16.88	正态分布	17.44	17.18
TFe₂O₃	72	2.95	3.15	3.53	4.26	5.05	6.34	7.15	4.48	1.22	4.33	2.43	7.65	2.73	0.27	4.26	4.45	对数正态分布	4.33	4.51
MgO	72	0.36	0.38	0.41	0.49	0.67	0.81	0.86	0.54	0.17	0.52	1.59	1.07	0.31	0.31	0.49	0.41	对数正态分布	0.52	0.54
CaO	72	0.11	0.12	0.13	0.16	0.19	0.29	0.41	0.19	0.10	0.17	2.93	0.63	0.09	0.54	0.16	0.12	对数正态分布	0.17	0.14
Na₂O	72	0.10	0.10	0.12	0.19	0.28	0.45	0.59	0.24	0.19	0.20	2.92	1.15	0.08	0.77	0.19	0.12	对数正态分布	0.20	0.12
K₂O	72	1.31	1.53	1.93	2.37	2.74	3.11	3.23	2.36	0.60	2.28	1.73	3.95	1.09	0.26	2.37	2.23	正态分布	2.36	2.55
TC	72	0.19	0.21	0.29	0.38	0.56	0.75	0.83	0.46	0.24	0.41	2.00	1.42	0.14	0.52	0.38	0.50	正态分布	0.46	0.82
Corg	72	0.19	0.21	0.28	0.38	0.55	0.72	0.81	0.45	0.23	0.40	2.03	1.35	0.14	0.52	0.38	0.38	正态分布	0.45	0.42
pH	72	4.86	4.88	4.99	5.09	5.21	5.31	5.48	5.07	5.49	5.11	2.56	5.68	4.80	1.08	5.09	5.21	正态分布	5.07	5.20

注：氧化物、TC、Corg 单位为 %，N、P 单位为 g/kg，Au、Ag 单位为 μg/kg，pH 为无量纲，其他元素/指标单位为 mg/kg；后表单位相同。

第四章 土壤地球化学基准值

表4-16 红壤土壤地球化学基准值参数统计表

元素/指标	N	$X_{5\%}$	$X_{10\%}$	$X_{25\%}$	$X_{50\%}$	$X_{75\%}$	$X_{90\%}$	$X_{95\%}$	$\bar{X}$	S	$\bar{X}_g$	S_g	X_{max}	X_{min}	CV	X_{me}	X_{mo}	分布类型	红壤基准值	温州市基准值
Ag	343	44.10	50.00	56.0	69.0	88.0	112	140	81.0	50.9	73.5	12.55	580	33.00	0.63	69.0	100.0	对数正态分布	73.5	73.7
As	343	2.99	3.33	4.31	5.46	7.43	11.14	13.90	6.75	5.26	5.83	3.14	64.6	1.72	0.78	5.46	6.90	对数正态分布	5.83	5.81
Au	343	0.47	0.53	0.64	0.90	1.30	1.93	2.92	1.26	1.53	0.98	1.83	19.20	0.30	1.22	0.90	1.20	对数正态分布	0.98	0.98
B	312	10.52	12.50	15.88	19.65	25.12	36.90	46.18	22.58	10.36	20.59	6.22	55.0	7.00	0.46	19.65	18.00	剔除后正态分布	20.59	18.00
Ba	317	223	287	383	508	624	754	864	513	186	476	37.49	1047	78.0	0.36	508	576	剔除后正态分布	513	515
Be	343	1.68	1.79	2.02	2.31	2.79	3.18	3.52	2.47	0.81	2.38	1.76	11.80	1.14	0.33	2.31	2.12	对数正态分布	2.38	2.43
Bi	343	0.20	0.23	0.30	0.39	0.52	0.71	0.86	0.44	0.21	0.40	1.95	1.60	0.13	0.49	0.39	0.34	对数正态分布	0.40	0.40
Br	343	1.91	2.20	2.80	3.80	4.90	6.70	8.20	4.32	3.75	3.78	2.53	63.3	1.00	0.87	3.80	3.90	对数正态分布	3.78	3.84
Cd	332	0.03	0.04	0.05	0.08	0.13	0.18	0.20	0.10	0.06	0.08	14.17	0.26	0.01	0.56	0.08	0.16	剔除后对数分布	0.08	0.09
Ce	343	76.1	80.1	90.2	101	114	129	143	105	23.96	102	14.63	264	61.7	0.23	101	110	对数分布	102	101
Cl	304	29.30	32.00	36.52	42.30	51.7	66.1	73.6	45.83	13.64	44.05	9.40	91.7	22.70	0.30	42.30	43.80	剔除后对数分布	44.05	43.94
Co	343	4.67	5.35	6.82	9.50	13.00	16.48	19.07	10.43	4.79	9.47	4.04	35.70	2.93	0.46	9.50	12.00	对数正态分布	9.47	9.89
Cr	315	10.40	11.34	16.20	23.00	33.80	46.15	55.1	26.04	13.43	22.93	6.88	68.3	7.10	0.52	23.00	19.20	剔除后对数分布	22.93	23.10
Cu	343	5.52	6.70	8.70	11.90	16.32	21.95	27.67	13.76	9.22	12.00	4.75	108	2.20	0.67	11.90	9.60	对数正态分布	12.00	12.62
F	343	249	267	322	408	491	603	649	423	133	404	32.46	1266	191	0.32	408	336	正态分布	423	427
Ga	343	17.81	18.72	20.40	22.30	24.10	25.88	26.89	22.32	2.84	22.14	5.97	32.60	15.20	0.13	22.30	22.40	正态分布	22.32	22.12
Ge	343	1.38	1.41	1.50	1.62	1.75	1.89	1.96	1.64	0.18	1.63	1.34	2.15	1.17	0.11	1.62	1.50	对数正态分布	1.64	1.61
Hg	343	0.04	0.04	0.05	0.06	0.08	0.10	0.12	0.07	0.04	0.06	5.02	0.45	0.02	0.50	0.06	0.06	剔除后对数分布	0.06	0.06
I	334	2.96	3.53	5.12	6.83	9.55	11.90	13.63	7.44	3.23	6.72	3.30	16.40	1.70	0.43	6.83	6.70	对数正态分布	6.72	6.57
La	343	38.00	40.44	45.40	52.3	59.8	67.7	73.1	53.5	11.57	52.4	9.83	99.0	29.00	0.22	52.3	50.00	对数正态分布	52.4	51.3
Li	343	18.30	19.54	23.50	27.80	34.85	45.98	55.9	30.65	10.88	29.03	7.32	67.9	13.10	0.36	27.80	25.20	对数正态分布	29.03	29.01
Mn	331	384	432	582	753	960	1170	1290	782	277	732	47.23	1539	206	0.35	753	776	剔除后对数分布	782	774
Mo	343	0.66	0.79	0.98	1.39	2.08	2.94	3.93	1.90	3.00	1.49	1.87	52.0	0.41	1.58	1.39	0.98	对数正态分布	1.49	1.29
N	343	0.30	0.33	0.40	0.48	0.62	0.78	0.86	0.53	0.19	0.50	1.65	1.79	0.19	0.36	0.48	0.47	对数正态分布	0.50	0.51
Nb	343	17.20	18.30	20.35	22.60	26.20	30.38	32.60	23.57	4.84	23.11	6.07	46.70	14.80	0.21	22.60	20.50	对数正态分布	23.11	22.71
Ni	343	5.70	6.76	9.18	12.80	18.35	27.64	35.12	15.18	8.86	13.11	5.10	46.90	3.17	0.58	12.80	11.00	对数正态分布	13.11	12.77
P	343	0.12	0.14	0.19	0.26	0.36	0.44	0.56	0.29	0.14	0.26	2.39	0.92	0.09	0.47	0.26	0.20	对数正态分布	0.26	0.19
Pb	313	27.56	30.40	34.10	38.00	45.40	53.4	59.3	40.24	9.24	39.24	8.44	66.5	20.60	0.23	38.00	38.00	剔除后对数分布	39.24	38.00

续表 4-16

元素/指标	N	$X_{5\%}$	$X_{10\%}$	$X_{25\%}$	$X_{50\%}$	$X_{75\%}$	$X_{90\%}$	$X_{95\%}$	$\overline{X}$	S	$\overline{X}_g$	S_g	X_{max}	X_{min}	CV	X_{me}	X_{mo}	分布类型	红壤基准值	温州市基准值
Rb	343	88.8	96.4	111	127	144	160	166	128	24.34	125	16.38	216	60.2	0.19	127	128	正态分布	128	131
S	303	95.6	101	110	128	148	169	188	133	28.41	130	17.02	227	83.5	0.21	128	128	剔除后对数分布	130	121
Sb	343	0.29	0.32	0.40	0.49	0.63	0.81	1.00	0.55	0.25	0.51	1.70	2.74	0.21	0.46	0.49	0.45	对数正态分布	0.51	0.50
Sc	343	6.30	6.82	8.20	9.90	12.00	14.30	15.98	10.31	3.07	9.90	3.96	22.80	4.70	0.30	9.90	10.10	对数正态分布	9.90	10.09
Se	343	0.17	0.19	0.23	0.31	0.43	0.53	0.60	0.34	0.15	0.32	2.15	1.38	0.09	0.44	0.31	0.33	对数正态分布	0.32	0.29
Sn	343	2.51	2.73	3.09	3.62	4.23	5.00	5.77	3.96	2.85	3.71	2.26	51.7	1.80	0.72	3.62	3.40	对数正态分布	3.71	3.49
Sr	343	19.80	23.94	32.55	46.00	72.4	97.8	107	54.3	29.26	47.08	10.49	177	8.20	0.54	46.00	38.80	对数正态分布	47.08	60.2
Th	343	11.41	12.60	14.75	16.80	19.50	21.46	23.90	17.26	4.05	16.81	5.20	36.20	7.45	0.23	16.80	16.50	正态分布	17.26	16.68
Ti	343	2435	2870	3440	4242	4969	5676	6430	4309	1227	4132	126	9375	1321	0.28	4242	4326	正态分布	4309	4326
Tl	343	0.77	0.82	0.91	1.02	1.20	1.41	1.51	1.08	0.28	1.05	1.26	3.25	0.56	0.26	1.02	1.04	对数正态分布	1.05	1.02
U	343	2.56	2.84	3.25	3.67	4.11	4.93	5.49	3.78	0.90	3.68	2.21	8.00	1.78	0.24	3.67	3.40	对数正态分布	3.68	3.59
V	343	30.86	35.44	48.90	65.9	87.2	110	120	71.2	32.05	64.7	12.01	236	14.40	0.45	65.9	85.9	对数正态分布	64.7	66.7
W	343	1.49	1.64	1.82	2.16	2.65	3.19	3.89	2.38	0.95	2.26	1.70	10.40	1.19	0.40	2.16	2.11	对数正态分布	2.26	2.12
Y	343	19.71	20.96	23.70	26.90	30.28	33.76	38.27	27.67	7.20	27.02	6.72	113	15.70	0.26	26.90	23.40	对数正态分布	27.02	26.91
Zn	343	56.2	63.8	74.5	87.3	104	124	143	94.1	46.09	89.0	13.66	744	44.90	0.49	87.3	108	对数正态分布	89.0	90.2
Zr	323	202	226	256	297	343	391	416	302	63.6	295	26.65	489	176	0.21	297	298	剔除后正态分布	302	291
SiO₂	343	57.8	60.2	62.8	65.7	69.0	71.7	73.0	65.7	4.62	65.6	11.15	75.9	50.8	0.07	65.7	64.9	正态分布	65.7	65.6
Al₂O₃	343	14.00	14.61	15.79	17.56	19.44	20.71	21.68	17.60	2.38	17.44	5.24	23.44	11.97	0.14	17.56	17.91	正态分布	17.60	17.18
TFe₂O₃	343	3.04	3.29	3.84	4.70	5.75	6.55	7.39	4.89	1.46	4.69	2.57	11.30	2.46	0.30	4.70	4.51	对数正态分布	4.69	4.51
MgO	310	0.31	0.35	0.42	0.51	0.63	0.77	0.85	0.54	0.16	0.51	1.59	1.03	0.24	0.30	0.51	0.55	剔除后对数分布	0.51	0.54
CaO	308	0.11	0.12	0.14	0.18	0.26	0.38	0.45	0.21	0.10	0.19	2.76	0.54	0.06	0.48	0.18	0.14	其他分布	0.14	0.14
Na₂O	343	0.09	0.10	0.13	0.24	0.51	0.87	1.03	0.36	0.29	0.26	2.81	1.25	0.07	0.82	0.24	0.10	对数正态分布	0.26	0.12
K₂O	343	1.34	1.50	1.98	2.48	2.92	3.21	3.57	2.45	0.68	2.34	1.81	4.53	0.71	0.28	2.48	2.59	正态分布	2.45	2.55
TC	343	0.20	0.24	0.31	0.41	0.64	0.86	1.05	0.51	0.31	0.44	1.94	3.30	0.11	0.62	0.41	0.43	对数正态分布	0.44	0.82
Corg	343	0.20	0.23	0.31	0.41	0.58	0.78	0.92	0.47	0.26	0.42	1.92	2.65	0.10	0.55	0.41	0.31	对数正态分布	0.42	0.42
pH	308	4.75	4.81	4.93	5.15	5.39	5.76	5.95	5.09	5.27	5.21	2.60	6.40	4.49	1.04	5.15	5.20	剔除后对数分布	5.21	5.20

第四章 土壤地球化学基准值

表 4-17 粗骨土壤地球化学基准值参数统计表

元素/指标	N	$X_{5\%}$	$X_{10\%}$	$X_{25\%}$	$X_{50\%}$	$X_{75\%}$	$X_{90\%}$	$X_{95\%}$	$\overline{X}$	S	$\overline{X}_g$	S_g	X_{max}	X_{min}	CV	X_{me}	X_{mo}	分布类型	粗骨土基准值	温州市基准值
Ag	82	44.05	46.00	56.0	65.0	84.0	96.8	120	72.5	28.99	68.3	11.83	230	37.00	0.40	65.0	59.0	正态分布	72.5	73.7
As	82	2.95	3.09	3.87	5.05	6.59	9.22	10.80	5.81	3.29	5.24	2.80	26.10	2.70	0.57	5.05	4.06	对数正态分布	5.24	5.81
Au	82	0.42	0.48	0.60	0.78	1.04	1.48	1.70	1.18	2.46	0.83	1.83	22.20	0.29	2.08	0.78	0.65	对数正态分布	0.83	0.98
B	82	12.93	14.11	15.75	19.20	23.07	33.43	37.09	21.27	8.56	19.97	5.95	58.0	9.41	0.40	19.20	18.40	对数正态分布	19.97	18.00
Ba	75	240	305	430	571	738	906	1042	599	245	548	40.94	1304	143	0.41	571	609	剔除后正态分布	599	515
Be	82	1.65	1.78	2.13	2.43	2.72	3.17	3.57	2.46	0.52	2.41	1.73	3.76	1.59	0.21	2.43	2.36	正态分布	2.46	2.43
Bi	82	0.20	0.22	0.25	0.33	0.44	0.52	0.65	0.37	0.19	0.34	2.07	1.28	0.17	0.51	0.33	0.25	对数正态分布	0.34	0.40
Br	82	1.91	2.30	3.10	4.15	5.78	7.38	9.00	4.64	2.36	4.14	2.62	14.50	1.30	0.51	4.15	3.30	对数正态分布	4.64	3.84
Cd	75	0.03	0.04	0.06	0.09	0.11	0.15	0.18	0.09	0.04	0.08	13.66	0.20	0.03	0.47	0.09	0.11	剔除后正态分布	0.09	0.09
Ce	76	73.0	84.8	90.7	98.2	112	124	132	101	18.24	99.8	14.30	149	61.4	0.18	98.2	112	剔除后正态分布	101	101
Cl	82	29.66	31.82	36.67	40.30	47.48	60.5	77.8	46.61	23.56	43.39	9.29	184	24.10	0.51	40.30	38.30	对数正态分布	43.39	43.94
Co	82	4.56	5.16	6.09	7.62	10.65	15.88	18.27	9.34	5.98	8.31	3.67	48.80	3.91	0.64	7.62	9.16	正态分布	8.31	9.89
Cr	82	10.91	11.70	13.43	18.80	29.10	39.18	60.7	24.22	15.34	20.87	6.27	82.8	7.60	0.63	18.80	11.70	正态分布	20.87	23.10
Cu	82	5.50	5.93	7.20	9.50	12.99	21.98	24.68	11.65	6.76	10.21	4.20	34.20	4.40	0.58	9.50	12.20	对数正态分布	10.21	12.62
F	82	245	268	311	374	470	565	637	398	123	380	30.82	750	186	0.31	374	421	正态分布	398	427
Ga	82	18.34	19.11	19.95	21.95	23.20	24.50	26.48	21.87	2.45	21.74	5.85	28.20	16.00	0.11	21.95	21.80	正态分布	21.87	22.12
Ge	82	1.39	1.43	1.48	1.54	1.66	1.79	1.84	1.57	0.14	1.57	1.31	1.96	1.29	0.09	1.54	1.52	正态分布	1.57	1.61
Hg	82	0.04	0.05	0.05	0.07	0.07	0.09	0.10	0.07	0.02	0.06	5.04	0.17	0.03	0.32	0.07	0.05	正态分布	0.07	0.06
I	82	3.77	4.30	4.88	6.38	8.14	10.75	11.80	6.78	2.55	6.33	3.04	13.70	2.10	0.38	6.38	10.80	正态分布	6.78	6.57
La	82	39.75	41.21	44.35	51.0	58.5	63.6	68.6	51.8	10.32	50.9	9.66	88.2	31.30	0.20	51.0	51.1	正态分布	51.8	51.3
Li	82	19.11	21.12	23.42	27.05	34.35	39.48	42.27	28.97	8.11	27.95	6.93	57.4	14.10	0.28	27.05	23.90	正态分布	28.97	29.01
Mn	82	361	423	536	784	1009	1162	1252	780	284	727	47.00	1471	300	0.36	784	826	正态分布	780	774
Mo	82	0.76	0.85	0.93	1.25	1.93	3.09	3.75	1.70	1.31	1.43	1.76	8.68	0.57	0.77	1.25	1.25	对数正态分布	1.43	1.29
N	82	0.27	0.31	0.37	0.46	0.55	0.73	0.87	0.49	0.18	0.46	1.74	1.22	0.19	0.38	0.46	0.45	对数正态分布	0.46	0.51
Nb	82	20.10	20.70	22.70	24.80	27.55	31.28	33.33	25.28	4.17	24.95	6.33	36.90	15.60	0.16	24.80	26.40	正态分布	25.28	22.71
Ni	82	6.21	6.68	8.29	11.40	15.52	19.99	34.22	13.71	8.45	12.01	4.62	53.9	4.72	0.62	11.40	13.40	对数正态分布	12.01	12.77
P	82	0.12	0.13	0.16	0.21	0.32	0.40	0.49	0.25	0.11	0.22	2.62	0.55	0.10	0.46	0.21	0.21	正态分布	0.25	0.19
Pb	82	26.90	28.60	31.85	36.80	45.68	66.5	76.6	42.19	17.53	39.57	8.71	119	17.30	0.42	36.80	36.10	对数正态分布	39.57	38.00

续表 4-17

元素/指标	N	$X_{5\%}$	$X_{10\%}$	$X_{25\%}$	$X_{50\%}$	$X_{75\%}$	$X_{90\%}$	$X_{95\%}$	$\overline{X}$	S	$\overline{X}_g$	S_g	X_{max}	X_{min}	CV	X_{me}	X_{mo}	分布类型	粗骨土基准值	温州市基准值
Rb	82	100.0	107	119	134	148	160	167	134	20.34	132	16.77	177	85.6	0.15	134	134	正态分布	134	131
S	82	98.2	102	108	121	134	150	165	125	34.11	122	16.13	361	50.00	0.27	121	121	对数正态分布	122	121
Sb	82	0.28	0.30	0.36	0.47	0.54	0.70	0.78	0.49	0.16	0.46	1.71	1.01	0.26	0.33	0.47	0.53	正态分布	0.49	0.50
Sc	82	6.21	6.61	7.43	8.60	9.90	11.96	12.70	8.94	2.26	8.68	3.55	16.20	4.80	0.25	8.60	9.20	正态分布	8.94	10.09
Se	82	0.15	0.16	0.19	0.27	0.34	0.40	0.46	0.28	0.10	0.26	2.42	0.75	0.08	0.38	0.27	0.19	正态分布	0.28	0.29
Sn	82	2.57	2.67	2.99	3.26	3.68	4.13	4.45	3.41	0.81	3.34	2.04	8.37	2.35	0.24	3.26	3.41	对数正态分布	3.34	3.49
Sr	82	20.11	22.33	32.20	44.95	62.9	81.4	106	50.9	28.01	44.40	9.88	141	14.10	0.55	44.95	53.1	正态分布	50.9	60.2
Th	82	11.91	12.55	15.10	16.85	18.68	20.98	21.90	17.05	3.52	16.70	5.12	30.90	9.84	0.21	16.85	16.40	正态分布	17.05	16.68
Ti	82	2644	2736	3295	3956	4531	5213	6566	4095	1329	3924	118	10615	1966	0.32	3956	3432	正态分布	4095	4326
Tl	82	0.78	0.87	0.95	1.04	1.18	1.42	1.57	1.08	0.22	1.06	1.22	1.70	0.64	0.21	1.04	0.96	正态分布	1.08	1.02
U	82	2.70	2.98	3.34	3.71	4.25	4.66	4.90	3.82	0.76	3.75	2.20	6.46	2.04	0.20	3.71	3.82	正态分布	3.82	3.59
V	82	31.30	34.92	41.95	52.9	64.8	93.6	105	59.5	26.27	55.0	10.33	159	23.70	0.44	52.9	58.8	对数正态分布	55.0	66.7
W	82	1.58	1.66	1.85	2.16	2.56	3.53	3.74	2.37	0.93	2.25	1.71	8.24	1.15	0.39	2.16	2.20	对数正态分布	2.25	2.12
Y	82	19.12	20.11	23.35	25.75	29.35	32.69	33.68	26.45	4.81	26.03	6.52	43.10	17.10	0.18	25.75	25.70	正态分布	26.45	26.91
Zn	82	62.5	65.6	72.9	82.4	97.9	117	137	88.9	22.23	86.5	13.26	161	52.3	0.25	82.4	87.4	正态分布	88.9	90.2
Zr	82	229	247	271	321	380	461	558	341	98.5	329	28.39	683	210	0.29	321	337	正态分布	341	291
SiO_2	82	60.7	62.7	64.8	68.1	70.3	72.0	73.2	67.7	4.16	67.5	11.34	77.8	55.9	0.06	68.1	68.5	正态分布	67.7	65.6
Al_2O_3	82	13.54	14.42	15.13	16.48	17.98	19.25	20.93	16.73	2.22	16.58	5.04	24.15	11.40	0.13	16.48	17.04	正态分布	16.73	17.18
TFe_2O_3	82	2.71	3.03	3.61	4.07	4.78	5.77	6.35	4.31	1.24	4.16	2.34	9.16	2.48	0.29	4.07	4.33	正态分布	4.31	4.51
MgO	82	0.34	0.38	0.41	0.48	0.65	0.79	1.06	0.56	0.23	0.52	1.62	1.61	0.30	0.41	0.48	0.38	对数正态分布	0.52	0.54
CaO	82	0.10	0.11	0.15	0.18	0.24	0.36	0.48	0.22	0.13	0.20	2.76	0.80	0.09	0.58	0.18	0.19	对数正态分布	0.20	0.14
Na_2O	82	0.10	0.12	0.16	0.28	0.47	0.66	0.81	0.36	0.28	0.28	2.58	1.60	0.07	0.77	0.28	0.13	正态分布	0.36	0.12
K_2O	82	1.77	1.88	2.31	2.71	3.10	3.59	3.86	2.72	0.64	2.64	1.87	4.08	1.28	0.23	2.71	2.72	正态分布	2.72	2.55
TC	82	0.16	0.18	0.25	0.37	0.54	0.73	0.95	0.44	0.27	0.38	2.16	1.68	0.12	0.61	0.37	0.36	正态分布	0.44	0.82
Corg	82	0.16	0.18	0.25	0.37	0.52	0.70	0.91	0.43	0.25	0.37	2.17	1.57	0.11	0.59	0.37	0.51	正态分布	0.43	0.42
pH	82	4.85	4.88	4.99	5.17	5.41	5.63	5.91	5.14	5.37	5.29	2.62	7.70	4.76	1.04	5.17	5.30	对数正态分布	5.29	5.20

粗骨土深层土壤总体呈酸性，土壤 pH 基准值为 5.29，极大值为 7.70，极小值为 4.76，与温州市基准值基本接近。

粗骨土深层土壤各元素/指标中，多数变异系数在 0.40 以下，说明分布较为均匀；Ba、MgO、Pb、V、P、Cd、Bi、Br、Cl、Sr、As、Cu、CaO、Corg、TC、Ni、Cr、Co、Mo、Na_2O、pH、Au 共 22 项元素/指标变异系数大于 0.40，其中 pH、Au 变异系数大于 0.80，空间变异性较大。

与温州市土壤基准值相比，粗骨土土壤基准值中 TC 基准值明显偏低，为温州市基准值的 54%；P、Br 基准值略高于温州市基准值，为温州市基准值的 1.2~1.4 倍；Na_2O、CaO 基准值明显偏高，与温州市基准值比值在 1.4 以上，Na_2O 基准值最高，为温州市基准值的 3.0 倍；其他元素/指标基准值则与温州市基准值基本接近。

四、紫色土土壤地球化学基准值

紫色土土壤样品采样不足 30 件，无法进行正态分布检验，具体统计结果见表 4-18。

紫色土深层土壤总体呈酸性，土壤 pH 基准值为 5.20，极大值为 5.78，极小值为 4.66，与温州市基准值相等。

紫色土深层土壤各元素/指标中，大多数元素/指标变异系数在 0.40 以下，说明分布较为均匀；Ni、Mn、TC、Corg、Hg、Pb、Co、I、Sb、Br、Bi、CaO、Au、Sr、As、Mo、Na_2O、pH 共 18 项元素/指标变异系数大于 0.40，其中 As、Mo、Na_2O、pH 变异系数不小于 0.80，空间变异性较大。

与温州市土壤基准值相比，紫色土土壤基准值中 Sr、TC 基准值明显偏低，不足温州市基准值的 60%；As、Bi、Br、Cr、Mn、Mo、Cu、Se、Ni、I、Cd、Au、Ag、Cl 等基准值略低于温州市基准值，为温州市基准值的 60%~80%；MgO 基准值略高于温州市基准值，为温州市基准值的 1.26 倍；Na_2O 基准值明显偏高，为温州市基准值的 1.58 倍；其他元素/指标基准值则与温州市基准值基本接近。

五、水稻土土壤地球化学基准值

水稻土土壤地球化学基准值数据经正态分布检验结果表明，原始数据中 Be、Cd、Cu、Ga、Mn、N、P、U、SiO_2、TFe_2O_3、TC、Corg 共 12 项元素/指标符合正态分布，Ag、As、Au、Br、Ce、Cl、Ge、Hg、I、La、Mo、Nb、S、Sb、Se、Th、Tl、Zr、Al_2O_3 共 19 项元素/指标符合对数正态分布，Ba、Bi、Pb、Sn、W、Zn 剔除异常值后符合正态分布，其他元素/指标不符合正态分布或对数正态分布（图 4-19）。

水稻土深层土壤总体呈弱酸性，土壤 pH 基准值为 4.96，极大值为 8.59，极小值为 4.55，接近于温州市基准值。

水稻土深层土壤各元素/指标中，多数元素/指标变异系数在 0.40 以下，说明分布较为均匀；Li、Mn、Sr、Cu、Se、TC、I、Cd、Ni、B、Ag、MgO、Hg、Cr、Na_2O、Mo、Au、Br、CaO、pH、S、Cl 共 22 项变异系数大于 0.40，其中 pH、S、Cl 变异系数大于 0.80，空间变异性较大。

与温州市土壤基准值相比，水稻土土壤基准值中 TC、Mo 基准值略低于温州市基准值，为温州市基准值的 60%~80%；Mn、Cd、TFe_2O_3、Co、K_2O、Au、Corg、N 基准值略高于温州市基准值，为温州市基准值的 1.2~1.4 倍；Cr、B、Cl、P、F、Sr、S、V、Cu、Sc 基准值明显偏高，与温州市基准值比值在 1.4 以上，其中 Cr、B、Cl、P 基准值是温州市基准值的 2.0 倍以上；其他元素/指标基准值则与温州市基准值基本接近。

六、潮土土壤地球化学基准值

潮土土壤样品共 5 件，不足 30 件无法进行正态检验，具体数据统计见表 4-20。

潮土深层土壤总体呈中性，土壤 pH 基准值为 8.16，极大值为 8.34，极小值为 5.08，明显高于温州市基准值。

表 4-18 紫色土壤地球化学基准值参数统计表

元素/指标	N	$X_{5\%}$	$X_{10\%}$	$X_{25\%}$	$X_{50\%}$	$X_{75\%}$	$X_{90\%}$	$X_{95\%}$	$\bar{X}$	S	$\bar{X}_g$	S_g	X_{max}	X_{min}	CV	X_{me}	X_{mo}	紫色土基准值	温州市基准值
Ag	23	47.00	47.00	50.5	58.0	64.5	82.6	91.2	61.3	14.99	59.7	10.46	100.0	42.00	0.24	58.0	47.00	58.0	73.7
As	23	2.36	2.56	3.09	4.14	6.14	14.06	17.06	6.05	4.85	4.82	3.14	19.20	1.79	0.80	4.14	5.99	4.14	5.81
Au	23	0.38	0.41	0.49	0.64	0.78	1.27	1.52	0.79	0.60	0.68	1.68	3.22	0.37	0.76	0.64	0.64	0.64	0.98
B	23	15.23	15.52	16.35	17.50	20.35	26.98	31.14	19.69	5.79	19.03	5.57	36.70	12.50	0.29	17.50	17.50	17.50	18.00
Ba	23	276	309	366	475	572	657	708	477	160	449	33.02	874	150	0.33	475	475	475	515
Be	23	1.76	1.80	1.98	2.07	2.35	2.60	2.73	2.20	0.44	2.17	1.62	3.72	1.53	0.20	2.07	2.07	2.07	2.43
Bi	23	0.18	0.19	0.24	0.30	0.41	0.55	0.79	0.37	0.24	0.33	2.18	1.24	0.16	0.64	0.30	0.35	0.30	0.40
Br	23	0.94	1.32	1.85	2.80	3.75	5.64	6.07	3.11	1.88	2.64	2.34	8.70	0.90	0.61	2.80	3.50	2.80	3.84
Cd	23	0.03	0.04	0.05	0.06	0.08	0.09	0.10	0.07	0.02	0.06	10.76	0.10	0.03	0.30	0.06	0.06	0.06	0.09
Ce	23	73.1	75.0	80.0	87.6	106	110	114	91.5	14.45	90.4	13.26	119	71.3	0.16	87.6	108	87.6	101
Cl	23	25.74	26.22	26.95	29.70	33.10	39.18	42.37	31.31	5.52	30.89	7.22	46.40	24.70	0.18	29.70	26.70	29.70	43.94
Co	23	3.81	4.68	6.08	8.42	10.45	13.36	14.77	8.72	3.98	7.83	3.65	19.50	2.08	0.46	8.42	8.91	8.42	9.89
Cr	23	9.21	11.14	12.30	16.40	20.75	25.98	28.28	17.12	6.30	16.04	5.14	31.20	7.00	0.37	16.40	13.50	16.40	23.10
Cu	23	5.28	6.02	7.30	8.40	10.35	13.48	14.07	9.20	3.43	8.70	3.59	20.20	4.80	0.37	8.40	9.90	8.40	12.62
F	23	307	311	361	460	532	566	745	460	135	442	32.90	786	241	0.29	460	460	460	427
Ga	23	16.47	17.14	19.45	20.40	22.00	23.56	24.14	20.54	2.44	20.40	5.68	25.00	15.80	0.12	20.40	20.40	20.40	22.12
Ge	23	1.48	1.50	1.58	1.69	1.79	1.84	1.87	1.69	0.13	1.68	1.37	1.89	1.46	0.08	1.69	1.76	1.69	1.61
Hg	23	0.04	0.04	0.04	0.05	0.08	0.09	0.12	0.06	0.03	0.06	5.21	0.13	0.03	0.45	0.05	0.06	0.05	0.06
I	23	1.33	1.97	2.86	4.89	6.55	8.10	8.94	4.85	2.42	4.14	2.93	9.35	0.81	0.50	4.89	4.89	4.89	6.57
La	23	40.52	40.94	43.95	49.40	53.1	60.0	61.8	49.54	6.82	49.10	9.32	63.1	40.10	0.14	49.40	49.40	49.40	51.3
Li	23	22.75	23.28	25.65	27.40	34.50	38.50	45.73	30.62	7.54	29.84	7.14	51.2	21.70	0.25	27.40	26.20	27.40	29.01
Mn	23	264	329	389	529	834	967	988	605	260	547	38.76	1012	171	0.43	529	669	529	774
Mo	23	0.43	0.46	0.53	0.66	0.94	2.33	2.85	1.00	0.83	0.80	1.86	3.26	0.34	0.83	0.66	0.64	0.66	1.29
N	23	0.32	0.34	0.37	0.43	0.53	0.57	0.60	0.45	0.11	0.44	1.64	0.72	0.27	0.24	0.43	0.53	0.43	0.51
Nb	23	16.50	17.66	19.25	21.10	24.95	25.48	25.59	22.14	4.24	21.79	5.94	35.50	16.30	0.19	21.10	24.10	21.10	22.71
Ni	23	4.85	5.08	6.02	9.41	11.05	13.96	15.38	9.08	3.74	8.40	3.70	18.40	4.35	0.41	9.41	9.64	9.41	12.77
P	23	0.13	0.15	0.16	0.20	0.23	0.31	0.31	0.21	0.07	0.20	2.59	0.45	0.13	0.35	0.20	0.21	0.20	0.19
Pb	23	24.18	25.34	29.15	31.60	37.35	46.24	52.3	36.15	16.26	33.97	7.71	102	18.50	0.45	31.60	36.00	31.60	38.00

续表 4-18

元素/指标	N	$X_{5\%}$	$X_{10\%}$	$X_{25\%}$	$X_{50\%}$	$X_{75\%}$	$X_{90\%}$	$X_{95\%}$	$\overline{X}$	S	$\overline{X}_г$	S_g	X_{max}	X_{min}	CV	X_{me}	X_{mo}	紫色土基准值	温州市基准值
Rb	23	88.8	102	118	135	144	159	164	130	22.74	128	16.01	164	79.4	0.17	135	135	135	131
S	23	87.5	89.0	95.9	107	116	127	132	107	14.99	106	14.67	136	82.7	0.14	107	107	107	121
Sb	23	0.29	0.31	0.36	0.43	0.57	1.03	1.05	0.55	0.30	0.49	1.79	1.24	0.27	0.54	0.43	0.40	0.43	0.50
Sc	23	5.40	5.54	6.50	8.60	9.70	10.90	11.36	8.34	2.05	8.09	3.42	12.40	5.30	0.25	8.60	8.20	8.60	10.09
Se	23	0.12	0.14	0.18	0.22	0.24	0.39	0.42	0.23	0.09	0.22	2.47	0.46	0.10	0.40	0.22	0.22	0.22	0.29
Sn	23	2.40	2.45	2.61	3.17	3.53	3.75	4.28	3.12	0.61	3.07	1.96	4.57	2.33	0.20	3.17	3.17	3.17	3.49
Sr	23	24.00	24.28	28.00	33.00	56.7	79.4	133	50.6	40.23	41.70	9.01	189	17.10	0.79	33.00	31.90	33.00	60.2
Th	23	8.42	9.79	12.95	14.90	17.50	19.22	22.09	15.10	4.39	14.44	4.87	25.80	6.28	0.29	14.90	17.50	14.90	16.68
Ti	23	2225	2345	3159	3576	4226	5231	5291	3790	1150	3632	110	6902	2178	0.30	3576	3652	3576	4326
Tl	23	0.58	0.72	0.82	0.95	1.04	1.23	1.42	0.95	0.23	0.93	1.28	1.47	0.55	0.24	0.95	0.96	0.95	1.02
U	23	2.33	2.34	2.69	3.08	3.62	4.61	4.90	3.32	0.93	3.21	2.08	5.80	2.20	0.28	3.08	3.29	3.08	3.59
V	23	30.92	32.56	49.85	54.9	65.8	92.9	101	60.2	23.10	56.3	10.32	122	26.10	0.38	54.9	60.5	54.9	66.7
W	23	1.49	1.55	1.67	2.08	2.50	2.91	3.07	2.25	0.90	2.13	1.74	5.62	1.12	0.40	2.08	1.55	2.08	2.12
Y	23	19.77	20.54	22.15	25.70	28.00	31.52	36.59	26.17	5.19	25.71	6.56	39.80	18.40	0.20	25.70	26.20	25.70	26.91
Zn	23	52.6	56.9	61.5	74.0	82.7	96.7	102	77.6	26.35	74.6	12.13	180	50.4	0.34	74.0	78.6	74.0	90.2
Zr	23	229	235	259	281	316	354	356	286	43.31	283	25.49	357	216	0.15	281	286	281	291
SiO$_2$	23	63.4	65.5	66.1	68.7	71.7	74.3	74.8	69.1	3.72	69.0	11.20	76.2	62.7	0.05	68.7	69.2	68.7	65.6
Al$_2$O$_3$	23	12.99	13.50	14.87	16.18	17.60	18.64	19.12	16.22	2.01	16.10	4.94	20.08	12.71	0.12	16.18	16.18	16.18	17.18
TFe$_2$O$_3$	23	3.22	3.32	3.48	4.36	5.03	6.15	6.26	4.48	1.20	4.33	2.42	7.55	2.48	0.27	4.36	4.51	4.36	4.51
MgO	23	0.37	0.39	0.53	0.68	0.80	0.89	0.96	0.65	0.19	0.62	1.54	0.98	0.28	0.29	0.68	0.68	0.68	0.54
CaO	23	0.12	0.12	0.13	0.16	0.23	0.33	0.45	0.21	0.14	0.18	2.97	0.73	0.10	0.67	0.16	0.12	0.16	0.14
Na$_2$O	23	0.09	0.10	0.11	0.19	0.26	0.45	0.52	0.24	0.22	0.19	3.21	1.09	0.08	0.92	0.19	0.21	0.19	0.12
K$_2$O	23	1.46	1.65	2.19	2.44	2.65	2.90	2.95	2.38	0.51	2.32	1.69	3.46	1.07	0.22	2.44	2.67	2.44	2.55
TC	23	0.17	0.18	0.27	0.37	0.47	0.65	0.69	0.39	0.17	0.35	2.06	0.72	0.15	0.43	0.37	0.38	0.37	0.82
Corg	23	0.17	0.17	0.27	0.37	0.47	0.65	0.68	0.38	0.17	0.35	2.08	0.71	0.15	0.43	0.37	0.38	0.37	0.42
pH	23	4.72	4.87	5.00	5.20	5.29	5.53	5.66	5.09	5.30	5.17	2.56	5.78	4.66	1.04	5.20	5.20	5.20	5.20

表 4－19 水稻土壤地球化学基准值基准参数统计表

元素/指标	N	$X_{5\%}$	$X_{10\%}$	$X_{25\%}$	$X_{50\%}$	$X_{75\%}$	$X_{90\%}$	$X_{95\%}$	$\bar{X}$	S	$\bar{X}_g$	S_g	X_{max}	X_{min}	CV	X_{me}	X_{mo}	分布类型	水稻土基准值	温州市基准值
Ag	154	50.00	52.6	64.0	77.0	99.0	121	134	86.8	51.5	80.0	13.43	570	41.00	0.59	77.0	64.0	对数正态分布	80.0	73.7
As	154	2.88	3.76	4.88	5.73	7.60	9.90	12.20	6.46	2.60	5.98	3.11	14.67	1.90	0.40	5.73	6.40	对数正态分布	5.98	5.81
Au	154	0.44	0.57	0.82	1.21	1.70	2.47	3.63	1.47	1.05	1.22	1.89	6.90	0.32	0.71	1.21	1.40	对数正态分布	1.22	0.98
B	154	12.00	12.93	18.62	33.00	59.6	70.0	75.4	38.18	22.21	31.61	9.07	83.0	9.52	0.58	33.00	66.0	其他分布	66.0	18.00
Ba	139	364	416	479	520	567	677	715	528	95.4	519	36.98	770	308	0.18	520	528	剔除后正态分布	528	515
Be	154	1.71	1.88	2.27	2.80	3.09	3.31	3.41	2.69	0.54	2.63	1.88	3.99	1.34	0.20	2.80	2.99	正态分布	2.69	2.43
Bi	151	0.20	0.27	0.37	0.47	0.56	0.61	0.69	0.46	0.15	0.44	1.75	0.83	0.14	0.31	0.47	0.38	剔除后正态分布	0.46	0.40
Br	154	1.80	2.10	2.80	3.60	4.90	6.67	7.80	4.29	3.21	3.73	2.49	33.35	1.00	0.75	3.60	4.20	对数正态分布	3.73	3.84
Cd	154	0.04	0.05	0.07	0.11	0.15	0.18	0.21	0.12	0.06	0.10	16.28	0.41	0.02	0.53	0.11	0.1	其他分布	0.12	0.09
Ce	154	78.0	80.6	87.5	96.6	104	118	139	99.1	18.51	97.6	13.94	173	71.5	0.19	96.6	103	对数正态分布	97.6	101
Cl	154	31.73	33.90	39.60	80.3	162	312	615	210	645	92.6	19.29	6734	25.10	3.06	80.3	48.20	对数正态分布	92.6	43.94
Co	154	5.83	6.97	10.12	15.50	17.98	19.70	20.57	14.15	5.15	13.02	4.99	28.10	2.56	0.36	15.50	12.40	偏峰分布	12.40	9.89
Cr	154	10.83	12.39	23.23	55.4	95.0	99.9	104	58.1	35.93	44.34	12.06	154	6.70	0.62	55.4	95.2	其他分布	95.2	23.10
Cu	154	6.13	8.22	11.87	19.67	26.53	31.49	33.27	19.62	8.97	17.31	6.13	42.87	4.20	0.46	19.67	9.80	正态分布	19.62	12.62
F	154	291	316	388	534	720	754	796	545	177	515	39.43	862	199	0.32	534	754	其他分布	754	427
Ga	154	18.63	19.30	20.50	21.80	23.30	24.50	25.54	21.97	2.20	21.86	5.91	28.20	16.20	0.10	21.80	21.80	正态分布	21.97	22.12
Ge	154	1.41	1.43	1.50	1.57	1.66	1.78	1.91	1.60	0.16	1.59	1.31	2.19	1.23	0.10	1.57	1.50	对数正态分布	1.59	1.61
Hg	154	0.04	0.04	0.05	0.06	0.08	0.09	0.12	0.07	0.04	0.07	4.90	0.41	0.03	0.61	0.06	0.06	对数正态分布	0.07	0.06
I	154	3.31	3.65	4.61	5.88	8.25	10.94	13.07	6.78	3.17	6.16	3.03	18.09	1.40	0.47	5.88	6.30	对数正态分布	6.16	6.57
La	154	39.96	42.00	45.00	48.00	54.9	60.8	67.9	50.7	9.65	49.88	9.41	94.3	32.40	0.19	48.00	47.00	对数正态分布	49.88	51.3
Li	154	20.52	22.62	26.68	43.70	63.3	67.7	69.4	44.31	18.25	40.33	9.60	73.1	15.10	0.41	43.70	24.20	其他分布	24.20	29.01
Mn	154	468	592	753	1048	1308	1561	1855	1060	430	971	57.9	2943	182	0.41	1048	1122	正态分布	1060	774
Mo	154	0.47	0.50	0.60	0.88	1.38	2.12	2.51	1.13	0.79	0.96	1.75	6.91	0.39	0.70	0.88	0.69	对数正态分布	0.96	1.29
N	154	0.31	0.35	0.44	0.61	0.78	0.89	0.98	0.62	0.23	0.58	1.57	1.48	0.15	0.36	0.61	0.89	对数正态分布	0.62	0.51
Nb	154	17.07	17.70	18.32	19.25	21.98	24.48	26.01	20.47	3.61	20.22	5.60	45.00	14.00	0.18	19.25	18.50	对数正态分布	20.22	22.71
Ni	154	6.19	7.67	12.15	25.70	41.15	44.04	45.03	26.16	14.45	21.30	7.58	48.00	4.27	0.55	25.70	11.90	其他分布	11.90	12.77
P	154	0.14	0.19	0.31	0.41	0.48	0.54	0.60	0.39	0.14	0.36	1.98	0.90	0.08	0.36	0.41	0.40	正态分布	0.39	0.19
Pb	140	25.86	28.91	34.00	37.00	41.00	45.54	50.00	37.42	6.68	36.81	8.13	55.2	20.70	0.18	37.00	37.00	剔除后正态分布	37.42	38.00

续表 4-19

元素/指标	N	$X_{5\%}$	$X_{10\%}$	$X_{25\%}$	$X_{50\%}$	$X_{75\%}$	$X_{90\%}$	$X_{95\%}$	$\overline{X}$	S	$\overline{X}_g$	S_g	X_{max}	X_{min}	CV	X_{me}	X_{mo}	分布类型	水稻土基准值	温州市基准值
Rb	153	97.1	106	123	146	155	165	167	139	22.93	137	17.50	195	75.7	0.17	146	132	偏峰分布	132	131
S	154	104	109	128	170	296	518	745	267	269	207	25.84	2359	88.1	1.01	170	128	对数正态分布	207	121
Sb	154	0.30	0.35	0.41	0.47	0.58	0.73	0.85	0.52	0.18	0.49	1.64	1.31	0.24	0.34	0.47	0.49	对数正态分布	0.49	0.50
Sc	154	7.23	7.99	9.80	13.40	15.47	16.67	17.23	12.76	3.43	12.25	4.59	20.60	5.30	0.27	13.40	14.80	偏峰分布	14.80	10.09
Se	154	0.14	0.14	0.18	0.24	0.33	0.47	0.53	0.27	0.13	0.25	2.56	0.72	0.11	0.46	0.24	0.16	对数正态分布	0.25	0.29
Sn	145	2.44	2.57	3.13	3.50	4.00	4.48	4.70	3.57	0.68	3.50	2.13	5.40	2.00	0.19	3.50	3.50	剔除后正态分布	3.57	3.49
Sr	154	26.86	32.13	45.40	89.7	106	117	124	79.1	34.04	70.1	13.52	158	15.70	0.43	89.7	104	偏峰分布	104	60.2
Th	154	12.93	13.70	15.30	16.50	18.10	20.07	22.40	16.85	3.05	16.59	5.07	31.40	8.46	0.18	16.50	16.00	对数正态分布	16.59	16.68
Ti	139	3246	3706	4419	5077	5284	5408	5737	4827	728	4767	135	6723	3004	0.15	5077	4841	其他分布	4841	4326
Tl	154	0.81	0.83	0.91	0.97	1.06	1.20	1.28	1.00	0.18	0.99	1.17	2.36	0.66	0.18	0.97	0.93	对数正态分布	0.99	1.02
U	154	2.46	2.66	2.90	3.30	3.86	4.46	4.97	3.43	0.74	3.36	2.04	5.47	1.89	0.22	3.30	3.00	正态分布	3.43	3.59
V	154	36.44	45.60	69.5	102	116	124	127	93.4	31.20	86.7	14.45	178	21.40	0.33	102	107	其他分布	107	66.7
W	141	1.60	1.71	1.86	2.00	2.20	2.37	2.46	2.01	0.25	2.00	1.52	2.69	1.34	0.13	2.00	1.93	剔除后正态分布	2.01	2.12
Y	152	20.11	22.04	24.98	29.13	30.59	31.93	33.07	27.94	4.14	27.62	6.96	38.40	17.30	0.15	29.13	30.07	其他分布	30.07	26.91
Zn	152	62.3	66.3	79.1	99.9	110	119	123	95.9	20.70	93.5	14.22	153	39.10	0.22	99.9	96.7	剔除后正态分布	95.9	90.2
Zr	154	179	182	195	237	299	344	393	257	77.0	247	23.43	573	165	0.30	237	231	对数正态分布	247	291
SiO$_2$	154	57.5	59.0	60.5	62.8	66.3	68.5	69.9	63.3	3.94	63.2	10.87	74.0	53.2	0.06	62.8	63.0	对数正态分布	63.3	65.6
Al$_2$O$_3$	154	15.26	15.53	15.92	16.48	18.02	19.97	21.07	17.21	1.92	17.12	5.10	24.70	14.06	0.11	16.48	16.39	正态分布	17.12	17.18
TFe$_2$O$_3$	154	3.31	3.85	4.70	5.98	6.53	7.06	7.55	5.70	1.36	5.53	2.84	10.40	2.57	0.24	5.98	6.16	其他分布	5.70	4.51
MgO	154	0.37	0.43	0.55	0.95	1.95	2.18	2.26	1.21	0.71	0.99	1.96	2.70	0.25	0.59	0.95	0.54	其他分布	0.54	0.54
CaO	147	0.13	0.14	0.19	0.40	0.82	1.00	1.32	0.53	0.40	0.40	2.43	1.85	0.10	0.76	0.40	0.14	其他分布	0.14	0.14
Na$_2$O	154	0.10	0.11	0.18	0.64	1.00	1.10	1.15	0.62	0.42	0.45	2.62	1.83	0.07	0.67	0.64	0.12	其他分布	0.12	0.12
K$_2$O	152	1.66	1.82	2.48	2.98	3.19	3.27	3.41	2.78	0.57	2.71	1.91	4.05	1.35	0.20	2.98	3.19	正态分布	3.19	2.55
TC	154	0.22	0.26	0.37	0.67	0.82	0.99	1.14	0.64	0.29	0.57	1.78	1.50	0.15	0.46	0.67	0.66	正态分布	0.64	0.82
Corg	154	0.21	0.25	0.37	0.53	0.63	0.73	0.82	0.52	0.20	0.48	1.73	1.25	0.14	0.38	0.53	0.61	正态分布	0.52	0.42
pH	154	4.90	4.95	5.17	5.97	7.89	8.24	8.36	5.43	5.32	6.49	3.09	8.59	4.55	0.98	5.97	4.96	其他分布	4.96	5.20

温州市土壤元素背景值

表 4-20 潮土土壤地球化学基准值参数统计表

元素/指标	N	$X_{5\%}$	$X_{10\%}$	$X_{25\%}$	$X_{50\%}$	$X_{75\%}$	$X_{90\%}$	$X_{95\%}$	$\overline{X}$	S	$\overline{X}_g$	S_g	X_{max}	X_{min}	CV	X_{me}	X_{mo}	潮土基准值	温州市基准值
Ag	5	75.2	85.4	116	132	138	139	139	118	31.02	114	13.26	139	65.0	0.26	132	116	132	73.7
As	5	6.14	6.28	6.70	7.10	7.60	8.08	8.24	7.16	0.91	7.11	2.94	8.40	6.00	0.13	7.10	7.10	7.10	5.81
Au	5	1.20	1.20	1.20	1.50	1.70	2.06	2.18	1.58	0.45	1.53	1.34	2.30	1.20	0.29	1.50	1.20	1.50	0.98
B	5	27.00	29.00	35.00	41.00	55.0	62.2	64.6	44.60	16.58	42.10	7.78	67.0	25.00	0.37	41.00	41.00	41.00	18.00
Ba	5	484	486	492	511	530	560	569	519	38.32	518	30.86	579	482	0.07	511	511	511	515
Be	5	2.39	2.47	2.71	2.84	2.91	3.05	3.10	2.78	0.31	2.77	1.81	3.14	2.31	0.11	2.84	2.84	2.84	2.43
Bi	5	0.44	0.46	0.50	0.50	0.59	0.61	0.62	0.53	0.08	0.53	1.48	0.63	0.43	0.15	0.50	0.50	0.50	0.40
Br	5	3.47	3.58	3.90	3.90	4.39	4.81	4.96	4.13	0.65	4.09	2.21	5.10	3.37	0.16	3.90	3.90	3.90	3.84
Cd	5	0.08	0.09	0.11	0.12	0.13	0.14	0.15	0.12	0.03	0.12	13.51	0.15	0.08	0.22	0.12	0.12	0.12	0.09
Ce	5	77.8	78.0	78.7	84.1	93.3	94.8	95.3	85.9	8.32	85.6	11.58	95.8	77.6	0.10	84.1	84.1	84.1	101
Cl	5	79.8	93.2	133	177	301	308	310	198	107	171	19.45	313	66.4	0.54	177	177	177	43.94
Co	5	7.82	8.94	12.30	15.30	16.90	17.68	17.94	13.88	4.58	13.11	4.70	18.20	6.70	0.33	15.30	15.30	15.30	9.89
Cr	5	36.54	44.18	67.1	83.6	83.7	87.2	88.4	70.6	24.75	65.6	11.54	89.5	28.90	0.35	83.6	67.1	83.6	23.10
Cu	5	16.75	17.47	19.63	22.71	24.51	25.47	25.79	21.80	4.02	21.48	5.65	26.11	16.02	0.18	22.71	22.71	22.71	12.62
F	5	469	490	552	660	660	716	734	615	117	605	35.23	753	448	0.19	660	660	660	427
Ga	5	18.44	18.67	19.38	20.30	20.60	21.80	22.20	20.22	1.63	20.16	5.25	22.60	18.20	0.08	20.30	20.30	20.30	22.12
Ge	5	1.50	1.50	1.52	1.53	1.59	1.62	1.63	1.55	0.06	1.55	1.28	1.64	1.49	0.04	1.53	1.53	1.53	1.61
Hg	5	0.06	0.06	0.06	0.07	0.09	0.09	0.10	0.07	0.02	0.07	4.38	0.10	0.06	0.24	0.07	0.07	0.07	0.06
I	5	4.19	4.27	4.50	5.00	5.52	6.29	6.54	5.19	1.04	5.11	2.39	6.80	4.12	0.20	5.00	5.00	5.00	6.57
La	5	39.40	39.80	41.00	41.00	47.00	47.00	47.00	43.00	3.74	42.87	7.93	47.00	39.00	0.09	41.00	41.00	41.00	51.3
Li	5	27.96	33.67	50.8	57.8	58.5	62.1	63.3	50.8	16.69	47.70	9.59	64.5	22.24	0.33	57.8	50.8	57.8	29.01
Mn	5	631	712	954	1173	1187	1187	1187	1010	276	972	47.47	1187	550	0.27	1173	954	1173	774
Mo	5	0.58	0.58	0.59	0.70	0.84	0.86	0.89	0.94	0.60	0.83	1.66	2.00	0.58	0.64	0.70	0.84	0.70	1.29
N	5	0.59	0.60	0.63	0.73	0.78	0.86	0.89	0.73	0.13	0.72	1.28	0.92	0.58	0.18	0.73	0.73	0.73	0.51
Nb	5	16.92	17.14	17.80	18.10	18.90	21.66	22.58	19.00	2.64	18.87	4.88	23.50	16.70	0.14	18.10	18.90	18.10	22.71
Ni	5	15.11	19.61	33.10	33.10	37.40	38.36	38.68	30.64	11.50	27.92	7.59	39.00	10.61	0.38	33.10	33.10	33.10	12.77
P	5	0.42	0.42	0.42	0.43	0.50	0.51	0.52	0.46	0.05	0.45	1.55	0.52	0.42	0.11	0.43	0.43	0.43	0.19
Pb	5	31.40	31.80	33.00	34.00	39.00	39.60	39.80	35.40	3.91	35.23	6.98	40.00	31.00	0.11	34.00	34.00	34.00	38.00

续表 4-20

元素/指标	N	$X_{5\%}$	$X_{10\%}$	$X_{25\%}$	$X_{50\%}$	$X_{75\%}$	$X_{90\%}$	$X_{95\%}$	$\bar{X}$	S	$\bar{X}_g$	S_g	X_{max}	X_{min}	CV	X_{me}	X_{mo}	潮土基准值	温州市基准值
Rb	5	123	129	148	152	158	162	163	148	18.60	147	15.98	164	116	0.13	152	148	152	131
S	5	175	204	292	392	468	629	683	407	220	356	25.43	736	145	0.54	392	392	392	121
Sb	5	0.38	0.38	0.38	0.51	0.55	0.66	0.69	0.51	0.14	0.49	1.66	0.73	0.38	0.28	0.51	0.38	0.51	0.50
Sc	5	9.20	9.80	11.60	14.10	14.20	14.98	15.24	12.80	2.74	12.54	4.26	15.50	8.60	0.21	14.10	11.60	14.10	10.09
Se	5	0.12	0.12	0.12	0.16	0.17	0.34	0.40	0.21	0.14	0.18	3.27	0.46	0.12	0.70	0.16	0.12	0.16	0.29
Sn	5	3.74	3.78	3.90	4.10	4.30	4.60	4.70	4.16	0.42	4.14	2.16	4.80	3.70	0.10	4.10	4.10	4.10	3.49
Sr	5	96.4	97.5	101	112	116	118	118	108	10.09	108	13.14	119	95.4	0.09	112	112	112	60.2
Th	5	12.30	13.20	15.90	16.70	16.90	17.02	17.06	15.60	2.39	15.43	4.69	17.10	11.40	0.15	16.70	15.90	16.70	16.68
Ti	5	4060	4272	4907	4968	5061	5143	5170	4796	541	4769	103	5198	3848	0.11	4968	4907	4968	4326
Tl	5	0.88	0.88	0.88	0.91	0.96	1.01	1.02	0.93	0.07	0.93	1.07	1.04	0.88	0.07	0.91	0.88	0.91	1.02
U	5	2.64	2.68	2.80	2.90	3.00	3.18	3.24	2.92	0.26	2.91	1.85	3.30	2.60	0.09	2.90	2.90	2.90	3.59
V	5	74.5	76.6	82.8	92.1	100.0	104	105	90.7	13.48	89.9	12.18	106	72.4	0.15	92.1	92.1	92.1	66.7
W	5	1.79	1.80	1.85	1.97	2.00	2.20	2.26	1.98	0.21	1.98	1.45	2.33	1.77	0.11	1.97	1.97	1.97	2.12
Y	5	26.55	26.57	26.63	28.92	30.07	30.50	30.65	28.59	1.95	28.54	6.34	30.80	26.53	0.07	28.92	28.92	28.92	26.91
Zn	5	76.8	79.6	88.1	97.1	99.0	107	109	94.1	14.12	93.2	12.49	112	74.0	0.15	97.1	97.1	97.1	90.2
Zr	5	190	193	200	208	230	298	320	234	62.9	228	18.51	343	188	0.27	208	230	208	291
SiO_2	5	62.2	62.3	62.7	63.5	66.0	68.8	69.7	65.0	3.50	64.9	9.72	70.7	62.1	0.05	63.5	66.0	63.5	65.6
Al_2O_3	5	14.00	14.15	14.59	15.14	15.22	15.95	16.20	15.05	0.95	15.02	4.45	16.44	13.85	0.06	15.14	15.14	15.14	17.18
TFe_2O_3	5	3.91	4.07	4.56	5.62	5.70	6.04	6.15	5.18	1.01	5.09	2.61	6.26	3.75	0.19	5.62	5.62	5.62	4.51
MgO	5	0.69	0.89	1.51	1.76	1.84	1.93	1.95	1.51	0.60	1.36	1.85	1.98	0.48	0.40	1.76	1.51	1.76	0.54
CaO	5	0.39	0.45	0.64	0.99	1.06	1.30	1.38	0.90	0.43	0.80	1.69	1.46	0.33	0.48	0.99	0.99	0.99	0.14
Na_2O	5	0.58	0.67	0.95	1.14	1.17	1.19	1.19	0.99	0.30	0.94	1.41	1.20	0.49	0.30	1.14	0.95	1.14	0.12
K_2O	5	2.69	2.76	2.98	3.09	3.22	3.32	3.35	3.06	0.29	3.05	1.90	3.38	2.62	0.09	3.09	3.09	3.09	2.55
TC	5	0.60	0.63	0.70	0.83	0.84	0.94	0.98	0.79	0.16	0.78	1.30	1.01	0.58	0.21	0.83	0.83	0.83	0.82
Corg	5	0.39	0.41	0.49	0.54	0.59	0.81	0.89	0.59	0.22	0.56	1.64	0.96	0.36	0.38	0.54	0.59	0.54	0.42
pH	5	5.55	6.01	7.41	8.16	8.33	8.34	8.34	5.78	5.43	7.46	3.17	8.34	5.08	0.94	8.16	7.41	8.16	5.20

潮土深层土壤各元素/指标中,绝大多数元素/指标变异系数在 0.40 以下,说明分布较为均匀;CaO、Cl、S、Mo、Se、pH 变异系数大于 0.40,其中 pH 变异系数大于 0.80,空间变异性较大。

与温州市土壤基准值相比,潮土土壤基准值中 Se、Mo 基准值明显低于温州市基准值,不足温州市基准值的 60%;La、Nb、Zr、I 基准值略低于温州市基准值,为温州市基准值的 60%~80%;Corg、V、Cd、Bi、TFe_2O_3、Sc、As、K_2O 基准值略高于温州市基准值,为温州市基准值的 1.2~1.4 倍;Na_2O、CaO、Cl、S、Cr、MgO、Ni、B、P、Sr、Cu、Li、Ag、Co、Au、F、N、Mn 基准值明显偏高,与温州市基准值比值在 1.4 以上,Na_2O、CaO 基准值最高,达温州市基准值的 7.0 倍以上;其他元素/指标基准值则与温州市基准值基本接近。

七、滨海盐土土壤地球化学基准值

滨海盐土土壤样品只有 2 件,无法进行正态分布检验,具体统计数据见表 4-21。

滨海盐土深层土壤总体呈碱性,土壤 pH 基准值为 6.87,极大值为 8.46,极小值为 5.28,略高于温州市基准值。

与温州市土壤基准值相比,滨海盐土土壤基准值中 Zr、Nb 基准值略低于温州市基准值,为温州市基准值的 60%~80%;Ag、Bi、I、Li、Mo、Pb、Sc、TFe_2O_3 基准值略高于温州市基准值,为温州市基准值的 1.2~1.4 倍;As、Au、B、Br、Cr、Ni、P、S、Sb、Sr、V、MgO、Cl、Na_2O、Cu、N、CaO、Co、As、Mn 基准值明显偏高,与温州市基准值比值在 1.4 以上,Cl 基准值最高,达温州市基准值的 49 倍以上;其他元素/指标基准值则与温州市基准值基本接近。

第四节 主要土地利用类型地球化学基准值

一、水田土壤地球化学基准值

水田土壤地球化学基准值数据经正态分布检验,结果表明,原始数据中 Be、Bi、Br、Cd、Ce、Co、Cu、F、Ga、Ge、Hg、I、Mn、N、Nb、P、Rb、Sc、Se、Sr、Th、Ti、U、V、Y、Zn、Zr、SiO_2、TFe_2O_3、K_2O、TC、Corg 共 32 项元素/指标符合正态分布,Ag、As、Au、B、Ba、Cl、Cr、La、Li、Mo、Ni、Pb、Sb、Sn、Tl、W、Al_2O_3、MgO、CaO、pH 共 20 项元素/指标符合对数正态分布,S 剔除异常值后符合对数正态分布,Na_2O 不符合正态分布或对数正态分布(表 4-22)。

水田深层土壤总体呈酸性,土壤 pH 基准值为 6.07,极大值为 8.59,极小值为 4.75,接近于温州市基准值。

水田深层土壤各元素/指标中,有 26 项元素/指标变异系数在 0.40 以下,说明分布较为均匀;Li、S、V、I、Se、Co、Br、P、Sn、Mn、Sr、Corg、W、Cu、TC、Ag、Cd、Au、B、Ni、Mo、MgO、Cr、Na_2O、As、pH、CaO、Cl 变异系数大于 0.40,其中 Na_2O、As、pH、CaO、Cl 变异系数大于 0.80,空间变异性较大。

与温州市土壤基准值相比,水田土壤基准值中 Mo、TC 基准值略低于温州市基准值,为温州市基准值的 60%~80%;Ni、Cu、Li、V、Co、Cd 基准值略高于温州市基准值,为温州市基准值的 1.2~1.4 倍;CaO、P、Cl、B、Cr、MgO 基准值明显偏高,与温州市基准值比值在 1.4 以上,其中 CaO 基准值是温州市基准值的 2.29 倍;其他元素/指标基准值则与温州市基准值基本接近。

二、旱地土壤地球化学基准值

旱地土壤地球化学基准值数据由于数量较少,无法进行正态分布检验,具体数据统计结果见表 4-23。

第四章 土壤地球化学基准值

表4-21 滨海盐土土壤地球化学基准值参数统计表

元素/指标	N	$X_{5\%}$	$X_{10\%}$	$X_{25\%}$	$X_{50\%}$	$X_{75\%}$	$X_{90\%}$	$X_{95\%}$	$\overline{X}$	S	$\overline{X}_g$	S_g	X_{max}	X_{min}	CV	X_{me}	X_{mo}	滨海盐土基准值	温州市基准值
Ag	2	91.4	91.9	93.2	95.4	97.7	99.0	99.4	95.4	6.28	95.3	10.00	99.9	91.0	0.07	95.4	91.0	95.4	73.7
As	2	8.87	8.94	9.13	9.45	9.77	9.96	10.03	9.45	0.91	9.43	3.18	10.09	8.81	0.10	9.45	8.81	9.45	5.81
Au	2	1.38	1.43	1.59	1.84	2.10	2.26	2.31	1.84	0.73	1.77	1.68	2.36	1.33	0.39	1.84	1.33	1.84	0.98
B	2	14.83	17.65	26.13	40.25	54.4	62.9	65.7	40.25	39.96	28.67	9.83	68.5	12.00	0.99	40.25	12.00	40.25	18.00
Ba	2	373	379	395	423	450	467	472	423	77.5	419	21.91	478	368	0.18	423	368	423	515
Be	2	2.44	2.44	2.46	2.49	2.51	2.53	2.53	2.49	0.08	2.48	1.59	2.54	2.43	0.03	2.49	2.54	2.49	2.43
Bi	2	0.42	0.44	0.47	0.54	0.60	0.64	0.66	0.54	0.18	0.52	1.66	0.67	0.41	0.34	0.54	0.67	0.54	0.40
Br	2	5.46	6.21	8.48	12.27	16.05	18.33	19.08	12.27	10.71	9.66	5.25	19.84	4.70	0.87	12.27	4.70	12.27	3.84
Cd	2	0.08	0.08	0.09	0.09	0.10	0.10	0.10	0.09	0.01	0.09	10.09	0.10	0.08	0.15	0.09	0.08	0.09	0.09
Ce	2	79.2	79.8	81.8	85.0	88.3	90.3	90.9	85.0	9.26	84.8	8.87	91.6	78.5	0.11	85.0	78.5	85.0	101
Cl	2	254	464	1097	2152	3206	3839	4050	2152	2983	426	118	4261	42.60	1.39	2152	2152	2152	43.94
Co	2	14.99	14.99	15.01	15.04	15.07	15.09	15.09	15.04	0.08	15.04	3.87	15.10	14.98	0.01	15.04	15.10	15.04	9.89
Cr	2	23.74	26.57	35.08	49.26	63.4	71.9	74.8	49.26	40.11	40.28	9.71	77.6	20.90	0.81	49.26	20.90	49.26	23.10
Cu	2	13.10	13.79	15.88	19.35	22.82	24.91	25.61	19.35	9.83	18.06	5.35	26.30	12.40	0.51	19.35	26.30	19.35	12.62
F	2	331	342	374	428	481	514	524	428	152	414	23.38	535	320	0.36	428	320	428	427
Ga	2	18.52	18.94	20.20	22.30	24.40	25.66	26.08	22.30	5.94	21.90	4.31	26.50	18.10	0.27	22.30	18.10	22.30	22.12
Ge	2	1.58	1.60	1.65	1.74	1.82	1.88	1.89	1.74	0.25	1.73	1.28	1.91	1.56	0.14	1.74	1.56	1.74	1.61
Hg	2	0.04	0.04	0.05	0.05	0.06	0.06	0.06	0.05	0.02	0.05	5.07	0.07	0.04	0.33	0.05	0.07	0.05	0.06
I	2	4.40	4.90	6.42	8.95	11.47	12.99	13.49	8.95	7.15	7.38	2.54	14.00	3.89	0.80	8.95	3.89	8.95	6.57
La	2	41.36	42.42	45.60	50.9	56.2	59.4	60.4	50.9	14.99	49.78	6.43	61.5	40.30	0.29	50.9	40.30	50.9	51.3
Li	2	26.41	27.53	30.88	36.45	42.02	45.37	46.48	36.45	15.77	34.70	7.08	47.60	25.30	0.43	36.45	47.60	36.45	29.01
Mn	2	1110	1117	1140	1178	1216	1239	1246	1178	107	1176	33.22	1254	1102	0.09	1178	1102	1178	774
Mo	2	0.75	0.85	1.16	1.67	2.18	2.49	2.59	1.67	1.44	1.32	2.10	2.69	0.65	0.86	1.67	0.65	1.67	1.29
N	2	0.55	0.57	0.63	0.73	0.83	0.88	0.90	0.73	0.28	0.70	1.32	0.92	0.53	0.38	0.73	0.92	0.73	0.51
Nb	2	15.30	15.40	15.70	16.20	16.70	17.00	17.10	16.20	1.41	16.17	4.15	17.20	15.20	0.09	16.20	15.20	16.20	22.71
Ni	2	12.54	13.58	16.70	21.90	27.10	30.22	31.26	21.90	14.71	19.27	6.13	32.30	11.50	0.67	21.90	11.50	21.90	12.77
P	2	0.26	0.28	0.34	0.44	0.53	0.59	0.61	0.44	0.27	0.39	1.70	0.63	0.24	0.63	0.44	0.24	0.44	0.19
Pb	2	30.09	32.15	38.30	48.57	58.8	65.0	67.0	48.57	29.03	44.02	5.62	69.1	28.04	0.60	48.57	28.04	48.57	38.00

续表 4-21

元素/指标	N	$X_{5\%}$	$X_{10\%}$	$X_{25\%}$	$X_{50\%}$	$X_{75\%}$	$X_{90\%}$	$X_{95\%}$	$\bar{X}$	S	$\bar{X}_g$	S_g	X_{max}	X_{min}	CV	X_{me}	X_{mo}	滨海盐土基准值	温州市基准值
Rb	2	98.0	99.6	104	112	120	125	126	112	22.35	111	11.36	128	96.4	0.20	112	96.4	112	131
S	2	188	220	317	478	639	735	767	478	455	353	31.20	800	156	0.95	478	156	478	121
Sb	2	0.62	0.64	0.69	0.78	0.87	0.92	0.94	0.78	0.25	0.76	1.41	0.96	0.60	0.32	0.78	0.60	0.78	0.50
Sc	2	12.83	12.96	13.35	14.00	14.65	15.04	15.17	14.00	1.84	13.94	3.58	15.30	12.70	0.13	14.00	12.70	14.00	10.09
Se	2	0.13	0.15	0.20	0.29	0.39	0.44	0.46	0.29	0.26	0.23	3.79	0.48	0.11	0.89	0.29	0.11	0.29	0.29
Sn	2	3.22	3.25	3.32	3.43	3.54	3.61	3.64	3.43	0.33	3.42	1.92	3.66	3.20	0.09	3.43	3.20	3.43	3.49
Sr	2	38.38	44.25	61.9	91.2	121	138	144	91.2	83.1	69.8	13.73	150	32.50	0.91	91.2	32.50	91.2	60.2
Th	2	14.31	14.45	14.84	15.49	16.15	16.54	16.67	15.49	1.85	15.44	3.78	16.80	14.18	0.12	15.49	16.80	15.49	16.68
Ti	2	4180	4200	4258	4354	4450	4508	4528	4354	273	4350	64.5	4547	4161	0.06	4354	4161	4354	4326
Tl	2	0.89	0.93	1.02	1.19	1.35	1.45	1.49	1.19	0.47	1.14	1.34	1.52	0.86	0.39	1.19	0.86	1.19	1.02
U	2	2.68	2.76	3.00	3.41	3.81	4.06	4.14	3.41	1.15	3.31	1.71	4.22	2.60	0.34	3.41	4.22	3.41	3.59
V	2	93.5	94.2	96.5	100.0	104	106	107	100.0	10.82	100.0	9.64	108	92.7	0.11	100.0	92.7	100.0	66.7
W	2	1.83	1.83	1.84	1.86	1.88	1.89	1.90	1.86	0.05	1.86	1.35	1.90	1.82	0.03	1.86	1.82	1.86	2.12
Y	2	26.95	26.95	26.96	26.98	26.99	27.00	27.00	26.98	0.04	26.97	5.19	27.00	26.95	0.001	26.98	27.00	26.98	26.91
Zn	2	92.2	93.0	95.1	98.8	102	105	105	98.8	10.25	98.5	9.58	106	91.5	0.10	98.8	91.5	98.8	90.2
Zr	2	214	214	215	215	215	215	215	215	0.42	215	14.64	215	214	0.002	215	214	215	291
SiO_2	2	57.2	57.5	58.2	59.3	60.5	61.2	61.4	59.3	3.31	59.3	7.86	61.7	57.0	0.06	59.3	57.0	59.3	65.6
Al_2O_3	2	14.92	15.34	16.62	18.74	20.87	22.14	22.57	18.74	6.01	18.25	3.88	22.99	14.49	0.32	18.74	14.49	18.74	17.18
TFe_2O_3	2	5.29	5.39	5.69	6.19	6.68	6.98	7.08	6.19	1.41	6.10	2.31	7.18	5.19	0.23	6.19	7.18	6.19	4.51
MgO	2	0.54	0.63	0.88	1.30	1.72	1.97	2.05	1.30	1.19	0.99	2.36	2.14	0.46	0.91	1.30	0.46	1.30	0.54
CaO	2	0.36	0.50	0.90	1.56	2.23	2.63	2.77	1.56	1.89	0.82	3.95	2.90	0.23	1.21	1.56	0.23	1.56	0.14
Na_2O	2	0.17	0.25	0.51	0.94	1.37	1.62	1.71	0.94	1.21	0.38	4.87	1.80	0.08	1.29	0.94	1.80	0.94	0.12
K_2O	2	1.27	1.35	1.61	2.04	2.46	2.72	2.80	2.04	1.21	1.85	2.00	2.89	1.18	0.59	2.04	2.89	2.04	2.55
TC	2	0.47	0.51	0.62	0.81	1.01	1.12	1.16	0.81	0.55	0.72	1.69	1.20	0.43	0.67	0.81	0.43	0.81	0.82
Corg	2	0.43	0.44	0.46	0.50	0.54	0.56	0.57	0.50	0.11	0.49	1.37	0.58	0.42	0.22	0.50	0.42	0.50	0.42
pH	2	5.44	5.60	6.08	6.87	7.67	8.14	8.30	5.58	5.43	6.87	2.98	8.46	5.28	0.97	6.87	8.46	6.87	5.20

第四章 土壤地球化学基准值

表4-22 水田土壤地球化学基准值参数统计表

元素/指标	N	$X_{5\%}$	$X_{10\%}$	$X_{25\%}$	$X_{50\%}$	$X_{75\%}$	$X_{90\%}$	$X_{95\%}$	$\bar{X}$	S	$\bar{X}_g$	S_g	X_{max}	X_{min}	CV	X_{me}	X_{mo}	分布类型	水田基准值	温州市基准值
Ag	80	43.00	49.90	56.8	73.5	93.0	115	129	82.3	48.16	74.8	12.99	351	38.00	0.59	73.5	52.0	对数正态分布	74.8	73.7
As	80	2.88	3.57	4.36	5.91	8.72	12.31	13.74	7.60	7.46	6.29	3.36	64.6	2.24	0.98	5.91	7.70	对数正态分布	6.29	5.81
Au	80	0.43	0.57	0.76	1.10	1.50	1.98	3.20	1.27	0.78	1.09	1.77	4.30	0.32	0.62	1.10	1.40	对数正态分布	1.09	0.98
B	80	11.88	12.78	16.73	23.40	45.33	69.0	71.1	32.67	21.11	26.91	8.05	88.9	7.30	0.65	23.40	63.0	对数正态分布	26.91	18.00
Ba	80	288	364	460	525	620	785	934	553	194	519	38.17	1173	131	0.35	525	525	对数正态分布	519	515
Be	80	1.60	1.78	2.09	2.46	2.99	3.25	3.46	2.53	0.61	2.46	1.82	4.47	1.34	0.24	2.46	2.99	正态分布	2.53	2.43
Bi	80	0.22	0.24	0.34	0.45	0.53	0.66	0.77	0.45	0.16	0.42	1.83	0.87	0.14	0.36	0.45	0.42	正态分布	0.45	0.40
Br	80	1.60	1.89	2.60	3.48	4.72	6.23	6.78	3.90	1.85	3.52	2.44	10.90	1.10	0.47	3.48	2.60	正态分布	3.90	3.84
Cd	80	0.04	0.04	0.06	0.10	0.13	0.17	0.22	0.11	0.06	0.09	4.14	0.37	0.02	0.60	0.10	0.13	正态分布	0.11	0.09
Ce	80	75.5	78.5	84.8	96.2	108	120	126	98.0	16.54	96.7	13.93	152	66.5	0.17	96.2	103	正态分布	98.0	101
Cl	80	32.88	35.25	38.15	48.20	123	243	299	104	124	70.1	15.07	823	25.10	1.19	48.20	56.9	对数正态分布	70.1	43.94
Co	80	4.50	5.78	8.14	10.55	16.92	19.30	20.38	12.19	5.67	10.88	4.59	28.10	3.23	0.46	10.55	19.30	正态分布	12.19	9.89
Cr	80	10.68	11.30	17.25	33.20	33.7	96.2	97.8	45.47	32.80	34.16	10.03	112	9.00	0.72	33.20	30.70	对数正态分布	34.16	23.10
Cu	80	4.70	6.19	9.50	14.01	22.31	29.87	32.05	16.47	9.14	14.07	5.53	46.37	4.10	0.55	14.01	12.60	对数正态分布	16.47	12.62
F	80	264	288	349	452	652	754	790	494	178	462	36.29	825	191	0.36	452	754	正态分布	494	427
Ga	80	18.48	19.20	20.48	21.56	23.45	24.71	25.82	21.88	2.40	21.75	5.87	28.20	15.20	0.11	21.56	21.40	正态分布	21.88	22.12
Ge	80	1.38	1.43	1.49	1.61	1.70	1.84	1.91	1.62	0.17	1.61	1.33	2.13	1.28	0.11	1.61	1.57	正态分布	1.62	1.61
Hg	80	0.04	0.04	0.05	0.06	0.08	0.09	0.10	0.07	0.02	0.06	5.00	0.16	0.03	0.35	0.06	0.06	正态分布	0.07	0.06
I	80	2.74	3.47	4.31	6.20	8.19	10.82	12.92	6.73	3.01	6.08	3.12	14.50	1.40	0.45	6.20	6.20	正态分布	6.73	6.57
La	80	40.95	41.93	44.58	47.70	57.0	65.1	68.1	51.3	9.15	50.5	9.49	75.0	35.70	0.18	47.70	47.00	对数正态分布	50.5	51.3
Li	80	20.38	22.39	24.98	34.85	57.3	64.7	68.0	39.53	16.64	36.29	8.77	70.5	17.10	0.42	34.85	37.40	对数正态分布	36.29	29.01
Mn	80	340	350	579	886	1190	1515	1607	917	452	808	52.8	2746	206	0.49	886	916	正态分布	917	774
Mo	80	0.47	0.51	0.68	0.91	1.44	1.95	2.65	1.18	0.81	1.00	1.73	5.23	0.39	0.68	0.91	0.69	正态分布	1.00	1.29
N	80	0.30	0.33	0.42	0.52	0.75	0.86	0.93	0.58	0.23	0.54	1.62	1.48	0.24	0.39	0.52	0.53	正态分布	0.58	0.51
Nb	80	16.66	17.39	18.38	20.40	23.52	27.77	29.03	21.35	4.05	20.99	5.72	31.80	14.00	0.19	20.40	20.40	正态分布	21.35	22.71
Ni	80	5.50	6.40	9.75	17.18	36.46	43.22	44.21	21.27	13.82	16.94	6.54	45.78	4.54	0.65	17.18	20.00	对数正态分布	16.94	12.77
P	80	0.13	0.15	0.20	0.33	0.43	0.52	0.59	0.33	0.16	0.29	2.22	0.90	0.10	0.47	0.33	0.20	正态分布	0.33	0.19
Pb	80	24.38	29.09	33.00	36.55	42.35	52.4	62.1	39.79	13.28	38.13	8.31	99.2	20.70	0.33	36.55	34.00	对数正态分布	38.13	38.00

105

续表 4-22

元素/指标	N	$X_{5\%}$	$X_{10\%}$	$X_{25\%}$	$X_{50\%}$	$X_{75\%}$	$X_{90\%}$	$X_{95\%}$	$\bar{X}$	S	$\bar{X}_g$	S_g	X_{max}	X_{min}	CV	X_{me}	X_{mo}	分布类型	水田基准值	温州市基准值
Rb	80	91.7	99.3	118	139	153	161	166	134	24.64	131	17.03	195	74.0	0.18	139	145	正态分布	134	131
S	73	98.1	100.0	109	131	183	259	303	155	65.6	144	18.99	331	50.00	0.42	131	107	剔除后对数分布	144	121
Sb	80	0.33	0.35	0.42	0.48	0.60	0.77	0.89	0.54	0.20	0.51	1.65	1.34	0.26	0.38	0.48	0.50	对数正态分布	0.51	0.50
Sc	80	6.68	7.19	8.90	10.65	15.00	16.34	17.21	11.70	3.65	11.13	4.34	20.60	5.30	0.31	10.65	9.50	正态分布	11.70	10.09
Se	80	0.14	0.14	0.18	0.24	0.33	0.48	0.51	0.27	0.12	0.24	2.53	0.60	0.08	0.45	0.24	0.20	正态分布	0.27	0.29
Sn	80	2.44	2.57	3.12	3.55	4.13	5.02	6.37	3.98	1.91	3.72	2.33	14.20	2.00	0.48	3.55	4.40	对数正态分布	3.72	3.49
Sr	80	24.52	28.44	37.60	63.5	100.0	114	124	68.4	34.85	58.8	12.48	130	13.60	0.51	63.5	38.80	正态分布	68.4	60.2
Th	80	12.40	13.49	15.17	16.80	18.97	20.81	22.03	16.95	3.27	16.61	5.11	24.80	7.45	0.19	16.80	17.30	正态分布	16.95	16.68
Ti	80	2829	3140	3623	4605	5214	5391	6084	4528	1174	4370	130	8403	1854	0.26	4605	4686	正态分布	4528	4326
Tl	80	0.71	0.81	0.90	0.95	1.07	1.27	1.37	1.01	0.25	0.98	1.24	2.36	0.55	0.25	0.95	0.92	对数正态分布	0.98	1.02
U	80	2.50	2.60	3.00	3.40	3.81	4.61	5.01	3.50	0.78	3.42	2.08	6.20	2.20	0.22	3.40	3.40	正态分布	3.50	3.59
V	80	32.41	40.63	55.7	78.7	112	122	127	83.4	36.22	75.3	13.36	178	20.90	0.43	78.7	69.8	正态分布	83.4	66.7
W	80	1.59	1.74	1.88	2.00	2.21	2.91	3.39	2.30	1.22	2.16	1.68	11.20	1.41	0.53	2.00	2.19	对数正态分布	2.16	2.12
Y	80	18.70	20.56	23.98	28.10	30.10	32.21	36.42	27.40	4.88	26.96	6.79	39.80	17.30	0.18	28.10	29.55	正态分布	27.40	26.91
Zn	80	61.7	62.6	73.5	89.9	104	115	122	90.4	20.98	88.1	13.68	162	54.8	0.23	89.9	100.0	对数正态分布	90.4	90.2
Zr	80	181	184	209	272	301	351	398	271	68.7	262	24.25	474	176	0.25	272	298	正态分布	271	291
SiO₂	80	56.8	59.2	61.6	64.3	68.4	70.5	72.3	64.7	4.73	64.5	10.96	73.9	54.3	0.07	64.3	64.9	正态分布	64.7	65.6
Al₂O₃	80	14.37	14.92	15.62	16.37	18.62	20.62	21.77	17.18	2.20	17.05	5.10	22.63	13.39	0.13	16.37	16.35	对数正态分布	17.05	17.18
TFe₂O₃	80	3.21	3.48	4.26	4.92	6.25	6.98	7.82	5.32	1.57	5.11	2.73	10.40	2.77	0.30	4.92	5.32	正态分布	5.32	4.51
MgO	80	0.36	0.41	0.47	0.63	1.55	2.12	2.17	0.97	0.67	0.79	1.91	2.34	0.28	0.69	0.63	0.41	对数正态分布	0.79	0.54
CaO	80	0.13	0.13	0.16	0.27	0.63	1.02	1.51	0.48	0.52	0.32	2.70	2.63	0.09	1.07	0.27	0.13	对数正态分布	0.32	0.14
Na₂O	80	0.10	0.10	0.12	0.33	0.98	1.09	1.16	0.51	0.42	0.34	2.92	1.34	0.07	0.81	0.33	0.11	其他分布	0.11	0.12
K₂O	80	1.40	1.70	2.27	2.66	3.07	3.21	3.27	2.59	0.60	2.50	1.86	3.58	0.91	0.23	2.66	3.05	正态分布	2.59	2.55
TC	80	0.20	0.22	0.31	0.48	0.77	1.05	1.11	0.56	0.31	0.48	1.96	1.45	0.11	0.56	0.48	0.50	正态分布	0.56	0.82
Corg	80	0.20	0.22	0.31	0.44	0.60	0.77	0.99	0.49	0.25	0.43	1.92	1.25	0.10	0.51	0.44	0.32	正态分布	0.49	0.42
pH	80	4.86	4.92	5.13	5.36	7.69	8.20	8.36	5.31	5.32	6.07	2.94	8.59	4.75	1.00	5.36	5.23	对数正态分布	6.07	5.20

注：氧化物、TC、Corg 单位为%，N、P 单位为 g/kg，Au、Ag 单位为 μg/kg，其他元素/指标单位为 mg/kg；pH 为无量纲；后表单位相同。

第四章 土壤地球化学基准值

表 4-23 旱地土壤地球化学基准值参数统计表

元素/指标	N	$X_{5\%}$	$X_{10\%}$	$X_{25\%}$	$X_{50\%}$	$X_{75\%}$	$X_{90\%}$	$X_{95\%}$	$\overline{X}$	S	$\overline{X}_g$	S_g	X_{max}	X_{min}	CV	X_{me}	X_{mo}	旱地基准值	温州市基准值
Ag	20	50.9	54.6	62.8	73.5	100.0	111	123	84.6	39.69	78.8	12.55	230	49.00	0.47	73.5	100.0	73.5	73.7
As	20	3.18	3.69	4.45	6.52	9.65	11.21	13.00	7.14	3.36	6.42	3.17	14.90	2.76	0.47	6.52	6.83	6.52	5.81
Au	20	0.41	0.58	0.75	1.16	1.75	2.30	2.34	1.30	0.73	1.10	1.85	3.00	0.32	0.56	1.16	1.20	1.16	0.98
B	20	14.07	14.64	20.00	27.40	35.52	45.50	51.3	30.12	15.39	27.03	7.21	76.3	13.50	0.51	27.40	21.00	27.40	18.00
Ba	20	372	403	480	567	626	815	994	589	193	563	37.79	1082	320	0.33	567	577	567	515
Be	20	1.66	1.72	2.02	2.18	2.86	3.16	3.34	2.57	0.90	2.45	1.89	5.66	1.14	0.35	2.48	2.52	2.48	2.43
Bi	20	0.22	0.25	0.35	0.42	0.65	0.78	0.82	0.49	0.21	0.44	1.85	0.88	0.19	0.43	0.42	0.35	0.42	0.40
Br	20	1.99	2.22	2.96	4.00	5.17	9.36	12.06	5.27	4.09	4.32	2.89	18.81	1.80	0.78	4.00	4.00	4.00	3.84
Cd	20	0.05	0.05	0.07	0.11	0.14	0.21	0.28	0.13	0.10	0.10	4.12	0.46	0.01	0.76	0.11	0.13	0.11	0.09
Ce	20	79.6	81.7	85.3	96.7	113	120	122	99.7	16.27	98.5	13.81	132	77.7	0.16	96.7	113	96.7	101
Cl	20	29.42	32.40	39.92	51.0	71.9	367	1533	327	924	75.4	18.86	4036	24.10	2.83	51.0	253	51.0	43.94
Co	20	6.20	6.38	8.00	10.30	15.90	18.75	19.35	11.65	4.92	10.74	4.12	22.10	5.79	0.42	10.30	11.60	10.30	9.89
Cr	20	12.60	18.01	20.62	27.55	39.40	91.8	99.3	37.35	28.54	30.29	8.26	110	10.80	0.76	27.55	35.80	27.55	23.10
Cu	20	7.36	8.49	9.75	12.47	18.02	28.15	30.66	15.09	8.32	13.28	4.91	36.61	4.60	0.55	12.47	9.90	12.47	12.62
F	20	325	336	364	402	451	604	753	442	127	428	32.74	754	316	0.29	402	441	402	427
Ga	20	18.03	18.19	19.10	20.55	22.35	22.85	23.45	20.79	2.20	20.68	5.63	26.20	16.70	0.11	20.55	20.40	20.55	22.12
Ge	20	1.43	1.46	1.50	1.56	1.65	1.76	1.78	1.58	0.11	1.57	1.30	1.80	1.38	0.07	1.56	1.57	1.56	1.61
Hg	20	0.04	0.05	0.05	0.06	0.09	0.09	0.10	0.07	0.02	0.06	4.80	0.10	0.04	0.30	0.06	0.06	0.06	0.06
I	20	3.15	3.56	5.74	6.44	8.50	9.88	12.54	7.07	3.35	6.40	3.10	17.10	2.40	0.47	6.44	6.44	6.44	6.57
La	20	40.80	41.81	44.35	49.25	53.4	57.7	73.9	51.2	11.73	50.2	9.41	89.0	37.10	0.23	49.25	51.1	49.25	51.3
Li	20	21.28	22.57	23.57	27.50	36.17	53.6	66.1	33.12	14.01	30.92	7.48	67.8	18.45	0.42	27.50	34.63	27.50	29.01
Mn	20	428	520	579	964	1054	1501	1532	937	390	858	50.3	1720	362	0.42	964	949	964	774
Mo	20	0.75	0.85	0.99	1.23	1.60	1.97	2.91	1.40	0.61	1.30	1.49	2.92	0.73	0.44	1.23	1.40	1.23	1.29
N	20	0.37	0.37	0.42	0.51	0.66	0.84	1.01	0.58	0.21	0.55	1.55	1.06	0.34	0.36	0.51	0.48	0.51	0.51
Nb	20	17.23	18.20	19.90	23.30	24.62	25.08	25.81	22.18	3.05	21.97	5.80	26.00	15.80	0.14	23.30	24.70	23.30	22.71
Ni	20	8.30	8.62	9.83	13.10	18.93	43.42	43.71	17.37	12.35	14.39	5.35	45.70	4.60	0.71	13.10	10.00	13.10	12.77
P	20	0.15	0.17	0.20	0.32	0.41	0.56	0.60	0.34	0.15	0.30	2.17	0.65	0.14	0.44	0.32	0.33	0.32	0.19
Pb	17	27.44	27.94	33.70	38.00	41.70	44.32	46.44	37.14	6.09	36.65	7.85	47.00	27.00	0.16	38.00	37.00	38.00	38.00

107

续表 4-23

元素/指标	N	$X_{5\%}$	$X_{10\%}$	$X_{25\%}$	$X_{50\%}$	$X_{75\%}$	$X_{90\%}$	$X_{95\%}$	$\bar{X}$	S	$\bar{X}_g$	S_g	X_{max}	X_{min}	CV	X_{me}	X_{mo}	旱地基准值	温州市基准值
Rb	20	94.6	97.8	114	124	144	161	162	128	22.66	126	15.97	166	91.3	0.18	124	144	124	131
S	20	100.0	101	113	136	168	291	595	190	149	159	20.21	611	90.1	0.78	136	128	136	121
Sb	20	0.32	0.35	0.39	0.57	0.63	0.74	0.92	0.55	0.19	0.52	1.64	1.03	0.28	0.35	0.57	0.57	0.57	0.50
Sc	20	6.68	7.06	8.80	10.30	11.93	13.85	15.34	10.56	2.93	10.20	3.94	18.00	6.30	0.28	10.30	10.60	10.30	10.09
Se	20	0.12	0.14	0.19	0.24	0.44	0.49	0.51	0.31	0.16	0.27	2.52	0.72	0.12	0.52	0.24	0.24	0.24	0.29
Sn	20	2.08	2.37	2.67	3.38	3.50	4.38	4.73	3.49	1.54	3.27	2.12	9.30	1.80	0.44	3.38	3.49	3.38	3.49
Sr	20	27.59	37.06	46.95	66.7	92.9	125	142	73.0	36.18	64.8	12.27	149	25.40	0.50	66.7	73.1	66.7	60.2
Th	20	13.24	14.02	14.30	15.80	18.47	21.49	25.04	16.85	3.69	16.51	5.02	25.80	12.00	0.22	15.80	14.10	15.80	16.68
Ti	20	3420	3848	4270	4747	5316	5839	6431	4816	869	4741	124	6440	3417	0.18	4747	4883	4747	4326
Tl	20	0.77	0.78	0.81	1.02	1.23	1.43	1.50	1.06	0.28	1.03	1.28	1.70	0.77	0.26	1.02	0.80	1.02	1.02
U	20	2.69	2.81	3.13	3.50	4.00	5.02	5.83	3.76	1.02	3.64	2.18	6.50	2.50	0.27	3.50	3.77	3.50	3.59
V	20	45.77	46.97	51.4	71.8	101	110	126	76.7	27.11	72.4	11.97	130	45.10	0.35	71.8	108	71.8	66.7
W	20	1.68	1.75	1.96	2.02	2.66	3.57	3.67	2.46	0.95	2.34	1.73	5.62	1.65	0.38	2.02	2.00	2.02	2.12
Y	20	18.25	19.56	21.00	25.05	29.01	31.33	32.03	25.83	6.15	25.20	6.61	43.59	17.40	0.24	25.05	25.90	25.05	26.91
Zn	20	63.5	70.4	74.6	82.8	98.7	134	141	92.2	27.45	88.8	13.35	161	58.2	0.30	82.8	91.4	82.8	90.2
Zr	20	189	211	303	333	357	397	431	328	92.0	316	26.39	603	174	0.28	333	327	333	291
SiO$_2$	20	58.9	60.1	64.7	68.0	70.5	71.9	72.7	67.0	4.66	66.8	10.96	74.3	57.8	0.07	68.0	67.0	68.0	65.6
Al$_2$O$_3$	20	13.46	14.06	15.41	16.06	16.79	18.57	19.38	16.20	1.91	16.10	4.88	21.03	12.86	0.12	16.06	16.15	16.06	17.18
TFe$_2$O$_3$	20	3.42	3.46	4.12	4.72	5.91	6.74	6.83	4.93	1.23	4.79	2.51	6.93	3.31	0.25	4.72	4.90	4.72	4.51
MgO	20	0.38	0.42	0.50	0.55	0.70	2.15	2.34	0.82	0.65	0.68	1.78	2.46	0.37	0.80	0.55	0.67	0.55	0.54
CaO	20	0.13	0.14	0.16	0.26	0.44	1.20	2.17	0.56	0.78	0.33	2.86	3.23	0.11	1.40	0.26	0.14	0.26	0.14
Na$_2$O	20	0.12	0.13	0.17	0.33	0.75	1.07	1.21	0.52	0.46	0.37	2.62	1.83	0.11	0.88	0.33	0.31	0.33	0.12
K$_2$O	20	1.45	1.56	2.05	2.60	2.98	3.23	3.25	2.50	0.62	2.42	1.81	3.25	1.39	0.25	2.60	3.25	2.60	2.55
TC	20	0.28	0.35	0.37	0.47	0.81	1.02	1.04	0.59	0.28	0.53	1.73	1.15	0.21	0.48	0.47	0.56	0.47	0.82
Corg	20	0.28	0.34	0.37	0.46	0.61	0.72	0.82	0.50	0.18	0.47	1.69	0.85	0.21	0.35	0.46	0.37	0.46	0.42
pH	20	4.89	5.00	5.10	5.53	6.08	8.13	8.32	5.29	5.18	5.89	2.82	8.46	4.55	0.98	5.53	5.01	5.53	5.20

旱地深层土壤总体呈酸性,土壤pH基准值为5.01,极大值为8.46,极小值为4.55,与温州市基准值基本接近。

旱地深层土壤各元素/指标中,有28项元素/指标变异系数在0.40以下,说明分布较为均匀;Co、Li、Mn、Bi、Mo、P、Sn、Ag、As、I、TC、Sr、B、Se、Cu、Au、Ni、Cd、Cr、Br、S、MgO、Na_2O、pH、CaO、Cl变异系数大于0.40,其中MgO、Na_2O、pH、CaO、Cl变异系数大于等于0.80,空间变异性较大。

与温州市土壤基准值相比,旱地土壤元素基准值中TC基准值明显低于温州市基准值,为温州市基准值的57%;Cd、Mn基准值略高于温州市基准值,是温州市基准值的1.2~1.4倍;B、P、CaO、Na_2O基准值明显偏高,与温州市基准值比值在1.4以上,其中Cl、Na_2O基准值是温州市基准值的2.0倍以上;其他元素/指标基准值则与温州市基准值基本接近。

三、园地土壤地球化学基准值

园地土壤地球化学基准值数据由于数量少于30件,无法进行正态分布检验,具体数据统计结果见表4-24。

园地深层土壤总体呈酸性,土壤pH基准值为5.14,极大值为6.24,极小值为4.68,与温州市基准值基本接近。

园地深层土壤各元素/指标中,大多数元素/指标变异系数小于0.40,说明分布较为均匀;Cu、P、Hg、Cd、Ni、As、Bi、Corg、Cr、Ba、Sr、TC、B、Mo、Cl、CaO、Au、Na_2O、pH变异系数大于0.40,其中Na_2O、pH变异系数大于0.80,空间变异性较大。

与温州市土壤基准值相比,园地土壤基准值中TC基准值明显低于温州市基准值,为温州市基准值的39%;Cd、F、Sr、Corg基准值略低于温州市基准值,为温州市基准值的60%~80%;P、I、CaO、TFe_2O_3基准值略高于温州市基准值,是温州市基准值的1.2~1.4倍;Na_2O基准值明显偏高,与温州市基准值的1.42倍;其他元素/指标基准值则与温州市基准值基本接近。

四、林地土壤地球化学基准值

林地土壤地球化学基准值数据经正态分布检验,结果表明,原始数据中Ga、Ge、Rb、Th、Ti、SiO_2、Al_2O_3、K_2O符合正态分布,As、Au、Be、Bi、Br、Cd、Co、Cr、Cu、Hg、I、La、Li、Mo、N、Nb、Ni、P、Sb、Sc、Se、Sn、Sr、Tl、U、V、W、Y、TFe_2O_3、MgO、Na_2O、TC、Corg共33项元素/指标符合对数正态分布,Ba、Ce、F、Mn、S、Zn、Zr剔除异常值后符合正态分布,Ag、B、Cl、Pb、CaO、pH剔除异常值后符合对数正态分布(表4-25)。

林地深层土壤总体呈酸性,土壤pH基准值为5.16,极大值为6.01,极小值为4.49,与温州市基准值基本接近。

林地深层土壤各元素/指标中,一多半元素/指标变异系数小于0.40,说明分布较为均匀;CaO、Se、Hg、Sb、V、I、MgO、P、Co、Corg、Sr、Bi、Ni、TC、As、Cu、Cr、Sn、Br、Na_2O、Cd、pH、W、Au、Mo变异系数大于0.40,其中Cd、pH、W、Au、Mo变异系数大于等于0.80,空间变异性较大。

与温州市土壤基准值相比,林地土壤基准值中TC基准值明显低于温州市基准值,为温州市基准值的52%;Sr基准值略低于温州市基准值,为温州市基准值的73%;CaO、P基准值略高于温州市基准值,是温州市基准值的1.2~1.4倍;Na_2O基准值明显偏高,与温州市基准值的2.08倍;其他元素/指标基准值则与温州市基准值基本接近。

表 4-24 园地土壤地球化学基准值参数统计表

元素/指标	N	$X_{5\%}$	$X_{10\%}$	$X_{25\%}$	$X_{50\%}$	$X_{75\%}$	$X_{90\%}$	$X_{95\%}$	$\overline{X}$	S	$\overline{X}_g$	S_g	X_{max}	X_{min}	CV	X_{me}	X_{mo}	园地基准值	温州市基准值
Ag	26	40.25	47.50	54.2	61.0	70.8	89.5	98.8	64.2	17.08	62.0	10.80	101	33.00	0.27	61.0	54.0	61.0	73.7
As	26	3.52	3.82	4.65	5.74	8.08	12.30	13.85	6.84	3.23	6.22	3.08	14.50	2.55	0.47	5.74	7.15	5.74	5.81
Au	26	0.51	0.52	0.61	0.81	1.35	1.88	2.67	1.14	0.84	0.94	1.83	4.10	0.29	0.74	0.81	0.51	0.81	0.98
B	26	10.10	13.05	14.75	17.90	30.27	35.50	36.67	22.31	12.59	19.83	6.04	68.0	8.57	0.56	17.90	20.00	17.90	18.00
Ba	26	229	256	370	536	663	871	1199	566	290	505	38.30	1348	224	0.51	536	554	536	515
Be	26	1.71	1.77	1.88	2.30	2.64	2.75	3.34	2.34	0.52	2.29	1.66	3.69	1.68	0.22	2.30	2.17	2.30	2.43
Bi	26	0.20	0.23	0.28	0.35	0.46	0.56	0.63	0.40	0.19	0.36	2.02	1.08	0.18	0.47	0.35	0.36	0.35	0.40
Br	26	2.02	2.20	2.65	3.60	4.10	5.10	5.25	3.66	1.37	3.43	2.30	8.20	1.30	0.37	3.60	3.60	3.60	3.84
Cd	26	0.03	0.04	0.05	0.07	0.11	0.12	0.13	0.08	0.04	0.07	4.83	0.16	0.02	0.45	0.07	0.07	0.07	0.09
Ce	26	87.5	89.0	92.8	100.0	106	128	147	104	19.46	103	14.38	162	73.4	0.19	100.0	101	100.0	101
Cl	26	29.68	30.80	36.23	40.70	54.2	73.5	118	52.3	34.75	46.34	9.96	188	28.70	0.66	40.70	48.80	40.70	43.94
Co	26	5.95	6.47	9.00	10.35	13.60	16.25	19.47	11.10	4.16	10.38	4.00	20.60	4.82	0.37	10.35	10.90	10.35	9.89
Cr	26	10.53	10.95	16.77	24.90	30.70	45.21	46.28	26.21	13.17	23.20	6.69	62.3	10.10	0.50	24.90	28.10	24.90	23.10
Cu	26	6.47	7.35	8.62	11.80	15.45	21.13	22.84	12.77	5.26	11.76	4.39	23.20	4.80	0.41	11.80	8.60	11.80	12.62
F	26	262	266	284	334	439	538	551	369	107	355	28.92	560	233	0.29	334	360	334	427
Ga	26	17.85	18.65	21.45	22.80	24.58	26.65	27.22	22.77	2.95	22.57	6.00	28.20	16.00	0.13	22.80	22.30	22.80	22.12
Ge	26	1.44	1.48	1.52	1.65	1.83	1.96	1.98	1.68	0.20	1.67	1.36	2.15	1.41	0.12	1.65	1.53	1.65	1.61
Hg	26	0.04	0.04	0.05	0.06	0.07	0.08	0.08	0.06	0.03	0.06	5.06	0.18	0.04	0.43	0.06	0.06	0.06	0.06
I	26	3.14	4.95	6.61	8.42	10.28	12.30	13.10	8.36	3.05	7.71	3.61	14.10	2.24	0.36	8.42	8.39	8.42	6.57
La	26	43.20	45.65	50.8	53.5	55.7	70.4	75.2	55.2	10.26	54.4	9.79	84.9	40.50	0.19	53.5	51.0	53.5	51.3
Li	26	18.50	20.07	23.72	27.20	31.52	39.00	41.35	28.63	7.91	27.65	6.84	51.5	15.30	0.28	27.20	28.30	27.20	29.01
Mn	26	433	441	605	770	910	1023	1087	755	219	722	44.42	1170	326	0.29	770	753	770	774
Mo	26	0.72	0.83	1.13	1.54	1.83	2.20	2.52	1.66	1.08	1.47	1.71	6.33	0.62	0.65	1.54	1.77	1.54	1.29
N	26	0.29	0.33	0.37	0.41	0.47	0.61	0.71	0.44	0.13	0.43	1.69	0.80	0.26	0.29	0.41	0.44	0.41	0.51
Nb	26	16.77	17.15	19.35	21.15	22.90	25.40	26.20	21.30	3.14	21.07	5.72	28.00	15.00	0.15	21.15	22.90	21.15	22.71
Ni	26	5.59	6.56	9.77	13.00	15.67	22.80	25.15	13.72	6.33	12.36	4.71	29.10	4.98	0.46	13.00	13.00	13.00	12.77
P	26	0.15	0.18	0.20	0.24	0.34	0.40	0.51	0.28	0.11	0.26	2.34	0.57	0.10	0.41	0.24	0.27	0.24	0.19
Pb	26	30.07	32.05	34.62	38.30	44.72	54.8	60.5	41.21	10.25	40.13	8.43	70.0	27.20	0.25	38.30	41.10	38.30	38.00

续表 4-24

元素/指标	N	$X_{5\%}$	$X_{10\%}$	$X_{25\%}$	$X_{50\%}$	$X_{75\%}$	$X_{90\%}$	$X_{95\%}$	$\bar{X}$	S	$\bar{X}_g$	S_g	X_{max}	X_{min}	CV	X_{me}	X_{mo}	园地基准值	温州市基准值
Rb	26	92.8	95.0	102	123	136	149	155	121	21.75	120	15.49	162	85.6	0.18	128	108	128	131
S	24	96.8	109	113	130	143	153	160	130	20.53	128	16.37	175	91.7	0.16	130	133	130	121
Sb	26	0.30	0.38	0.46	0.60	0.66	0.76	0.82	0.58	0.19	0.55	1.61	1.12	0.25	0.33	0.60	0.66	0.60	0.50
Sc	26	7.65	8.00	8.75	10.35	11.90	14.45	15.77	10.74	2.77	10.38	3.96	16.80	4.80	0.26	10.65	11.90	10.65	10.09
Se	26	0.21	0.21	0.26	0.33	0.44	0.49	0.53	0.35	0.11	0.33	1.99	0.55	0.15	0.32	0.33	0.33	0.33	0.29
Sn	26	2.49	2.79	2.94	3.38	4.16	6.08	7.75	3.98	1.61	3.74	2.31	8.37	2.35	0.40	3.38	3.64	3.38	3.49
Sr	26	24.25	27.40	33.85	43.70	65.2	89.1	98.7	51.5	26.53	46.01	9.77	122	20.10	0.52	43.70	44.70	43.70	60.2
Th	26	12.50	13.00	14.03	16.35	19.00	20.40	23.12	16.73	3.48	16.38	5.02	24.20	10.10	0.21	16.35	13.60	16.35	16.68
Ti	26	3274	3342	3653	4329	4898	5636	6673	4579	1587	4372	121	10615	2092	0.35	4329	4495	4329	4326
Tl	26	0.83	0.89	0.91	0.97	1.08	1.25	1.26	1.01	0.16	1.00	1.17	1.35	0.65	0.15	0.97	0.91	0.97	1.02
U	26	2.74	2.95	3.29	3.92	4.34	4.68	4.78	3.84	0.68	3.78	2.18	5.29	2.69	0.18	3.92	3.93	3.92	3.59
V	26	40.19	45.04	55.1	77.0	98.6	109	110	77.6	28.84	72.5	11.88	159	32.60	0.37	77.0	77.9	77.0	66.7
W	26	1.39	1.43	1.82	2.15	2.68	3.11	3.49	2.27	0.70	2.18	1.64	4.11	1.36	0.31	2.15	2.15	2.15	2.12
Y	26	20.12	21.45	23.67	25.60	27.88	30.75	31.73	26.24	4.84	25.86	6.49	43.10	18.00	0.18	25.60	24.90	25.60	26.91
Zn	26	62.2	63.6	71.9	81.8	99.0	106	116	85.8	20.91	83.4	12.86	149	46.70	0.24	81.8	81.8	81.8	90.2
Zr	26	198	218	244	284	311	367	487	297	90.0	286	26.11	594	185	0.30	284	298	284	291
SiO_2	26	59.1	60.1	62.8	64.4	67.7	69.0	69.3	64.8	4.13	64.7	10.84	76.6	56.8	0.06	64.4	64.9	64.4	65.6
Al_2O_3	26	15.23	16.25	16.97	18.85	19.89	20.94	22.00	18.48	2.34	18.32	5.33	22.44	11.67	0.13	18.85	18.29	18.85	17.18
TFe_2O_3	26	3.34	3.61	4.34	5.54	6.21	6.71	7.05	5.30	1.31	5.14	2.62	8.17	2.85	0.25	5.54	5.48	5.54	4.51
MgO	26	0.36	0.39	0.45	0.53	0.62	0.73	0.95	0.57	0.20	0.54	1.58	1.24	0.30	0.36	0.53	0.49	0.53	0.54
CaO	26	0.10	0.11	0.13	0.18	0.26	0.43	0.49	0.24	0.16	0.20	2.82	0.78	0.09	0.67	0.18	0.13	0.18	0.14
Na_2O	26	0.07	0.08	0.12	0.17	0.29	0.48	0.58	0.25	0.22	0.19	3.13	1.05	0.07	0.89	0.17	0.13	0.17	0.12
K_2O	26	1.41	1.41	1.56	2.16	2.78	3.18	3.28	2.23	0.71	2.12	1.73	3.61	1.28	0.32	2.16	1.41	2.16	2.55
TC	26	0.15	0.17	0.27	0.32	0.40	0.75	0.80	0.37	0.20	0.33	2.13	0.85	0.12	0.54	0.32	0.29	0.32	0.82
Corg	26	0.15	0.17	0.26	0.31	0.39	0.64	0.67	0.35	0.17	0.32	2.12	0.78	0.12	0.47	0.31	0.29	0.31	0.42
pH	26	4.73	4.78	4.97	5.14	5.29	5.85	6.12	5.08	5.26	5.22	2.58	6.24	4.68	1.03	5.14	5.11	5.14	5.20

表 4-25 林地土壤地球化学基准值参数统计表

元素/指标	N	$X_{5\%}$	$X_{10\%}$	$X_{25\%}$	$X_{50\%}$	$X_{75\%}$	$X_{90\%}$	$X_{95\%}$	$\bar{X}$	S	$\bar{X}_g$	S_g	X_{max}	X_{min}	CV	X_{me}	X_{mo}	分布类型	林地基准值	温州市基准值
Ag	409	45.00	48.00	56.0	65.0	81.0	98.0	103	69.7	18.83	67.3	11.66	128	36.00	0.27	65.0	64.0	剔除后对数分布	67.3	73.7
As	437	2.81	3.20	4.06	5.35	7.30	10.06	12.74	6.33	4.01	5.57	3.03	36.80	1.72	0.63	5.35	4.40	对数正态分布	5.57	5.81
Au	437	0.43	0.50	0.60	0.79	1.16	1.63	2.18	1.11	1.64	0.87	1.75	22.20	0.29	1.48	0.79	0.75	对数正态分布	0.87	0.98
B	389	11.38	12.60	15.50	18.80	23.20	30.40	34.00	19.97	6.56	18.97	5.74	38.80	7.00	0.33	18.80	18.00	剔除后对数分布	18.97	18.00
Ba	404	238	290	382	500	620	751	843	512	183	477	37.23	1077	78.0	0.36	500	535	剔除后正态分布	512	515
Be	437	1.67	1.80	2.03	2.33	2.74	3.20	3.55	2.46	0.76	2.38	1.75	11.80	1.30	0.31	2.33	2.17	对数正态分布	2.38	2.43
Bi	437	0.20	0.22	0.28	0.37	0.49	0.70	0.85	0.43	0.25	0.38	2.01	2.78	0.13	0.59	0.37	0.31	对数正态分布	0.38	0.40
Br	437	1.80	2.20	2.80	3.90	5.50	7.40	8.62	4.52	3.57	3.93	2.61	63.3	0.90	0.79	3.90	2.30	对数正态分布	3.93	3.84
Cd	437	0.04	0.04	0.05	0.08	0.12	0.18	0.23	0.10	0.09	0.08	4.54	0.92	0.01	0.84	0.08	0.11	对数正态分布	0.08	0.09
Ce	414	75.8	79.8	89.0	99.5	112	123	131	101	16.79	99.2	14.35	145	61.4	0.17	99.5	112	剔除后正态分布	101	101
Cl	390	27.45	29.50	33.82	39.35	47.00	57.4	63.1	41.27	10.32	40.08	8.80	74.0	21.10	0.25	39.35	35.70	剔除后正态分布	40.08	43.94
Co	437	4.47	4.96	6.45	8.64	12.60	16.54	18.88	10.01	5.20	8.95	3.95	48.80	2.08	0.52	8.64	12.10	对数正态分布	8.95	9.89
Cr	436	10.17	11.70	15.45	22.10	33.60	49.63	72.9	27.64	19.07	23.11	7.07	137	6.70	0.69	22.10	22.10	对数正态分布	23.11	23.10
Cu	437	5.20	6.30	8.10	10.70	15.60	21.98	27.12	13.01	8.69	11.31	4.59	108	2.20	0.67	10.70	10.30	对数正态分布	11.31	12.62
F	425	253	275	331	403	477	567	616	412	109	397	31.84	705	186	0.27	403	336	剔除后对数分布	412	427
Ga	437	17.72	19.00	20.20	22.10	23.90	25.70	26.90	22.21	2.78	22.04	5.97	32.60	15.50	0.12	22.10	22.10	正态分布	22.21	22.12
Ge	437	1.38	1.42	1.50	1.62	1.74	1.85	1.93	1.63	0.18	1.62	1.34	2.19	1.17	0.11	1.62	1.69	正态分布	1.62	1.61
Hg	437	0.04	0.04	0.05	0.06	0.08	0.10	0.11	0.07	0.03	0.06	5.02	0.45	0.03	0.45	0.06	0.06	对数正态分布	0.06	0.06
I	437	3.06	3.61	4.97	6.84	9.31	11.90	13.70	7.50	3.61	6.72	3.35	34.20	0.81	0.48	6.84	10.40	对数正态分布	6.72	6.57
La	437	37.76	40.50	45.50	52.0	59.0	66.4	71.8	53.1	11.19	52.0	9.82	99.0	30.50	0.21	52.0	50.00	对数正态分布	52.0	51.3
Li	437	18.56	20.26	23.50	27.70	34.30	41.99	51.7	29.92	9.90	28.55	7.16	72.2	13.10	0.33	27.70	23.80	对数正态分布	28.55	29.01
Mn	426	367	419	585	763	941	1158	1248	774	270	724	46.85	1509	171	0.35	763	650	剔除后对数分布	774	774
Mo	437	0.53	0.73	0.95	1.33	2.15	3.00	3.94	1.85	2.74	1.44	1.93	52.0	0.34	1.48	1.33	1.08	对数正态分布	1.44	1.29
N	437	0.30	0.33	0.39	0.48	0.61	0.75	0.87	0.52	0.19	0.49	1.68	1.79	0.15	0.37	0.48	0.39	对数正态分布	0.49	0.51
Nb	437	17.78	18.86	20.70	23.40	27.10	31.34	33.42	24.38	5.15	23.89	6.21	48.20	15.00	0.21	23.40	21.60	对数正态分布	23.89	22.71
Ni	437	5.36	6.46	8.84	11.90	16.90	26.00	33.26	14.32	8.56	12.39	4.89	53.9	3.17	0.60	11.90	12.10	对数正态分布	12.39	12.77
P	437	0.12	0.13	0.17	0.23	0.34	0.43	0.52	0.27	0.13	0.24	2.49	0.92	0.08	0.49	0.23	0.21	对数正态分布	0.24	0.19
Pb	398	26.20	29.27	33.60	38.00	45.48	55.0	61.1	40.08	10.05	38.91	8.42	71.0	17.30	0.25	38.00	38.00	剔除后对数分布	38.91	38.00

第四章 土壤地球化学基准值

续表 4-25

元素/指标	N	$X_{5\%}$	$X_{10\%}$	$X_{25\%}$	$X_{50\%}$	$X_{75\%}$	$X_{90\%}$	$X_{95\%}$	$\overline{X}$	S	$\overline{X}_g$	S_g	X_{max}	X_{min}	CV	X_{me}	X_{mo}	分布类型	林地基准值	温州市基准值
Rb	437	89.6	99.4	115	129	145	160	168	130	24.05	127	16.48	216	60.3	0.19	129	122	正态分布	130	131
S	400	95.5	101	110	126	144	160	171	128	23.86	126	16.66	207	82.7	0.19	126	121	剔除后正态分布	128	121
Sb	437	0.29	0.32	0.38	0.49	0.61	0.79	0.99	0.53	0.24	0.49	1.71	2.74	0.21	0.45	0.49	0.40	对数正态分布	0.49	0.50
Sc	437	5.98	6.60	7.70	9.20	11.40	13.34	15.22	9.77	2.88	9.38	3.82	22.80	5.00	0.30	9.20	8.30	对数正态分布	9.38	10.09
Se	437	0.16	0.19	0.23	0.31	0.42	0.53	0.60	0.33	0.14	0.31	2.20	1.38	0.09	0.43	0.31	0.27	对数正态分布	0.31	0.29
Sn	437	2.56	2.71	3.07	3.49	4.10	4.73	5.38	3.87	2.92	3.62	2.23	51.7	2.08	0.75	3.49	3.40	对数正态分布	3.62	3.49
Sr	437	18.40	22.30	30.60	42.80	65.1	94.0	106	51.1	29.21	44.17	10.02	202	8.20	0.57	42.80	46.50	对数正态分布	44.17	60.2
Th	437	11.08	12.56	14.90	17.00	19.50	21.98	23.90	17.32	4.05	16.85	5.20	34.10	6.28	0.23	17.00	16.40	正态分布	17.32	16.68
Ti	437	2267	2675	3293	4051	4921	5775	6511	4168	1272	3977	123	9375	1321	0.31	4051	4172	正态分布	4168	4326
Tl	437	0.78	0.84	0.94	1.04	1.20	1.42	1.52	1.09	0.26	1.07	1.24	3.25	0.56	0.24	1.04	1.04	对数正态分布	1.07	1.02
U	437	2.60	2.85	3.25	3.66	4.21	4.78	5.21	3.77	0.83	3.68	2.20	8.00	1.78	0.22	3.66	3.84	对数正态分布	3.68	3.59
V	437	28.84	34.00	46.30	60.7	84.5	108	119	66.7	30.92	60.6	11.48	236	14.40	0.46	60.7	54.8	对数正态分布	60.6	66.7
W	437	1.51	1.64	1.85	2.20	2.68	3.28	3.96	2.53	2.67	2.30	1.77	54.4	1.15	1.06	2.20	1.67	对数正态分布	2.30	2.12
Y	437	19.78	20.80	23.40	26.30	29.96	33.70	37.76	27.31	6.89	26.69	6.68	113	16.20	0.25	26.30	27.80	对数正态分布	26.69	26.91
Zn	419	56.6	63.7	73.2	86.3	102	117	129	88.4	21.38	85.9	13.26	149	39.10	0.24	86.3	117	剔除后正态分布	88.4	90.2
Zr	414	215	233	256	300	345	394	421	306	63.6	300	27.06	496	166	0.21	300	255	剔除后正态分布	306	291
SiO₂	437	58.7	60.4	63.5	66.4	69.3	71.8	73.0	66.2	4.48	66.1	11.21	77.8	50.8	0.07	66.4	64.9	正态分布	66.2	65.6
Al₂O₃	437	13.99	14.64	15.81	17.33	19.01	20.43	21.47	17.43	2.27	17.28	5.22	24.70	11.40	0.13	17.33	17.59	正态分布	17.43	17.18
TFe₂O₃	437	2.83	3.19	3.73	4.45	5.53	6.53	7.40	4.72	1.45	4.52	2.52	11.30	2.46	0.31	4.45	4.51	对数正态分布	4.52	4.51
MgO	437	0.32	0.37	0.42	0.53	0.69	0.90	1.29	0.61	0.29	0.56	1.64	2.06	0.24	0.48	0.53	0.46	对数正态分布	0.56	0.54
CaO	393	0.10	0.12	0.14	0.17	0.23	0.32	0.38	0.20	0.08	0.18	2.82	0.46	0.06	0.42	0.17	0.14	剔除后正态分布	0.18	0.14
Na₂O	437	0.09	0.10	0.13	0.24	0.44	0.69	0.90	0.33	0.26	0.25	2.76	1.60	0.07	0.79	0.24	0.10	对数正态分布	0.25	0.12
K₂O	437	1.36	1.62	2.02	2.49	2.95	3.36	3.71	2.50	0.68	2.40	1.81	4.53	0.83	0.27	2.49	2.44	正态分布	2.50	2.55
TC	437	0.19	0.22	0.30	0.40	0.62	0.83	1.00	0.49	0.29	0.43	1.99	3.30	0.12	0.60	0.40	0.43	对数正态分布	0.43	0.82
Corg	437	0.19	0.21	0.30	0.40	0.57	0.76	0.90	0.46	0.25	0.41	1.98	2.65	0.11	0.55	0.40	0.31	对数正态分布	0.41	0.42
pH	401	4.77	4.85	4.93	5.13	5.30	5.56	5.75	5.08	5.33	5.16	2.58	6.01	4.49	1.05	5.13	5.20	剔除后对数分布	5.16	5.20

第五章 土壤元素背景值

第一节 各行政区土壤元素背景值

一、温州市土壤元素背景值

温州市土壤元素背景值数据经正态分布检验，结果表明，原始数据中 Rb、Al_2O_3 符合正态分布，Br、Ga、TFe_2O_3 符合对数正态分布，Th 剔除异常值后符合正态分布，Ce、La、Li、U、Zr、TC 剔除异常值后符合对数正态分布，其他元素/指标不符合正态分布或对数正态分布（表 5-1）。

温州市表层土壤总体呈酸性，土壤 pH 背景值为 5.02，极大值为 6.40，极小值为 3.85，接近于浙江省背景值，略低于中国背景值。

表层土壤各元素/指标中，大多数元素/指标变异系数小于 0.40，分布相对均匀；Cd、Mo、As、P、Sr、V、Hg、Cu、Mn、CaO、Co、B、Au、Na_2O、Cr、Ni、I、Br、pH 共 19 项元素/指标变异系数大于 0.40，其中 Br、pH 变异系数大于 0.80，空间变异性较大。

与浙江省土壤元素背景值相比，温州市土壤元素背景值中 As、Cr、Ni 背景值明显低于浙江省背景值，在浙江省背景值的 60% 以下，其中 Cr 背景值最低，仅为浙江省背景值的 21%；而 Co、S、Ti、Na_2O 背景值略低于浙江省背景值，为浙江省背景值的 60%～80%；La、Mo、Zr、Tl、Y、K_2O 背景值略高于浙江省背景值，与浙江省背景值比值在 1.2～1.4 之间；而 Br 背景值明显偏高，与浙江省背景值比值为 2.42；其他元素/指标背景值则与浙江省背景值基本接近。

与中国土壤元素背景值相比，温州市土壤元素背景值中 Sr、B、Ni、Cr、MgO、Na_2O、CaO 背景值明显偏低，在中国背景值的 60% 以下，其中 CaO 背景值是中国背景值的 7%，Na_2O 背景值是中国背景值的 8%；而 Mn、Sc、Cu、As、S、Sb 背景值略低于中国背景值，为中国背景值的 60%～80%；Th、Zr、U、Rb、W、Ga、Y、Al_2O_3 背景值略高于中国背景值，与中国背景值比值在 1.2～1.4 之间；而 Hg、Br、N、Corg、V、Pb、Ce、Zn、Nb、La、Se、I、Tl、Ag 背景值明显高于中国背景值，是中国背景值的 1.4 倍以上，其中 Hg、Br 明显相对富集，背景值是中国背景值的 2.0 倍以上，Hg 背景值最高，为中国背景值的 4.23 倍；其他元素/指标背景值则与中国背景值基本接近。

二、乐清市土壤元素背景值

乐清市土壤元素背景值数据经正态分布检验，结果表明，原始数据中 Ga、La、Rb、Th、Ti、Y、Al_2O_3、Na_2O 符合正态分布，Au、Be、Bi、Br、Ce、I、Li、N、Sb、Sc、Sn、Sr、U、TFe_2O_3、TC、Corg 共 16 项元素/指标符合对数正态分布，W、Zn、Zr 剔除异常值后符合正态分布，Ag、As、Cd、Mo、P 剔除异常值后符合对数正态分布，其他元素/指标不符合正态分布或对数正态分布（表 5-2）。

第五章 土壤元素背景值

表 5-1 温州市土壤元素背景参数统计表

元素/指标	N	$X_{5\%}$	$X_{10\%}$	$X_{25\%}$	$X_{50\%}$	$X_{75\%}$	$X_{90\%}$	$X_{95\%}$	$\overline{X}$	S	$\overline{X}_g$	S_g	X_{max}	X_{min}	CV	X_{me}	X_{mo}	分布类型	温州市背景值	浙江省背景值	中国背景值
Ag	2613	61.0	68.0	79.0	96.0	120	150	169	102	32.12	97.4	14.15	204	15.00	0.31	96.0	110	其他分布	110	100.0	77.0
As	27 003	1.75	2.11	2.95	4.25	5.91	7.97	9.39	4.67	2.28	4.15	2.69	11.63	0.24	0.49	4.25	5.70	其他分布	5.70	10.10	9.00
Au	2530	0.57	0.66	0.87	1.23	1.98	3.00	3.60	1.55	0.94	1.31	1.80	4.63	0.15	0.61	1.23	1.50	其他分布	1.50	1.50	1.30
B	28 791	10.84	13.01	17.21	24.18	41.54	62.1	68.1	30.89	18.27	26.14	7.55	80.1	1.96	0.59	24.18	19.90	其他分布	19.90	20.00	43.0
Ba	2609	254	308	417	533	647	776	858	540	179	507	35.82	1070	95.0	0.33	533	510	其他分布	510	475	512
Be	2711	1.53	1.66	1.89	2.17	2.56	2.91	3.11	2.24	0.48	2.19	1.65	3.65	0.94	0.22	2.17	1.95	其他分布	1.95	2.00	2.00
Bi	2649	0.24	0.26	0.32	0.42	0.53	0.65	0.73	0.44	0.15	0.42	1.81	0.92	0.16	0.34	0.42	0.32	其他分布	0.32	0.28	0.30
Br	2789	2.30	2.60	3.50	5.00	7.70	11.70	15.40	6.49	5.25	5.32	3.07	80.3	1.10	0.81	5.00	4.40	对数正态分布	5.32	2.20	2.20
Cd	27 569	0.06	0.07	0.11	0.15	0.20	0.25	0.29	0.16	0.07	0.14	3.26	0.36	0.003	0.43	0.15	0.12	其他分布	0.12	0.14	0.137
Ce	2650	76.3	81.3	89.1	98.5	110	123	132	100.0	16.50	99.1	14.14	146	55.4	0.16	98.5	102	剔除后对数分布	99.1	102	64.0
Cl	2658	34.60	37.70	45.30	57.4	75.1	96.0	108	62.4	22.25	58.8	10.65	130	24.80	0.36	57.4	71.0	偏峰分布	71.0	71.0	78.0
Co	28 639	2.54	3.10	4.44	7.24	12.14	15.89	17.38	8.49	4.87	7.10	3.77	24.30	0.01	0.57	7.24	10.10	其他分布	10.10	14.80	11.00
Cr	28 669	11.35	13.80	20.09	30.90	59.7	89.2	96.2	41.60	28.06	33.16	8.97	124	0.41	0.67	30.90	17.00	其他分布	17.00	82.0	53.0
Cu	28 095	6.54	7.86	10.78	15.96	25.37	33.27	37.96	18.66	9.96	16.14	5.78	49.71	0.14	0.53	15.96	13.20	其他分布	13.20	16.00	20.00
F	2709	246	274	322	388	475	588	658	409	120	392	32.26	733	88.0	0.29	388	401	其他分布	401	453	488
Ga	2789	15.10	15.88	17.20	18.90	20.70	22.30	23.26	19.00	2.58	18.82	5.50	42.10	11.80	0.14	18.90	20.40	对数正态分布	18.82	16.00	15.00
Ge	28 241	1.16	1.22	1.32	1.44	1.54	1.65	1.72	1.44	0.17	1.43	1.27	1.89	0.98	0.12	1.44	1.49	其他分布	1.49	1.44	1.30
Hg	26 842	0.04	0.05	0.06	0.09	0.13	0.18	0.21	0.10	0.05	0.09	3.94	0.27	0.01	0.52	0.09	0.11	其他分布	0.11	0.110	0.026
I	2665	0.80	1.06	1.80	3.18	6.17	9.34	11.00	4.30	3.21	3.21	2.86	14.10	0.22	0.74	3.18	1.60	其他分布	1.60	1.70	1.10
La	2686	39.00	41.35	45.50	50.4	56.0	62.0	65.8	50.9	8.04	50.3	9.62	72.9	30.00	0.16	50.4	47.00	剔除后对数分布	50.3	41.00	33.00
Li	2493	17.00	18.20	20.80	24.50	29.00	34.90	39.40	25.62	6.68	24.82	6.50	47.00	12.20	0.26	24.50	22.00	剔除后对数分布	24.82	25.00	30.00
Mn	28 107	181	226	328	477	712	1020	1172	549	295	474	37.38	1372	32.32	0.54	477	442	其他分布	442	440	569
Mo	26 933	0.46	0.52	0.68	0.89	1.23	1.64	1.90	1.00	0.43	0.91	1.54	2.36	0.08	0.44	0.89	0.80	其他分布	0.80	0.66	0.70
N	28 281	0.62	0.78	1.03	1.36	1.80	2.29	2.56	1.44	0.58	1.32	1.65	3.04	0.08	0.40	1.36	1.34	其他分布	1.34	1.28	—
Nb	2732	17.90	18.80	20.50	23.60	27.10	31.20	33.40	24.23	4.74	23.78	6.29	37.70	10.30	0.20	23.60	20.00	其他分布	20.00	16.83	13.00
Ni	28 342	4.87	5.92	8.39	12.60	22.54	37.17	41.11	16.88	11.51	13.54	5.50	47.99	0.10	0.68	12.60	10.80	其他分布	10.80	35.00	24.00
P	27 737	0.18	0.24	0.37	0.55	0.76	0.99	1.13	0.58	0.29	0.51	1.92	1.43	0.01	0.49	0.55	0.51	其他分布	0.51	0.60	0.57
Pb	26 723	25.77	28.86	34.10	40.27	47.40	57.0	63.2	41.57	10.95	40.15	8.81	74.4	10.97	0.26	40.27	35.00	其他分布	35.00	32.00	22.00

温州市土壤元素背景值

续表 5-1

元素/指标	N	$X_{5\%}$	$X_{10\%}$	$X_{25\%}$	$X_{50\%}$	$X_{75\%}$	$X_{90\%}$	$X_{95\%}$	$\bar{X}$	S	$\bar{X}_g$	S_g	X_{max}	X_{min}	CV	X_{me}	X_{mo}	分布类型	温州市背景值	浙江省背景值	中国背景值
Rb	2789	88.9	96.5	108	124	138	150	157	124	22.06	122	15.98	251	50.2	0.18	124	128	正态分布	124	120	96.0
S	2620	130	138	154	178	227	325	364	204	73.4	193	21.12	449	98.2	0.36	178	155	其他分布	155	248	245
Sb	2697	0.33	0.37	0.44	0.54	0.67	0.81	0.90	0.57	0.17	0.54	1.58	1.06	0.19	0.30	0.54	0.45	偏峰分布	0.45	0.53	0.73
Sc	2729	5.40	5.90	6.90	8.20	10.00	12.20	13.30	8.60	2.33	8.30	3.53	14.80	3.70	0.27	8.20	7.20	偏峰分布	7.20	8.70	10.00
Se	27112	0.16	0.18	0.23	0.29	0.37	0.48	0.55	0.31	0.11	0.29	2.19	0.66	0.03	0.37	0.29	0.25	其他分布	0.25	0.21	0.17
Sn	2568	2.55	2.78	3.25	3.87	5.00	6.64	7.48	4.29	1.48	4.07	2.43	8.92	1.20	0.35	3.87	3.40	其他分布	3.40	3.60	3.00
Sr	2752	22.40	27.20	37.60	53.8	83.0	106	115	61.2	29.76	54.0	10.40	152	13.70	0.49	53.8	105	其他分布	105	105	197
Th	2620	11.00	12.00	13.50	15.00	16.70	18.20	19.30	15.10	2.44	14.90	4.83	22.00	8.51	0.16	15.00	15.00	剔除后正态分布	15.10	13.30	11.00
Ti	2743	2657	2921	3449	4157	4856	5294	5633	4155	935	4046	122	6990	1789	0.23	4157	3449	其他分布	3449	4665	3498
Tl	14082	0.57	0.63	0.73	0.82	0.92	1.04	1.12	0.83	0.16	0.81	1.25	1.26	0.42	0.19	0.82	0.84	其他分布	0.84	0.70	0.60
U	2633	2.60	2.78	3.02	3.34	3.71	4.11	4.39	3.40	0.53	3.36	2.04	4.94	1.91	0.16	3.34	3.00	剔除后对数分布	3.36	2.90	2.50
V	28602	22.48	27.91	39.28	60.1	93.7	112	121	66.7	33.20	58.2	11.57	179	0.07	0.50	60.1	112	其他分布	112	106	70.0
W	2631	1.51	1.64	1.85	2.12	2.55	2.98	3.26	2.23	0.52	2.17	1.67	3.79	1.06	0.23	2.12	2.01	偏峰分布	2.01	1.80	1.60
Y	2756	19.70	21.00	23.60	26.60	30.00	32.20	34.50	26.78	4.49	26.40	6.72	39.50	14.50	0.17	26.60	30.00	其他分布	30.00	25.00	24.00
Zn	28005	52.7	59.8	73.6	93.5	114	132	146	95.2	28.44	90.9	14.23	180	11.99	0.30	93.5	102	其他分布	102	101	66.0
Zr	2665	199	221	271	319	376	435	468	325	78.8	315	27.84	552	132	0.24	319	327	剔除后对数分布	315	243	230
SiO_2	2769	62.5	64.3	67.5	70.9	73.7	76.0	77.4	70.5	4.48	70.4	11.65	82.9	58.0	0.06	70.9	70.7	偏峰分布	70.7	71.3	66.7
Al_2O_3	2789	11.28	11.95	13.05	14.40	15.76	17.04	18.04	14.48	2.08	14.33	4.70	22.99	8.38	0.14	14.40	15.50	正态分布	14.48	13.20	11.90
TFe_2O_3	2789	2.18	2.42	2.88	3.57	4.56	5.54	6.12	3.81	1.24	3.62	2.28	10.33	1.39	0.32	3.57	3.45	对数正态分布	3.62	3.74	4.20
MgO	2476	0.30	0.34	0.39	0.48	0.59	0.74	0.85	0.51	0.17	0.49	1.68	1.07	0.21	0.33	0.48	0.40	其他分布	0.40	0.50	1.43
CaO	2550	0.13	0.14	0.18	0.24	0.35	0.56	0.66	0.29	0.16	0.26	2.54	0.77	0.06	0.55	0.24	0.20	其他分布	0.20	0.24	2.74
Na_2O	2777	0.13	0.15	0.23	0.43	0.76	1.01	1.10	0.51	0.32	0.41	2.47	1.52	0.09	0.63	0.43	0.14	其他分布	0.14	0.19	1.75
K_2O	28569	1.26	1.52	2.03	2.58	2.92	3.27	3.55	2.48	0.68	2.38	1.81	4.29	0.68	0.27	2.58	2.82	其他分布	2.82	2.35	2.36
TC	2661	0.96	1.06	1.27	1.54	1.88	2.25	2.49	1.60	0.46	1.54	1.45	2.97	0.55	0.29	1.54	1.37	剔除后对数分布	1.54	1.43	1.30
Corg	28205	0.65	0.81	1.10	1.46	1.91	2.39	2.69	1.53	0.61	1.40	1.68	3.23	0.02	0.40	1.46	1.10	其他分布	1.10	1.31	0.60
pH	26513	4.40	4.54	4.78	5.04	5.32	5.67	5.92	4.88	4.86	5.07	2.57	6.40	3.85	1.00	5.04	5.02	其他分布	5.02	5.10	8.00

注：氧化物、TC、Corg单位为%，N、P单位为g/kg，Au、Ag单位为μg/kg，pH无量纲，其他单位为mg/kg；浙江省背景值引自《浙江省土壤元素背景值》（黄春雷等，2023）；中国背景值引自《全国地球化学基准网建立与土壤地球化学基准值特征》（王学求等，2016）；后表单位和资料来源相同。

第五章 土壤元素背景值

表 5-2 乐清市土壤元素背景值参数统计表

元素/指标	N	$X_{5\%}$	$X_{10\%}$	$X_{25\%}$	$X_{50\%}$	$X_{75\%}$	$X_{90\%}$	$X_{95\%}$	$\overline{X}$	S	$\overline{X}_g$	S_g	X_{max}	X_{min}	CV	X_{me}	X_{mo}	分布类型	乐清市背景值	温州市背景值	浙江省背景值
Ag	278	72.8	77.7	93.0	110	136	170	188	117	34.87	113	15.76	226	52.0	0.30	110	120	剔除后对数分布	113	110	100.0
As	2972	2.28	2.72	3.71	4.90	6.33	8.38	9.57	5.22	2.13	4.80	2.75	11.61	0.82	0.41	4.90	5.70	剔除后对数分布	4.80	5.70	10.10
Au	300	0.77	0.93	1.40	2.20	3.94	6.48	9.02	5.69	30.85	2.49	2.89	517	0.20	5.42	2.20	3.40	对数正态分布	2.49	1.50	1.50
B	3237	13.83	16.57	24.29	48.95	62.6	70.6	75.0	44.95	20.74	39.14	9.44	100.0	5.32	0.46	48.95	39.00	其他分布	39.00	19.90	20.00
Ba	283	488	522	588	704	862	1106	1170	751	218	721	43.93	1376	196	0.29	704	749	偏峰分布	749	510	475
Be	300	1.72	1.83	2.03	2.25	2.68	2.88	2.98	2.32	0.41	2.28	1.69	3.37	1.27	0.18	2.25	2.11	对数正态分布	2.28	1.95	2.00
Bi	300	0.26	0.28	0.35	0.45	0.52	0.63	0.74	0.47	0.23	0.44	1.73	3.62	0.21	0.50	0.45	0.48	对数正态分布	0.44	0.32	0.28
Br	300	3.20	3.69	4.70	6.30	9.70	13.81	20.53	8.89	8.95	7.07	3.67	80.3	2.30	1.01	6.30	5.30	其他分布	7.07	5.32	2.20
Cd	3071	0.07	0.09	0.13	0.17	0.22	0.27	0.31	0.18	0.07	0.16	2.98	0.38	0.02	0.39	0.17	0.15	剔除后对数分布	0.16	0.12	0.14
Ce	300	77.9	84.6	94.0	107	125	141	159	111	26.01	109	14.84	222	61.1	0.23	107	133	对数正态分布	109	99.1	102
Cl	282	46.94	50.6	58.0	74.2	91.0	107	116	76.6	22.26	73.5	12.76	144	38.70	0.29	74.2	81.0	偏峰分布	81.0	71.0	71.0
Co	3230	3.47	4.09	5.55	10.29	13.78	16.82	18.37	10.15	4.83	8.88	4.04	25.16	1.22	0.48	10.29	13.90	其他分布	13.90	10.10	14.80
Cr	3211	13.23	15.84	23.13	56.4	85.3	98.0	106	55.9	33.27	44.41	10.69	176	4.73	0.60	56.4	86.0	其他分布	86.0	17.00	82.0
Cu	3066	9.38	11.18	15.49	25.32	34.04	42.03	47.26	25.93	12.05	22.98	6.90	66.0	3.87	0.46	25.32	14.90	其他分布	14.90	13.20	16.00
F	300	231	262	312	430	554	663	728	446	161	418	34.18	912	196	0.36	430	634	偏峰分布	634	401	453
Ga	3224	15.60	16.19	17.30	18.90	20.30	21.50	22.61	18.88	2.15	18.76	5.50	25.50	13.40	0.11	18.90	19.90	正态分布	18.88	18.82	16.00
Ge	300	1.18	1.23	1.32	1.42	1.51	1.58	1.62	1.41	0.13	1.41	1.25	1.77	1.06	0.09	1.42	1.49	偏峰分布	1.49	1.49	1.44
Hg	3028	0.05	0.06	0.08	0.11	0.17	0.26	0.31	0.14	0.08	0.12	3.50	0.38	0.02	0.58	0.11	0.11	其他分布	0.11	0.11	0.110
I	300	1.35	1.65	2.28	3.82	6.97	10.64	12.72	5.31	4.33	4.05	2.99	30.30	0.81	0.82	3.82	1.89	对数正态分布	4.05	1.60	1.70
La	300	39.00	42.00	47.00	52.0	58.0	64.0	70.3	53.0	9.45	52.1	9.73	88.6	26.00	0.18	52.0	51.0	正态分布	53.0	50.3	41.00
Li	300	19.10	21.00	24.38	30.05	43.58	57.0	60.1	34.69	13.51	32.37	7.94	72.0	16.60	0.39	30.05	22.00	对数正态分布	32.37	24.82	25.00
Mn	3177	229	279	383	544	813	1125	1249	624	314	549	39.58	1506	117	0.50	544	557	其他分布	557	442	440
Mo	3016	0.56	0.62	0.73	0.86	1.04	1.26	1.41	0.90	0.25	0.87	1.32	1.65	0.35	0.27	0.86	0.75	剔除后对数分布	0.87	0.80	0.66
N	3238	0.77	0.96	1.34	1.78	2.22	2.68	2.95	1.80	0.67	1.66	1.73	5.12	0.16	0.37	1.78	1.94	对数正态分布	1.66	1.34	1.28
Nb	300	18.10	18.40	19.50	21.80	23.90	25.50	26.61	21.87	2.76	21.70	5.88	28.90	15.70	0.13	21.80	19.80	其他分布	19.80	20.00	16.83
Ni	3223	6.49	7.75	10.61	23.95	34.43	42.48	46.05	23.79	13.55	19.49	6.61	70.2	3.06	0.57	23.95	10.20	正态分布	10.20	10.80	35.00
P	3097	0.28	0.39	0.57	0.76	0.98	1.22	1.39	0.79	0.32	0.71	1.65	1.69	0.09	0.41	0.76	1.03	剔除后对数分布	0.71	0.51	0.60
Pb	3028	31.04	33.65	37.87	42.19	46.95	53.0	56.4	42.70	7.36	42.07	8.90	63.3	23.36	0.17	42.19	38.00	偏峰对数分布	38.00	35.00	32.00

续表 5-2

元素/指标	N	$X_{5\%}$	$X_{10\%}$	$X_{25\%}$	$X_{50\%}$	$X_{75\%}$	$X_{90\%}$	$X_{95\%}$	$\bar{X}$	S	$\bar{X}_g$	S_g	X_{max}	X_{min}	CV	X_{me}	X_{mo}	分布类型	乐清市背景值	温州市背景值	浙江省背景值
Rb	300	98.5	104	117	129	142	149	153	129	17.16	128	16.50	166	83.3	0.13	129	126	正态分布	129	124	120
S	289	155	162	179	238	365	469	528	283	125	259	26.75	666	142	0.44	238	159	其他分布	159	155	248
Sb	300	0.39	0.43	0.49	0.57	0.68	0.80	0.91	0.60	0.17	0.58	1.47	1.77	0.33	0.29	0.57	0.52	对数正态分布	0.58	0.45	0.53
Sc	300	6.00	6.40	7.20	8.30	10.93	13.51	14.31	9.24	2.71	8.88	3.78	17.30	4.80	0.29	8.30	7.60	对数正态分布	8.88	7.20	8.70
Se	2955	0.19	0.21	0.27	0.31	0.38	0.45	0.50	0.33	0.09	0.31	2.04	0.60	0.09	0.28	0.31	0.30	其他分布	0.30	0.25	0.21
Sn	300	2.83	3.06	3.60	4.29	5.63	8.30	9.70	5.26	3.45	4.72	2.82	37.80	2.27	0.66	4.29	3.90	对数正态分布	4.72	3.40	3.60
Sr	300	38.27	42.60	52.6	72.0	96.0	110	119	74.9	27.25	70.0	12.26	189	21.10	0.36	72.0	88.0	对数正态分布	70.0	105	105
Th	300	10.79	11.29	13.78	15.20	16.80	18.00	18.90	15.12	2.52	14.90	4.93	23.00	8.75	0.17	15.20	15.20	正态分布	15.12	15.10	13.30
Ti	300	3281	3448	3908	4490	4936	5164	5387	4425	706	4367	128	7537	2410	0.16	4490	4165	正态分布	4425	3449	4665
Tl	2987	0.65	0.69	0.76	0.82	0.88	0.95	0.99	0.82	0.10	0.82	1.19	1.09	0.56	0.12	0.82	0.83	其他正态分布	0.83	0.84	0.70
U	300	2.70	2.80	3.00	3.40	3.80	4.18	4.48	3.47	0.55	3.42	2.07	5.29	2.40	0.16	3.40	3.00	对数正态分布	3.42	3.36	2.90
V	3233	30.61	35.52	46.76	77.6	99.6	114	124	75.1	30.50	68.1	12.28	178	11.39	0.41	77.6	101	其他分布	101	112	106
W	274	1.54	1.62	1.77	1.98	2.22	2.55	2.65	2.02	0.34	1.99	1.56	3.06	1.28	0.17	1.98	1.90	剔除后正态分布	2.02	2.01	1.80
Y	300	20.00	21.00	24.00	26.90	29.20	31.00	32.00	26.53	3.91	26.23	6.64	38.80	15.60	0.15	26.90	30.00	正态分布	26.53	30.00	25.00
Zn	3116	63.2	70.1	86.0	104	119	133	145	103	24.51	100.0	14.79	173	36.85	0.24	104	106	剔除后正态分布	103	102	101
Zr	297	184	194	231	334	424	522	584	346	127	323	27.82	691	163	0.37	334	193	剔除后正态分布	346	315	243
SiO$_2$	293	62.9	64.3	66.8	70.4	72.7	74.4	75.9	69.7	4.09	69.6	11.52	78.8	59.0	0.06	70.4	71.9	偏峰分布	71.9	70.7	71.3
Al$_2$O$_3$	300	12.06	12.64	13.51	14.42	15.25	16.45	17.01	14.48	1.49	14.41	4.69	19.79	11.18	0.10	14.42	14.68	对数正态分布	14.48	14.48	13.20
TFe$_2$O$_3$	300	2.48	2.61	2.96	3.47	4.64	5.54	6.25	3.85	1.18	3.69	2.32	7.17	2.01	0.31	3.47	3.40	其他分布	3.69	3.62	3.74
MgO	284	0.37	0.40	0.46	0.54	0.89	1.47	1.59	0.73	0.40	0.65	1.68	1.84	0.29	0.55	0.54	0.47	其他分布	0.47	0.40	0.50
CaO	280	0.17	0.18	0.22	0.30	0.60	0.93	1.08	0.44	0.30	0.36	2.23	1.34	0.12	0.68	0.30	0.23	其他分布	0.23	0.20	0.24
Na$_2$O	300	0.30	0.33	0.48	0.74	0.95	1.08	1.19	0.74	0.34	0.67	1.68	2.31	0.19	0.45	0.74	0.30	正态分布	0.74	0.14	0.19
K$_2$O	2884	2.28	2.46	2.69	2.88	3.09	3.31	3.47	2.88	0.34	2.86	1.85	3.81	1.93	0.12	2.88	2.94	其他分布	2.94	2.82	2.35
TC	300	1.24	1.35	1.56	1.77	2.08	2.54	2.81	1.88	0.55	1.82	1.54	5.32	1.00	0.29	1.77	1.77	对数正态分布	1.82	1.54	1.43
Corg	3193	0.79	1.04	1.40	1.78	2.28	2.81	3.13	1.87	0.71	1.72	1.77	7.57	0.05	0.38	1.78	1.53	对数正态分布	1.72	1.10	1.31
pH	3010	4.59	4.72	4.96	5.29	5.78	6.47	6.86	5.08	4.95	5.44	2.67	7.46	3.59	0.97	5.29	4.90	其他分布	4.90	5.02	5.10

乐清市表层土壤总体呈酸性,土壤pH背景值为4.90,极大值为7.46,极小值为3.59,接近于温州市背景值和浙江省背景值。

乐清市表层土壤各元素/指标中,大多数元素/指标变异系数小于0.40,分布相对均匀;As、P、V、S、Na_2O、B、Cu、Co、Bi、Mn、MgO、Ni、Hg、Cr、Sn、CaO、I、pH、Br、Au共20项元素/指标变异系数大于0.40,其中I、pH、Br、Au变异系数大于0.80,空间变异性较大。

与温州市土壤元素背景值相比,乐清市土壤元素背景值中Sr背景值略低于温州市背景值,是温州市背景值的67%;P、Sn、Co、Bi、Cd、Br、Li、Sb、Ti、Mn、N、Sc背景值略高于温州市背景值,与温州市背景值比值在1.2~1.4之间;而Na_2O、Cr、I、B、Au、F、Corg、Ba背景值明显偏高,与温州市背景值比值在1.40以上,其中Na_2O、Cr、I明显富集,背景值是温州市背景值的2.0倍以上,Na_2O、Cr背景值在温州市背景值的5.0倍以上;其他元素/指标背景值则与温州市背景值基本接近。

与浙江省土壤元素背景值相比,乐清市土壤元素背景值中As、Ni背景值明显低于浙江省背景值,在浙江省背景值的60%以下;S、Sr背景值略低于浙江省背景值,为浙江省背景值60%~80%;F、La、Li、Mn、Mo、N、Sn、K_2O、TC、Corg背景值略高于浙江省背景值,与浙江省背景值比值在1.2~1.4之间;Au、B、Ba、Bi、Br、I、Se、Zr、Na_2O背景值明显偏高,与浙江省背景值比值在1.4以上;其他元素/指标背景值则与浙江省背景值基本接近。

三、龙港市土壤元素背景值

龙港市土壤元素背景值数据经正态分布检验,结果表明,原始数据中Ba、Be、Ga、La、Mn、N、P、Rb、Ti、V、Zr、SiO_2、Al_2O_3、TFe_2O_3共14项元素/指标符合正态分布,As、Au、B、Br、Cd、Co、Cr、Cu、Hg、Li、Mo、Nb、Sb、Sc、Se、Sn、Tl、U、W、Y、CaO、TC、Corg、pH共24项元素/指标符合对数正态分布,Bi、Ce、Pb、Th、Zn剔除异常值后符合正态分布,Ag、Cl、Ge、Ni、MgO剔除异常值后符合对数正态分布,其他元素/指标不符合正态分布或对数正态分布(表5-3)。

龙港市表层土壤总体呈酸性,土壤pH元素背景值为5.42,极大值为8.32,极小值为4.26,接近于温州市背景值和浙江省背景值。

龙港市表层土壤各元素/指标中,多数元素/指标变异系数小于0.40,分布相对均匀;W、Se、MgO、Cd、Co、Hg、Li、Cu、Sr、B、As、Ni、Na_2O、Br、Cr、I、Sn、Mo、CaO、pH、Au共21项元素/指标变异系数大于0.40,其中Mo、pH、CaO、Au变异系数大于0.80,空间变异性较大。

与温州市土壤元素背景值相比,龙港市土壤元素背景值中V背景值略低于温州市背景值,是温州市背景值的67%;Sc、Cd、MgO、Ni、Ti、Na_2O、P、TFe_2O_3、Be、Cu背景值略高于温州市背景值,与温州市背景值比值在1.2~1.4之间;而Sn、CaO、F、Cr、Mn、Mo、Bi、Se、Sb、B背景值明显偏高,与温州市背景值比值在1.4以上,其中Sn背景值最高,是温州市背景值的1.98倍;其他元素/指标背景值则与温州市背景值基本接近。

与浙江省土壤元素背景值相比,龙港市土壤元素背景值中As、Cr、Ni背景值明显低于浙江省背景值,为浙江省背景值的60%以下;Co、S、V背景值略低于浙江省背景值,是浙江省背景值的60%~80%;Ga、Nb、Pb、Sb、Th、Tl、U、Zr、TFe_2O_3、W背景值略高于浙江省背景值,与浙江省背景值比值在1.2~1.4之间;B、Bi、Br、F、Mn、Mo、Se、Sn、CaO背景值明显偏高,与浙江省背景值比值在1.4以上;其他元素/指标背景值则与浙江省背景值基本接近。

四、龙湾区土壤元素背景值

龙湾区土壤元素背景值数据经正态分布检验,结果表明,原始数据中Be、Ce、F、Ga、La、Li、Rb、S、Sc、Ti、SiO_2、Al_2O_3、TFe_2O_3、MgO、CaO、Na_2O、TC共17项元素/指标符合正态分布,Ag、Au、Bi、Br、Cl、Hg、

表 5-3 龙港市土壤元素背景值参数统计表

元素/指标	N	$X_{5\%}$	$X_{10\%}$	$X_{25\%}$	$X_{50\%}$	$X_{75\%}$	$X_{90\%}$	$X_{95\%}$	$\overline{X}$	S	$\overline{X}_g$	S_g	X_{max}	X_{min}	CV	X_{me}	X_{mo}	分布类型	龙港市背景值	温州市背景值	浙江省背景值
Ag	273	64.0	69.0	79.0	90.0	110	123	132	94.3	21.78	91.9	13.60	156	44.00	0.23	90.0	100.0	剔除后对数分布	91.9	110	100.0
As	293	3.25	3.69	4.61	5.80	7.40	10.07	13.50	6.59	3.76	5.96	2.99	42.70	1.94	0.57	5.80	6.30	对数正态分布	5.96	5.70	10.10
Au	293	0.70	0.82	1.05	1.43	2.20	3.16	4.12	2.24	4.59	1.58	1.95	57.1	0.49	2.05	1.43	1.90	对数正态分布	1.58	1.50	1.50
B	293	15.56	17.32	19.60	26.00	39.00	63.0	67.0	32.28	17.25	28.54	6.98	81.0	11.90	0.53	26.00	67.0	对数正态分布	28.54	19.90	20.00
Ba	293	213	282	371	500	588	695	765	493	166	463	35.77	1027	125	0.34	500	513	正态分布	493	510	475
Be	293	1.30	1.44	1.82	2.27	2.86	3.25	3.51	2.38	0.81	2.26	1.73	7.59	1.10	0.34	2.27	2.15	正态分布	2.38	1.95	2.00
Bi	275	0.31	0.34	0.41	0.50	0.58	0.69	0.73	0.50	0.13	0.48	1.66	0.83	0.22	0.25	0.50	0.46	剔除后正态分布	0.50	0.32	0.28
Br	293	2.80	3.30	4.10	5.60	7.40	10.38	15.34	6.69	4.68	5.78	3.08	41.80	2.00	0.70	5.60	4.60	对数正态分布	5.78	5.32	2.20
Cd	293	0.09	0.10	0.12	0.16	0.21	0.25	0.29	0.17	0.08	0.16	3.14	0.74	0.03	0.44	0.16	0.13	对数正态分布	0.16	0.12	0.14
Ce	269	77.9	81.5	86.3	92.0	98.8	107	113	93.1	10.26	92.6	13.64	121	65.4	0.11	92.0	105	剔除后对数分布	93.1	99.1	102
Cl	281	42.10	44.30	51.5	64.5	88.7	108	117	71.6	24.74	67.7	11.18	148	31.40	0.35	64.5	94.0	剔除后正态分布	67.7	71.0	71.0
Co	293	4.25	5.10	6.41	8.70	12.70	15.88	17.64	9.80	4.34	8.91	3.67	29.20	2.96	0.44	8.70	14.10	对数正态分布	8.91	10.10	14.80
Cr	293	11.76	13.50	18.20	26.70	51.0	84.0	91.8	38.15	27.50	30.41	7.31	160	10.20	0.72	26.70	24.00	对数正态分布	30.41	17.00	82.0
Cu	293	8.56	9.20	11.40	14.70	21.50	29.96	32.50	17.55	8.53	15.89	5.00	65.5	6.90	0.49	14.70	10.70	对数正态分布	15.89	13.20	16.00
F	292	239	272	326	408	545	701	729	445	157	419	31.50	857	195	0.35	408	729	偏峰分布	729	401	453
Ga	293	16.00	16.72	17.90	19.80	21.30	22.86	24.00	19.78	2.39	19.63	5.52	26.60	15.10	0.12	19.80	19.80	正态分布	19.78	18.82	16.00
Ge	287	1.34	1.38	1.44	1.51	1.62	1.69	1.76	1.53	0.13	1.52	1.29	1.89	1.22	0.08	1.51	1.47	剔除后对数分布	1.52	1.49	1.44
Hg	293	0.07	0.07	0.09	0.12	0.16	0.20	0.22	0.13	0.06	0.12	3.68	0.45	0.03	0.45	0.12	0.11	对数正态分布	0.12	0.11	0.110
I	281	1.54	1.70	2.40	4.64	8.19	11.99	14.70	5.67	4.08	4.37	3.16	17.20	0.22	0.72	4.64	1.70	其他分布	1.70	1.60	1.70
La	293	37.60	40.32	43.20	47.80	52.8	57.3	62.0	48.33	7.91	47.68	9.36	81.0	23.00	0.16	47.80	47.00	正态分布	48.33	50.3	41.00
Li	293	17.32	18.64	21.00	25.70	36.30	55.0	59.0	31.19	14.41	28.59	6.83	115	14.20	0.46	25.70	23.00	对数正态分布	28.59	24.82	25.00
Mn	293	319	384	513	686	896	1128	1249	729	285	673	42.50	1953	170	0.39	686	802	正态分布	729	442	440
Mo	293	0.53	0.60	0.82	1.28	1.79	2.95	3.49	1.60	1.38	1.29	1.91	11.20	0.40	0.86	1.28	0.80	对数正态分布	1.29	0.80	0.66
N	293	0.87	0.91	1.10	1.31	1.50	1.73	1.96	1.33	0.36	1.29	1.34	2.82	0.55	0.27	1.31	1.18	正态分布	1.33	1.34	1.28
Nb	293	16.22	17.52	19.20	21.60	26.30	30.76	34.02	23.20	5.88	22.55	6.07	51.8	13.90	0.25	21.60	20.00	对数正态分布	22.55	20.00	16.83
Ni	290	6.37	7.47	9.16	12.80	22.65	35.91	38.52	17.04	10.61	14.31	4.81	42.20	4.74	0.62	12.80	17.50	对数正态分布	14.31	10.80	35.00
P	293	0.32	0.37	0.46	0.61	0.79	0.99	1.10	0.65	0.26	0.60	1.64	2.05	0.18	0.40	0.61	0.69	正态分布	0.65	0.51	0.60
Pb	268	31.57	33.00	36.60	40.45	44.28	49.16	54.1	40.88	6.35	40.40	8.42	59.5	27.40	0.16	40.45	42.00	剔除后正态分布	40.88	35.00	32.00

第五章 土壤元素背景值

续表 5-3

元素/指标	N	$X_{5\%}$	$X_{10\%}$	$X_{25\%}$	$X_{50\%}$	$X_{75\%}$	$X_{90\%}$	$X_{95\%}$	$\overline{X}$	S	$\overline{X}_g$	S_g	X_{max}	X_{min}	CV	X_{me}	X_{mo}	分布类型	龙港市背景值	温州市背景值	浙江省背景值
Rb	293	74.0	84.2	99.9	120	139	152	157	119	25.63	116	15.23	199	55.9	0.22	120	122	正态分布	119	124	120
S	279	140	146	160	178	251	333	372	210	73.7	200	20.77	420	111	0.35	178	177	其他分布	177	155	248
Sb	293	0.44	0.49	0.56	0.66	0.79	0.94	1.03	0.70	0.21	0.67	1.43	2.16	0.37	0.30	0.66	0.61	对数正态分布	0.67	0.45	0.53
Sc	293	6.30	7.10	8.10	10.00	12.20	14.20	15.14	10.35	2.84	9.97	3.78	22.00	4.80	0.27	10.00	11.00	对数正态分布	9.97	7.20	8.70
Se	293	0.22	0.25	0.29	0.38	0.49	0.66	0.81	0.42	0.18	0.39	1.93	1.38	0.15	0.43	0.38	0.26	对数正态分布	0.39	0.25	0.21
Sn	293	3.69	4.15	5.06	6.53	8.90	11.20	13.10	7.60	5.88	6.73	3.28	79.2	1.60	0.77	6.53	6.80	其他分布	6.73	3.40	3.60
Sr	289	23.98	28.36	41.80	64.5	131	116	129	71.3	35.49	62.2	11.37	188	15.40	0.50	64.5	99.0	剔除后正态分布	99.0	105	105
Th	263	13.20	13.72	14.70	15.90	17.40	19.00	20.28	16.18	2.19	16.03	4.99	22.70	11.70	0.14	15.90	15.70	正态分布	16.18	15.10	13.30
Ti	293	2838	3255	3922	4649	5-97	5626	5998	4566	962	4457	128	7586	2040	0.21	4649	5057	正态分布	4566	3449	4665
Tl	293	0.65	0.70	0.81	0.91	1.04	1.21	1.35	0.94	0.22	0.92	1.25	2.18	0.56	0.24	0.91	0.84	对数正态分布	0.92	0.84	0.70
U	293	2.66	2.80	3.20	3.69	4.20	5.16	5.69	3.82	0.91	3.72	2.24	8.17	2.40	0.24	3.69	2.80	对数正态分布	3.72	3.36	2.90
V	293	36.48	40.10	55.7	74.2	95.0	109	114	75.5	26.77	70.7	11.76	204	26.50	0.35	74.2	108	正态分布	75.5	112	106
W	293	1.55	1.70	1.82	2.06	2.47	2.87	3.17	2.25	0.95	2.16	1.68	14.60	1.18	0.42	2.06	2.25	对数正态分布	2.16	2.01	1.80
Y	293	18.52	19.90	23.00	27.00	31.00	33.00	36.54	27.41	6.25	26.76	6.53	73.0	14.50	0.23	27.00	31.00	对数正态分布	26.76	30.00	25.00
Zn	287	61.0	65.4	75.0	91.3	114	127	139	94.8	24.67	91.7	13.25	171	43.70	0.26	91.3	115	剔除后正态分布	94.8	102	101
Zr	293	201	206	247	321	369	411	446	317	83.0	306	28.11	623	163	0.26	321	317	正态分布	317	315	243
SiO$_2$	293	61.9	63.4	66.0	69.0	71.7	74.6	75.3	68.6	4.48	68.5	11.53	77.7	50.3	0.07	69.0	68.8	正态分布	68.6	70.7	71.3
Al$_2$O$_3$	293	12.61	13.13	13.99	15.05	16.21	17.19	17.84	15.16	1.74	15.06	4.78	22.99	10.80	0.12	15.05	15.18	正态分布	15.16	14.48	13.20
TFe$_2$O$_3$	293	2.77	2.99	3.65	4.49	5.24	5.84	6.25	4.49	1.16	4.34	2.39	10.33	1.98	0.26	4.49	4.49	正态分布	4.49	3.62	3.74
MgO	254	0.35	0.37	0.42	0.49	0.62	0.96	1.16	0.57	0.25	0.53	1.69	1.37	0.29	0.43	0.49	0.44	剔除后对数正态分布	0.53	0.40	0.50
CaO	293	0.14	0.15	0.22	0.34	0.63	0.83	1.08	0.48	0.46	0.37	2.49	3.79	0.09	0.95	0.34	0.15	对数正态分布	0.37	0.20	0.24
Na$_2$O	290	0.12	0.14	0.23	0.42	0.85	1.06	1.15	0.53	0.35	0.42	2.54	1.44	0.09	0.66	0.42	0.18	其他分布	0.18	0.14	0.19
K$_2$O	293	1.18	1.36	1.87	2.35	2.80	2.95	3.06	2.27	0.60	2.18	1.68	3.44	0.70	0.26	2.35	2.80	偏峰分布	2.80	2.82	2.35
TC	293	0.95	1.04	1.19	1.40	1.60	1.81	2.06	1.46	0.48	1.40	1.38	4.83	0.55	0.33	1.40	1.52	对数正态分布	1.40	1.54	1.43
Corg	293	0.83	0.90	1.06	1.27	1.47	1.66	1.85	1.31	0.44	1.26	1.36	4.47	0.55	0.33	1.27	1.25	对数正态分布	1.26	1.10	1.31
pH	293	4.56	4.64	4.85	5.11	5.78	6.53	7.23	5.02	5.03	5.42	2.63	8.32	4.26	1.00	5.11	4.95	对数正态分布	5.42	5.02	5.10

I、N、Nb、Pb、Sb、Sn、Th、U、W、Corg 共 16 项元素/指标符合对数正态分布，Ba、Cr、Ge、P、Sr、Y、Zr 剔除异常值后符合正态分布，Cd、Mo、Se、Tl、Zn 剔除异常值后符合对数正态分布，其他元素/指标不符合正态分布或对数正态分布（表 5-4）。

龙湾区表层土壤总体呈中偏碱性，土壤 pH 元素背景值为 8.34，极大值为 8.65，极小值为 4.43，明显高于温州市背景值和浙江省背景值。

龙湾区表层土壤各元素/指标中，大多数元素/指标变异系数小于 0.40，分布相对均匀；Mo、Th、S、Corg、MgO、W、Se、Ag、Bi、CaO、Sn、I、Hg、Pb、Br、Au、pH、Sb、Cl 共 19 项元素/指标变异系数大于 0.40，其中 Br、Au、pH、Sb、Cl 变异系数大于 0.80，空间变异性较大。

与温州市土壤元素背景值相比，龙湾区土壤元素背景值中 Zr 背景值略低于温州市背景值，是温州市背景值的 70%；Ti、W、Th、Pb、Zn、Rb 背景值略高于温州市背景值，与温州市背景值比值在 1.2～1.4 之间；而 Na_2O、Ni、Cr、CaO、MgO、I、B、S、Cu、Au、Cl、Mn、Li、Sb、Bi、As、F、Cd、Co、Sc、Sn、P、Mo、Br、Be、TFe_2O_3 背景值明显偏高，与温州市背景值比值在 1.4 以上，其中 Na_2O、Ni、Cr、CaO、MgO、I、B、S、Cu、Au、Cl、Mn、Li 明显富集，背景值与温州市背景值比值在 2.0 以上，Na_2O、Ni、Cr、CaO 背景值是温州市背景值的 5.0 倍以上；其他元素/指标背景值则与温州市背景值基本接近。

与浙江省土壤元素背景值相比，龙湾区土壤元素背景值中 Be、Ga、Nb、P、Pb、Rb、Sc、Tl、U、Zn、Al_2O_3、TFe_2O_3、K_2O 背景值略高于浙江省背景值，与浙江省背景值比值在 1.2～1.4 之间；Au、B、Bi、Br、Cd、Cl、Cu、F、I、Li、Mn、Mo、Ni、S、Sb、Sn、Th、W、MgO、CaO、Na_2O 背景值明显偏高，与浙江省背景值比值在 1.4 以上；其他元素/指标背景值则与浙江省背景值基本接近。

五、鹿城区土壤元素背景值

鹿城区土壤元素背景值数据经正态分布检验，结果表明，原始数据中 Ba、Be、Ce、Ga、Ge、La、Rb、Sb、Sr、Th、Ti、U、Y、Zr、SiO_2、Al_2O_3、K_2O、TC 共 18 项元素/指标符合正态分布，Ag、Au、Bi、Br、Cl、Co、Cu、I、Li、N、Nb、P、Pb、Sc、Se、Sn、W、TFe_2O_3、MgO、CaO、Corg、pH 共 22 项元素/指标符合对数正态分布，Tl 剔除异常值后符合正态分布，As、Cd、Hg、Mo、Ni、S 剔除异常值后符合对数正态分布，其他元素/指标不符合正态分布或对数正态分布（表 5-5）。

鹿城区表层土壤总体呈酸性，土壤 pH 元素背景值为 5.45，极大值为 8.37，极小值为 4.22，接近温州市背景值和浙江省背景值。

鹿城区表层土壤各元素/指标中，一多半元素/指标变异系数小于 0.40，分布相对均匀；Mn、Br、Li、W、B、S、V、Cd、Sr、Ni、Pb、Co、Cr、Cl、Na_2O、MgO、I、Sn、P、Bi、Au、Cu、pH、CaO、Ag 共 25 项元素/指标变异系数大于 0.40，其中 Bi、Au、Cu、pH、CaO、Ag 变异系数大于 0.80，空间变异性较大。

与温州市土壤元素背景值相比，鹿城区土壤元素背景值中 Co、Sr 背景值略低于温州市背景值，是温州市背景值的 60%～80%；Corg、Ag、Mo、Sc、Ni、Li、Zn、W 背景值略高于温州市背景值，与温州市背景值比值在 1.2～1.4 之间；而 B、Cr、I、Au、CaO、Sb、Cd、Pb、MgO、Bi、Cu、Sn、Se、S 背景值明显偏高，与温州市背景值比值为 1.4 以上，其中 B、Cr、I、Au 明显富集，背景值与温州市背景值比值在 2.0 以上；其他元素/指标背景值则与温州市背景值基本接近。

与浙江省土壤元素背景值相比，鹿城区土壤元素背景值中 Co、Cr、Ni 背景值明显低于浙江省背景值，不足浙江省背景值的 60%；As、Cr、Na_2O 背景值略低于浙江省背景值，是浙江省背景值的 60%～80%；Cu、Ga、Li、Nb、Th、Tl、W、Zn、MgO 背景值略高于浙江省背景值，与浙江省背景值比值在 1.2～1.4 之间；Ag、Au、B、Bi、Br、Cd、I、Mo、Pb、Sb、Se、Sn、CaO 背景值明显偏高，与浙江省背景值比值在 1.4 以上；其他元素/指标背景值则与浙江省背景值基本接近。

第五章 土壤元素背景值

表 5-4 龙湾区土壤元素背景值参数统计表

元素/指标	N	$X_{5\%}$	$X_{10\%}$	$X_{25\%}$	$X_{50\%}$	$X_{75\%}$	$X_{90\%}$	$X_{95\%}$	$\bar{X}$	S	$\bar{X}_g$	S_g	X_{max}	X_{min}	CV	X_{me}	X_{mo}	分布类型	龙湾区背景值	温州市背景值	浙江省背景值
Ag	47	64.3	66.6	87.0	105	176	236	281	133	70.1	119	15.51	355	52.0	0.53	105	87.0	对数正态分布	119	110	100.0
As	479	4.88	5.31	6.80	10.00	11.93	13.83	15.08	9.71	3.34	9.06	3.71	19.38	0.63	0.34	10.00	10.20	其他分布	10.20	5.70	10.10
Au	47	1.43	1.66	2.20	3.40	6.60	11.30	15.38	5.21	4.71	3.84	2.80	21.90	1.10	0.90	3.40	3.70	对数正态分布	3.84	1.50	1.50
B	446	43.78	49.65	58.5	64.8	69.5	74.1	76.0	63.2	9.67	62.3	10.82	84.7	34.94	0.15	64.8	65.0	偏峰分布	65.0	19.90	20.00
Ba	39	408	464	482	504	528	540	553	498	40.88	497	34.92	570	386	0.08	504	504	剔除后正态分布	498	510	475
Be	47	2.29	2.48	2.62	2.80	2.92	3.15	3.23	2.77	0.32	2.75	1.80	3.26	1.46	0.12	2.80	2.70	正态分布	2.77	1.95	2.00
Bi	47	0.46	0.48	0.51	0.56	0.61	0.82	0.88	0.64	0.43	0.59	1.56	3.38	0.37	0.67	0.56	0.56	对数正态分布	0.59	0.32	0.28
Br	47	4.00	4.10	6.30	7.50	9.45	11.98	19.69	9.29	7.63	7.86	3.72	46.96	3.40	0.82	7.50	7.50	对数正态分布	7.86	5.32	2.20
Cd	453	0.11	0.13	0.16	0.20	0.27	0.34	0.40	0.22	0.08	0.20	2.61	0.47	0.05	0.38	0.20	0.18	剔除后对数分布	0.20	0.12	0.14
Ce	47	76.2	77.5	80.7	86.4	92.5	107	109	89.3	12.60	88.5	1.80	128	71.1	0.14	86.4	81.6	正态分布	89.3	99.1	102
Cl	47	60.4	76.6	87.0	113	78	501	1738	523	1547	161	22.56	8261	47.00	2.96	113	152	对数正态分布	161	71.0	71.0
Co	463	8.46	10.13	12.42	14.78	16.65	17.47	17.90	14.27	3.00	13.90	4.58	22.12	5.64	0.21	14.78	16.80	偏峰分布	16.80	10.10	14.80
Cr	415	54.9	67.7	79.3	90.0	01	117	125	90.3	19.88	87.9	13.43	145	39.24	0.22	90.0	87.0	剔除后对数分布	90.3	17.00	82.0
Cu	426	20.46	24.83	29.38	33.36	39.14	51.8	57.3	35.44	10.83	33.80	7.91	69.5	10.20	0.31	33.36	35.88	其他分布	35.88	13.20	16.00
F	47	539	557	599	689	758	820	828	687	111	677	42.47	870	296	0.16	689	681	正态分布	687	401	453
Ga	47	18.49	18.90	20.05	21.70	22.55	23.46	24.87	21.46	2.05	21.37	5.83	26.90	17.70	0.10	21.70	21.70	正态分布	21.46	18.82	16.00
Ge	442	1.37	1.41	1.46	1.51	1.56	1.63	1.67	1.51	0.09	1.51	1.28	1.75	1.29	0.06	1.51	1.50	剔除后正态分布	1.51	1.49	1.44
Hg	490	0.05	0.06	0.07	0.08	0.12	0.17	0.23	0.11	0.08	0.09	3.93	1.00	0.03	0.77	0.08	0.07	对数正态分布	0.09	0.11	0.110
I	47	2.37	2.68	3.55	5.07	6.93	11.14	14.71	6.33	4.76	5.26	3.16	29.03	1.90	0.75	5.07	6.50	对数正态分布	5.26	1.60	1.70
La	47	33.00	35.20	40.00	44.00	45.50	49.40	53.7	43.23	5.94	42.83	8.50	58.0	30.00	0.14	44.00	44.00	正态分布	43.23	50.3	41.00
Li	47	32.90	36.60	45.00	52.00	59.0	63.0	65.00	50.7	10.38	49.46	9.46	69.0	22.00	0.20	52.00	53.0	其他分布	50.7	24.82	25.00
Mn	487	375	424	601	985	1197	1303	1358	913	338	834	47.94	1784	87.8	0.37	985	940	正态分布	940	442	440
Mo	453	0.73	0.79	0.91	1.19	1.69	2.20	2.45	1.36	0.58	1.25	1.54	3.22	0.42	0.42	1.19	0.79	剔除后正态分布	1.25	0.80	0.66
N	490	0.77	0.88	1.07	1.42	1.78	2.11	2.36	1.45	0.51	1.37	1.52	3.45	0.42	0.35	1.42	1.07	对数正态分布	1.37	1.34	1.28
Nb	47	17.73	17.90	18.70	19.40	23.00	36.54	40.84	22.60	7.24	21.74	6.04	43.30	15.90	0.32	19.40	18.70	对数正态分布	21.74	20.00	16.83
Ni	453	14.52	21.93	36.72	44.92	56.0	67.4	77.6	45.98	17.42	42.11	9.19	94.0	8.00	0.38	44.92	57.8	其他分布	57.8	10.80	35.00
P	447	0.43	0.50	0.63	0.78	0.93	1.14	1.26	0.80	0.25	0.75	1.44	1.56	0.18	0.32	0.78	0.78	剔除后正态分布	0.80	0.51	0.60
Pb	490	32.82	34.04	37.44	41.70	49.42	60.0	67.9	47.44	38.04	44.31	9.27	746	27.66	0.80	41.70	35.00	对数正态分布	44.31	35.00	32.00

续表 5-4

元素/指标	N	$X_{5\%}$	$X_{10\%}$	$X_{25\%}$	$X_{50\%}$	$X_{75\%}$	$X_{90\%}$	$X_{95\%}$	$\bar{X}$	S	$\bar{X}_g$	S_g	X_{max}	X_{min}	CV	X_{me}	X_{mo}	分布类型	龙湾区背景值	温州市背景值	浙江省背景值
Rb	47	127	136	144	151	158	166	172	152	14.49	151	17.94	196	120	0.10	151	152	正态分布	152	124	120
S	47	237	272	310	403	550	768	875	458	202	421	32.56	1048	174	0.44	403	474	正态分布	458	155	248
Sb	47	0.54	0.55	0.62	0.76	0.88	1.19	1.63	1.19	2.57	0.83	1.75	18.32	0.48	2.17	0.76	0.88	对数正态分布	0.83	0.45	0.53
Sc	47	8.63	9.10	10.30	11.20	12.90	14.02	14.20	11.44	1.84	11.29	4.05	14.70	6.70	0.16	11.20	11.20	正态分布	11.44	7.20	8.70
Se	459	0.15	0.15	0.18	0.23	0.35	0.49	0.57	0.28	0.14	0.25	2.36	0.72	0.10	0.49	0.23	0.17	剔除后对数分布	0.25	0.25	0.21
Sn	47	3.03	3.37	3.80	5.50	7.15	8.50	10.28	6.14	4.50	5.40	2.81	33.00	2.10	0.73	5.50	3.80	对数正态分布	5.40	3.40	3.60
Sr	40	78.4	81.8	95.8	106	111	116	124	103	14.73	101	14.29	131	64.0	0.14	106	106	剔除后正态分布	103	105	105
Th	47	15.30	15.40	15.95	17.40	21.00	32.14	45.34	20.89	8.94	19.63	5.78	49.70	14.20	0.43	17.40	16.00	对数正态分布	19.63	15.10	13.30
Ti	47	3198	3677	4358	4732	4964	5257	5370	4582	618	4536	125	5433	3001	0.13	4732	4572	正态分布	4582	3449	4665
Tl	459	0.71	0.74	0.79	0.84	0.91	0.97	1.03	0.85	0.10	0.85	1.15	1.13	0.62	0.11	0.84	0.81	剔除后对数分布	0.85	0.84	0.70
U	47	2.70	2.70	2.90	3.20	3.95	6.26	7.14	3.80	1.47	3.60	2.24	8.30	2.60	0.39	3.20	2.90	对数正态分布	3.60	3.36	2.90
V	478	58.9	68.6	82.0	99.1	109	114	118	94.8	18.68	92.6	13.58	139	40.76	0.20	99.1	102	偏峰分布	102	112	106
W	47	1.96	2.01	2.12	2.31	2.85	3.74	4.66	2.80	1.29	2.63	1.89	8.34	1.92	0.46	2.31	2.30	对数正态分布	2.63	2.01	1.80
Y	43	23.10	25.20	28.00	29.00	30.00	31.00	31.90	28.77	2.42	28.66	6.83	32.00	23.00	0.08	29.00	30.00	剔除后正态分布	28.77	30.00	25.00
Zn	436	92.9	100.0	112	125	146	171	180	130	27.15	127	16.69	221	72.1	0.21	125	122	剔除后对数分布	127	102	101
Zr	44	180	185	192	212	237	274	281	220	33.27	218	22.02	293	170	0.15	212	226	剔除后正态分布	220	315	243
SiO_2	47	58.7	59.3	61.5	64.5	67.0	68.3	69.8	64.3	3.87	64.2	10.89	75.3	55.8	0.06	64.5	62.0	正态分布	64.3	70.7	71.3
Al_2O_3	47	13.89	14.52	14.96	15.71	16.30	18.51	18.96	15.94	1.49	15.87	4.91	19.79	13.37	0.09	15.71	15.97	正态分布	15.94	14.48	13.20
TFe_2O_3	47	3.28	3.65	4.53	5.00	6.05	6.24	6.54	5.09	1.04	4.98	2.58	6.79	2.71	0.21	5.00	4.61	正态分布	5.09	3.62	3.74
MgO	47	0.44	0.56	0.93	1.34	1.94	2.29	2.33	1.42	0.64	1.26	1.74	2.74	0.39	0.45	1.34	1.28	正态分布	1.42	0.40	0.50
CaO	47	0.15	0.19	0.60	0.79	1.42	2.17	2.54	1.02	0.74	0.77	2.31	2.99	0.12	0.72	0.79	0.67	正态分布	1.02	0.20	0.24
Na_2O	47	0.46	0.63	0.81	0.99	1.06	1.18	1.26	0.96	0.30	0.91	1.43	1.93	0.24	0.31	0.99	1.06	其他分布	0.96	0.14	0.19
K_2O	469	2.40	2.53	2.76	3.05	3.17	3.43	3.58	2.99	0.33	2.97	1.88	3.71	2.08	0.11	3.05	3.13	正态分布	3.13	2.82	2.35
TC	47	0.96	1.12	1.19	1.43	1.67	2.21	2.33	1.50	0.46	1.44	1.42	2.74	0.62	0.31	1.43	1.48	正态分布	1.50	1.54	1.43
Corg	490	0.58	0.66	0.84	1.25	1.69	2.07	2.27	1.32	0.58	1.19	1.62	3.85	0.27	0.44	1.25	0.85	对数正态分布	1.19	1.10	1.31
pH	490	4.89	5.22	5.91	7.08	7.93	8.22	8.34	5.70	5.30	6.89	3.01	8.65	4.43	0.93	7.08	8.34	其他分布	8.34	5.02	5.10

第五章 土壤元素背景值

表 5-5 鹿城区土壤元素背景值参数统计表

元素/指标	N	$X_{5\%}$	$X_{10\%}$	$X_{25\%}$	$X_{50\%}$	$X_{75\%}$	$X_{90\%}$	$X_{95\%}$	$\bar{X}$	S	$\bar{X}_g$	S_g	X_{max}	X_{min}	CV	X_{me}	X_{mo}	分布类型	鹿城区背景值	温州市背景值	浙江省背景值
Ag	72	66.9	75.2	100.0	140	183	274	353	211	412	148	19.02	3542	60.0	1.95	140	160	对数正态分布	148	110	100.0
As	566	3.37	4.09	4.85	6.02	8.33	10.82	12.60	6.75	2.68	6.27	3.11	14.31	1.45	0.40	6.02	10.20	剔除后对数正态分布	6.27	5.70	10.10
Au	72	1.25	1.41	2.19	3.05	5.23	8.35	11.74	4.46	3.64	3.46	2.73	19.60	0.79	0.82	3.05	4.58	对数正态分布	3.46	1.50	1.50
B	592	12.18	14.86	19.30	26.20	40.79	57.6	62.2	31.16	15.66	27.55	7.52	73.1	7.80	0.50	26.20	56.0	其他分布	56.0	19.90	20.00
Ba	72	248	265	368	516	558	612	626	479	128	459	34.36	808	219	0.27	516	529	正态分布	479	510	475
Be	72	1.37	1.43	1.78	2.31	2.82	3.14	3.19	2.30	0.62	2.22	1.78	3.34	0.99	0.27	2.31	1.65	正态分布	2.30	1.95	2.00
Bi	72	0.30	0.33	0.41	0.52	0.60	0.76	0.98	0.58	0.47	0.52	1.77	4.18	0.25	0.81	0.52	0.40	对数正态分布	0.52	0.32	0.28
Br	72	3.16	3.30	3.80	5.15	7.40	9.58	10.23	5.80	2.59	5.32	2.80	14.30	2.30	0.45	5.15	5.80	对数正态分布	5.32	5.32	2.20
Cd	577	0.06	0.09	0.14	0.22	0.32	0.40	0.44	0.23	0.12	0.20	2.86	0.58	0.02	0.51	0.22	0.24	剔除后对数正态分布	0.20	0.12	0.14
Ce	72	77.1	82.0	88.9	94.2	102	109	114	95.2	10.97	94.6	13.72	119	65.1	0.12	94.2	106	正态分布	95.2	99.1	102
Cl	72	42.53	45.75	54.1	67.8	81.6	104	133	77.9	48.94	70.3	12.29	382	34.80	0.63	67.8	78.0	对数正态分布	70.3	71.0	71.0
Co	595	2.92	3.21	4.43	6.75	9.83	16.23	17.77	8.11	5.06	6.87	3.56	43.32	1.56	0.62	6.75	10.88	其他分布	6.87	10.10	14.80
Cr	585	14.33	16.78	22.95	34.13	58.8	89.1	98.0	43.90	27.39	36.27	9.16	120	5.82	0.62	34.13	41.00	对数正态分布	41.00	17.00	82.0
Cu	595	8.36	10.84	14.34	21.12	32.16	39.84	48.81	25.58	23.92	21.35	6.79	440	3.63	0.94	21.12	12.00	对数正态分布	21.35	13.20	16.00
F	72	318	320	370	440	552	720	741	473	140	454	35.54	760	269	0.30	440	460	偏峰分布	460	401	453
Ga	72	15.67	16.11	17.38	19.25	21.42	22.76	23.64	19.30	2.59	19.13	5.58	24.60	13.60	0.13	19.25	19.40	正态分布	19.30	18.82	16.00
Ge	595	1.19	1.25	1.33	1.43	1.52	1.60	1.64	1.43	0.14	1.42	1.25	1.97	1.04	0.10	1.43	1.51	正态分布	1.43	1.49	1.44
Hg	530	0.06	0.06	0.08	0.11	0.14	0.18	0.21	0.11	0.05	0.11	3.56	0.27	0.02	0.40	0.11	0.12	剔除后对数正态分布	0.11	0.11	0.110
I	72	1.43	1.58	2.40	3.59	5.27	9.58	11.38	4.69	3.13	3.81	2.69	13.00	0.80	0.67	3.59	3.12	正态分布	3.81	1.60	1.70
La	72	36.59	41.75	45.00	47.85	51.0	53.6	55.2	47.60	5.86	47.23	9.29	65.0	30.00	0.12	47.85	48.00	正态分布	47.60	50.3	41.00
Li	72	18.51	19.23	22.68	27.00	29.75	61.7	63.5	33.45	15.61	30.48	7.85	68.0	17.60	0.47	27.00	32.00	对数正态分布	30.48	24.82	25.00
Mn	549	217	273	359	463	617	841	987	509	221	462	36.01	1124	83.8	0.43	463	510	偏峰分布	510	442	440
Mo	545	0.67	0.77	0.89	1.05	1.28	1.54	1.71	1.11	0.31	1.06	1.34	2.06	0.34	0.28	1.05	1.00	正态分布	1.06	0.80	0.66
N	595	0.69	0.82	1.09	1.40	1.80	2.26	2.46	1.47	0.55	1.37	1.60	3.75	0.10	0.37	1.40	1.34	剔除后对数正态分布	1.37	1.34	1.28
Nb	72	18.36	18.62	19.98	22.00	26.55	32.05	33.62	23.86	5.04	23.38	6.13	37.30	17.50	0.21	22.00	18.60	正态分布	23.38	20.00	16.83
Ni	537	6.91	7.74	9.44	12.62	18.08	28.39	35.10	15.17	8.21	13.40	5.02	38.85	3.19	0.54	12.62	12.50	对数正态分布	13.40	10.80	35.00
P	595	0.24	0.31	0.43	0.60	0.87	1.22	1.69	0.73	0.53	0.61	1.87	5.79	0.12	0.73	0.60	0.57	对数正态分布	0.61	0.51	0.60
Pb	595	33.13	36.66	44.67	56.0	72.9	95.1	110	63.9	37.10	58.1	11.22	547	13.53	0.58	56.0	54.0	对数正态分布	58.1	35.00	32.00

续表 5-5

元素/指标	N	$X_{5\%}$	$X_{10\%}$	$X_{25\%}$	$X_{50\%}$	$X_{75\%}$	$X_{90\%}$	$X_{95\%}$	$\overline{X}$	S	$\overline{X}_g$	S_g	X_{max}	X_{min}	CV	X_{me}	X_{mo}	分布类型	鹿城区背景值	温州市背景值	浙江省背景值
Rb	72	92.6	99.3	112	122	149	164	167	127	24.02	125	16.60	171	77.6	0.19	122	121	正态分布	127	124	120
S	64	153	158	168	194	317	471	509	261	132	237	25.20	675	143	0.50	194	181	剔除后对数分布	237	155	248
Sb	72	0.53	0.57	0.63	0.76	0.93	1.19	1.29	0.82	0.26	0.78	1.38	1.82	0.45	0.32	0.76	0.62	正态分布	0.82	0.45	0.53
Sc	72	6.42	6.71	7.28	8.45	12.12	14.50	14.94	9.53	3.00	9.11	3.84	16.20	5.80	0.31	8.45	7.90	对数正态分布	9.11	7.20	8.70
Se	595	0.22	0.25	0.30	0.40	0.49	0.63	0.77	0.42	0.17	0.39	1.97	1.17	0.03	0.40	0.40	0.41	对数正态分布	0.39	0.25	0.21
Sn	72	3.29	3.41	4.11	4.92	6.43	9.47	13.04	6.24	4.41	5.45	2.94	31.10	2.40	0.71	4.92	6.50	对数正态分布	5.45	3.40	3.60
Sr	72	22.16	24.31	33.85	60.4	94.5	106	113	64.4	32.99	55.4	11.32	137	20.40	0.51	60.4	85.0	正态分布	64.4	105	105
Th	72	13.71	14.60	15.30	16.70	18.12	19.56	20.08	16.90	2.30	16.76	5.10	27.50	12.00	0.14	16.70	16.40	正态分布	16.90	15.10	13.30
Ti	72	2973	3057	3284	3918	4835	5223	5283	4061	903	3966	120	6734	2645	0.22	3918	3306	正态分布	4061	3449	4665
Tl	566	0.60	0.66	0.79	0.90	0.99	1.06	1.11	0.88	0.15	0.87	1.22	1.28	0.49	0.17	0.90	0.85	剔除后正态分布	0.88	0.84	0.70
U	72	2.90	3.05	3.17	3.40	3.70	4.00	4.10	3.44	0.38	3.42	2.05	4.60	2.80	0.11	3.40	3.10	正态分布	3.44	3.36	2.90
V	588	23.28	28.09	36.10	50.1	71.9	108	116	57.6	28.63	51.0	10.58	127	6.04	0.50	50.1	102	其他分布	102	112	106
W	72	1.85	1.87	2.03	2.27	2.77	3.25	4.43	2.63	1.29	2.46	1.78	9.23	1.29	0.49	2.27	2.80	对数正态分布	2.46	2.01	1.80
Y	571	18.72	20.15	23.10	28.65	30.23	33.00	34.52	27.25	5.21	26.73	6.91	39.90	15.70	0.19	28.65	30.00	正态分布	27.25	30.00	25.00
Zn	72	56.9	66.6	88.6	118	134	156	175	114	34.30	109	15.81	203	38.14	0.30	118	125	其他分布	125	102	101
Zr	72	190	191	231	294	344	368	400	289	68.4	281	24.94	456	183	0.24	294	350	正态分布	289	315	243
SiO_2	72	61.0	61.9	67.1	71.9	73.8	76.0	76.9	70.3	5.18	70.1	11.42	79.5	60.5	0.07	71.9	72.1	正态分布	70.3	70.7	71.3
Al_2O_3	72	11.68	12.04	12.81	14.34	15.54	16.45	16.91	14.22	1.75	14.11	4.68	18.04	9.94	0.12	14.34	13.03	正态分布	14.22	14.48	13.20
TFe_2O_3	72	2.49	2.73	3.04	3.56	5.04	6.03	6.22	4.00	1.24	3.82	2.36	6.38	2.23	0.31	3.56	3.58	对数正态分布	3.82	3.62	3.74
MgO	72	0.37	0.38	0.42	0.54	0.98	1.74	1.84	0.78	0.52	0.66	1.81	1.92	0.30	0.66	0.54	0.39	对数正态分布	0.66	0.40	0.50
CaO	72	0.14	0.15	0.17	0.33	0.61	1.13	1.87	0.55	0.60	0.37	2.61	3.09	0.10	1.09	0.33	0.16	对数正态分布	0.37	0.20	0.24
Na_2O	72	0.13	0.14	0.18	0.43	0.81	0.94	0.97	0.50	0.32	0.38	2.50	1.04	0.10	0.64	0.43	0.14	其他分布	0.14	0.14	0.19
K_2O	595	1.35	1.57	2.03	2.47	2.88	3.19	3.52	2.45	0.64	2.35	1.80	4.24	0.46	0.26	2.47	2.89	正态分布	2.45	2.82	2.35
TC	72	1.06	1.10	1.42	1.62	1.87	2.12	2.21	1.62	0.37	1.57	1.42	2.37	0.65	0.23	1.62	1.49	正态分布	1.62	1.54	1.43
Corg	595	0.77	0.96	1.21	1.55	1.94	2.33	2.54	1.60	0.57	1.49	1.65	4.87	0.06	0.36	1.55	1.63	对数正态分布	1.49	1.10	1.31
pH	595	4.62	4.73	4.94	5.23	5.68	6.59	7.18	5.09	5.09	5.45	2.67	8.37	4.22	1.00	5.23	5.08	对数正态分布	5.45	5.02	5.10

六、瓯海区土壤元素背景值

瓯海区土壤元素背景值数据经正态分布检验,结果表明,原始数据中 Ba、Be、Ce、F、Ga、La、Rb、Sc、Ti、Tl、Y、Zr、SiO_2、Al_2O_3、TFe_2O_3、TC 共 16 项元素/指标符合正态分布,Au、Bi、Br、Cl、I、Li、N、Nb、P、Sb、Sn、Sr、U、W、Zn、MgO、CaO、Corg 共 18 项元素/指标符合对数正态分布,As、Th 剔除异常值后符合正态分布,Ag、Mn、Mo、Pb、pH 剔除异常值后符合对数正态分布,其他元素/指标不符合正态分布或对数正态分布(表 5-6)。

瓯海区表层土壤总体呈酸性,土壤 pH 背景值为 5.10,极大值为 5.88,极小值为 4.33,与温州市背景值和浙江省背景值基本接近。

瓯海区表层土壤各元素/指标中,一多半元素/指标变异系数小于 0.40,分布相对均匀;Mn、Br、Sr、Sb、Co、S、B、Cr、MgO、Cu、Zn、Ag、Ni、Sn、Bi、Cd、Na_2O、Cl、CaO、I、P、Hg、pH、Au 共 24 项元素/指标变异系数大于 0.40,其中 P、Hg、pH、Au 变异系数大于等于 0.80,空间变异性较大。

与温州市土壤元素背景值相比,瓯海区土壤元素背景值中 Sr 背景值明显低于温州市背景值,为温州市背景值的 52.5%;Sc、Mo、Mn、Zn、Ti、Nb 背景值略高于温州市背景值,与温州市背景值比值在 1.2~1.4 之间;而 I、Au、S、Cr、Na_2O、Pb、Bi、Sn、P、CaO、Cd、Se、Sb、MgO、Corg、Co 背景值明显偏高,与温州市背景值比值在 1.4 以上,其中 I、Au、S、Cr 明显富集,背景值与温州市背景值比值在 2.0 以上;其他元素/指标背景值则与温州市背景值基本接近。

与浙江省土壤元素背景值相比,瓯海区土壤元素背景值中 As、Cr、Ni、Sr 背景值明显低于浙江省背景值,在浙江省背景值的 60% 以下;Cd、Ga、La、Mn、S、Sb、U、Zn、Zr、CaO、Na_2O、Corg、MgO 背景值略高于浙江省背景值,与浙江省背景值比值在 1.2~1.4 之间;Au、Bi、Br、I、Mo、Nb、Pb、P、Se、Sn 背景值明显偏高,与浙江省背景值比值为 1.4 以上;其他元素/指标背景值则与浙江省背景值基本接近。

七、平阳县土壤元素背景值

平阳县土壤元素背景值数据经正态分布检验,结果表明,原始数据中 Ba、Ce、Ga、La、Rb、Sr、Th、Y、Zr、SiO_2 共 10 项元素/指标符合正态分布,Ag、Au、Br、Cl、F、I、Li、Nb、S、Sb、Sc、Sn、Tl、U、W、Al_2O_3、TFe_2O_3、MgO、CaO、Na_2O、TC 共 21 项元素/指标符合对数正态分布,Be、Bi、Ge、Ti 剔除异常值后符合正态分布,As、P 剔除异常值后符合对数正态分布,其他元素/指标不符合正态分布或对数正态分布(表 5-7)。

平阳县表层土壤总体呈酸性,土壤 pH 背景值为 4.93,极大值为 6.33,极小值为 4.05,与温州市背景值和浙江省背景值基本接近。

平阳县表层土壤各元素/指标中,多数变异系数小于 0.40,分布相对均匀;Cd、Co、Li、Mn、Mo、Corg、P、S、Ag、N、Hg、MgO、Cr、Sb、Br、B、Na_2O、Ni、Sn、I、CaO、pH、Au 共 23 项元素/指标变异系数大于 0.40,其中 pH、Au 变异系数大于 0.80,空间变异性较大。

与温州市土壤元素背景值相比,平阳县土壤元素背景值中 V 背景值明显低于温州市背景值,为温州市背景值的 55%;As、Sr 背景值略低于温州市背景值,为温州市背景值的 60%~80%;Au、Ti、Pb、TFe_2O_3、Be 背景值略高于温州市背景值,与温州市背景值比值在 1.2~1.4 之间;而 Sc、Na_2O、I、CaO、Sn、Bi、Cr、S、MgO、Sb、Ni 背景值明显偏高,与温州市背景值比值在 1.4 以上,其中 Na_2O、I 明显富集,背景值为温州市背景值的 2.0 倍以上;其他元素/指标背景值则与温州市背景值基本接近。

与浙江省土壤元素背景值相比,平阳县土壤元素背景值中 As、Cr、Ni、V 背景值明显低于浙江省背景值,在浙江省背景值的 60% 以下;Co、Sr 背景值略低于浙江省背景值,是浙江省背景值的 60%~80%;Au、Ga、La、Mo、Nb、Pb、Sb、Tl、U、Zr、Al_2O_3、MgO、K_2O 背景值略高于浙江省背景值,与浙江省背景值比值在 1.2~1.4 之间;Bi、Br、I、Sn、CaO、Na_2O 背景值明显偏高,与浙江省背景值比值在 1.4 以上;其他元素/指

表 5-6　瓯海区土壤元素背景值参数统计表

元素/指标	N	$X_{5\%}$	$X_{10\%}$	$X_{25\%}$	$X_{50\%}$	$X_{75\%}$	$X_{90\%}$	$X_{95\%}$	$\overline{X}$	S	$\overline{X}_g$	S_g	X_{max}	X_{min}	CV	X_{me}	X_{mo}	分布类型	瓯海区背景值	温州市背景值	浙江省背景值
Ag	99	56.7	68.0	82.0	110	160	229	269	130	67.0	116	16.24	342	47.00	0.52	110	110	剔除后对数分布	116	110	100.0
As	900	2.49	3.08	4.40	5.92	7.13	8.30	9.41	5.83	2.04	5.42	2.98	11.52	0.70	0.35	5.92	6.60	剔除后对数分布	5.83	5.70	10.10
Au	112	0.93	1.11	1.53	3.30	7.67	14.82	18.97	6.79	10.80	3.64	3.79	69.8	0.70	1.59	3.30	5.90	对数正态分布	3.64	1.50	1.50
B	944	13.03	14.86	18.90	27.66	43.10	53.0	57.3	31.13	14.56	27.78	7.74	76.8	6.52	0.47	27.66	23.00	其他分布	23.00	19.90	20.00
Ba	112	194	268	385	518	578	628	674	482	149	453	34.38	913	134	0.31	518	541	正态分布	482	510	475
Be	112	1.36	1.52	1.71	2.16	2.78	3.14	3.44	2.28	0.65	2.19	1.74	3.56	1.28	0.28	2.16	1.66	正态分布	2.28	1.95	2.00
Bi	112	0.31	0.33	0.42	0.53	0.65	0.81	1.00	0.59	0.33	0.53	1.69	2.96	0.23	0.56	0.53	0.62	对数正态分布	0.53	0.32	0.28
Br	112	3.20	3.60	4.20	5.00	6.70	8.49	10.55	5.74	2.43	5.35	2.87	17.80	2.60	0.42	5.00	3.70	对数正态分布	5.35	5.32	2.20
Cd	910	0.08	0.10	0.14	0.25	0.39	0.50	0.57	0.28	0.16	0.24	2.62	0.80	0.03	0.57	0.25	0.19	其他分布	0.19	0.12	0.14
Ce	112	74.6	85.2	92.7	103	116	125	133	104	19.01	102	14.42	156	44.20	0.18	103	109	正态分布	104	99.1	102
Cl	112	39.91	45.23	52.7	69.5	104	146	180	87.4	54.8	76.7	13.50	381	36.70	0.63	69.5	113	对数正态分布	76.7	71.0	71.0
Co	931	3.24	3.79	5.58	8.77	12.01	14.48	15.59	8.96	4.01	7.98	3.87	21.30	1.77	0.45	8.77	14.50	其他分布	14.50	10.10	14.80
Cr	934	20.46	23.83	34.10	55.2	83.2	95.0	103	58.8	28.56	51.4	11.12	156	8.60	0.49	55.2	35.40	其他分布	35.40	17.00	82.0
Cu	917	10.64	11.86	16.16	27.87	38.69	49.35	54.6	28.90	14.33	25.29	7.51	74.0	5.55	0.50	27.87	14.30	其他分布	14.30	13.20	16.00
F	112	278	292	357	433	567	648	689	455	131	436	34.13	831	234	0.29	433	689	正态分布	455	401	453
Ga	112	16.25	17.22	18.68	20.55	22.20	23.49	24.19	20.49	2.41	20.34	5.73	25.70	14.80	0.12	20.55	20.40	正态分布	20.49	18.82	16.00
Ge	935	1.09	1.20	1.35	1.51	1.62	1.76	1.83	1.49	0.21	1.47	1.31	1.99	0.95	0.14	1.51	1.58	偏峰分布	1.58	1.49	1.44
Hg	892	0.06	0.07	0.09	0.16	0.38	0.64	0.73	0.26	0.22	0.18	3.20	0.97	0.03	0.86	0.16	0.11	其他分布	0.11	0.11	0.110
I	112	1.36	1.52	2.38	3.58	6.85	12.43	15.19	5.41	4.28	4.09	3.12	18.28	1.03	0.79	3.58	2.40	对数正态分布	4.09	1.60	1.70
La	112	31.55	35.10	44.98	50.5	56.7	60.9	64.5	49.62	10.14	48.39	9.27	73.0	14.00	0.20	50.5	46.00	正态分布	49.62	50.3	41.00
Li	112	17.63	19.07	22.35	26.80	42.25	52.0	57.0	32.07	12.95	29.76	7.57	62.0	15.00	0.40	26.80	27.00	对数正态分布	29.76	24.82	25.00
Mn	903	295	335	422	549	750	976	1082	605	246	558	40.14	1330	136	0.41	549	507	剔除后对数分布	558	442	440
Mo	873	0.62	0.70	0.83	1.02	1.33	1.66	1.92	1.11	0.39	1.05	1.41	2.32	0.39	0.35	1.02	1.05	对数正态分布	1.05	0.80	0.66
N	944	0.77	0.92	1.18	1.60	2.05	2.45	2.71	1.64	0.60	1.52	1.66	3.97	0.18	0.37	1.60	1.64	对数正态分布	1.52	1.34	1.28
Nb	112	18.70	19.41	20.25	24.05	26.57	31.68	34.01	24.63	5.36	24.14	6.29	53.7	17.60	0.22	24.05	20.10	对数正态分布	24.14	20.00	16.83
Ni	936	6.51	7.85	10.61	17.76	28.70	34.52	38.19	19.95	10.70	17.04	6.16	54.0	3.29	0.54	17.76	11.90	其他分布	11.90	10.80	35.00
P	944	0.27	0.32	0.47	0.84	1.47	2.20	2.73	1.11	0.88	0.84	2.11	6.04	0.10	0.80	0.84	0.40	正态分布	0.84	0.51	0.60
Pb	925	34.14	37.69	45.04	59.9	83.1	105	116	66.1	25.93	61.4	11.77	142	17.83	0.39	59.9	64.0	剔除后对数分布	61.4	35.00	32.00

第五章 土壤元素背景值

续表 5-6

元素/指标	N	$X_{5\%}$	$X_{10\%}$	$X_{25\%}$	$X_{50\%}$	$X_{75\%}$	$X_{90\%}$	$X_{95\%}$	$\bar{X}$	S	$\bar{X}_g$	S_g	X_{max}	X_{min}	CV	X_{me}	X_{mo}	分布类型	瓯海区背景值	温州市背景值	浙江省背景值
Rb	112	74.6	79.5	99.0	116	136	149	155	117	27.74	114	15.86	212	66.5	0.24	116	122	正态分布	117	124	120
S	111	154	165	185	294	420	531	583	317	147	286	28.41	722	131	0.46	294	334	其他分布	334	155	248
Sb	112	0.48	0.51	0.58	0.69	0.81	0.99	1.06	0.74	0.32	0.70	1.43	3.39	0.34	0.43	0.69	0.69	对数正态分布	0.70	0.45	0.53
Sc	112	7.05	7.30	8.10	9.70	11.30	12.49	12.79	9.77	2.02	9.57	3.80	17.70	5.60	0.21	9.70	9.10	正态分布	9.77	7.20	8.70
Se	888	0.27	0.31	0.37	0.45	0.53	0.65	0.72	0.46	0.13	0.44	1.72	0.82	0.11	0.28	0.45	0.39	其他分布	0.39	0.25	0.21
Sn	112	2.97	3.26	3.86	5.08	7.95	11.18	12.57	6.38	3.44	5.62	3.22	21.70	1.20	0.54	5.08	7.90	对数正态分布	5.62	3.40	3.60
Sr	112	25.09	31.73	39.00	54.0	84.0	93.9	99.0	60.7	25.55	55.1	10.76	132	15.80	0.42	54.0	84.0	对数正态分布	55.1	105	105
Th	99	11.70	12.68	14.20	16.10	17.10	17.82	18.40	15.66	2.14	15.51	4.90	20.60	10.20	0.14	16.10	16.00	剔除后正态分布	15.66	15.10	13.30
Ti	112	3012	3265	3859	4301	4774	5054	5138	4267	808	4194	124	8840	2339	0.19	4301	4242	正态分布	4267	3449	4665
Tl	944	0.53	0.56	0.69	0.79	0.93	1.03	1.08	0.81	0.19	0.79	1.30	2.92	0.35	0.24	0.79	0.94	正态分布	0.81	0.84	0.70
U	112	2.90	3.00	3.20	3.40	3.83	4.47	5.25	3.64	0.81	3.57	2.16	7.50	2.80	0.22	3.40	3.30	对数正态分布	3.57	3.36	2.90
V	930	33.15	38.00	48.70	71.8	95.2	107	113	72.4	26.97	67.1	12.26	160	18.20	0.37	71.8	90.2	其他分布	90.2	112	106
W	112	1.60	1.66	1.90	2.08	2.39	2.84	3.35	2.21	0.58	2.15	1.63	5.46	1.25	0.26	2.08	2.07	对数正态分布	2.15	2.01	1.80
Y	112	21.11	22.24	25.00	27.65	30.70	34.00	36.45	28.02	4.82	27.61	6.86	39.00	17.40	0.17	27.65	26.00	正态分布	28.02	30.00	25.00
Zn	944	69.4	77.1	94.8	128	170	208	237	140	70.5	128	17.94	999	40.20	0.50	128	162	对数正态分布	128	102	101
Zr	112	206	211	247	313	374	439	468	320	89.1	309	26.92	597	191	0.28	313	351	正态分布	320	315	243
SiO₂	112	63.2	63.7	65.6	67.8	71.9	74.2	74.8	68.5	4.04	68.4	11.36	76.4	54.5	0.06	67.8	68.6	正态分布	68.5	70.7	71.3
Al₂O₃	112	12.73	13.18	14.30	15.70	15.83	18.96	19.66	15.81	2.12	15.67	4.96	21.36	11.86	0.13	15.70	16.13	正态分布	15.81	14.48	13.20
TFe₂O₃	112	2.68	2.83	3.29	4.18	4.77	5.38	5.66	4.15	1.10	4.02	2.35	10.01	2.25	0.27	4.18	3.45	正态分布	4.15	3.62	3.74
MgO	112	0.34	0.37	0.41	0.52	0.92	1.22	1.34	0.67	0.33	0.60	1.68	1.45	0.32	0.49	0.52	0.37	对数正态分布	0.60	0.40	0.50
CaO	112	0.12	0.14	0.19	0.30	0.55	0.67	0.72	0.39	0.24	0.32	2.44	1.78	0.09	0.64	0.30	0.19	对数正态分布	0.32	0.20	0.24
Na₂O	112	0.14	0.14	0.21	0.41	0.78	0.91	0.92	0.49	0.30	0.39	2.28	1.13	0.10	0.61	0.41	0.25	偏峰分布	0.25	0.14	0.19
K₂O	932	1.12	1.36	2.03	2.54	2.82	3.04	3.24	2.39	0.63	2.29	1.80	4.03	0.82	0.26	2.54	2.60	其他分布	2.60	2.82	2.35
TC	112	0.90	1.00	1.25	1.62	2.02	2.34	2.46	1.64	0.51	1.56	1.52	2.74	0.57	0.31	1.62	1.48	正态分布	1.64	1.54	1.43
Corg	944	0.80	0.99	1.33	1.73	2.14	2.59	2.94	1.77	0.66	1.64	1.67	4.85	0.09	0.37	1.73	1.86	对数正态分布	1.64	1.10	1.31
pH	885	4.62	4.75	4.91	5.11	5.25	5.51	5.62	5.01	5.19	5.10	2.56	5.88	4.33	1.04	5.11	5.11	剔除后对数分布	5.10	5.02	5.10

表 5-7 平阳县土壤元素背景值参数统计表

元素/指标	N	$X_{5\%}$	$X_{10\%}$	$X_{25\%}$	$X_{50\%}$	$X_{75\%}$	$X_{90\%}$	$X_{95\%}$	$\overline{X}$	S	$\overline{X}_g$	S_g	X_{max}	X_{min}	CV	X_{me}	X_{mo}	分布类型	平阳县背景值	温州市背景值	浙江省背景值
Ag	238	47.70	59.0	76.2	99.0	124	156	181	107	50.8	97.2	14.42	357	28.00	0.48	99.0	110	对数正态分布	97.2	110	100.0
As	4480	2.08	2.50	3.27	4.30	5.63	7.20	8.21	4.59	1.83	4.23	2.54	10.20	0.47	0.40	4.30	5.20	剔除后对数正态分布	4.23	5.70	10.10
Au	238	0.89	1.00	1.37	2.00	2.90	4.23	6.76	2.82	5.91	2.07	2.11	89.2	0.56	2.09	2.00	1.80	对数正态分布	2.07	1.50	1.50
B	4786	8.82	10.82	15.10	22.21	43.10	58.3	64.1	29.15	18.14	23.98	7.50	85.2	2.86	0.62	22.21	20.00	其他分布	20.00	19.90	20.00
Ba	238	347	400	488	540	628	732	774	557	132	541	37.62	999	202	0.24	540	512	正态分布	557	510	475
Be	228	1.56	1.68	1.93	2.25	2.80	3.03	3.41	2.35	0.57	2.28	1.69	3.99	1.23	0.24	2.25	2.31	剔除后正态分布	2.35	1.95	2.00
Bi	217	0.32	0.36	0.42	0.51	0.59	0.72	0.80	0.52	0.14	0.50	1.62	0.91	0.25	0.27	0.51	0.52	剔除后正态分布	0.52	0.32	0.28
Br	238	2.40	2.70	3.50	4.50	6.35	9.43	12.01	5.56	3.40	4.86	2.86	21.80	1.70	0.61	4.50	3.70	对数正态分布	4.86	5.32	2.20
Cd	4641	0.06	0.07	0.12	0.17	0.22	0.27	0.31	0.17	0.07	0.15	3.09	0.38	0.003	0.43	0.17	0.13	其他分布	0.13	0.12	0.14
Ce	238	83.0	86.5	92.4	99.8	109	118	123	102	14.55	101	14.41	196	68.4	0.14	99.8	108	正态分布	102	99.1	102
Cl	238	40.10	42.97	55.0	71.0	90.0	118	131	76.6	30.37	71.5	11.96	234	33.20	0.40	71.0	80.0	对数正态分布	71.5	71.0	71.0
Co	4675	3.61	4.45	6.23	9.23	13.06	15.83	16.97	9.75	4.30	8.74	3.91	23.87	0.74	0.44	9.23	10.60	其他分布	10.60	10.10	14.80
Cr	4755	15.19	18.88	26.87	41.77	73.7	92.9	98.3	49.93	28.22	41.91	10.04	145	2.99	0.57	41.77	27.00	其他分布	27.00	17.00	82.0
Cu	4688	8.38	10.01	13.97	21.21	27.39	31.95	35.61	21.20	8.57	19.29	6.20	48.16	2.50	0.40	21.21	15.40	其他分布	15.40	13.20	16.00
F	238	280	306	353	426	537	641	719	458	157	437	33.79	1734	203	0.34	426	388	对数正态分布	437	401	453
Ga	238	17.30	18.00	18.90	20.30	21.70	23.03	23.91	20.41	2.13	20.31	5.70	29.10	14.60	0.10	20.30	20.40	正态分布	20.41	18.82	16.00
Ge	4674	1.15	1.21	1.31	1.42	1.52	1.62	1.69	1.42	0.16	1.41	1.25	1.86	0.99	0.11	1.42	1.44	剔除后正态分布	1.42	1.49	1.44
Hg	4649	0.04	0.05	0.08	0.12	0.18	0.24	0.27	0.13	0.07	0.11	3.51	0.35	0.01	0.53	0.12	0.10	偏峰分布	0.10	0.11	0.110
I	238	1.35	1.60	2.33	4.00	7.75	10.73	12.01	5.44	3.96	4.19	3.09	21.70	0.73	0.73	4.00	2.65	对数正态分布	4.19	1.60	1.70
La	238	39.00	42.00	47.00	52.00	58.0	66.0	70.1	52.9	9.54	52.1	9.86	89.5	28.00	0.18	52.0	51.0	正态分布	52.9	50.3	41.00
Li	238	17.00	18.00	20.00	24.00	32.00	52.0	55.1	28.74	12.60	26.55	6.92	64.0	14.80	0.44	24.00	20.00	对数正态分布	26.55	24.82	25.00
Mn	4575	274	325	413	538	754	1015	1147	605	264	551	38.43	1370	32.32	0.44	538	528	其他分布	528	442	440
Mo	4485	0.54	0.60	0.73	0.98	1.39	1.84	2.11	1.11	0.49	1.01	1.52	2.65	0.29	0.44	0.98	0.91	其他分布	0.91	0.80	0.66
N	4722	0.50	0.73	1.06	1.52	2.16	2.81	3.19	1.65	0.80	1.44	1.92	3.88	0.09	0.48	1.52	1.51	其他分布	1.51	1.34	1.28
Nb	238	17.90	18.80	20.20	22.00	24.60	27.89	31.46	22.83	4.08	22.51	6.10	39.40	16.60	0.18	22.00	20.20	对数正态分布	22.51	20.00	16.83
Ni	4768	5.11	6.35	9.42	14.60	26.65	38.73	41.42	18.79	11.98	15.12	5.93	52.2	0.10	0.64	14.60	16.00	正态分布	16.00	10.80	35.00
P	4596	0.18	0.25	0.39	0.56	0.76	0.99	1.14	0.59	0.28	0.52	1.89	1.38	0.01	0.47	0.56	0.61	对数正态分布	0.52	0.51	0.60
Pb	4455	28.07	31.34	36.65	42.42	49.92	59.1	64.8	43.82	10.70	42.53	9.06	75.5	15.38	0.24	42.42	43.00	剔除后对数分布	43.00	35.00	32.00

第五章 土壤元素背景值

续表 5-7

元素/指标	N	$X_{5\%}$	$X_{10\%}$	$X_{25\%}$	$X_{50\%}$	$X_{75\%}$	$X_{90\%}$	$X_{95\%}$	$\overline{X}$	S	$\overline{X}_g$	S_g	X_{max}	X_{min}	CV	X_{me}	X_{mo}	分布类型	平阳县背景值	温州市背景值	浙江省背景值
Rb	238	90.7	98.2	107	120	139	150	155	123	21.48	121	15.99	216	80.0	0.17	120	140	正态分布	123	124	120
S	238	146	160	176	234	322	385	472	266	124	245	24.34	1038	122	0.47	234	174	对数正态分布	245	155	248
Sb	238	0.45	0.49	0.55	0.65	0.76	0.92	1.07	0.73	0.43	0.67	1.48	4.62	0.39	0.59	0.65	0.63	对数正态分布	0.67	0.45	0.53
Sc	238	7.19	7.87	8.72	9.90	11.57	13.70	14.53	10.34	2.32	10.10	3.86	17.60	5.20	0.22	9.90	10.00	对数正态分布	10.10	7.20	8.70
Se	4364	0.18	0.20	0.23	0.28	0.34	0.43	0.48	0.30	0.09	0.28	2.20	0.58	0.04	0.31	0.28	0.25	其他分布	0.25	0.25	0.21
Sn	238	2.69	3.40	4.29	5.78	7.60	10.76	13.01	6.70	4.32	5.87	3.13	38.80	1.90	0.65	5.78	3.90	对数正态分布	5.87	3.40	3.60
Sr	238	36.90	42.00	54.6	73.0	103	115	124	77.9	29.80	72.1	12.03	176	24.50	0.38	73.0	103	正态分布	77.9	105	105
Th	238	11.65	12.50	13.62	15.40	17.20	19.53	21.40	15.72	3.01	15.44	4.92	26.30	8.14	0.19	15.40	15.00	剔除后正态分布	15.72	15.10	13.30
Ti	223	3458	3744	4220	4649	5152	5569	5976	4686	740	4626	130	6703	2841	0.16	4649	4623	对数正态分布	4686	3449	4665
Tl	238	0.74	0.78	0.85	0.94	1.07	1.22	1.30	0.99	0.25	0.97	1.23	3.20	0.56	0.25	0.94	1.04	对数正态分布	0.97	0.84	0.70
U	238	2.70	2.80	3.10	3.63	4.30	4.93	5.32	3.78	0.89	3.68	2.19	8.20	2.03	0.24	3.63	3.10	对数正态分布	3.68	3.36	2.90
V	4661	34.56	40.82	54.9	76.0	103	115	124	78.7	29.74	72.6	12.68	176	10.78	0.38	76.0	62.0	其他分布	62.0	112	106
W	238	1.51	1.62	1.81	2.04	2.44	2.89	3.13	2.23	0.80	2.14	1.67	9.54	1.23	0.36	2.04	1.93	对数正态分布	2.14	2.01	1.80
Y	238	22.00	23.47	26.00	29.00	35.00	34.33	36.91	29.02	4.47	28.69	7.02	45.00	20.30	0.15	29.00	31.00	正态分布	29.02	30.00	25.00
Zn	4684	59.4	67.1	82.8	102	120	133	143	102	25.72	98.1	14.75	177	33.63	0.25	102	105	其他分布	105	102	101
Zr	238	201	219	292	332	379	428	468	336	84.1	326	28.63	813	185	0.25	332	316	正态分布	336	315	243
SiO_2	238	60.6	62.5	65.5	68.1	70.5	72.9	75.0	67.9	4.19	67.8	11.38	78.0	56.7	0.06	68.1	68.0	对数正态分布	67.9	70.7	71.3
Al_2O_3	238	13.09	13.85	14.77	15.72	15.99	18.85	19.98	16.04	2.05	15.92	4.95	22.60	11.11	0.13	15.72	15.52	对数正态分布	15.92	14.48	13.20
TFe_2O_3	238	2.88	3.20	3.74	4.35	5.22	5.92	6.78	4.54	1.20	4.39	2.44	9.78	2.04	0.27	4.35	3.74	对数正态分布	4.39	3.62	3.74
MgO	238	0.35	0.37	0.47	0.60	0.78	1.37	1.59	0.71	0.40	0.63	1.71	2.37	0.25	0.56	0.60	0.60	对数正态分布	0.63	0.40	0.50
CaO	238	0.14	0.15	0.22	0.34	0.56	0.74	0.86	0.42	0.31	0.35	2.41	2.59	0.09	0.73	0.34	0.15	对数正态分布	0.35	0.20	0.24
Na_2O	238	0.14	0.16	0.22	0.42	0.73	0.98	1.07	0.50	0.31	0.40	2.38	1.39	0.10	0.63	0.42	0.20	其他分布	0.40	0.14	0.19
K_2O	4428	1.57	1.79	2.28	2.61	2.84	3.14	3.37	2.55	0.51	2.50	1.79	3.83	1.25	0.20	2.61	2.84	其他分布	2.84	2.82	2.35
TC	238	0.84	0.98	1.21	1.44	1.72	1.94	2.40	1.52	0.58	1.44	1.47	5.55	0.55	0.38	1.44	1.54	对数正态分布	1.44	1.54	1.43
Corg	4705	0.55	0.77	1.13	1.58	2.20	2.85	3.19	1.70	0.79	1.49	1.90	3.85	0.02	0.46	1.58	1.32	其他分布	1.32	1.10	1.31
pH	4453	4.51	4.63	4.84	5.08	5.35	5.71	5.95	4.95	4.98	5.12	2.58	6.33	4.05	1.01	5.08	4.93	其他分布	4.93	5.02	5.10

标背景值则与浙江省背景值基本接近。

八、瑞安市土壤元素背景值

瑞安市土壤元素背景值数据经正态分布检验,结果表明,原始数据中 Ce、Ga、La、Rb、Ti、Zr、SiO_2、TC 符合正态分布,Be、Br、Cl、I、Li、Sb、Sc、Th、W、Al_2O_3、TFe_2O_3、CaO、Corg 共 13 项元素/指标符合对数正态分布,Ag、Bi 剔除异常值后符合正态分布,Au、Cd、Sn、U、Zn、MgO、pH 剔除异常值后符合对数正态分布,其他元素/指标不符合正态分布或对数正态分布(表 5-8)。

瑞安市表层土壤总体呈酸性,土壤 pH 背景值为 4.89,极大值为 6.84,极小值为 3.68,接近于温州市背景值和浙江省背景值。

瑞安市表层土壤各元素/指标中,一多半元素/指标变异系数小于 0.40,分布相对均匀;N、Mo、P、Se、MgO、Corg、Sr、V、Cu、Li、Mn、Co、As、Hg、Cr、Na_2O、B、Br、Au、Ni、I、Sb、CaO、pH、Cl 共 25 项元素指标变异系数大于 0.40,其中 Sb、CaO、pH、Cl 变异系数大于 0.80,空间变异性较大。

与温州市土壤元素背景值相比,瑞安市土壤元素背景值中 Se、Sn、Sb、Sc、Cd、Corg、Ti 背景值略高于温州市背景值,与温州市背景值比值在 1.2~1.4 之间;而 Mn、I、CaO、F、Bi、Cr 背景值明显偏高,与温州市背景值比值在 1.4 以上,其中 Mn、I 明显富集,背景值与温州市背景值比值在 2.0 以上;其他元素/指标背景值则与温州市背景值基本接近。

与浙江省土壤元素背景值相比,瑞安县土壤元素背景值中 Cr、Ni 明显低于浙江省背景值,在浙江省背景值的 60% 以下;As、Co、S、Na_2O 背景值略低于浙江省背景值,是浙江省背景值的 60%~80%;Ga、Sn、W、Zr、K_2O、Y 背景值略高于浙江省背景值,与浙江省背景值比值在 1.2~1.4 之间;Bi、Br、F、I、Mn、Se、CaO 背景值明显偏高,与浙江省背景值比值在 1.4 以上;其他元素/指标背景值则与浙江省背景值基本接近。

九、泰顺县土壤元素背景值

泰顺县土壤元素背景值数据经正态分布检验,结果表明,原始数据中 Ba、Ga、Ti、SiO_2、Al_2O_3、TFe_2O_3 符合正态分布,Au、Bi、Ce、Cl、F、I、La、Li、Nb、P、Rb、Sb、Sc、Sr、Th、U、W、Y、Zn、MgO、CaO、Na_2O、K_2O、TC 共 24 项元素/指标符合对数正态分布,Sn、pH 剔除异常值后符合正态分布,Ag、B、Be、Br、Co、Cr、Cu、Ge、Mn、N、Ni、Pb、Zr 共 13 项元素/指标剔除异常值后符合对数正态分布,其他元素/指标不符合正态分布或对数正态分布(表 5-9)。

泰顺县表层土壤总体呈酸性,土壤 pH 背景值为 4.92,极大值为 5.81,极小值为 4.23,与温州市背景值和浙江省背景值基本接近。

泰顺县表层土壤各元素/指标中,大多数变异系数小于 0.40,分布相对均匀;Zn、Cd、Cr、TC、Ni、Sr、V、Co、Mn、CaO、Mo、As、Br、P、Na_2O、Bi、Au、pH、I 共 19 项元素/指标变异系数大于 0.40,其中 Au、pH、I 变异系数大于 0.80,空间变异性较大。

与温州市土壤元素背景值相比,泰顺县土壤元素背景值中 As、Co、Sr、V 背景值明显低于温州市背景值,为温州市背景值的 60% 以下;Br、P、Zn、Mn、Mo、K_2O、Ni、Cu、Hg、Cl、Au 背景值略低于温州市背景值,为温州市背景值的 60%~80%;Nb、Bi、W 背景值略高于温州市背景值,与温州市背景值比值在 1.2~1.4 之间;而 I、Na_2O 背景值明显偏高,与温州市背景值比值在 1.4 以上;其他元素/指标背景值则与温州市背景值基本接近。

与浙江省土壤元素背景值相比,泰顺县土壤元素背景值中 As、Co、Cr、Cu、Ni、S、Sr、V 背景值明显低于浙江省背景值,不足浙江省背景值的 60%;Au、Cd、Cl、Hg、Mn、P、Ti、Zn、CaO 背景值略低于浙江省背景值,是浙江省背景值的 60%~80%;La、Zr 背景值略高于浙江省背景值,与浙江省背景值比值在 1.2~1.4 之间;

第五章 土壤元素背景值

表 5-8 瑞安市土壤元素背景值参数统计表

元素/指标	N	$X_{5\%}$	$X_{10\%}$	$X_{25\%}$	$X_{50\%}$	$X_{75\%}$	$X_{90\%}$	$X_{95\%}$	$\bar{X}$	S	$\bar{X}_g$	S_g	X_{max}	X_{min}	CV	X_{me}	X_{mo}	分布类型	瑞安市背景值	温州市背景值	浙江省背景值
Ag	297	47.00	57.6	80.0	97.0	120	144	160	99.9	32.24	94.4	14.20	190	31.00	0.32	97.0	110	剔除后正态分布	99.9	110	100.0
As	3883	1.85	2.30	3.53	5.27	7.53	11.55	12.72	5.99	3.28	5.13	3.01	14.71	0.62	0.55	5.27	6.50	其他分布	6.50	5.70	10.10
Au	292	0.68	0.87	1.15	1.65	2.80	3.99	4.84	2.10	1.32	1.75	2.06	6.20	0.15	0.63	1.65	2.00	剔除后对数分布	1.75	1.50	1.50
B	4005	10.94	12.93	17.66	27.02	57.9	69.4	74.0	36.02	22.02	29.50	8.06	102	3.32	0.61	27.02	18.00	其他分布	18.00	19.90	20.00
Ba	307	250	313	416	508	575	648	721	493	130	474	35.46	803	174	0.26	508	510	其他分布	510	510	475
Be	313	1.55	1.65	1.90	2.22	2.73	3.00	3.28	2.38	0.87	2.28	1.77	11.00	1.20	0.36	2.22	2.18	对数正态分布	2.28	1.95	2.00
Bi	291	0.28	0.31	0.40	0.51	0.60	0.75	0.82	0.52	0.16	0.49	1.67	0.97	0.22	0.31	0.51	0.52	剔除后正态分布	0.52	0.32	0.28
Br	313	2.50	2.82	3.85	5.30	7.80	11.56	14.82	6.40	3.97	5.51	3.03	25.60	1.60	0.62	5.30	3.80	剔除后对数分布	5.51	5.32	2.20
Cd	3844	0.07	0.08	0.12	0.16	0.21	0.25	0.28	0.16	0.06	0.15	3.10	0.35	0.01	0.39	0.16	0.12	对数正态分布	0.15	0.12	0.14
Ce	313	71.0	79.7	87.1	97.4	108	122	126	98.2	17.20	96.6	13.96	164	48.90	0.18	97.4	104	正态分布	98.2	99.1	102
Cl	313	40.06	43.42	52.2	68.4	83.3	123	149	99.9	195	73.7	13.06	2660	32.60	1.95	68.4	72.0	对数正态分布	73.7	71.0	71.0
Co	3988	2.92	3.50	4.97	8.39	14.01	16.78	17.85	9.46	5.11	8.04	3.86	27.41	0.94	0.54	8.39	10.49	其他分布	10.49	10.10	14.80
Cr	3969	16.80	19.53	25.40	38.37	73.6	91.8	100.0	48.97	28.66	41.15	9.48	145	7.13	0.59	38.37	24.00	其他分布	24.00	17.00	82.0
Cu	3881	8.42	9.90	13.20	19.72	30.45	38.10	43.13	22.35	11.24	19.64	6.19	58.5	2.50	0.50	19.72	13.90	其他分布	13.90	13.20	16.00
F	301	264	292	329	380	482	638	681	419	128	401	33.16	733	108	0.31	380	668	对数正态分布	668	401	453
Ga	313	16.46	17.20	18.40	20.10	21.70	23.18	24.24	20.11	2.34	19.98	5.64	27.10	14.30	0.12	20.10	19.70	正态分布	20.11	18.82	16.00
Ge	3813	1.19	1.25	1.38	1.49	1.59	1.67	1.72	1.48	0.16	1.47	1.28	1.93	1.03	0.11	1.49	1.48	偏峰分布	1.48	1.49	1.44
Hg	3663	0.05	0.05	0.07	0.09	0.15	0.22	0.26	0.12	0.07	0.10	3.76	0.34	0.01	0.58	0.09	0.10	其他分布	0.10	0.11	0.110
I	313	1.40	1.69	2.54	4.52	8.53	12.15	15.14	5.94	4.50	4.50	3.11	24.40	0.54	0.76	4.52	2.54	其他正态分布	4.50	1.60	1.70
La	313	34.76	39.56	43.00	48.00	53.0	58.9	63.8	48.44	8.84	47.62	9.33	86.0	15.00	0.18	48.00	48.00	对数正态分布	48.44	50.3	41.00
Li	313	15.88	17.02	19.00	23.60	33.00	57.8	61.0	29.21	14.50	26.44	7.23	70.0	13.90	0.50	23.60	20.00	对数正态分布	26.44	24.82	25.00
Mn	3967	259	304	400	567	389	1202	1282	662	332	582	39.72	1642	78.8	0.50	567	1316	其他分布	1316	442	440
Mo	3699	0.56	0.64	0.78	1.04	1.42	1.87	2.14	1.15	0.48	1.06	1.50	2.70	0.28	0.42	1.04	0.77	其他分布	0.77	0.80	0.66
N	3901	0.66	0.78	0.97	1.26	1.73	2.29	2.58	1.40	0.58	1.28	1.61	3.00	0.14	0.41	1.26	1.36	其他分布	1.36	1.34	1.28
Nb	311	18.50	18.90	20.05	24.50	29.40	33.30	35.55	25.31	5.68	24.70	6.29	41.50	13.10	0.22	24.50	19.30	其他分布	19.30	20.00	16.83
Ni	3978	7.25	8.52	10.78	16.20	33.02	43.07	46.82	21.75	13.69	17.89	6.02	66.2	1.57	0.63	16.20	10.11	其他分布	10.11	10.80	35.00
P	3865	0.20	0.25	0.39	0.59	0.78	0.99	1.11	0.61	0.28	0.54	1.83	1.40	0.07	0.45	0.59	0.59	其他分布	0.59	0.51	0.60
Pb	3721	29.83	31.90	36.48	42.97	52.3	63.8	70.4	45.47	12.53	43.86	9.26	83.8	11.03	0.28	42.97	37.00	其他分布	37.00	35.00	32.00

续表 5-8

元素/指标	N	$X_{5\%}$	$X_{10\%}$	$X_{25\%}$	$X_{50\%}$	$X_{75\%}$	$X_{90\%}$	$X_{95\%}$	$\bar{X}$	S	$\bar{X}_g$	S_g	X_{max}	X_{min}	CV	X_{me}	X_{mo}	分布类型	瑞安市背景值	温州市背景值	浙江省背景值
Rb	313	85.7	91.5	106	120	136	149	153	121	20.89	119	16.09	170	72.0	0.17	120	119	正态分布	121	124	120
S	294	144	153	171	197	283	354	398	232	81.7	220	23.39	483	125	0.35	197	186	其他分布	186	155	248
Sb	313	0.34	0.38	0.44	0.57	0.71	0.88	0.97	0.65	0.63	0.58	1.65	8.18	0.26	0.96	0.57	0.41	对数正态分布	0.58	0.45	0.53
Sc	313	6.06	6.80	7.70	9.20	11.00	12.90	13.80	9.49	2.38	9.20	3.75	17.40	4.50	0.25	9.20	9.30	对数正态分布	9.20	7.20	8.70
Se	3797	0.14	0.17	0.24	0.33	0.45	0.60	0.68	0.36	0.16	0.32	2.19	0.81	0.08	0.45	0.33	0.33	其他分布	0.33	0.25	0.21
Sn	288	2.70	3.16	3.70	4.30	5.20	6.52	7.23	4.59	1.34	4.40	2.48	8.60	2.00	0.29	4.30	4.00	剔除后对数分布	4.40	3.40	3.60
Sr	311	23.00	27.80	39.05	62.0	94.2	110	115	65.9	31.09	58.0	11.71	129	16.10	0.47	62.0	109	其他分布	109	105	105
Th	313	11.70	12.12	13.60	15.10	17.40	21.28	25.02	16.04	4.04	15.62	5.00	36.90	8.47	0.25	15.10	13.60	对数正态分布	15.62	15.10	13.30
Ti	313	2779	3034	3509	4174	4867	5200	5309	4168	846	4079	124	7274	2143	0.20	4174	4250	正态分布	4168	3449	4665
Tl	3733	0.59	0.65	0.73	0.81	0.90	1.03	1.11	0.82	0.15	0.81	1.24	1.23	0.44	0.18	0.81	0.80	其他分布	0.80	0.84	0.70
U	281	2.61	2.70	2.90	3.15	3.50	4.00	4.20	3.25	0.50	3.21	2.00	4.81	2.24	0.15	3.15	3.00	剔除后对数分布	3.21	3.36	2.90
V	3979	26.21	30.84	41.59	61.9	98.2	111	117	68.6	32.13	60.8	11.51	184	9.16	0.47	61.9	110	其他分布	110	112	106
W	313	1.59	1.70	1.89	2.17	2.56	3.09	3.46	2.32	0.69	2.24	1.70	8.36	1.25	0.30	2.17	2.26	对数正态分布	2.24	2.01	1.80
Y	305	21.00	22.60	25.00	28.00	30.00	31.66	33.26	27.63	3.81	27.36	6.80	37.00	18.00	0.14	28.00	30.00	偏峰分布	30.00	30.00	25.00
Zn	3756	61.4	69.5	84.0	103	120	139	154	103	27.17	99.8	14.71	182	34.37	0.26	103	107	剔除后对数分布	99.8	102	101
Zr	313	193	202	270	327	389	442	471	329	86.7	318	27.24	608	167	0.26	327	312	正态分布	329	315	243
SiO$_2$	313	60.4	62.1	65.7	69.1	71.7	73.9	75.7	68.6	4.45	68.5	11.45	78.9	57.8	0.06	69.1	70.2	正态分布	68.6	70.7	71.3
Al$_2$O$_3$	313	12.34	13.01	14.27	15.50	16.49	18.11	19.33	15.54	2.02	15.42	4.84	22.50	10.16	0.13	15.50	15.98	对数正态分布	15.42	14.48	13.20
TFe$_2$O$_3$	313	2.45	2.61	3.18	3.90	4.96	6.06	6.27	4.12	1.23	3.94	2.38	7.39	1.82	0.30	3.90	3.51	对数正态分布	3.94	3.62	3.74
MgO	266	0.31	0.33	0.37	0.46	0.60	0.84	1.14	0.52	0.23	0.48	1.71	1.32	0.22	0.45	0.46	0.34	剔除后正态分布	0.48	0.40	0.50
CaO	313	0.12	0.13	0.19	0.31	0.57	1.03	1.52	0.48	0.47	0.34	2.61	2.70	0.06	0.99	0.31	0.14	对数正态分布	0.34	0.20	0.24
Na$_2$O	313	0.14	0.16	0.28	0.51	0.89	1.07	1.17	0.59	0.35	0.48	2.20	1.44	0.10	0.59	0.51	0.15	其他分布	0.15	0.14	0.19
K$_2$O	3892	1.43	1.68	2.21	2.63	2.93	3.15	3.35	2.55	0.57	2.47	1.79	4.08	1.04	0.23	2.63	2.91	正态分布	2.91	2.82	2.35
TC	313	0.81	0.93	1.10	1.37	1.69	2.02	2.18	1.42	0.44	1.36	1.43	3.21	0.56	0.31	1.37	1.50	对数正态分布	1.42	1.54	1.43
Corg	4005	0.66	0.75	1.01	1.37	1.87	2.43	2.95	1.51	0.70	1.36	1.68	5.67	0.13	0.46	1.37	1.30	对数正态分布	1.36	1.10	1.31
pH	3476	4.19	4.29	4.51	4.80	5.17	5.63	5.99	4.65	4.67	4.89	2.54	6.84	3.68	1.00	4.80	4.52	剔除后对数分布	4.89	5.02	5.10

第五章 土壤元素背景值

表5-9 泰顺县土壤元素背景值参数统计表

元素/指标	N	$X_{5\%}$	$X_{10\%}$	$X_{25\%}$	$X_{50\%}$	$X_{75\%}$	$X_{90\%}$	$X_{95\%}$	$\bar{X}$	S	$\bar{X}_g$	S_g	X_{max}	X_{min}	CV	X_{me}	X_{mo}	分布类型	泰顺县背景值	温州市背景值	浙江省背景值
Ag	391	64.0	67.0	76.0	87.0	105	130	140	92.1	22.53	89.5	13.43	150	45.00	0.24	87.0	110	剔除后对数分布	89.5	110	100.0
As	3536	1.44	1.70	2.27	3.13	4.58	6.44	7.68	3.66	1.89	3.23	2.38	9.66	0.64	0.52	3.13	2.45	其他分布	2.45	5.70	10.10
Au	418	0.52	0.57	0.69	0.88	1.18	1.63	2.09	1.09	1.11	0.94	1.59	19.70	0.36	1.03	0.88	0.65	对数正态分布	0.94	1.50	1.50
B	3662	9.90	12.00	15.80	20.70	27.20	34.30	38.89	22.04	8.59	20.34	6.15	47.20	2.10	0.39	20.70	19.80	剔除后对数分布	20.34	19.90	20.00
Ba	418	200	246	326	440	550	645	705	449	181	416	33.18	1629	117	0.40	440	398	正态分布	449	510	475
Be	389	1.52	1.61	1.82	2.02	2.29	2.59	2.82	2.08	0.37	2.04	1.57	3.16	1.22	0.18	2.02	2.00	剔除后对数分布	2.04	1.95	2.00
Bi	418	0.22	0.24	0.29	0.38	0.54	0.74	0.98	0.47	0.37	0.41	2.02	4.50	0.16	0.78	0.38	0.25	对数正态分布	0.41	0.32	0.28
Br	395	1.80	2.10	2.80	3.90	6.70	9.66	11.30	4.97	3.01	4.20	2.68	13.70	1.10	0.61	3.90	3.00	剔除后对数分布	4.20	5.32	2.20
Cd	3684	0.05	0.06	0.08	0.12	0.15	0.20	0.22	0.12	0.05	0.11	3.75	0.26	0.01	0.42	0.12	0.11	其他分布	0.11	0.12	0.14
Ce	418	75.0	79.4	88.9	98.0	110	124	138	101	20.26	99.5	14.24	187	57.9	0.20	98.0	110	对数正态分布	99.5	99.1	102
Cl	418	32.19	33.97	37.30	43.20	51.3	63.4	76.8	46.74	13.92	45.06	9.20	112	25.80	0.30	43.20	44.00	剔除后对数分布	45.06	71.0	71.0
Co	3554	1.75	2.11	2.89	4.15	5.82	7.82	9.22	4.59	2.24	4.08	2.64	11.52	0.43	0.49	4.15	3.67	剔除后对数分布	4.08	10.10	14.80
Cr	3608	8.60	10.10	12.80	17.40	23.40	30.60	35.00	18.93	8.00	17.31	5.71	43.50	1.60	0.42	17.40	12.10	剔除后对数分布	17.31	17.00	82.0
Cu	3582	4.59	5.35	6.83	8.91	11.59	14.78	17.00	9.52	3.67	8.84	3.86	20.48	1.93	0.39	8.91	10.80	剔除后对数分布	8.84	13.20	16.00
F	418	264	292	332	385	456	535	592	403	105	391	31.37	969	169	0.26	385	325	对数正态分布	391	401	453
Ga	418	13.79	14.47	16.02	17.90	20.00	21.70	23.00	18.13	3.00	17.90	5.30	42.10	12.10	0.17	17.90	16.50	正态分布	18.13	18.82	16.00
Ge	3727	1.17	1.24	1.36	1.48	1.61	1.74	1.84	1.49	0.19	1.47	1.30	2.01	0.99	0.13	1.48	1.52	剔除后对数分布	1.47	1.49	1.44
Hg	3674	0.04	0.04	0.06	0.07	0.09	0.11	0.13	0.08	0.03	0.07	4.45	0.15	0.01	0.35	0.07	0.07	偏峰分布	0.07	0.11	0.110
I	418	0.66	0.87	1.33	2.79	5.82	9.86	13.00	4.41	4.64	2.84	2.97	34.20	0.33	1.05	2.79	0.73	对数正态分布	2.84	1.60	1.70
La	418	41.60	43.97	47.73	52.5	58.7	66.1	69.1	53.7	8.90	53.0	9.94	98.1	33.80	0.17	52.5	54.1	对数正态分布	53.0	50.3	41.00
Li	418	18.88	20.07	22.60	25.85	29.88	37.83	42.41	27.87	9.93	26.72	6.68	113	14.50	0.36	25.85	25.10	剔除后对数分布	26.72	24.82	25.00
Mn	3615	132	158	214	308	443	607	712	347	174	306	28.99	875	61.1	0.50	308	286	其他分布	306	442	440
Mo	3536	0.35	0.40	0.51	0.71	1.03	1.45	1.70	0.82	0.42	0.73	1.65	2.16	0.17	0.51	0.71	0.55	对数正态分布	0.55	0.80	0.66
N	3723	0.54	0.71	0.96	1.22	1.53	1.85	2.04	1.25	0.44	1.16	1.56	2.47	0.09	0.36	1.22	1.25	剔除后对数分布	1.16	1.34	1.28
Nb	418	18.90	20.37	22.70	25.70	29.20	34.39	37.00	26.45	5.40	25.93	6.58	55.5	15.60	0.20	25.70	24.10	剔除后对数分布	25.93	20.00	16.83
Ni	3609	3.59	4.21	5.43	7.55	10.09	13.11	15.07	8.10	3.47	7.39	3.59	18.64	1.11	0.43	7.55	4.52	剔除后对数分布	7.39	10.80	35.00
P	3844	0.15	0.19	0.27	0.40	0.59	0.82	1.03	0.47	0.30	0.40	2.14	3.15	0.06	0.64	0.40	0.33	对数正态分布	0.40	0.51	0.60
Pb	3553	24.10	26.40	30.50	36.10	43.20	51.1	56.5	37.52	9.75	36.31	8.28	68.2	13.30	0.26	36.10	30.30	剔除后对数分布	36.31	35.00	32.00

续表 5-9

元素/指标	N	$X_{5\%}$	$X_{10\%}$	$X_{25\%}$	$X_{50\%}$	$X_{75\%}$	$X_{90\%}$	$X_{95\%}$	$\bar{X}$	S	$\bar{X}_g$	S_g	X_{max}	X_{min}	CV	X_{me}	X_{mo}	分布类型	泰顺县背景值	温州市背景值	浙江省背景值
Rb	418	89.0	92.3	104	116	131	148	160	120	24.14	117	15.70	245	63.8	0.20	116	120	对数正态分布	117	124	120
S	395	114	120	134	148	169	192	199	152	26.49	150	18.07	230	98.2	0.17	148	134	偏峰分布	134	155	248
Sb	418	0.32	0.34	0.40	0.46	0.57	0.69	0.86	0.51	0.18	0.48	1.68	1.75	0.24	0.36	0.46	0.42	对数正态分布	0.48	0.45	0.53
Sc	418	5.00	5.20	6.20	7.40	8.50	9.83	10.51	7.50	1.80	7.29	3.22	16.20	4.00	0.24	7.40	6.70	对数正态分布	7.29	7.20	8.70
Se	3590	0.14	0.16	0.19	0.25	0.33	0.43	0.49	0.27	0.11	0.25	2.33	0.60	0.07	0.39	0.25	0.22	偏峰分布	0.22	0.25	0.21
Sn	383	2.41	2.62	2.84	3.34	3.77	4.32	4.88	3.39	0.69	3.32	2.06	5.39	2.07	0.20	3.34	3.52	剔除后正态分布	3.39	3.40	3.60
Sr	418	17.50	19.91	26.40	35.10	44.42	56.5	68.6	37.35	16.26	34.38	8.07	120	13.70	0.44	35.10	29.20	对数正态分布	34.38	105	105
Th	418	10.57	11.60	13.50	15.30	17.77	21.23	22.90	15.91	3.99	15.46	4.88	39.40	7.62	0.25	15.30	14.60	对数正态分布	15.46	15.10	13.30
Ti	418	2334	2524	2942	3582	4220	4879	5190	3638	885	3532	113	6646	1949	0.24	3582	3716	正态分布	3638	3449	4665
Tl	3731	0.51	0.57	0.67	0.79	0.95	1.12	1.21	0.82	0.21	0.79	1.33	1.41	0.32	0.26	0.79	0.68	其他分布	0.68	0.84	0.70
U	418	2.48	2.65	3.00	3.33	3.81	4.36	5.17	3.51	0.85	3.42	2.09	8.70	1.94	0.24	3.33	3.23	对数正态分布	3.42	3.36	2.90
V	3653	16.90	19.90	26.90	38.50	53.3	69.4	79.3	41.81	19.00	37.63	8.69	99.7	7.30	0.45	38.50	19.30	偏峰分布	19.30	112	106
W	418	1.59	1.75	2.10	2.52	3.08	3.94	4.28	2.69	0.93	2.56	1.84	7.26	1.28	0.35	2.52	2.73	对数正态分布	2.56	2.01	1.80
Y	418	20.20	20.97	23.60	26.40	31.10	35.73	38.60	27.71	6.19	27.11	6.79	80.1	16.60	0.22	26.40	25.80	对数正态分布	27.11	30.00	25.00
Zn	3845	45.22	50.5	60.6	74.2	93.8	118	138	81.3	32.93	76.1	12.91	440	25.50	0.41	74.2	66.0	对数正态分布	76.1	102	101
Zr	404	228	247	279	316	366	418	444	326	65.2	319	28.15	510	168	0.20	316	304	剔除后对数分布	319	315	243
SiO₂	418	65.6	67.2	70.2	73.5	76.3	78.3	79.3	73.0	4.25	72.9	11.91	81.1	59.9	0.06	73.5	72.4	正态分布	73.0	70.7	71.3
Al₂O₃	418	10.44	10.79	11.95	13.36	15.11	16.35	17.22	13.56	2.13	13.40	4.49	21.08	9.41	0.16	13.36	11.71	正态分布	13.56	14.48	13.20
TFe₂O₃	418	1.99	2.13	2.58	3.21	3.80	4.60	4.91	3.29	0.95	3.17	2.05	6.96	1.54	0.29	3.21	2.08	正态分布	3.29	3.62	3.74
MgO	418	0.27	0.30	0.35	0.44	0.55	0.69	0.75	0.47	0.16	0.44	1.76	1.35	0.21	0.34	0.44	0.36	对数正态分布	0.44	0.40	0.50
CaO	418	0.11	0.13	0.15	0.18	0.23	0.28	0.33	0.20	0.10	0.19	2.74	1.23	0.09	0.50	0.18	0.15	对数正态分布	0.19	0.20	0.24
Na₂O	418	0.11	0.12	0.14	0.21	0.32	0.47	0.59	0.26	0.17	0.22	2.79	1.58	0.09	0.65	0.21	0.14	对数正态分布	0.22	0.14	0.19
K₂O	3844	1.01	1.20	1.56	2.00	2.48	2.95	3.30	2.05	0.71	1.93	1.67	6.11	0.12	0.35	2.00	1.45	对数正态分布	1.93	2.82	2.35
TC	418	0.93	1.03	1.22	1.56	2.10	2.60	3.03	1.75	0.73	1.62	1.59	5.29	0.72	0.42	1.56	1.51	对数正态分布	1.62	1.54	1.43
Corg	3726	0.65	0.83	1.10	1.41	1.83	2.23	2.51	1.48	0.56	1.36	1.63	3.04	0.08	0.37	1.41	1.18	偏峰分布	1.18	1.10	1.31
pH	3718	4.54	4.65	4.82	5.01	5.20	5.39	5.52	4.92	5.07	5.01	2.54	5.81	4.23	1.03	5.01	5.08	剔除后正正态分布	4.92	5.02	5.10

Bi、Br、I、Nb、W 背景值明显偏高,与浙江省背景值比值在 1.4 以上;其他元素/指标背景值则与浙江省背景值基本接近。

十、文成县土壤元素背景值

文成县土壤元素背景值数据经正态分布检验,结果表明,原始数据中 Ga、La、Nb、Rb、SiO_2、Al_2O_3 符合正态分布,Au、B、Ba、Be、Bi、Br、Ce、I、Li、P、Sb、Sn、Sr、Tl、W、Y、TFe_2O_3、MgO、CaO、Na_2O、K_2O、TC 共 22 项元素/指标符合对数正态分布,F、N、S、Sc、Th、Ti、U 剔除异常值后符合正态分布,Ag、As、Cd、Cl、Co、Cr、Cu、Ge、Hg、Mn、Ni、Zn、Zr、pH 共 14 项元素/指标剔除异常值后符合对数正态分布,其他元素/指标不符合正态分布或对数正态分布(表 5-10)。

文成县表层土壤总体呈酸性,土壤 pH 背景值为 5.12,极大值为 5.83,极小值为 4.41,接近于温州市背景值和浙江省背景值。

文成县表层土壤各元素/指标中,多数元素/指标变异系数小于 0.40,分布相对均匀;Mo、Ni、Cd、Cu、Cr、As、TC、Bi、Be、Mn、V、Co、Sn、Na_2O、P、CaO、Au、Sr、Br、I、pH 共 21 项元素/指标变异系数大于 0.40,其中 Sr、Br、I、pH 变异系数大于 0.80,空间变异性较大。

与温州市土壤元素背景值相比,文成县土壤元素背景值中 Cl、As、Co、Sr、V 背景值明显低于温州市背景值,为温州市背景值的 60% 以下;Se、K_2O、Zn、Mo、Au、Hg 背景值略低于温州市背景值,为温州市背景值的 60%~80%;Nb、MgO、W、Be 背景值略高于温州市背景值,与温州市背景值比值在 1.2~1.4 之间;而 I、Na_2O 背景值明显偏高,为温州市背景值的 1.4 倍以上,Na_2O 背景值最高,为温州市背景值的 2.0 倍;其他元素/指标背景值则与温州市背景值基本接近。

与浙江省土壤元素背景值相比,文成县土壤元素背景值中 As、Cl、Co、Cr、Ni、Sr、V 背景值明显低于浙江省背景值,在浙江省背景值的 60% 以下;Au、Cd、Cu、Hg、P、S、Zn 背景值略低于浙江省背景值,为浙江省背景值的 60%~80%;Bi、La、Tl、W、Zr、Be 背景值略高于浙江省背景值,与浙江省背景值比值在 1.2~1.4 之间;Br、I、Nb、Na_2O 背景值明显偏高,与浙江省背景值比值在 1.4 以上;其他元素/指标背景值则与浙江省背景值基本接近。

十一、永嘉县土壤元素背景值

永嘉县土壤元素背景值数据经正态分布检验,结果表明,原始数据中 Rb、Th、K_2O 符合正态分布,B、Be、Cl、F、Ga、I、La、Li、Nb、P、Sb、Sc、Sr、Ti、Tl、U、Y、Al_2O_3、TFe_2O_3、MgO、Na_2O、TC 共 22 项元素/指标符合对数正态分布,Au、Bi、Cd、Ce、Cr、Cu、Ge、Pb、Se、Sn、W、Zn、Zr、CaO 共 14 项元素/指标剔除异常值后符合正态分布,其他元素/指标不符合正态分布或对数正态分布(表 5-11)。

永嘉县表层土壤总体呈酸性,土壤 pH 背景值为 4.79,极大值为 5.97,极小值为 3.88,接近于温州市背景值和浙江省背景值。

永嘉县表层土壤各元素/指标中,大多数元素/指标变异系数小于 0.40,分布相对均匀;Cd、Sr、Cr、B、V、Co、Na_2O、As、Mn、Au、P、Br、I、pH 共 14 项元素/指标变异系数大于 0.40,其中 I、pH 变异系数大于 0.80,空间变异性较大。

与温州市土壤元素背景值相比,永嘉县土壤元素背景值中 Sr、Co、V 背景值明显低于温州市背景值,在温州市背景值的 60% 以下;Au、Br、As 背景值略低于温州市背景值,为温州市背景值的 60%~80%;CaO、Cd、Ag 背景值略高于温州市背景值,与温州市背景值比值在 1.2~1.4 之间;而 Na_2O、I、Cr、Ba 背景值明显偏高,为温州市背景值的 1.4 倍以上,Na_2O 背景值最高,为温州市背景值的 3.86 倍;其他元素/指标背景值则与温州市背景值基本接近。

表 5-10 文成县土壤元素背景值参数统计表

元素/指标	N	$X_{5\%}$	$X_{10\%}$	$X_{25\%}$	$X_{50\%}$	$X_{75\%}$	$X_{90\%}$	$X_{95\%}$	$\bar{X}$	S	$\bar{X}_g$	S_g	X_{max}	X_{min}	CV	X_{me}	X_{mo}	分布类型	文成县背景值	温州市背景值	浙江省背景值
Ag	314	62.0	64.3	74.0	86.0	100.0	120	130	90.9	22.76	88.3	13.39	160	51.0	0.25	86.0	110	剔除后对数分布	88.3	110	100.0
As	2663	1.58	1.80	2.30	3.13	4.35	5.96	6.88	3.51	1.61	3.18	2.29	8.37	0.52	0.46	3.13	3.34	剔除后对数分布	3.18	5.70	10.10
Au	329	0.48	0.55	0.68	0.93	1.28	1.91	2.50	1.14	0.85	0.98	1.66	7.60	0.38	0.74	0.93	0.81	对数正态分布	0.98	1.50	1.50
B	2839	12.20	13.86	17.29	21.55	27.40	34.71	40.17	23.17	8.65	21.74	6.23	107	6.15	0.37	21.55	19.90	对数正态分布	21.74	19.90	20.00
Ba	329	248	276	334	450	580	712	824	480	194	447	34.90	1888	156	0.40	450	496	对数正态分布	447	510	475
Be	329	1.67	1.81	2.00	2.27	2.67	3.18	4.06	2.56	1.42	2.40	1.79	19.60	1.32	0.56	2.27	2.19	对数正态分布	2.40	1.95	2.00
Bi	329	0.21	0.23	0.27	0.34	0.44	0.55	0.68	0.38	0.19	0.36	2.05	2.39	0.16	0.50	0.34	0.32	对数正态分布	0.36	0.32	0.28
Br	329	1.80	2.10	2.60	3.90	7.60	12.78	16.66	6.02	5.44	4.54	2.98	40.80	1.30	0.90	3.90	2.30	对数正态分布	4.54	5.32	2.20
Cd	2745	0.04	0.05	0.08	0.12	0.15	0.19	0.22	0.12	0.05	0.11	3.82	0.27	0.01	0.43	0.12	0.14	对数正态分布	0.11	0.12	0.14
Ce	329	72.0	77.9	86.0	97.1	107	121	134	98.4	18.18	96.8	13.98	185	59.0	0.18	97.1	102	剔除后对数分布	96.8	99.1	102
Cl	297	30.38	31.86	34.60	39.30	45.10	59.1	63.6	41.79	9.91	40.76	8.50	72.3	24.80	0.24	39.30	33.00	剔除后对数分布	40.76	71.0	71.0
Co	2618	1.89	2.34	3.51	5.32	8.25	11.90	14.21	6.29	3.73	5.27	3.22	17.92	0.01	0.59	5.32	4.30	对数正态分布	5.27	10.10	14.80
Cr	2741	8.86	10.62	14.34	20.32	28.32	36.25	41.65	22.06	9.94	19.85	6.23	51.5	0.41	0.45	20.32	21.40	剔除后对数分布	19.85	17.00	82.0
Cu	2654	5.45	6.30	8.34	11.15	15.09	19.60	23.01	12.15	5.18	11.09	4.41	27.48	0.14	0.43	11.15	13.20	对数正态分布	11.09	13.20	16.00
F	324	272	297	341	397	462	529	565	405	88.7	395	31.26	645	177	0.22	397	381	剔除后正态分布	405	401	453
Ga	329	14.24	15.10	16.80	18.30	20.40	22.22	23.26	18.55	2.78	18.34	5.33	26.20	11.80	0.15	18.30	18.00	正态分布	18.55	18.82	16.00
Ge	2741	1.21	1.26	1.34	1.44	1.53	1.64	1.71	1.44	0.15	1.44	1.26	1.86	1.05	0.10	1.44	1.41	剔除后对数分布	1.44	1.49	1.44
Hg	2666	0.03	0.04	0.05	0.07	0.09	0.11	0.12	0.07	0.03	0.07	4.60	0.14	0.01	0.36	0.07	0.11	对数正态分布	0.07	0.11	0.110
I	329	0.68	0.76	1.10	2.46	5.57	10.50	13.26	4.17	4.32	2.60	3.01	23.20	0.37	1.04	2.46	1.59	对数正态分布	2.60	1.60	1.70
La	329	39.46	41.60	45.40	50.6	55.8	60.7	65.7	51.1	8.21	50.5	9.62	86.5	31.50	0.16	50.6	54.4	正态分布	51.1	50.3	41.00
Li	329	18.08	19.00	21.80	25.10	29.50	34.32	38.18	26.34	6.90	25.57	6.47	66.4	14.00	0.26	25.10	27.00	对数正态分布	25.57	24.82	25.00
Mn	2668	139	169	242	354	528	774	930	414	233	355	32.11	1107	54.7	0.56	354	507	剔除后对数分布	355	442	440
Mo	2610	0.41	0.45	0.56	0.71	0.98	1.33	1.54	0.81	0.34	0.75	1.53	1.93	0.08	0.42	0.71	0.58	其他分布	0.58	0.80	0.66
N	2786	0.50	0.66	0.93	1.18	1.45	1.72	1.89	1.19	0.41	1.11	1.52	2.30	0.12	0.34	1.18	1.04	正态分布	1.19	1.34	1.28
Nb	329	17.08	19.20	22.50	27.50	31.90	35.00	37.76	27.45	6.71	26.61	6.66	53.7	10.30	0.24	27.50	31.20	正态分布	27.45	20.00	16.83
Ni	2723	4.05	4.70	6.43	8.96	11.87	15.00	17.13	9.49	3.96	8.66	3.91	21.32	0.39	0.42	8.96	11.70	剔除后对数分布	8.66	10.80	35.00
P	2839	0.13	0.19	0.31	0.47	0.68	0.93	1.12	0.53	0.35	0.44	2.17	6.83	0.03	0.65	0.47	0.50	对数正态分布	0.44	0.51	0.60
Pb	2608	19.53	22.19	26.69	32.09	38.60	46.41	51.8	33.22	9.44	31.89	7.68	61.7	9.89	0.28	32.09	34.10	其他分布	34.10	35.00	32.00

续表 5-10

元素/指标	N	$X_{5\%}$	$X_{10\%}$	$X_{25\%}$	$X_{50\%}$	$X_{75\%}$	$X_{90\%}$	$X_{95\%}$	$\bar{X}$	S	$\bar{X}_g$	S_g	X_{max}	X_{min}	CV	X_{me}	X_{mo}	分布类型	文成县背景值	温州市背景值	浙江省背景值
Rb	329	89.4	96.4	106	120	138	154	162	124	25.29	121	15.82	251	50.2	0.20	120	116	正态分布	124	124	120
S	309	122	126	138	152	172	189	198	155	23.55	154	18.11	221	101	0.15	152	155	剔除后正态分布	155	155	248
Sb	329	0.32	0.34	0.39	0.46	0.54	0.66	0.76	0.48	0.14	0.47	1.70	1.15	0.19	0.28	0.46	0.42	对数正态分布	0.47	0.45	0.53
Sc	318	4.58	4.97	6.00	7.60	8.67	10.10	10.91	7.57	1.94	7.31	3.21	12.80	3.70	0.26	7.60	8.20	剔除后正态分布	7.57	7.20	8.70
Se	2648	0.15	0.18	0.21	0.26	0.35	0.44	0.50	0.29	0.10	0.27	2.24	0.61	0.05	0.36	0.26	0.19	其他分布	0.19	0.25	0.21
Sn	329	2.44	2.67	3.04	3.43	3.99	4.74	5.45	3.76	2.21	3.56	2.16	37.30	1.85	0.59	3.43	3.60	对数正态分布	3.56	3.40	3.60
Sr	329	19.58	22.40	28.50	39.10	51.5	98.4	150	53.2	42.94	43.23	9.67	296	16.00	0.81	39.10	40.40	对数正态分布	43.23	105	105
Th	301	9.60	11.00	12.80	14.40	16.30	17.90	19.10	14.45	2.77	14.17	4.59	22.10	7.03	0.19	14.40	15.10	剔除后正态分布	14.45	15.10	13.30
Ti	318	2414	2714	3133	3884	4530	5575	6016	3992	1103	3845	119	7078	1789	0.28	3884	3890	对数正态分布	3992	3449	4665
Tl	329	0.64	0.68	0.80	0.91	1.08	1.21	1.41	0.95	0.24	0.92	1.28	2.37	0.36	0.25	0.91	0.95	剔除后正态分布	0.92	0.84	0.70
U	309	2.30	2.51	2.80	3.14	3.55	3.88	4.18	3.18	0.56	3.13	1.94	4.84	1.63	0.18	3.14	3.02	剔除后正态分布	3.18	3.36	2.90
V	2627	15.88	19.65	29.09	46.74	68.7	98.7	118	53.2	30.75	44.84	10.13	148	0.07	0.58	46.74	39.70	偏峰分布	39.70	112	106
W	329	1.46	1.63	2.01	2.52	3.06	3.73	4.38	2.64	0.97	2.49	1.86	8.21	1.06	0.37	2.52	2.01	对数正态分布	2.49	2.01	1.80
Y	329	20.74	22.18	24.30	26.60	29.80	33.30	35.70	27.48	5.03	27.08	6.76	69.5	16.80	0.18	26.60	26.20	对数正态分布	27.08	30.00	25.00
Zn	2722	45.42	51.8	62.9	75.7	81.3	108	117	77.9	21.29	74.9	12.61	138	24.96	0.27	75.7	105	剔除后对数分布	74.9	102	101
Zr	321	238	254	282	316	373	426	457	328	65.8	322	27.87	512	174	0.20	316	302	剔除后对数分布	322	315	243
SiO$_2$	329	62.6	66.4	68.8	72.3	75.9	78.3	79.6	72.1	4.96	71.9	11.81	82.9	56.6	0.07	72.3	77.0	正态分布	72.1	70.7	71.3
Al$_2$O$_3$	329	10.04	10.93	11.92	13.78	15.27	16.35	17.38	13.69	2.26	13.50	4.50	19.98	8.38	0.16	13.78	14.13	正态分布	13.69	14.48	13.20
TFe$_2$O$_3$	329	1.92	2.14	2.70	3.46	4.25	5.41	6.35	3.67	1.41	3.44	2.21	10.10	1.39	0.38	3.46	3.40	对数正态分布	3.44	3.62	3.74
MgO	329	0.26	0.30	0.38	0.49	0.67	0.84	0.94	0.55	0.22	0.51	1.75	1.30	0.21	0.40	0.49	0.49	对数正态分布	0.51	0.40	0.50
CaO	329	0.12	0.13	0.16	0.21	0.29	0.45	0.65	0.27	0.18	0.23	2.65	1.47	0.10	0.67	0.21	0.17	对数正态分布	0.23	0.20	0.24
Na$_2$O	329	0.12	0.13	0.17	0.28	0.42	0.59	0.75	0.33	0.20	0.28	2.52	1.16	0.10	0.62	0.28	0.14	对数正态分布	0.28	0.14	0.19
K$_2$O	2839	1.14	1.36	1.76	2.22	2.65	3.07	3.36	2.23	0.69	2.12	1.71	6.15	0.22	0.31	2.22	2.32	对数正态分布	2.12	2.82	2.35
TC	329	1.03	1.10	1.25	1.50	1.99	2.56	3.35	1.75	0.82	1.62	1.55	6.84	0.76	0.47	1.50	1.30	对数正态分布	1.62	1.54	1.43
Corg	2739	0.55	0.73	1.00	1.27	1.60	1.99	2.17	1.31	0.48	1.21	1.58	2.61	0.09	0.36	1.27	1.23	偏峰分布	1.23	1.10	1.31
pH	2752	4.67	4.78	4.94	5.12	5.29	5.47	5.58	5.04	5.23	5.12	2.57	5.83	4.41	1.04	5.12	5.13	剔除后对数分布	5.12	5.02	5.10

表 5-11 永嘉县土壤元素背景值参数统计表

元素/指标	N	$X_{5\%}$	$X_{10\%}$	$X_{25\%}$	$X_{50\%}$	$X_{75\%}$	$X_{90\%}$	$X_{95\%}$	$\bar{X}$	S	$\bar{X}_g$	S_g	X_{max}	X_{min}	CV	X_{me}	X_{mo}	分布类型	永嘉县背景值	温州市背景值	浙江省背景值
Ag	617	63.0	70.6	82.0	99.0	120	150	170	106	32.27	101	14.61	200	15.00	0.31	99.0	120	其他分布	120	110	100.0
As	4209	1.55	1.85	2.44	3.37	4.84	6.63	7.80	3.84	1.88	3.43	2.43	9.60	0.24	0.49	3.37	3.70	其他分布	3.70	5.70	10.10
Au	596	0.55	0.64	0.79	1.07	1.58	2.19	2.56	1.25	0.63	1.12	1.62	3.33	0.33	0.50	1.07	0.87	剔除后对数分布	1.12	1.50	1.50
B	4521	11.65	13.36	16.71	21.60	28.36	36.70	43.17	23.76	10.56	21.86	6.40	171	3.16	0.44	21.60	22.20	偏峰分布	21.86	19.90	20.00
Ba	599	367	425	558	682	807	1042	1175	704	227	669	43.37	1357	226	0.32	682	715	对数正态分布	715	510	475
Be	667	1.60	1.69	1.87	2.09	2.38	2.62	2.79	2.14	0.39	2.11	1.59	3.86	1.20	0.18	2.09	2.29	对数正态分布	2.11	1.95	2.00
Bi	624	0.23	0.25	0.29	0.35	0.43	0.54	0.60	0.37	0.11	0.35	1.92	0.73	0.18	0.30	0.35	0.29	剔除后对数分布	0.35	0.32	0.28
Br	631	2.40	2.70	3.30	4.60	7.25	10.20	12.05	5.63	3.02	4.94	2.83	15.00	1.20	0.54	4.60	3.90	其他分布	3.90	5.32	2.20
Cd	4318	0.07	0.09	0.12	0.16	0.21	0.26	0.29	0.17	0.07	0.15	3.10	0.37	0.02	0.41	0.16	0.16	剔除后对数分布	0.15	0.12	0.14
Ce	633	82.3	86.5	94.0	106	120	143	154	110	21.54	108	14.97	172	63.0	0.20	106	102	对数正态分布	108	99.1	102
Cl	667	41.63	45.00	50.8	58.7	70.5	88.4	101	63.5	19.43	61.1	10.93	205	33.40	0.31	58.7	57.5	剔除后对数分布	61.1	71.0	71.0
Co	4247	2.43	2.77	3.44	4.65	6.81	9.41	10.86	5.40	2.59	4.86	2.85	13.40	1.29	0.48	4.65	4.74	其他正态分布	4.74	10.10	14.80
Cr	4290	11.80	14.30	20.00	27.59	36.70	48.25	54.8	29.51	12.83	26.77	7.09	66.8	4.00	0.43	27.59	19.60	剔除后对数分布	26.77	17.00	82.0
Cu	4235	7.33	8.40	10.50	13.40	17.52	22.69	25.73	14.51	5.52	13.53	4.89	31.38	2.70	0.38	13.40	12.30	对数正态分布	13.53	13.20	16.00
F	667	222	246	293	354	420	506	563	366	105	352	30.01	912	88.0	0.29	354	401	对数正态分布	352	401	453
Ga	667	15.10	15.70	16.60	17.80	19.20	20.70	21.37	17.97	1.90	17.87	5.31	23.57	13.10	0.11	17.80	17.30	剔除后对数分布	17.87	18.82	16.00
Ge	4392	1.13	1.18	1.27	1.36	1.46	1.56	1.61	1.36	0.14	1.36	1.23	1.76	0.98	0.11	1.36	1.42	其他分布	1.36	1.49	1.44
Hg	4174	0.04	0.05	0.06	0.07	0.10	0.12	0.14	0.08	0.03	0.07	4.35	0.17	0.01	0.38	0.07	0.10	其他分布	0.10	0.11	0.110
I	667	0.77	0.91	1.48	2.72	5.42	8.85	10.87	4.02	3.54	2.85	2.80	24.90	0.38	0.88	2.72	1.30	其他正态分布	2.85	1.60	1.70
La	667	39.66	42.12	46.50	52.0	59.2	69.0	76.1	54.2	11.26	53.1	9.94	103	30.80	0.21	52.0	53.0	对数正态分布	53.1	50.3	41.00
Li	667	16.20	17.56	20.20	23.80	28.25	33.24	37.67	24.95	6.95	24.11	6.45	62.0	12.20	0.28	23.80	29.00	对数正态分布	24.11	24.82	25.00
Mn	4253	161	193	260	367	531	730	846	416	206	369	32.42	1041	84.9	0.49	367	443	其他分布	443	442	440
Mo	4151	0.48	0.54	0.69	0.88	1.16	1.50	1.71	0.96	0.37	0.89	1.47	2.13	0.17	0.39	0.88	0.76	其他分布	0.76	0.80	0.66
N	4360	0.70	0.85	1.07	1.34	1.65	1.99	2.19	1.38	0.45	1.30	1.50	2.62	0.17	0.32	1.34	1.24	其他分布	1.24	1.34	1.28
Nb	667	18.80	19.90	21.50	23.70	26.70	29.34	31.17	24.26	3.83	23.97	6.25	39.90	14.40	0.16	23.70	22.80	对数正态分布	23.97	20.00	16.83
Ni	4347	5.53	6.34	8.28	12.04	15.06	18.32	21.07	12.18	4.71	11.26	4.36	26.07	1.91	0.39	12.04	10.80	其他分布	10.80	10.80	35.00
P	4521	0.19	0.26	0.37	0.52	0.72	0.93	1.10	0.57	0.30	0.50	1.91	3.22	0.03	0.52	0.52	0.42	其他分布	0.50	0.51	0.60
Pb	4112	25.64	28.02	32.95	39.51	48.00	58.8	66.2	41.58	12.09	39.93	8.77	80.1	12.23	0.29	39.51	42.00	对数正态分布	39.93	35.00	32.00

续表 5-11

元素/指标	N	$X_{5\%}$	$X_{10\%}$	$X_{25\%}$	$X_{50\%}$	$X_{75\%}$	$X_{90\%}$	$X_{95\%}$	$\bar{X}$	S	$\bar{X}_g$	S_g	X_{max}	X_{min}	CV	X_{me}	X_{mo}	分布类型	永嘉县背景值	温州市背景值	浙江省背景值
Rb	667	99.2	106	116	128	137	146	152	127	15.95	126	16.30	188	82.3	0.13	128	130	正态分布	127	124	120
S	566	139	144	156	171	190	204	218	174	25.35	172	19.59	270	123	0.15	171	155	偏峰分布	155	155	248
Sb	667	0.31	0.34	0.40	0.49	0.62	0.77	0.93	0.54	0.21	0.51	1.65	2.22	0.21	0.38	0.49	0.43	对数正态分布	0.51	0.45	0.53
Sc	667	5.60	5.90	6.50	7.40	8.55	10.10	11.57	7.76	1.88	7.57	3.31	17.90	4.40	0.24	7.40	6.60	对数正态分布	7.57	7.20	8.70
Se	4271	0.16	0.18	0.21	0.27	0.34	0.42	0.47	0.28	0.09	0.27	2.23	0.55	0.06	0.32	0.27	0.25	剔除后对数正态分布	0.27	0.25	0.21
Sn	614	2.49	2.70	3.03	3.47	3.99	4.68	5.04	3.57	0.76	3.49	2.15	5.80	1.93	0.21	3.47	3.33	剔除后对数正态分布	3.49	3.40	3.60
Sr	667	32.90	35.72	45.05	58.5	73.0	102	118	64.7	27.31	59.6	11.21	220	22.20	0.42	58.5	43.90	正态分布	59.6	105	105
Th	667	11.03	11.80	13.10	14.50	15.80	17.20	17.80	14.47	2.13	14.31	4.69	27.30	8.34	0.15	14.50	14.60	对数正态分布	14.47	15.10	13.30
Ti	667	2793	2958	3393	3923	4752	5461	6080	4165	1150	4029	124	9982	2266	0.28	3923	3627	对数正态分布	4029	3449	4665
Tl	667	0.73	0.77	0.84	0.95	1.08	1.25	1.42	0.99	0.22	0.97	1.23	2.26	0.57	0.23	0.95	0.84	对数正态分布	0.97	0.84	0.70
U	667	2.83	2.98	3.18	3.40	3.67	3.94	4.12	3.44	0.44	3.42	2.06	7.30	2.25	0.13	3.40	3.20	对数正态分布	3.42	3.36	2.90
V	4158	21.90	25.53	32.28	42.03	57.4	79.0	93.5	47.35	20.97	43.20	9.44	112	8.85	0.44	42.03	48.00	其他分布	48.00	112	106
W	625	1.44	1.56	1.78	2.00	2.39	2.75	2.95	2.09	0.45	2.04	1.60	3.35	1.20	0.22	2.00	1.87	剔除后对数正态分布	2.04	2.01	1.80
Y	667	19.00	20.32	22.40	24.80	27.30	29.90	32.00	25.05	3.94	24.75	6.42	42.10	15.20	0.16	24.80	26.00	剔除后对数正态分布	24.75	30.00	25.00
Zn	4273	52.9	59.1	70.7	84.4	100.0	116	127	86.2	22.07	83.3	13.40	150	26.25	0.26	84.4	102	剔除后对数正态分布	83.3	102	101
Zr	618	244	257	287	324	388	469	529	346	84.3	337	29.34	599	191	0.24	324	325	剔除后对数正态分布	337	315	243
SiO$_2$	654	66.6	68.0	70.1	72.4	74.1	75.5	76.2	72.0	2.93	71.9	11.80	79.7	63.9	0.04	72.4	72.9	偏峰分布	72.9	70.7	71.3
Al$_2$O$_3$	667	11.67	12.04	12.70	13.59	14.59	15.96	16.78	13.78	1.53	13.70	4.54	19.14	10.28	0.11	13.59	13.77	对数正态分布	13.70	14.48	13.20
TFe$_2$O$_3$	667	2.17	2.31	2.61	3.10	3.71	4.44	5.26	3.29	0.99	3.17	2.07	7.41	1.74	0.30	3.10	3.27	对数正态分布	3.17	3.62	3.74
MgO	667	0.32	0.34	0.40	0.47	0.57	0.71	0.81	0.50	0.17	0.48	1.66	1.77	0.23	0.34	0.47	0.43	对数正态分布	0.48	0.40	0.50
CaO	617	0.15	0.16	0.19	0.24	0.30	0.40	0.46	0.26	0.09	0.25	2.37	0.52	0.11	0.35	0.24	0.23	剔除后对数正态分布	0.25	0.20	0.24
Na$_2$O	667	0.20	0.25	0.38	0.59	0.82	1.03	1.14	0.62	0.30	0.54	1.88	1.52	0.13	0.48	0.59	0.31	正态分布	0.54	0.14	0.19
K$_2$O	4521	1.49	1.74	2.23	2.73	3.30	3.78	4.08	2.77	0.79	2.64	1.89	5.76	0.45	0.29	2.73	2.73	对数正态分布	2.77	2.82	2.35
TC	667	1.10	1.22	1.44	1.75	2.18	2.80	3.25	1.91	0.69	1.80	1.57	5.16	0.79	0.36	1.75	1.38	偏峰分布	1.80	1.54	1.43
Corg	4360	0.77	0.92	1.17	1.46	1.81	2.18	2.44	1.51	0.49	1.42	1.54	2.87	0.18	0.32	1.46	1.29	偏峰分布	1.29	1.10	1.31
pH	4414	4.34	4.45	4.65	4.87	5.16	5.40	5.53	4.76	4.82	4.90	2.51	5.97	3.88	1.01	4.87	4.79	偏峰分布	4.79	5.02	5.10

与浙江省土壤元素背景值相比,永嘉县土壤元素背景值中 As、Co、Cr、Ni、Sr、V 背景值明显低于浙江省背景值,在浙江省背景值的 60% 以下;Au、F、S 背景值略低于浙江省背景值,为浙江省背景值的 60%~80%;Bi、La、Pb、Se、Tl、Zr、TC、Ag 背景值略高于浙江省背景值,与浙江省背景值比值在 1.2~1.4 之间;Ba、I、Br、Nb、Na_2O 背景值明显偏高,与浙江省背景值比值在 1.4 以上;其他元素/指标背景值则与浙江省背景值基本接近。

十二、洞头区土壤元素背景值

洞头区土壤元素背景值数据经正态分布检验,结果表明,原始数据中 Ge、Mn 符合正态分布,Hg、Mo、N、Tl、Zn、Corg、pH 符合对数正态分布,其他元素/指标不符合正态分布或对数正态分布(表 5-12)。

洞头区表层土壤总体呈中偏酸性,土壤 pH 背景值为 6.48,极大值为 8.90,极小值为 4.49,略高于温州市背景值,接近于浙江省背景值。

洞头区表层土壤各元素/指标中,多数元素/指标变异系数小于 0.40,分布相对均匀;Cu、Se、V、As、B、Cr、Ni、Mo、pH、Hg 共 10 项元素/指标变异系数大于 0.40,其中 pH、Hg 变异系数大于 0.80,空间变异性较大。

与温州市土壤元素背景值相比,洞头区土壤元素背景值中 N、Se 背景值略低于温州市背景值,为温州市背景值的 60%~80%;Cd、As、P、Mo 背景值略高于温州市背景值,与温州市背景值比值在 1.2~1.4 之间;而 Ni、Mn、Cu、Cr、Co 背景值明显偏高,为温州市背景值的 1.4 倍以上,Ni、Mn 背景值为温州市背景值的 2.0 倍以上;其他元素/指标背景值则与温州市背景值基本接近。

与浙江省土壤元素背景值相比,洞头区土壤元素背景值中 Cr 背景值明显低于浙江省背景值,为浙江省背景值的 34%;As 背景值略低于浙江省背景值,为浙江省背景值的 75%;Pb、K_2O 背景值略高于浙江省背景值,与浙江省背景值比值在 1.2~1.4 之间;Cu、Mn、Mo 背景值明显偏高,与浙江省背景值比值在 1.4 以上;其他元素/指标背景值则与浙江省背景值基本接近。

十三、苍南县土壤元素背景值

数据经正态分布检验结果表明,原始数据中 Ge、Hg、Mo 符合对数正态分布,Cd 剔除异常值后符合正态分布,As、P 剔除异常值后符合对数正态分布,其他元素/指标不符合正态分布或对数正态分布(表 5-13)。

苍南县表层土壤总体呈酸性,土壤 pH 背景值为 4.80,极大值为 7.27,极小值为 3.68,接近于温州市背景值和浙江省背景值。

苍南县表层土壤各元素/指标中,As、Ge、Pb、Zn、K_2O、Se、V 变异系数小于 0.40,分布相对均匀;Cd、N、Corg、Co、Cu、Mn、Mo、P、B、Cr、Hg、Ni、pH 变异系数不小于 0.40,其中 pH、Mo 变异系数大于 0.80,空间变异性较大。

与温州市土壤元素背景值相比,苍南县土壤元素背景值中 As 背景值略低于温州市背景值;Cu、Cd、Mo、Ni 背景值略高于温州市背景值,与温州市背景值比值在 1.2~1.4 之间;Mn 背景值明显高于温州市背景值,为温州市背景值的 2.21 倍;其他元素/指标背景值则与温州市背景值基本接近。

与浙江省土壤元素背景值相比,苍南县土壤元素背景值中 As、Cr、Ni 背景值明显低于浙江省背景值,在浙江省背景值的 60% 以下;Co 背景值略低于浙江省背景值,为浙江省背景值的 73%;Pb、Se 背景值略高于浙江省背景值,在浙江省背景值 1.2~1.4 倍之间;Mn、Mo 背景值明显偏高,为浙江省背景值 1.4 倍以上;其他元素/指标背景值则与浙江省背景值基本接近。

第五章 土壤元素背景值

表 5-12 洞头区土壤元素背景参数统计表

元素/指标	N	$X_{5\%}$	$X_{10\%}$	$X_{25\%}$	$X_{50\%}$	$X_{75\%}$	$X_{90\%}$	$X_{95\%}$	$\bar{X}$	S	$\bar{X}_g$	S_g	X_{max}	X_{min}	CV	X_{me}	X_{mo}	分布类型	洞头区背景值	温州市背景值	浙江省背景值
As	244	2.20	2.68	3.84	6.76	11.34	13.01	13.76	7.60	4.02	6.40	3.49	14.92	1.42	0.53	6.76	7.58	其他分布	7.58	5.70	10.10
B	246	9.15	11.07	15.96	24.60	67.9	74.8	76.8	39.50	26.60	30.08	8.32	87.6	6.99	0.67	24.60	22.27	其他分布	22.27	19.90	20.00
Cd	226	0.09	0.10	0.13	0.16	0.19	0.23	0.28	0.16	0.05	0.15	3.05	0.31	0.02	0.34	0.16	0.12	剔除后正态分布	0.16	0.12	0.14
Co	246	6.85	7.70	9.12	12.25	17.10	18.55	19.60	13.06	4.40	12.27	4.42	24.40	3.80	0.34	12.25	16.00	其他分布	16.00	10.10	14.80
Cr	245	11.52	13.09	16.79	26.88	79.5	93.5	97.5	46.79	33.89	34.54	9.02	159	8.26	0.72	26.88	28.01	其他分布	28.01	17.00	82.00
Cu	241	9.60	10.71	14.31	22.41	32.48	37.24	39.43	23.60	10.77	21.06	6.27	58.1	6.54	0.46	22.41	26.23	其他分布	26.23	13.20	16.00
Ge	246	1.06	1.14	1.28	1.40	1.51	1.57	1.60	1.38	0.17	1.37	1.24	1.76	0.95	0.12	1.40	1.38	正态分布	1.38	1.49	1.44
Hg	246	0.04	0.05	0.06	0.09	0.14	0.20	0.27	0.13	0.17	0.10	3.89	1.95	0.02	1.29	0.09	0.13	对数正态分布	0.10	0.11	0.110
Mn	246	460	542	644	861	1177	1353	1459	926	345	864	49.83	2225	286	0.37	861	815	正态分布	926	442	440
Mo	246	0.57	0.63	0.73	0.87	1.19	1.92	2.44	1.14	0.89	0.99	1.61	7.44	0.41	0.78	0.87	0.83	其他分布	0.99	0.80	0.66
N	246	0.67	0.69	0.83	1.02	1.38	1.64	1.91	1.13	0.45	1.05	1.51	4.27	0.08	0.40	1.02	0.97	对数正态分布	1.05	1.34	1.28
Ni	246	4.54	5.05	6.66	10.93	38.17	41.50	44.46	20.86	15.97	14.58	5.90	54.9	2.85	0.77	10.93	38.13	其他分布	38.13	10.80	35.00
P	229	0.30	0.35	0.48	0.62	0.77	0.92	1.01	0.64	0.22	0.59	1.61	1.29	0.13	0.35	0.62	0.64	剔除后正态分布	0.64	0.51	0.60
Pb	229	29.31	31.22	34.50	38.73	43.49	49.72	53.7	39.64	7.47	38.96	8.41	62.2	20.80	0.19	38.73	39.37	剔除后正态分布	39.64	35.00	32.00
Se	243	0.15	0.17	0.19	0.28	0.43	0.52	0.63	0.32	0.15	0.29	2.26	0.77	0.09	0.47	0.28	0.18	其他分布	0.18	0.25	0.21
Tl	246	0.55	0.61	0.69	0.75	0.83	0.91	1.04	0.77	0.15	0.75	1.28	1.75	0.44	0.19	0.75	0.73	其他分布	0.75	0.84	0.70
V	246	26.73	28.75	39.42	61.2	112	118	121	73.0	35.91	63.5	11.80	139	19.50	0.49	61.2	112	对数正态分布	112	112	106
Zn	246	49.60	56.3	72.4	91.3	107	119	136	91.6	27.59	87.6	13.57	210	43.15	0.30	91.3	102	对数正态分布	87.6	102	101
K_2O	216	2.54	2.81	3.03	3.19	3.42	3.86	4.17	3.26	0.44	3.23	1.98	4.34	2.23	0.13	3.19	3.22	其他分布	3.22	2.82	2.35
Corg	246	0.66	0.73	0.88	1.06	1.29	1.63	1.87	1.14	0.45	1.07	1.45	4.44	0.21	0.39	1.06	0.92	对数正态分布	1.07	1.10	1.31
pH	246	5.04	5.25	5.60	6.25	7.36	8.06	8.23	5.66	5.35	6.48	2.94	8.90	4.49	0.95	6.25	5.57	对数正态分布	6.48	5.02	5.10

注：洞头区仅有 21 项元素/指标进行测试评价。

表 5-13　苍南县土壤元素背景值参数统计表

元素/指标	N	$X_{5\%}$	$X_{10\%}$	$X_{25\%}$	$X_{50\%}$	$X_{75\%}$	$X_{90\%}$	$X_{95\%}$	$\overline{X}$	S	$\overline{X}_g$	S_g	X_{max}	X_{min}	CV	X_{me}	X_{mo}	分布类型	苍南县背景值	温州市背景值	浙江省背景值
As	2951	2.36	2.87	3.66	4.61	5.85	7.45	8.58	4.89	1.80	4.56	2.60	10.37	0.67	0.37	4.61	4.05	剔除后对数分布	4.56	5.70	10.10
B	3234	10.63	12.90	17.82	29.57	56.8	67.5	72.1	36.66	21.49	30.17	8.42	115	1.96	0.59	29.57	17.85	其他分布	17.85	19.90	20.00
Cd	3123	0.05	0.07	0.11	0.15	0.19	0.23	0.25	0.15	0.06	0.14	3.33	0.32	0.01	0.40	0.15	0.18	剔除后正态分布	0.15	0.12	0.14
Co	3200	3.85	4.80	7.11	11.44	15.05	17.00	18.03	11.19	4.71	10.02	4.19	26.60	1.26	0.42	11.44	10.81	其他分布	10.81	10.10	14.80
Cr	3208	13.29	16.32	23.51	41.40	86.3	95.6	99.2	52.0	31.76	41.66	10.22	166	4.12	0.61	41.40	20.12	其他分布	20.12	17.00	82.0
Cu	3184	7.63	9.03	12.02	18.77	25.15	29.05	32.41	19.06	8.04	17.26	5.77	45.07	3.42	0.42	18.77	16.46	其他分布	16.46	13.20	16.00
Ge	3234	1.17	1.23	1.33	1.45	1.58	1.72	1.83	1.47	0.20	1.45	1.28	3.07	0.81	0.14	1.45	1.42	对数分布	1.45	1.49	1.44
Hg	3234	0.05	0.06	0.08	0.12	0.16	0.22	0.28	0.13	0.08	0.11	3.50	0.92	0.01	0.61	0.12	0.12	对数正态分布	0.11	0.11	0.110
Mn	3144	267	323	422	561	830	1127	1283	647	306	580	39.64	1520	109	0.47	561	976	其他分布	976	442	440
Mo	3234	0.45	0.49	0.63	0.96	1.49	2.25	3.08	1.30	1.46	1.02	1.86	35.30	0.29	1.12	0.96	0.47	对数正态分布	1.02	0.80	0.66
N	3226	0.65	0.78	1.04	1.41	1.96	2.46	2.67	1.52	0.63	1.38	1.69	3.35	0.14	0.41	1.41	1.26	其他分布	1.26	1.34	1.28
Ni	3211	5.89	7.12	10.26	18.70	36.61	41.75	44.15	22.78	13.81	18.33	6.45	76.6	2.74	0.61	18.70	13.82	剔除后对数分布	13.82	10.80	35.00
P	3031	0.20	0.26	0.38	0.53	0.72	0.96	1.11	0.57	0.27	0.51	1.87	1.37	0.04	0.47	0.53	0.48	其他分布	0.51	0.51	0.60
Pb	2992	29.65	31.87	36.07	39.92	44.08	49.27	52.6	40.30	6.71	39.74	8.55	59.1	22.78	0.17	39.92	41.01	其他分布	41.01	35.00	32.00
Se	2956	0.17	0.19	0.23	0.27	0.35	0.43	0.49	0.30	0.09	0.28	2.20	0.59	0.06	0.32	0.27	0.27	其他分布	0.27	0.51	0.21
V	3185	32.72	41.69	63.9	90.8	108	116	123	85.4	29.11	79.1	13.08	175	9.47	0.34	90.8	110	其他分布	110	112	106
Zn	3174	55.4	62.1	78.4	102	116	128	138	98.4	25.86	94.7	14.36	174	31.13	0.26	102	96.9	其他分布	96.9	102	101
K$_2$O	3204	1.12	1.37	1.99	2.59	2.83	2.99	3.11	2.38	0.63	2.28	1.79	4.07	0.71	0.26	2.59	2.79	其他分布	2.79	2.82	2.35
Corg	3211	0.66	0.79	1.04	1.41	1.93	2.37	2.70	1.51	0.62	1.37	1.67	3.27	0.14	0.41	1.41	1.13	其他分布	1.13	1.10	1.31
pH	3063	4.45	4.58	4.83	5.18	5.71	6.25	6.62	4.96	4.86	5.31	2.65	7.27	3.68	0.98	5.18	4.80	偏峰分布	4.80	5.02	5.10

注：苍南县仅有 20 项元素/指标进行测试评价。

第二节 主要土壤母质类型元素背景值

一、松散岩类沉积物土壤母质元素背景值

松散岩类沉积物土壤母质元素背景值数据经正态分布检验，结果表明，原始数据中 Th、TFe_2O_3、MgO、TC 符合正态分布，Br、La、S、Sn、U、SiO_2 符合对数正态分布，Bi、Ce、Al_2O_3、Na_2O、K_2O 剔除异常值后符合正态分布，Ag、Au、Cl、I、Sb、Tl、W、CaO 剔除异常值后符合对数正态分布，其他元素/指标不符合正态分布或对数正态分布(表 5-14)。

松散岩类沉积物区表层土壤总体呈酸性，土壤 pH 背景值为 5.11，极大值为 8.09，极小值为 3.59，接近于温州市背景值。

松散岩类沉积物区表层土壤各元素/指标中，大多数元素/指标变异系数小于 0.40，分布相对均匀；As、Ni、MgO、Br、Mn、S、I、Hg、Au、Sn、pH 共 11 项元素/指标变异系数大于 0.40，其中 Sn、pH 变异系数大于 0.80，空间变异性较大。

与温州市土壤元素背景值相比，松散岩类沉积物区土壤元素背景值中 Zr 背景值略低于温州市背景值，为温州市背景值的 61%；N、Be、Hg、Cl、TFe_2O_3 背景值略高于温州市背景值，与温州市背景值比值在 1.2~1.4 之间；而 Na_2O、Cr、Ni、CaO、B、MgO、Cu、Mn、S、Au、Li、Sc、Sn、I、Co、Corg、Bi、F、Sb、Cd、Ti 背景值明显偏高，与温州市背景值比值在 1.4 以上，Na_2O、Cr 背景值为温州市背景值的 5.0 倍以上；其他元素/指标背景值则与温州市背景值基本接近。

二、紫色碎屑岩类风化物土壤母质元素背景值

紫色碎屑岩类风化物土壤母质元素背景值数据经正态分布检验，结果表明，原始数据中 Ba、Ce、Ga、La、Nb、SiO_2、Al_2O_3 符合正态分布，Bi、Br、Cl、F、I、P、Rb、Sb、Sc、Sr、Th、Tl、U、W、Y、Zr、TFe_2O_3、MgO、CaO、Na_2O、TC 共 21 项元素/指标符合对数正态分布，Li、S、Ti、K_2O、pH 剔除异常值后符合正态分布，Ag、Au、B、Be、Co、Ge、Hg、N、Ni、Sn、V、Zn、Corg 共 13 项元素/指标剔除异常值后符合对数正态分布，其他元素/指标不符合正态分布或对数正态分布(表 5-15)。

紫色碎屑岩类风化物区表层土壤总体呈酸性，土壤 pH 背景值为 4.94，极大值为 5.89，极小值为 4.23，与温州市背景值基本接近。

紫色碎屑岩类风化物区表层土壤各元素/指标中，大多数元素/指标变异系数小于 0.40，分布相对均匀；Cd、Cu、W、Ni、Mo、Cr、V、As、Co、Mn、CaO、Na_2O、Br、P、Sr、Bi、I、pH 共 18 项元素/指标变异系数大于 0.40，其中 Bi、I、pH 变异系数大于 0.80，空间变异性较大。

与温州市土壤元素背景值相比，紫色碎屑岩类风化物区土壤元素背景值中 Cl、Co、Mo、As、Sr、V 背景值明显偏低，为温州市背景值的 60% 以下；K_2O、Ag、Zn、Br、Au、Hg 背景值略低于温州市背景值，为温州市背景值的 60%~80%；I、CaO、Bi、Ti 背景值略高于温州市背景值，与温州市背景值比值在 1.2~1.4 之间；而 Na_2O、MgO 背景值明显偏高，与温州市背景值比值为 1.4 以上；其他元素/指标背景值则与温州市背景值基本接近。

三、中酸性火成岩类风化物土壤母质元素背景值

中酸性火成岩类风化物土壤母质元素背景值数据经正态分布检验，结果表明，原始数据中 F、Ga、Li、

表 5-14 松散岩类沉积物土壤母质元素背景值参数统计表

元素/指标	N	$X_{5\%}$	$X_{10\%}$	$X_{25\%}$	$X_{50\%}$	$X_{75\%}$	$X_{90\%}$	$X_{95\%}$	$\overline{X}$	S	$\overline{X}_g$	S_g	X_{max}	X_{min}	CV	X_{mc}	X_{mo}	分布类型		松散岩类沉积物背景值	温州市背景值
Ag	386	61.2	73.0	87.0	112	150	190	227	123	49.28	114	15.37	287	36.00	0.40	112	75.0	剔除后对数分布		114	110
As	8545	2.84	3.31	4.14	5.34	6.95	10.05	11.48	5.92	2.51	5.43	2.83	12.76	0.63	0.42	5.34	6.30	其他分布		6.30	5.70
Au	381	1.40	1.70	2.30	3.10	4.51	6.60	7.70	3.66	1.97	3.20	2.32	10.70	0.52	0.54	3.10	2.30	剔除后对数分布		3.20	1.50
B	9082	15.11	19.15	33.77	54.0	64.7	71.2	75.1	49.39	19.31	44.30	9.43	108	2.64	0.39	54.0	63.0	其他分布		63.0	19.90
Ba	378	469	482	505	534	577	632	674	545	61.2	542	37.62	719	385	0.11	534	510	其他分布		510	510
Be	405	2.07	2.17	2.53	2.78	2.95	3.14	3.22	2.73	0.35	2.70	1.81	3.56	1.83	0.13	2.78	2.70	偏峰分布		2.70	1.95
Bi	394	0.35	0.38	0.46	0.52	0.58	0.64	0.70	0.52	0.10	0.51	1.54	0.78	0.28	0.19	0.52	0.51	剔除后正态分布		0.52	0.32
Br	419	2.60	3.10	4.00	5.20	7.10	8.80	9.80	5.70	2.59	5.24	2.83	33.00	2.00	0.46	5.20	4.80	对数正态分布		5.24	5.32
Cd	8431	0.11	0.13	0.16	0.19	0.23	0.28	0.32	0.20	0.06	0.19	2.69	0.38	0.03	0.31	0.19	0.17	其他分布		0.17	0.12
Ce	410	79.0	81.8	87.5	94.6	104	112	120	96.1	12.23	95.4	13.84	130	63.8	0.13	94.6	93.5	剔除后正态分布		96.1	99.1
Cl	384	64.1	69.0	81.0	94.0	113	133	151	98.6	26.08	95.3	14.17	180	50.3	0.26	94.0	81.0	剔除后对数分布		95.3	71.0
Co	9064	4.82	6.30	9.40	12.95	15.58	17.21	18.06	12.34	4.10	11.48	4.28	24.14	1.85	0.33	12.95	17.10	其他分布		17.10	10.10
Cr	8940	23.94	31.39	50.8	78.1	91.5	99.9	106	71.7	26.68	65.2	11.72	152	5.94	0.37	78.1	87.0	其他分布		87.0	17.00
Cu	8502	14.75	17.52	22.71	27.56	33.34	39.60	43.99	28.23	8.54	26.85	6.92	53.0	5.18	0.30	27.56	34.60	其他分布		34.60	13.20
F	419	306	353	445	600	689	760	793	573	154	550	39.30	883	208	0.27	600	634	其他分布		634	401
Ga	418	16.29	16.90	18.70	20.40	21.60	22.60	23.10	20.09	2.09	19.98	5.70	24.10	14.20	0.10	20.40	20.40	偏峰分布		20.40	18.82
Ge	8848	1.22	1.27	1.37	1.46	1.55	1.62	1.67	1.46	0.14	1.45	1.26	1.83	1.08	0.09	1.46	1.48	偏峰分布		1.48	1.49
Hg	8495	0.06	0.06	0.09	0.14	0.20	0.27	0.32	0.16	0.08	0.14	3.18	0.40	0.01	0.51	0.14	0.15	其他分布		0.15	0.11
I	389	1.40	1.60	2.00	2.64	3.68	5.21	6.17	3.01	1.43	2.71	2.10	7.16	0.54	0.48	2.64	1.70	剔除后对数分布		2.71	1.60
La	419	40.00	42.00	45.00	48.00	52.0	57.7	60.0	48.94	6.50	48.51	9.38	77.0	28.00	0.13	48.00	47.00	对数正态分布		48.51	50.3
Li	419	18.96	21.00	32.00	49.00	57.0	62.0	64.1	44.81	15.00	41.73	9.04	72.0	14.60	0.33	49.00	50.00	其他分布		50.00	24.82
Mn	8997	328	367	449	601	927	1216	1316	704	322	636	40.40	1673	138	0.46	601	1131	其他分布		1131	442
Mo	8530	0.48	0.54	0.66	0.82	1.04	1.33	1.49	0.88	0.30	0.83	1.42	1.76	0.28	0.34	0.82	0.77	其他分布		0.77	0.80
N	9018	0.83	0.98	1.32	1.83	2.35	2.79	3.06	1.86	0.69	1.72	1.76	3.89	0.08	0.37	1.83	1.86	其他分布		1.86	1.34
Nb	383	18.00	18.30	18.90	19.70	20.50	22.08	22.89	19.89	1.46	19.83	5.61	24.30	16.40	0.07	19.70	18.70	其他分布		18.70	20.00
Ni	8959	9.47	12.25	19.59	32.13	39.53	44.54	47.88	30.13	12.53	26.87	7.10	69.5	2.44	0.42	32.13	37.70	其他分布		37.70	10.80
P	8503	0.39	0.44	0.55	0.69	0.90	1.14	1.27	0.74	0.27	0.70	1.52	1.57	0.10	0.36	0.69	0.60	其他分布		0.60	0.51
Pb	8419	32.87	35.10	38.55	42.69	48.46	56.2	61.0	44.18	8.23	43.46	9.09	68.8	21.07	0.19	42.69	42.00	其他分布		42.00	35.00

第五章 土壤元素背景值

续表 5-14

元素/指标	N	$X_{5\%}$	$X_{10\%}$	$X_{25\%}$	$X_{50\%}$	$X_{75\%}$	$X_{90\%}$	$X_{95\%}$	$\overline{X}$	S	$\overline{X}_g$	S_g	X_{max}	X_{min}	CV	X_{ne}	X_{mo}	分布类型	松散岩类沉积物背景值	温州市背景值
Rb	416	110	116	128	141	149	156	159	138	15.27	137	17.17	173	95.0	0.11	141	148	偏峰分布	148	124
S	419	173	197	274	342	454	607	729	383	176	349	29.70	1184	127	0.46	342	326	对数正态分布	349	155
Sb	401	0.44	0.49	0.58	0.67	0.80	0.91	0.97	0.69	0.16	0.67	1.39	1.17	0.32	0.24	0.67	0.69	剔除后正态分布	0.67	0.45
Sc	419	7.09	8.00	9.80	12.10	13.55	14.60	15.10	11.64	2.48	11.34	4.22	17.90	5.30	0.21	12.10	13.60	偏峰分布	13.60	7.20
Se	8709	0.15	0.17	0.22	0.27	0.32	0.39	0.43	0.28	0.08	0.26	2.19	0.50	0.06	0.29	0.27	0.25	其他分布	0.25	0.25
Sn	419	2.70	3.40	4.10	6.00	8.20	11.20	14.00	7.12	6.47	6.06	3.23	106	1.60	0.91	6.00	4.10	对数正态分布	6.06	3.40
Sr	406	66.0	76.0	88.0	101	109	116	120	98.2	15.86	96.8	14.20	137	57.0	0.16	101	105	偏峰分布	105	105
Th	419	12.79	13.50	14.50	15.70	15.80	17.70	18.70	15.72	1.99	15.60	4.91	26.00	9.20	0.13	15.70	15.70	正态分布	15.72	15.10
Ti	399	3780	4079	4490	4885	5103	5251	5320	4762	469	4737	133	6111	3398	0.10	4885	4850	其他分布	4850	3449
Tl	4849	0.69	0.72	0.77	0.82	0.88	0.95	0.99	0.83	0.09	0.82	1.17	1.07	0.58	0.11	0.82	0.83	剔除后对数分布	0.82	0.84
U	419	2.60	2.70	2.90	3.10	3.40	3.71	4.04	3.18	0.46	3.15	1.96	6.00	2.40	0.15	3.10	3.00	对数正态分布	3.15	3.36
V	9037	41.42	51.7	73.3	95.7	108	116	120	89.4	24.60	85.2	13.23	160	20.80	0.27	95.7	112	其他分布	112	112
W	390	1.61	1.70	1.84	1.98	2.14	2.32	2.47	2.00	0.25	1.99	1.51	2.70	1.38	0.12	1.98	1.98	剔除后对数分布	1.99	2.01
Y	388	26.00	27.00	29.00	30.00	32.00	33.00	33.00	30.15	2.08	30.08	7.16	36.00	25.00	0.07	30.00	30.00	其他分布	30.00	30.00
Zn	8414	82.8	89.6	102	114	126	140	150	114	19.62	112	15.45	170	61.7	0.17	114	114	其他分布	114	102
Zr	395	187	191	199	221	270	326	355	241	54.1	235	23.52	395	164	0.22	221	193	其他分布	193	315
SiO$_2$	419	60.5	61.7	63.8	66.3	69.4	73.1	74.3	66.8	4.29	66.6	11.24	77.7	50.3	0.06	66.3	66.2	对数正态分布	66.6	70.7
Al$_2$O$_3$	401	13.17	13.70	14.50	15.18	15.84	16.27	16.56	15.10	1.02	15.06	4.82	17.71	12.32	0.07	15.18	15.29	剔除后正态分布	15.10	14.48
TFe$_2$O$_3$	419	2.73	3.15	4.13	4.98	5.66	6.15	6.29	4.82	1.12	4.68	2.58	10.01	2.09	0.23	4.98	5.38	正态分布	4.82	3.62
MgO	419	0.41	0.48	0.76	1.24	1.60	1.91	2.12	1.22	0.53	1.08	1.68	2.82	0.26	0.44	1.24	1.48	正态分布	1.22	0.40
CaO	383	0.32	0.37	0.51	0.67	0.82	1.08	1.21	0.70	0.27	0.64	1.61	1.51	0.10	0.38	0.67	0.60	剔除后正态分布	0.64	0.20
Na$_2$O	398	0.60	0.68	0.84	0.96	1.05	1.14	1.20	0.94	0.18	0.92	1.24	1.39	0.46	0.19	0.96	1.02	剔除后正态分布	0.94	0.14
K$_2$O	8595	2.35	2.46	2.62	2.79	2.96	3.13	3.24	2.80	0.26	2.78	1.80	3.53	2.06	0.09	2.79	2.91	正态分布	2.80	2.82
TC	419	1.04	1.16	1.34	1.61	1.90	2.17	2.37	1.65	0.44	1.59	1.43	5.32	0.76	0.27	1.61	1.48	其他分布	1.65	1.54
Corg	8975	0.72	0.87	1.28	1.79	2.33	2.88	3.16	1.84	0.74	1.68	1.80	3.94	0.05	0.40	1.79	1.86	其他分布	1.86	1.10
pH	8734	4.60	4.79	5.09	5.47	6.15	7.27	7.76	5.17	4.96	5.72	2.71	8.09	3.59	0.96	5.47	5.11	其他分布	5.11	5.02

注: 氧化物、TC、Corg 单位为 %, N、P 单位为 g/kg, Au、Ag 单位为 μg/kg, pH 为无量纲, 其他元素/指标单位为 mg/kg; 后表单位相同。

表 5-15 紫色碎屑岩类风化物土壤母质元素背景值参数统计表

元素/指标	N	$X_{5\%}$	$X_{10\%}$	$X_{25\%}$	$X_{50\%}$	$X_{75\%}$	$X_{90\%}$	$X_{95\%}$	$\bar{X}$	S	$\bar{X}_g$	S_g	X_{max}	X_{min}	CV	X_{me}	X_{mo}	分布类型	紫色碎屑岩类风化物背景值	温州市背景值
Ag	353	62.6	66.0	73.0	83.0	98.0	110	120	86.3	17.81	84.5	13.11	130	45.00	0.21	83.0	120	剔除后对数分布	84.5	110
As	3845	1.60	1.82	2.37	3.23	4.59	6.41	7.78	3.71	1.83	3.31	2.36	9.44	0.52	0.49	3.23	2.80	其他分布	2.80	5.70
Au	344	0.55	0.61	0.74	0.95	1.22	1.52	1.82	1.02	0.38	0.96	1.43	2.24	0.38	0.37	0.95	0.98	剔除后对数分布	0.96	1.50
B	3973	10.92	12.74	16.20	20.69	26.66	34.12	38.59	22.07	8.17	20.59	6.09	45.40	2.90	0.37	20.69	19.80	剔除后对数分布	20.59	19.90
Ba	380	292	328	398	496	584	673	768	500	142	479	35.31	962	144	0.28	496	437	正态分布	500	510
Be	351	1.50	1.60	1.79	2.01	2.29	2.63	2.82	2.06	0.40	2.03	1.56	3.28	1.22	0.19	2.01	2.07	剔除后对数分布	2.03	1.95
Bi	380	0.24	0.26	0.30	0.37	0.50	0.66	0.88	0.46	0.43	0.40	1.96	5.78	0.16	0.93	0.37	0.32	对数正态分布	0.40	0.32
Br	380	1.70	2.00	2.40	3.30	4.93	7.40	9.41	4.15	2.69	3.55	2.53	20.50	1.20	0.65	3.30	2.30	对数正态分布	3.55	5.32
Cd	4038	0.04	0.06	0.09	0.12	0.16	0.20	0.23	0.13	0.05	0.11	3.70	0.28	0.01	0.42	0.12	0.11	其他分布	0.11	0.12
Ce	380	73.9	79.4	86.8	93.8	102	110	118	94.8	12.97	93.9	13.81	146	58.4	0.14	93.8	102	正态分布	94.8	99.1
Cl	380	30.40	32.40	35.50	40.20	46.75	60.1	72.3	43.88	14.24	42.21	8.87	163	24.80	0.32	40.20	41.40	对数正态分布	42.21	71.0
Co	3869	2.45	3.08	4.18	5.99	8.72	12.01	14.27	6.80	3.53	5.94	3.24	17.70	0.01	0.52	5.99	4.30	对数正态分布	5.94	10.10
Cr	3999	9.60	11.50	15.49	21.59	30.09	40.02	45.10	23.66	10.86	21.23	6.48	56.2	0.41	0.46	21.59	15.50	偏峰分布	15.50	17.00
Cu	3949	5.80	6.81	9.05	12.02	16.30	21.71	24.36	13.16	5.59	12.02	4.63	29.72	0.14	0.42	12.02	11.60	其他分布	11.60	13.20
F	380	279	300	348	410	475	559	608	427	140	411	32.73	1734	177	0.33	410	418	对数分布	411	401
Ga	380	13.59	14.19	15.90	17.60	19.23	20.41	21.31	17.55	2.42	17.38	5.22	24.50	11.80	0.14	17.60	16.80	正态分布	17.55	18.82
Ge	4031	1.23	1.28	1.37	1.46	1.58	1.70	1.78	1.48	0.16	1.47	1.28	1.92	1.04	0.11	1.46	1.52	剔除后正态分布	1.47	1.49
Hg	3896	0.04	0.04	0.05	0.07	0.09	0.12	0.13	0.07	0.03	0.07	4.50	0.16	0.01	0.39	0.07	0.05	剔除后对数分布	0.07	0.11
I	380	0.61	0.73	1.02	1.85	3.99	6.56	8.19	3.00	2.83	2.08	2.65	21.70	0.33	0.94	1.85	0.79	对数正态分布	2.08	1.60
La	380	40.88	42.69	47.10	51.4	55.5	61.0	63.7	51.5	7.04	51.0	9.74	81.0	32.70	0.14	51.4	47.70	正态分布	51.5	50.3
Li	347	18.13	18.80	21.40	23.80	27.25	30.84	32.97	24.48	4.46	24.09	6.31	37.80	15.10	0.18	23.80	23.10	剔除后正态分布	24.48	24.82
Mn	3919	142	177	255	368	537	780	923	425	231	367	32.39	1107	58.0	0.54	368	442	其他分布	442	442
Mo	3829	0.40	0.44	0.54	0.71	0.99	1.34	1.57	0.81	0.36	0.74	1.56	1.99	0.08	0.45	0.71	0.46	其他分布	0.46	0.80
N	4093	0.52	0.68	0.93	1.18	1.43	1.71	1.86	1.18	0.39	1.11	1.51	2.23	0.16	0.33	1.18	1.07	剔除后对数分布	1.11	1.34
Nb	380	17.19	18.40	20.50	23.15	26.40	29.50	32.50	23.66	4.77	23.20	6.24	45.90	10.30	0.20	23.15	24.10	正态分布	23.66	20.00
Ni	3940	4.01	4.76	6.53	9.06	12.16	15.85	17.94	9.70	4.18	8.81	3.95	22.27	0.39	0.43	9.06	10.20	剔除后对数分布	8.81	10.80
P	4185	0.16	0.21	0.31	0.46	0.67	0.91	1.12	0.53	0.36	0.45	2.07	6.83	0.05	0.67	0.46	0.38	对数正态分布	0.45	0.51
Pb	3816	21.07	23.51	28.04	33.00	39.50	47.78	53.3	34.46	9.60	33.17	7.86	64.2	10.91	0.28	33.00	30.30	其他分布	30.30	35.00

续表 5-15

元素/指标	N	$X_{5\%}$	$X_{10\%}$	$X_{25\%}$	$X_{50\%}$	$X_{75\%}$	$X_{90\%}$	$X_{95\%}$	$\overline{X}$	S	$\overline{X}_g$	S_g	X_{max}	X_{min}	CV	X_{me}	X_{mo}	分布类型	紫色碎屑岩类风化物背景值	温州市背景值
Rb	380	87.5	93.0	102	114	129	142	154	116	21.57	114	15.50	216	50.2	0.19	114	110	对数正态分布	114	124
S	361	117	122	134	150	157	181	193	151	22.67	149	17.96	217	98.2	0.15	150	155	剔除后正态分布	151	155
Sb	380	0.34	0.36	0.41	0.48	0.60	0.74	0.89	0.53	0.17	0.50	1.61	1.30	0.26	0.32	0.48	0.42	对数正态分布	0.50	0.45
Sc	380	5.00	5.58	6.80	7.90	9.12	10.91	11.80	8.11	2.13	7.85	3.35	18.30	3.80	0.26	7.90	7.60	对数正态分布	7.85	7.20
Se	3909	0.14	0.16	0.20	0.25	0.33	0.42	0.48	0.28	0.10	0.26	2.30	0.58	0.05	0.36	0.25	0.23	其他分布	0.23	0.25
Sn	340	2.43	2.62	2.94	3.38	3.91	4.76	5.36	3.53	0.85	3.43	2.11	6.15	2.07	0.24	3.38	3.14	剔除后对数分布	3.43	3.40
Sr	380	25.68	27.88	35.08	45.75	65.8	98.8	135	58.2	38.86	50.1	9.77	274	16.20	0.67	45.75	35.30	对数正态分布	50.1	105
Th	380	9.43	10.70	12.40	14.05	15.80	18.00	19.60	14.27	3.27	13.90	4.69	34.50	4.27	0.23	14.05	14.40	对数正态分布	13.90	15.10
Ti	369	2806	3051	3674	4185	4907	5582	5978	4282	953	4176	123	6990	2139	0.22	4185	3809	剔除后正态分布	4282	3449
Tl	1807	0.52	0.58	0.67	0.80	0.95	1.11	1.21	0.83	0.23	0.80	1.34	3.20	0.32	0.28	0.80	0.72	对数正态分布	0.80	0.84
U	380	2.40	2.55	2.92	3.32	3.71	4.23	4.53	3.39	0.77	3.31	2.08	10.20	1.36	0.23	3.32	3.50	对数正态分布	3.31	3.36
V	3900	22.45	28.19	39.30	54.9	75.7	98.4	114	59.5	27.21	53.3	10.68	142	0.07	0.46	54.9	56.3	剔除后对数分布	53.3	112
W	380	1.45	1.56	1.89	2.25	2.63	3.13	3.60	2.38	1.00	2.26	1.76	14.60	1.06	0.42	2.25	2.01	对数正态分布	2.26	2.01
Y	380	20.29	21.10	23.30	25.55	28.20	30.82	32.50	26.00	4.74	25.65	6.57	73.0	17.40	0.18	25.55	25.10	对数正态分布	25.65	30.00
Zn	4003	45.60	51.7	62.5	75.1	91.2	109	119	77.7	21.76	74.7	12.55	140	25.50	0.28	75.1	64.2	剔除后对数分布	74.7	102
Zr	380	237	253	278	310	360	391	414	319	57.6	314	28.00	568	174	0.18	310	327	对数正态分布	314	315
SiO$_2$	380	65.6	67.2	69.6	72.5	75.0	77.6	79.4	72.3	4.25	72.2	11.84	81.8	56.6	0.06	72.5	72.0	正态分布	72.3	70.7
Al$_2$O$_3$	380	10.24	11.04	12.30	13.75	15.20	16.31	17.00	13.73	2.06	13.58	4.53	19.98	8.66	0.15	13.75	14.13	正态分布	13.73	14.48
TFe$_2$O$_3$	380	2.22	2.50	3.10	3.67	4.49	5.41	6.22	3.88	2.24	3.70	2.24	10.10	1.39	0.33	3.67	3.90	对数正态分布	3.70	3.62
MgO	380	0.34	0.38	0.45	0.57	0.71	0.86	0.98	0.60	0.19	0.57	1.61	1.30	0.21	0.33	0.57	0.49	对数正态分布	0.57	0.40
CaO	380	0.14	0.15	0.18	0.23	0.32	0.46	0.62	0.28	0.16	0.25	2.60	1.39	0.11	0.56	0.23	0.16	对数正态分布	0.25	0.20
Na$_2$O	380	0.12	0.13	0.18	0.26	0.42	0.58	0.69	0.32	0.19	0.27	2.58	1.16	0.10	0.60	0.26	0.14	对数正态分布	0.27	0.14
K$_2$O	4132	1.10	1.34	1.75	2.20	2.59	2.99	3.21	2.18	0.63	2.07	1.68	3.91	0.48	0.29	2.20	2.32	剔除后对数分布	2.18	2.82
TC	380	0.95	1.02	1.18	1.36	1.59	1.95	2.18	1.44	0.44	1.38	1.38	5.55	0.72	0.30	1.36	1.39	对数正态分布	1.38	1.54
Corg	4040	0.56	0.73	0.99	1.25	1.54	1.86	2.07	1.27	0.44	1.19	1.54	2.46	0.13	0.34	1.25	1.32	剔除后对数分布	1.19	1.10
pH	4048	4.53	4.64	4.85	5.05	5.25	5.45	5.57	4.94	5.06	5.05	2.55	5.89	4.23	1.02	5.05	5.02	剔除后对数分布	4.94	5.02

Nb、P、Sc、Sr、Ti、W、Y、Al_2O_3、TFe_2O_3 共12项元素/指标符合对数正态分布，Rb、SiO_2 剔除异常值后符合正态分布，Be、Ce、Cl、La、Sb、Th、U、Zn、Zr、TC、pH 共11项元素/指标剔除异常值后符合对数正态分布，其他元素/指标不符合正态分布或对数正态分布（表5-16）。

中酸性火成岩类风化物区表层土壤总体呈酸性，土壤 pH 背景值为4.94，极大值为5.94，极小值为3.96，与温州市背景值基本接近。

中酸性火成岩类风化物区表层土壤各元素/指标中，大多数元素/指标变异系数小于0.40，分布相对均匀；Hg、Se、Ni、Cu、Cr、Cd、Mo、V、As、Au、Co、Mn、Sr、Br、Na_2O、P、I、pH 共18项元素/指标变异系数大于0.40，其中 pH 变异系数大于0.80，空间变异性较大。

与温州市土壤元素背景值相比，中酸性火成岩类风化物区土壤元素背景值中 Co、Sr、V 背景值明显偏低，为温州市背景值的60%以下；Cu、As、Au、Br、Cl 背景值略低于温州市背景值，为温州市背景值的60%～80%；Nb 背景值略高于温州市背景值，为温州市背景值的1.27倍；而 I 背景值明显偏高，为温州市背景值的2.41倍；其他元素/指标背景值则与温州市背景值基本接近。

第三节　主要土壤类型元素背景值

一、黄壤土壤元素背景值

黄壤土壤元素背景值数据经正态分布检验，结果表明，原始数据中 Ga、Nb、Rb、Sc、SiO_2、Al_2O_3、K_2O 符合正态分布，Ag、As、Au、B、Ba、Be、Bi、Br、Cl、Co、Cr、F、Ge、I、La、Li、P、Sb、Sr、Th、Ti、Tl、U、W、Y、TFe_2O_3、MgO、CaO、Na_2O、TC 共30项元素/指标符合对数正态分布，N、S、Sn、Corg、pH 剔除异常值后符合正态分布，Ce、Cu、Hg、Mn、Mo、Ni、Pb、V、Zn 剔除异常值后符合对数正态分布，其他元素/指标不符合正态分布或对数正态分布（表5-17）。

温州市黄壤区表层土壤总体呈酸性，土壤 pH 背景值为4.94，极大值为5.80，极小值为4.30，接近于温州市背景值。

黄壤区表层土壤各元素/指标中，大多数元素/指标变异系数小于0.40，分布相对均匀；仅 V、Ba、Mo、Cd、Sr、Mn、Ag、CaO、P、Cr、Na_2O、Bi、Br、Co、As、I、pH、Au 共18项元素/指标变异系数大于0.40，其中 I、pH、Au 变异系数大于0.80，空间变异性较大。

与温州市土壤元素背景值相比，黄壤土壤元素背景值中 Co、Sr、V 背景值明显低于温州市背景值，为温州市背景值的60%以下，其中 V 背景值最低，仅为温州市背景值的36%；而 Cl、Hg、As、Au、K_2O 背景值略低于温州市背景值，为温州市背景值的60%～80%；Bi、Nb、TC、Cr、W、MgO 背景值略高于温州市背景值，与温州市背景值比值在1.2～1.4之间；而 Br、I、Na_2O、Corg 背景值明显偏高，与温州市背景值比值在1.4以上，I 背景值最高，为温州市背景值的3.01倍；其他元素/指标背景值则与温州市背景值基本接近。

二、红壤土壤元素背景值

红壤土壤元素背景值数据经正态分布检验，结果表明，原始数据中 Rb 符合正态分布，Br、F、Ga、Nb、Sb、Sc、Sr、Ti、W、Y、Zr、Al_2O_3、TFe_2O_3 共13项元素/指标符合对数正态分布，Ba、La、Th、SiO_2 剔除异常值后符合正态分布，Au、Be、Ce、Cl、Ge、Li、Tl、U、MgO、TC 共10项元素/指标剔除异常值后符合对数正态分布，其他元素/指标不符合正态分布或对数正态分布（表5-18）。

第五章 土壤元素背景值

表 5-16 中酸性火成岩类风化物土壤母质元素背景值参数统计表

元素/指标	N	$X_{5\%}$	$X_{10\%}$	$X_{25\%}$	$X_{50\%}$	$X_{75\%}$	$X_{90\%}$	$X_{95\%}$	$\bar{X}$	S	$\bar{X}_g$	S_g	X_{max}	X_{min}	CV	X_{me}	X_{mo}	分布类型	中酸性火成岩类风化物背景值	温州市背景值
Ag	1821	61.0	68.0	80.0	96.0	120	146	160	102	31.02	97.4	14.17	202	15.00	0.30	96.0	110	其他分布	110	110
As	14 683	1.63	1.95	2.67	3.83	5.48	7.37	8.59	4.28	2.11	3.79	2.57	10.91	0.24	0.49	3.83	4.40	其他分布	4.40	5.70
Au	1745	0.55	0.64	0.83	1.14	1.65	2.25	2.70	1.31	0.65	1.17	1.63	3.43	0.15	0.50	1.14	1.10	其他分布	1.10	1.50
B	14 971	9.86	11.76	15.29	19.89	26.20	32.77	36.86	21.18	8.10	19.64	6.04	44.99	1.96	0.38	19.89	19.10	偏峰分布	19.10	19.90
Ba	1812	233	283	390	552	697	841	962	560	222	514	35.86	1226	95.0	0.40	552	579	其他分布	579	510
Be	1833	1.51	1.63	1.85	2.10	2.38	2.67	2.87	2.13	0.41	2.09	1.59	3.29	1.09	0.19	2.10	1.95	剔除后对数分布	2.09	1.95
Bi	1802	0.23	0.26	0.31	0.40	0.51	0.63	0.71	0.42	0.15	0.40	1.84	0.87	0.17	0.35	0.40	0.32	偏峰分布	0.32	0.32
Br	1819	2.40	2.70	3.60	5.10	7.70	10.80	12.90	6.02	3.22	5.27	2.95	15.90	1.10	0.54	5.10	3.70	其他分布	3.70	5.32
Cd	14 967	0.05	0.06	0.10	0.14	0.19	0.24	0.27	0.14	0.07	0.13	3.47	0.34	0.01	0.46	0.14	0.12	其他分布	0.12	0.12
Ce	1823	76.1	82.1	91.3	102	111	130	139	104	18.33	102	14.39	154	55.3	0.18	102	104	剔除后对数分布	102	99.1
Cl	1835	36.60	40.50	46.60	56.4	68.4	83.4	92.1	58.9	16.40	56.8	10.36	106	27.80	0.28	56.4	71.0	剔除后对数分布	56.8	71.0
Co	14 816	2.25	2.68	3.62	5.21	7.73	10.68	12.39	5.99	3.10	5.25	3.06	15.58	0.32	0.52	5.21	4.80	偏峰分布	4.80	10.10
Cr	14 695	10.59	12.40	17.30	24.18	32.30	43.12	49.78	26.14	11.77	23.56	6.76	62.0	2.10	0.45	24.18	17.00	其他分布	17.00	17.00
Cu	14 698	5.93	7.10	9.30	12.46	16.38	22.15	25.32	13.57	5.78	12.39	4.74	31.00	1.93	0.43	12.46	10.20	其他分布	10.20	13.20
F	1928	238	263	311	370	441	524	574	383	104	370	30.99	917	88.0	0.27	370	401	对数正态分布	370	401
Ga	1928	15.30	16.00	17.20	18.80	20.30	22.40	23.50	19.01	2.56	18.84	5.52	42.10	11.90	0.13	18.80	18.00	其他分布	18.84	18.82
Ge	15 306	1.14	1.19	1.29	1.40	1.53	1.66	1.74	1.42	0.18	1.40	1.26	1.92	0.92	0.13	1.40	1.42	偏峰分布	1.42	1.49
Hg	14 502	0.04	0.05	0.06	0.08	0.11	0.14	0.16	0.08	0.04	0.08	4.21	0.19	0.01	0.41	0.08	0.11	其他分布	0.11	0.11
I	1857	0.89	1.14	1.97	3.86	7.32	10.60	12.60	5.00	3.75	3.66	3.13	16.40	0.22	0.75	3.86	3.86	其他分布	3.86	1.60
La	1867	38.00	41.00	45.70	51.1	57.3	64.2	68.7	51.8	9.11	51.0	9.69	76.4	27.40	0.18	51.1	46.00	剔除后对数分布	51.0	50.3
Li	1928	16.90	18.00	20.50	24.30	29.00	34.13	38.46	25.56	7.18	24.69	6.49	66.4	12.20	0.28	24.30	22.00	对数正态分布	24.69	24.82
Mn	14 996	168	203	289	425	631	877	1021	486	257	422	34.89	1240	32.32	0.53	425	438	其他分布	438	442
Mo	14 502	0.47	0.56	0.74	1.02	1.41	1.89	2.19	1.13	0.52	1.02	1.59	2.76	0.17	0.46	1.02	0.80	其他分布	0.80	0.80
N	15 173	0.56	0.72	0.97	1.26	1.59	1.92	2.15	1.29	0.47	1.19	1.57	2.60	0.09	0.36	1.26	1.34	偏峰分布	1.34	1.34
Nb	1928	18.70	20.00	22.10	24.90	28.80	33.10	35.86	25.84	5.38	25.32	6.58	55.5	13.10	0.21	24.90	25.60	对数正态分布	25.32	20.00
Ni	14 783	4.56	5.45	7.36	10.12	13.64	17.27	19.86	10.84	4.60	9.85	4.16	24.85	0.10	0.42	10.12	10.80	其他分布	10.80	10.80
P	15 685	0.16	0.21	0.32	0.48	0.72	1.00	1.22	0.57	0.38	0.47	2.07	5.93	0.01	0.66	0.48	0.44	对数正态分布	0.47	0.51
Pb	14 360	25.88	28.67	33.47	39.79	48.18	59.2	66.8	41.93	12.03	40.31	8.81	79.3	9.89	0.29	39.79	38.00	其他分布	38.00	35.00

续表 5-16

元素/指标	N	$X_{5\%}$	$X_{10\%}$	$X_{25\%}$	$X_{50\%}$	$X_{75\%}$	$X_{90\%}$	$X_{95\%}$	$\overline{X}$	S	$\overline{X}_g$	S_g	X_{max}	X_{min}	CV	X_{me}	X_{mo}	分布类型	中酸性火成岩类风化物背景值	温州市背景值
Rb	1892	87.8	95.0	107	121	134	145	152	121	19.35	119	15.72	174	67.2	0.16	121	120	剔除后正态分布	121	124
S	1672	132	139	154	173	194	227	270	179	37.06	175	19.74	293	101	0.21	173	179	其他分布	179	155
Sb	1859	0.32	0.36	0.42	0.52	0.64	0.76	0.85	0.54	0.16	0.52	1.59	1.00	0.19	0.29	0.52	0.52	剔除后对数分布	0.52	0.45
Sc	1928	5.40	5.87	6.70	7.80	9.30	10.90	12.06	8.18	2.10	7.93	3.43	22.00	3.70	0.26	7.80	7.20	对数正态分布	7.93	7.20
Se	14 779	0.17	0.19	0.24	0.32	0.43	0.57	0.66	0.35	0.14	0.32	2.11	0.78	0.04	0.41	0.32	0.22	其他分布	0.22	0.25
Sn	1771	2.57	2.80	3.24	3.79	4.67	5.90	6.72	4.07	1.21	3.91	2.35	7.66	1.20	0.30	3.79	3.40	其他分布	3.40	3.40
Sr	1928	20.93	24.87	35.30	48.40	68.6	91.3	108	55.0	29.07	48.70	9.65	296	13.70	0.53	48.40	58.0	对数正态分布	48.70	105
Th	1814	11.00	11.90	13.40	15.00	16.80	18.60	20.00	15.20	2.67	14.97	4.87	22.90	8.14	0.18	15.00	15.00	剔除后正态分布	14.97	15.10
Ti	1928	2593	2842	3324	3968	4665	5360	5939	4067	1078	3935	120	9982	1789	0.26	3968	3449	对数正态分布	3935	3449
Tl	7634	0.55	0.60	0.71	0.83	0.98	1.15	1.24	0.86	0.21	0.83	1.31	1.44	0.28	0.24	0.83	0.80	偏峰分布	0.80	0.84
U	1799	2.69	2.87	3.12	3.41	3.80	4.18	4.49	3.48	0.53	3.44	2.08	5.02	2.03	0.15	3.41	3.20	剔除后对数分布	3.44	3.36
V	14 702	19.60	23.90	32.60	44.80	62.9	86.0	99.6	50.00	23.79	44.72	9.77	121	4.59	0.48	44.80	40.00	其他分布	40.00	112
W	1928	1.51	1.65	1.86	2.23	2.74	3.41	4.03	2.44	0.92	2.32	1.80	9.96	1.18	0.38	2.23	1.81	对数正态分布	2.32	2.01
Y	1928	19.20	20.70	23.10	26.00	29.32	33.30	35.90	26.58	5.25	26.10	6.70	80.1	14.50	0.20	26.00	25.00	对数正态分布	26.10	30.00
Zn	14 937	50.9	56.8	68.8	83.8	102	122	134	86.9	24.89	83.3	13.42	161	21.80	0.29	83.8	102	剔除后对数分布	83.3	102
Zr	1826	242	262	294	335	394	451	491	348	75.6	340	29.15	575	132	0.22	335	334	剔除后对数分布	340	315
SiO$_2$	1902	64.3	65.9	68.6	71.4	73.9	76.1	77.3	71.2	3.91	71.1	11.72	81.5	60.5	0.05	71.4	70.2	剔除后正态分布	71.2	70.7
Al$_2$O$_3$	1928	11.31	11.95	12.91	14.22	15.81	17.40	18.45	14.48	2.18	14.32	4.71	22.60	8.38	0.15	14.22	13.55	对数正态分布	14.32	14.48
TFe$_2$O$_3$	1928	2.10	2.35	2.74	3.33	4.08	4.93	5.55	3.53	1.10	3.37	2.17	10.33	1.54	0.31	3.33	3.45	对数正态分布	3.37	3.62
MgO	1860	0.30	0.33	0.38	0.45	0.54	0.64	0.71	0.47	0.12	0.45	1.71	0.83	0.21	0.26	0.45	0.40	偏峰分布	0.40	0.40
CaO	1752	0.12	0.14	0.17	0.22	0.28	0.36	0.41	0.23	0.09	0.22	2.64	0.49	0.06	0.37	0.22	0.20	其他分布	0.20	0.20
Na$_2$O	1902	0.13	0.14	0.22	0.39	0.63	0.85	0.98	0.45	0.27	0.37	2.51	1.23	0.09	0.61	0.39	0.14	其他分布	0.14	0.14
K$_2$O	15 545	1.14	1.36	1.80	2.36	2.92	3.44	3.77	2.38	0.79	2.24	1.81	4.62	0.12	0.33	2.36	2.35	剔除后对数分布	2.35	2.82
TC	1829	0.96	1.06	1.30	1.60	1.97	2.35	2.64	1.66	0.50	1.59	1.48	3.11	0.55	0.30	1.60	1.37	剔除后对数分布	1.59	1.54
Corg	15 126	0.63	0.80	1.08	1.40	1.76	2.15	2.39	1.44	0.52	1.33	1.62	2.89	0.04	0.36	1.40	1.10	其他分布	1.10	1.10
pH	15 035	4.35	4.48	4.70	4.93	5.17	5.40	5.55	4.79	4.85	4.94	2.52	5.94	3.96	1.01	4.93	4.86	剔除后对数分布	4.94	5.02

表 5-17 黄壤土壤元素背景参数统计表

元素/指标	N	$X_{5\%}$	$X_{10\%}$	$X_{25\%}$	$X_{50\%}$	$X_{75\%}$	$X_{90\%}$	$X_{95\%}$	$\overline{X}$	S	$\overline{X}_g$	S_g	X_{max}	X_{min}	CV	X_{me}	X_{mo}	分布类型	黄壤背景值	温州市背景值
Ag	312	63.0	69.0	82.8	100.0	130	170	220	116	62.2	107	15.11	750	44.00	0.53	100.0	110	对数正态分布	107	110
As	2003	1.72	1.99	2.55	3.62	5.49	8.06	10.24	4.60	3.54	3.85	2.72	44.73	0.92	0.77	3.62	2.67	对数正态分布	3.85	5.70
Au	312	0.48	0.56	0.70	0.91	1.21	1.67	2.23	1.14	1.38	0.96	1.63	22.00	0.36	1.21	0.91	0.89	对数正态分布	0.96	1.50
B	2003	12.00	13.96	17.84	22.87	29.20	35.97	40.27	24.06	8.72	22.50	6.42	72.0	2.90	0.36	22.87	19.80	对数正态分布	22.50	19.90
Ba	312	244	280	354	488	518	789	893	521	232	478	34.67	1700	176	0.45	488	529	对数正态分布	478	510
Be	312	1.51	1.66	1.88	2.17	2.51	3.17	3.51	2.34	0.90	2.24	1.73	10.20	1.20	0.39	2.17	1.95	对数正态分布	2.24	1.95
Bi	312	0.25	0.27	0.33	0.42	0.55	0.72	0.91	0.49	0.33	0.44	1.84	4.50	0.19	0.67	0.42	0.42	对数正态分布	0.44	0.32
Br	312	2.66	3.10	4.60	7.30	12.30	17.46	21.14	9.21	6.35	7.45	3.76	39.50	1.60	0.69	7.30	5.90	对数正态分布	7.45	5.32
Cd	1670	0.05	0.07	0.10	0.14	0.18	0.25	0.29	0.15	0.07	0.13	3.45	0.46	0.02	0.49	0.14	0.11	其他分布	0.11	0.12
Ce	295	79.9	84.9	91.9	101	112	123	131	102	16.04	101	14.37	149	57.9	0.16	101	102	剔除后对数分布	101	99.1
Cl	312	34.62	37.90	42.10	50.8	64.1	79.7	89.4	55.1	17.82	52.6	9.86	163	28.20	0.32	50.8	46.20	对数正态分布	52.6	71.0
Co	2003	2.29	2.73	3.61	5.07	7.15	10.10	13.45	6.12	4.27	5.21	3.07	45.34	1.03	0.70	5.07	6.29	对数正态分布	5.21	10.10
Cr	2003	10.55	12.43	16.80	23.20	31.08	40.84	48.10	25.79	16.37	22.88	6.71	410	3.13	0.63	23.20	16.80	对数正态分布	22.88	17.00
Cu	1886	5.65	6.58	8.40	10.80	13.68	16.81	19.07	11.31	3.98	10.60	4.21	23.00	2.04	0.35	10.80	13.20	剔除后对数分布	10.60	13.20
F	312	269	298	334	391	450	542	599	404	96.6	393	31.73	733	205	0.24	391	380	对数正态分布	393	401
Ga	312	15.80	16.41	18.00	19.80	21.50	23.29	24.44	19.84	2.64	19.66	5.62	27.30	13.00	0.13	19.80	20.30	正态分布	19.84	18.82
Ge	2003	1.17	1.23	1.33	1.44	1.56	1.68	1.79	1.45	0.19	1.44	1.29	2.54	0.90	0.13	1.44	1.50	对数正态分布	1.44	1.49
Hg	1903	0.04	0.05	0.06	0.08	0.10	0.12	0.14	0.08	0.03	0.08	4.21	0.17	0.02	0.34	0.08	0.12	剔除后正态分布	0.08	0.11
I	312	0.91	1.11	2.27	5.69	10.05	14.57	18.28	7.04	5.81	4.81	3.70	34.20	0.47	0.83	5.69	11.90	对数正态分布	4.81	1.60
La	312	40.45	43.30	46.68	51.9	57.9	67.2	71.8	53.6	10.00	52.8	9.95	103	34.60	0.19	51.9	49.00	对数正态分布	52.8	50.3
Li	312	18.86	20.40	23.30	27.05	30.32	36.69	42.03	28.09	7.88	27.21	6.91	74.3	15.40	0.28	27.05	28.10	对数正态分布	27.21	24.82
Mn	1889	161	191	259	375	548	771	891	428	222	375	32.92	1085	74.5	0.52	375	504	剔除后对数分布	375	442
Mo	1846	0.41	0.47	0.60	0.84	1.20	1.59	1.81	0.94	0.44	0.84	1.60	2.37	0.17	0.47	0.84	0.55	对数正态分布	0.84	0.80
N	1942	0.59	0.81	1.14	1.45	1.79	2.12	2.37	1.46	0.51	1.35	1.62	2.85	0.14	0.35	1.45	1.37	剔除后对数分布	1.35	1.34
Nb	312	19.86	20.91	23.20	26.70	30.52	33.60	35.73	27.18	5.24	26.69	6.74	47.80	15.60	0.19	26.70	27.40	正态分布	27.18	20.00
Ni	1921	4.97	5.79	7.72	9.96	12.73	15.43	17.17	10.36	3.68	9.69	4.05	20.99	1.50	0.35	9.96	10.80	对数正态分布	9.69	10.80
P	2003	0.16	0.21	0.32	0.47	0.70	1.00	1.23	0.56	0.34	0.46	2.08	3.15	0.03	0.62	0.47	0.47	对数正态分布	0.46	0.51
Pb	1804	25.30	28.14	32.50	39.20	47.40	58.7	67.2	41.32	12.27	39.64	8.75	79.9	14.99	0.30	39.20	42.20	剔除后对数分布	39.64	35.00

续表 5-17

元素/指标	N	$X_{5\%}$	$X_{10\%}$	$X_{25\%}$	$X_{50\%}$	$X_{75\%}$	$X_{90\%}$	$X_{95\%}$	$\bar{X}$	S	$\bar{X}_g$	S_g	X_{max}	X_{min}	CV	X_{mc}	X_{mo}	分布类型	黄壤背景值	温州市背景值
Rb	312	89.5	96.5	112	124	136	151	161	125	22.73	123	16.06	215	63.8	0.18	124	122	正态分布	125	124
S	267	137	145	157	174	193	209	223	176	26.24	174	19.55	270	121	0.15	174	165	剔除后正态分布	176	155
Sb	312	0.32	0.37	0.44	0.53	0.65	0.77	0.90	0.56	0.19	0.53	1.62	1.53	0.24	0.34	0.53	0.46	对数正态分布	0.53	0.45
Sc	312	5.60	6.10	7.20	8.10	9.40	10.50	12.54	8.39	1.98	8.17	3.44	14.90	3.90	0.24	8.10	7.90	正态分布	8.39	7.20
Se	1882	0.18	0.20	0.24	0.32	0.43	0.55	0.64	0.35	0.14	0.32	2.06	0.78	0.07	0.40	0.32	0.22	偏峰分布	0.22	0.25
Sn	293	2.63	2.82	3.22	3.61	4.12	4.59	5.04	3.68	0.70	3.61	2.15	5.68	2.23	0.19	3.61	3.28	剔除后正态分布	3.68	3.40
Sr	312	21.60	23.71	29.27	37.65	47.92	63.1	86.8	42.43	21.66	38.75	8.31	189	15.50	0.51	37.65	29.20	对数正态分布	38.75	105
Th	312	10.91	12.10	14.00	15.80	17.80	21.30	23.64	16.28	3.96	15.84	5.04	34.80	7.93	0.24	15.80	14.90	对数正态分布	15.84	15.10
Ti	312	2639	2826	3225	3782	4396	5134	5802	3926	1051	3801	117	9640	1999	0.27	3782	3860	对数正态分布	3801	3449
Tl	1112	0.59	0.64	0.74	0.87	1.07	1.28	1.40	0.92	0.27	0.89	1.32	2.37	0.39	0.29	0.87	0.74	剔除后正态分布	0.89	0.84
U	312	2.65	2.82	3.18	3.45	3.86	4.43	5.11	3.58	0.71	3.52	2.13	6.11	1.94	0.20	3.45	3.40	对数正态分布	3.52	3.36
V	1916	18.60	22.12	30.50	41.97	56.8	71.1	80.9	44.80	19.05	40.74	9.20	102	4.59	0.43	41.97	46.30	剔除后对数正态分布	40.74	112
W	312	1.60	1.79	2.08	2.54	3.08	3.75	4.34	2.70	0.95	2.57	1.90	8.36	1.34	0.35	2.54	2.47	对数正态分布	2.57	2.01
Y	312	19.56	20.71	23.38	25.70	29.92	34.20	35.80	26.76	5.17	26.28	6.73	45.40	16.40	0.19	25.70	24.70	对数正态分布	26.28	30.00
Zn	1904	52.6	58.5	69.4	84.3	105	126	140	88.6	26.26	84.9	13.64	168	28.26	0.30	84.3	102	剔除后正态分布	84.9	102
Zr	303	228	252	286	321	386	441	465	335	73.1	327	28.49	530	168	0.22	321	299	偏峰分布	299	315
SiO₂	312	63.2	65.0	67.5	70.3	72.9	75.9	77.4	70.3	4.13	70.1	11.63	81.5	59.8	0.06	70.3	70.1	正态分布	70.3	70.7
Al₂O₃	312	11.11	12.11	13.36	14.73	16.02	17.26	17.91	14.69	2.01	14.55	4.71	20.63	9.07	0.14	14.73	16.02	正态分布	14.69	14.48
TFe₂O₃	312	2.10	2.35	2.97	3.57	4.14	5.02	5.80	3.67	1.10	3.51	2.19	8.01	1.54	0.30	3.57	3.12	对数正态分布	3.51	3.62
MgO	312	0.32	0.34	0.40	0.49	0.59	0.72	0.81	0.52	0.18	0.49	1.68	1.72	0.22	0.35	0.49	0.40	对数正态分布	0.49	0.40
CaO	312	0.13	0.14	0.17	0.20	0.25	0.31	0.44	0.23	0.12	0.21	2.69	0.98	0.11	0.53	0.20	0.17	对数正态分布	0.21	0.20
Na₂O	312	0.12	0.13	0.17	0.26	0.43	0.62	0.77	0.33	0.21	0.27	2.71	1.18	0.10	0.65	0.26	0.14	对数正态分布	0.27	0.14
K₂O	2003	1.15	1.38	1.76	2.23	2.68	3.13	3.45	2.25	0.71	2.13	1.71	7.39	0.12	0.32	2.23	2.02	正态分布	2.25	2.82
TC	312	1.20	1.31	1.63	2.07	2.57	3.31	4.09	2.23	0.86	2.08	1.76	5.29	0.57	0.39	2.07	2.33	对数正态分布	2.08	1.54
Corg	1949	0.68	0.94	1.29	1.70	2.15	2.59	2.90	1.73	0.65	1.58	1.76	3.47	0.06	0.37	1.70	1.65	剔除后正态分布	1.73	1.10
pH	1950	4.53	4.66	4.85	5.05	5.22	5.40	5.51	4.94	5.08	5.04	2.54	5.80	4.30	1.03	5.05	5.02	剔除后正态分布	4.94	5.02

注：氧化物、TC、Corg 单位为%，N、P 单位为 g/kg，Au、Ag 单位为 μg/kg，pH 为无量纲，其他元素/指标单位为 mg/kg；后表单位相同。

第五章 土壤元素背景值

表 5-18 红壤土壤元素背景值参数统计表

元素/指标	N	$X_{5\%}$	$X_{10\%}$	$X_{25\%}$	$X_{50\%}$	$X_{75\%}$	$X_{90\%}$	$X_{95\%}$	$\bar{X}$	S	$\bar{X}_g$	S_g	X_{max}	X_{min}	CV	X_{me}	X_{mo}	分布类型	红壤背景值	温州市背景值
Ag	1347	60.0	67.0	79.0	94.0	120	140	160	99.2	29.21	95.0	13.94	180	28.00	0.29	94.0	110	其他分布	110	110
As	12 945	1.67	2.02	2.82	4.04	5.68	7.55	8.82	4.45	2.15	3.95	2.62	11.09	0.24	0.48	4.04	3.40	偏峰分布	3.40	5.70
Au	1311	0.59	0.69	0.89	1.26	1.80	2.70	3.20	1.47	0.79	1.29	1.70	4.02	0.20	0.54	1.26	1.10	剔除后对数分布	1.29	1.50
B	12 890	9.80	11.75	15.52	20.63	28.30	38.97	45.69	23.06	10.52	20.84	6.39	54.4	1.96	0.46	20.63	20.00	其他分布	20.00	19.90
Ba	1368	237	287	400	537	672	800	908	546	202	506	35.76	1138	95.0	0.37	537	579	剔除后正态分布	546	510
Be	1379	1.48	1.63	1.84	2.10	2.42	2.76	2.95	2.14	0.44	2.10	1.61	3.38	0.99	0.20	2.10	1.91	剔除后正态分布	2.10	1.95
Bi	1360	0.24	0.26	0.32	0.42	0.54	0.67	0.77	0.44	0.16	0.42	1.83	0.94	0.16	0.36	0.42	0.32	对数正态分布	0.32	0.32
Br	1446	2.30	2.60	3.30	4.75	7.30	10.50	13.50	6.02	4.51	5.05	2.94	59.8	1.10	0.75	4.75	4.40	其他分布	5.05	5.32
Cd	12 116	0.05	0.06	0.10	0.14	0.20	0.27	0.32	0.16	0.08	0.13	3.44	0.45	0.003	0.53	0.14	0.12	其他分布	0.12	0.12
Ce	1380	75.2	81.1	89.7	99.6	111	125	133	101	17.33	99.8	14.20	149	55.4	0.17	99.6	110	剔除后对数分布	99.8	99.1
Cl	1387	35.46	39.06	46.20	57.3	72.8	90.9	101	61.2	19.92	58.2	10.53	119	27.60	0.33	57.3	69.0	剔除后正态分布	58.2	71.0
Co	13 353	2.35	2.84	3.98	6.06	9.55	13.10	15.08	7.10	3.96	6.06	3.40	19.09	0.01	0.56	6.06	4.80	其他分布	4.80	10.10
Cr	12 729	10.70	12.70	18.00	25.79	37.51	53.6	64.5	29.68	15.94	25.82	7.35	78.8	0.41	0.54	25.79	17.00	其他分布	17.00	17.00
Cu	13 199	6.11	7.36	9.94	13.87	20.37	27.65	31.91	15.84	7.88	14.02	5.25	39.44	0.14	0.50	13.87	11.10	其他分布	11.10	13.20
F	1446	242	266	316	373	455	544	598	394	119	378	31.51	1588	166	0.30	373	319	对数正态分布	378	401
Ga	1446	15.10	15.80	17.00	18.70	20.40	22.10	23.20	18.81	2.58	18.64	5.48	42.10	11.80	0.14	18.70	17.20	对数正态分布	18.64	18.82
Ge	13 468	1.15	1.21	1.31	1.42	1.54	1.66	1.75	1.43	0.18	1.42	1.27	1.91	0.95	0.12	1.42	1.49	剔除后对数分布	1.42	1.49
Hg	12 721	0.04	0.05	0.06	0.08	0.12	0.16	0.19	0.10	0.05	0.09	4.05	0.24	0.01	0.49	0.08	0.11	其他分布	0.11	0.11
I	1388	0.80	1.04	1.80	3.40	6.27	9.36	10.90	4.38	3.18	3.28	2.92	14.30	0.22	0.73	3.40	1.70	其他分布	1.70	1.60
La	1385	38.00	40.84	45.40	50.7	56.2	62.4	65.8	51.0	8.34	50.3	9.61	73.2	30.00	0.16	50.7	51.0	剔除后正态分布	51.0	50.3
Li	1353	16.30	17.72	20.00	23.30	27.60	32.40	36.00	24.31	5.82	23.65	6.30	42.20	13.40	0.24	23.30	20.00	剔除后正态分布	23.65	24.82
Mn	13 244	171	214	305	444	649	899	1047	502	261	437	35.59	1264	32.32	0.52	444	483	其他分布	483	442
Mo	12 823	0.48	0.57	0.73	0.99	1.36	1.83	2.10	1.10	0.49	1.00	1.56	2.63	0.08	0.45	0.99	0.80	其他分布	0.80	0.80
N	13 284	0.57	0.73	0.97	1.27	1.62	2.02	2.28	1.32	0.50	1.22	1.59	2.73	0.09	0.38	1.27	1.34	偏峰分布	1.34	1.34
Nb	1446	18.00	19.20	21.20	24.00	27.60	32.40	35.00	24.94	5.34	24.42	6.43	55.5	12.30	0.21	24.00	22.10	对数正态分布	24.42	20.00
Ni	12 729	4.48	5.38	7.50	10.69	15.10	21.12	25.02	12.02	6.09	10.58	4.48	30.82	0.10	0.51	10.69	10.20	其他分布	10.20	10.80
P	13 210	0.16	0.22	0.33	0.50	0.71	0.94	1.08	0.54	0.28	0.47	1.99	1.36	0.01	0.51	0.50	0.46	其他分布	0.46	0.51
Pb	12 807	25.51	28.70	33.80	40.21	48.60	59.2	66.2	42.15	11.95	40.51	8.87	78.2	11.03	0.28	40.21	38.00	其他分布	38.00	35.00

续表 5-18

元素/指标	N	$X_{5\%}$	$X_{10\%}$	$X_{25\%}$	$X_{50\%}$	$X_{75\%}$	$X_{90\%}$	$X_{95\%}$	$\bar{X}$	S	$\bar{X}_g$	S_g	X_{max}	X_{min}	CV	X_{me}	X_{mo}	分布类型	红壤背景值	温州市背景值
Rb	1446	86.0	93.4	105	119	133	146	154	120	21.77	118	15.63	245	55.9	0.18	119	107	正态分布	120	124
S	1273	129	136	151	170	195	262	292	182	46.56	177	19.83	321	104	0.26	170	161	其他分布	161	155
Sb	1446	0.34	0.37	0.44	0.55	0.67	0.85	0.96	0.60	0.37	0.56	1.61	8.18	0.25	0.61	0.55	0.52	对数正态分布	0.56	0.45
Sc	1446	5.40	5.90	6.80	8.00	9.70	11.50	12.80	8.45	2.33	8.16	3.50	22.00	3.70	0.28	8.00	7.90	对数正态分布	8.16	7.20
Se	13 008	0.17	0.19	0.24	0.31	0.41	0.53	0.60	0.34	0.13	0.31	2.13	0.73	0.04	0.39	0.31	0.25	其他分布	0.25	0.25
Sn	1345	2.60	2.80	3.33	3.99	5.32	7.00	7.70	4.48	1.63	4.22	2.52	9.59	1.20	0.36	3.99	3.90	其他分布	3.90	3.40
Sr	1446	21.25	25.95	37.90	52.7	77.0	101	118	60.2	32.56	52.8	10.24	296	13.70	0.54	52.7	58.0	对数正态分布	52.8	105
Th	1373	11.10	12.00	13.50	15.10	16.90	18.60	19.84	15.27	2.63	15.04	4.88	22.80	8.14	0.17	15.10	15.00	剔除后对数正态分布	15.27	15.10
Ti	1446	2629	2912	3412	4120	4829	5475	5990	4187	1058	4058	122	8840	2012	0.25	4120	3449	剔除后正态分布	4058	3449
Tl	6495	0.55	0.61	0.71	0.82	0.94	1.07	1.16	0.83	0.18	0.81	1.28	1.32	0.35	0.21	0.82	0.84	剔除后对数正态分布	0.81	0.84
U	1358	2.65	2.81	3.09	3.40	3.81	4.20	4.50	3.47	0.56	3.43	2.08	5.10	2.03	0.16	3.40	3.40	剔除后对数正态分布	3.43	3.36
V	13 361	20.85	25.72	36.00	52.2	77.1	102	113	58.5	28.93	51.5	10.73	147	0.07	0.49	52.2	48.00	其他分布	48.00	112
W	1446	1.53	1.66	1.86	2.21	2.70	3.35	3.99	2.42	0.93	2.29	1.78	14.60	1.13	0.39	2.21	2.01	对数正态分布	2.29	2.01
Y	1446	19.40	20.70	23.30	26.20	29.70	33.00	35.88	26.77	5.29	26.29	6.71	80.1	14.50	0.20	26.20	25.00	对数正态分布	26.29	30.00
Zn	13 313	50.5	56.9	69.6	87.1	107	126	139	89.6	26.92	85.6	13.72	170	11.99	0.30	87.1	102	其他分布	102	102
Zr	1446	226	250	291	336	396	472	561	354	101	342	29.17	954	163	0.28	336	293	对数正态分布	342	315
SiO$_2$	1427	63.9	65.8	68.4	71.3	74.2	76.4	77.7	71.2	4.13	71.1	11.72	82.9	59.7	0.06	71.3	70.7	剔除后正态分布	71.2	70.7
Al$_2$O$_3$	1446	11.30	11.90	12.88	14.28	15.82	17.38	18.50	14.47	2.22	14.31	4.70	22.99	8.38	0.15	14.28	13.55	剔除后对数正态分布	14.31	14.48
TFe$_2$O$_3$	1446	2.17	2.38	2.82	3.44	4.38	5.21	5.81	3.67	1.17	3.50	2.23	10.33	1.39	0.32	3.44	3.10	对数正态分布	3.50	3.62
MgO	1348	0.30	0.33	0.38	0.46	0.56	0.68	0.76	0.48	0.14	0.46	1.70	0.92	0.21	0.29	0.46	0.37	剔除后对数正态分布	0.46	0.40
CaO	1337	0.12	0.14	0.17	0.23	0.32	0.46	0.55	0.27	0.13	0.24	2.56	0.65	0.06	0.47	0.23	0.20	其他分布	0.20	0.20
Na$_2$O	1432	0.12	0.14	0.22	0.39	0.66	0.91	1.03	0.46	0.29	0.38	2.52	1.31	0.09	0.63	0.39	0.14	其他分布	0.14	0.14
K$_2$O	13 697	1.15	1.39	1.86	2.43	2.88	3.34	3.67	2.39	0.75	2.26	1.81	4.44	0.32	0.31	2.43	2.76	其他分布	2.76	2.82
TC	1379	0.95	1.04	1.23	1.48	1.76	2.06	2.21	1.51	0.39	1.46	1.39	2.62	0.55	0.26	1.48	1.37	剔除后对数正态分布	1.46	1.54
Corg	13 281	0.63	0.79	1.07	1.38	1.76	2.17	2.43	1.43	0.53	1.32	1.62	2.93	0.04	0.37	1.38	1.43	偏峰分布	1.43	1.10
pH	13 021	4.37	4.51	4.73	4.98	5.23	5.50	5.68	4.83	4.86	4.99	2.54	6.09	3.95	1.01	4.98	4.96	偏峰分布	4.96	5.02

温州市红壤区表层土壤总体呈酸性，土壤 pH 背景值为 4.96，极大值为 6.09，极小值为 3.95，接近于温州市背景值。

红壤区表层土壤各元素/指标中，多数元素/指标变异系数小于 0.40，分布相对均匀；Mo、B、CaO、As、Hg、V、Cu、Ni、P、Mn、Cd、Au、Cr、Sr、Co、Sb、Na_2O、I、Br、pH 共 20 项元素/指标变异系数大于 0.40，其中 pH 变异系数大于 0.80，空间变异性较大。

与温州市土壤元素背景值相比，红壤土壤元素背景值中 As、Sr、Co、V 明显低于温州市背景值，为温州市背景值的 60% 以下；Corg、Sb、Nb 背景值略高于温州市背景值，与温州市背景值比值在 1.2~1.4 之间；其他元素/指标背景值则与温州市背景值基本接近。

三、粗骨土土壤元素背景值

粗骨土土壤元素背景值数据经正态分布检验，结果表明，原始数据中 Rb、Ti、Y、SiO_2、K_2O 符合正态分布，B、Bi、Br、Cl、Ga、Ge、I、La、Li、Nb、P、Sb、Sc、Sn、Sr、Tl、Al_2O_3、TFe_2O_3、MgO、CaO、Na_2O、TC 共 22 项元素/指标符合对数正态分布，Be、S、Th、U 剔除异常值后符合正态分布，Ag、As、Au、Cd、Ce、Co、Cr、Cu、F、Hg、Mo、N、Pb、Se、V、W、Zn、Corg、pH 共 19 项元素/指标剔除异常值后符合对数正态分布，其他元素/指标不符合正态分布或对数正态分布（表 5-19）。

温州市粗骨土区表层土壤总体呈酸性，土壤 pH 背景值为 4.97，极大值为 5.98，极小值为 4.04，接近于温州市背景值。

粗骨土区表层土壤各元素/指标中，多数元素/指标变异系数小于 0.40，分布相对均匀；Ni、TC、Ba、Cr、Mo、Sr、Co、B、As、Na_2O、Au、Cd、Mn、P、Bi、Sn、Br、CaO、I、pH 共 20 项元素/指标变异系数大于 0.40，其中 I、pH 变异系数大于 0.80，空间变异性较大。

与温州市土壤元素背景值相比，粗骨土土壤元素背景值中 Mn、Sr、Co、V 背景值明显低于温州市背景值，为温州市背景值的 60% 以下；Au、Hg、As 背景值略低于温州市背景值，为温州市背景值的 60%~80%；Cr、Ba、Nb、Corg、Cd、Bi、TC 背景值略高于温州市背景值，与温州市背景值比值在 1.2~1.4 之间；Na_2O、I 背景值明显偏高，与温州市背景值比值在 1.4 以上；其他元素/指标背景值则与温州市背景值基本接近。

四、紫色土土壤元素背景值

紫色土土壤元素背景值数据经正态分布检验，结果表明，原始数据中 Ba、Ce、Cl、F、Ga、La、Nb、Rb、Sc、Th、W、Zr、SiO_2、Al_2O_3、MgO、K_2O、TC 共 17 项元素/指标符合正态分布，Ag、Au、B、Be、Bi、Br、Co、Cr、Ge、I、Li、Mn、Ni、P、Sb、Sn、Ti、Tl、U、Y、Zn、TFe_2O_3、CaO、Na_2O、Corg、pH 共 26 项元素/指标符合对数正态分布，N、Pb、S、Sr 剔除异常值后符合正态分布，As、Cd、Cu、Hg、Mo、Se、V 剔除异常值后符合对数正态分布（表 5-20）。

温州市紫色土区表层土壤总体呈酸性，土壤 pH 背景值为 5.06，极大值为 7.50，极小值为 3.89，与温州市背景值基本接近。

紫色土区表层土壤各元素/指标中，大多数元素/指标变异系数小于 0.40，分布相对均匀；As、Sn、Cd、V、B、Corg、Bi、Be、CaO、Au、Ni、Br、Mn、P、Na_2O、Co、pH、I、Cr 共 19 项元素/指标变异系数大于 0.40，其中 pH、I、Cr 变异系数大于 0.80，空间变异性较大。

与温州市土壤元素背景值相比，紫色土土壤元素背景值中 Co、Cl、Hg、As、V、Sr 背景值明显低于温州市背景值，为温州市背景值的 60% 以下；Mn、P、Ni、Cu、Ag、Mo、Zn、Au、Br 背景值略低于温州市背景值，为温州市背景值的 60%~80%；MgO、Na_2O 背景值明显偏高，与温州市背景值比值在 2.0 以上；其他元素/指标背景值则与温州市背景值基本接近。

表 5-19 粗骨土壤元素背景值参数统计表

元素/指标	N	$X_{5\%}$	$X_{10\%}$	$X_{25\%}$	$X_{50\%}$	$X_{75\%}$	$X_{90\%}$	$X_{95\%}$	$\bar{X}$	S	$\bar{X}_g$	S_g	X_{max}	X_{min}	CV	X_{me}	X_{mo}	分布类型	粗骨土背景值	温州市背景值
Ag	299	66.8	73.8	84.0	100.0	120	145	160	105	28.66	102	14.53	191	52.0	0.27	100.0	120	剔除后对数分布	102	110
As	1589	1.65	1.92	2.46	3.41	4.83	6.68	7.78	3.87	1.85	3.46	2.42	9.55	0.80	0.48	3.41	4.71	剔除后对数分布	3.46	5.70
Au	290	0.50	0.58	0.74	0.97	1.40	2.01	2.50	1.16	0.59	1.03	1.61	3.15	0.15	0.51	0.97	0.93	剔除后对数分布	1.03	1.50
B	1696	11.83	13.41	16.79	21.45	27.70	36.56	43.83	23.75	10.83	21.83	6.39	149	5.74	0.46	21.45	17.40	对数正态分布	21.83	19.90
Ba	304	282	322	445	630	806	1116	1237	662	288	601	39.49	1476	165	0.43	630	691	偏峰分布	691	510
Be	306	1.66	1.80	2.00	2.21	2.50	2.79	2.98	2.26	0.38	2.23	1.64	3.32	1.40	0.17	2.21	2.17	剔除后正态分布	2.26	1.95
Bi	324	0.23	0.25	0.30	0.38	0.50	0.67	0.88	0.44	0.27	0.40	1.91	3.01	0.18	0.60	0.38	0.30	对数正态分布	0.40	0.32
Br	324	2.50	2.80	3.90	6.00	9.85	15.20	19.02	7.77	5.43	6.35	3.49	40.80	1.40	0.70	6.00	2.70	对数正态分布	6.35	5.32
Cd	1354	0.06	0.08	0.11	0.15	0.21	0.28	0.35	0.17	0.09	0.15	3.26	0.62	0.01	0.53	0.15	0.16	剔除后对数分布	0.15	0.12
Ce	309	79.0	84.0	93.3	105	121	141	148	108	22.05	106	14.73	170	51.1	0.20	105	105	剔除后正态分布	106	99.1
Cl	324	36.22	40.16	47.20	56.0	66.0	85.9	98.1	59.8	19.83	57.1	10.44	161	24.80	0.33	56.0	63.8	剔除后对数分布	57.1	71.0
Co	1575	2.43	2.84	3.54	4.68	6.62	8.99	10.31	5.31	2.38	4.83	2.80	12.40	1.17	0.45	4.68	4.34	对数正态分布	4.83	10.10
Cr	1592	10.60	12.66	17.60	24.59	32.41	42.01	48.24	26.07	11.19	23.70	6.63	59.2	4.20	0.43	24.59	20.90	对数正态分布	23.70	17.00
Cu	1552	6.70	7.91	10.00	12.96	16.31	20.69	23.36	13.58	4.94	12.70	4.67	29.07	3.10	0.36	12.96	12.10	对数正态分布	12.70	13.20
F	316	231	258	304	366	446	546	585	383	108	368	30.78	672	88.0	0.28	366	303	对数正态分布	368	401
Ga	324	15.50	16.10	17.10	18.25	20.10	21.70	23.08	18.66	2.29	18.53	5.45	26.90	13.30	0.12	18.25	17.80	剔除后对数分布	18.53	18.82
Ge	1696	1.14	1.19	1.28	1.38	1.49	1.60	1.69	1.39	0.18	1.38	1.26	3.25	0.92	0.13	1.38	1.42	对数正态分布	1.38	1.49
Hg	1566	0.04	0.04	0.06	0.07	0.10	0.13	0.15	0.08	0.03	0.07	4.34	0.18	0.02	0.40	0.07	0.11	对数正态分布	0.07	0.11
I	324	0.81	1.10	1.98	3.88	7.33	12.08	15.20	5.36	4.56	3.74	3.31	24.40	0.39	0.85	3.88	2.37	对数正态分布	3.74	1.60
La	324	38.05	41.73	45.98	51.6	59.6	68.2	73.0	53.2	10.59	52.2	9.79	88.1	28.80	0.20	51.6	51.8	对数正态分布	52.2	50.3
Li	324	16.80	18.46	21.40	24.00	29.02	33.30	36.15	25.41	6.29	24.70	6.49	53.6	12.20	0.25	24.00	24.00	对数正态分布	24.70	24.82
Mn	1610	163	194	265	401	596	852	998	463	254	400	34.57	1220	80.8	0.55	401	235	偏峰分布	235	442
Mo	1555	0.48	0.54	0.69	0.90	1.23	1.64	1.91	1.00	0.43	0.92	1.51	2.36	0.18	0.43	0.90	0.98	剔除后对数分布	0.92	0.80
N	1643	0.64	0.82	1.08	1.36	1.72	2.09	2.31	1.41	0.49	1.31	1.55	2.75	0.11	0.35	1.36	1.29	对数正态分布	1.31	1.34
Nb	324	20.20	21.33	23.25	25.55	29.62	33.50	36.50	26.68	5.13	26.23	6.71	53.7	15.20	0.19	25.55	23.70	对数正态分布	26.23	20.00
Ni	1611	4.94	5.88	7.46	10.30	13.75	17.30	19.55	11.01	4.52	10.10	4.15	24.53	0.48	0.41	10.30	10.30	其他分布	10.10	10.80
P	1696	0.17	0.23	0.35	0.53	0.75	1.02	1.22	0.60	0.35	0.51	1.99	4.06	0.05	0.59	0.53	0.60	对数正态分布	0.51	0.51
Pb	1548	25.21	27.78	33.11	39.70	47.20	57.2	65.4	41.23	11.73	39.63	8.71	77.9	10.97	0.28	39.70	36.90	剔除后对数分布	39.63	35.00

第五章 土壤元素背景值

续表 5-19

元素/指标	N	$X_{5\%}$	$X_{10\%}$	$X_{25\%}$	$X_{50\%}$	$X_{75\%}$	$X_{90\%}$	$X_{95\%}$	$\bar{X}$	S	$\bar{X}_g$	S_g	X_{max}	X_{min}	CV	X_{me}	X_{mo}	分布类型	粗骨土背景值	温州市背景值
Rb	324	104	109	119	130	141	151	159	131	19.21	130	16.63	251	80.5	0.15	130	129	正态分布	131	124
S	274	133	140	155	172	187	201	209	171	23.86	170	19.27	253	124	0.14	172	173	剔除后正态分布	171	155
Sb	324	0.31	0.35	0.41	0.49	0.60	0.75	0.89	0.52	0.19	0.50	1.66	1.46	0.19	0.35	0.49	0.45	对数正态分布	0.50	0.45
Sc	324	5.50	5.80	6.60	7.40	8.50	9.67	10.24	7.62	1.60	7.46	3.27	17.00	4.50	0.21	7.40	6.60	对数正态分布	7.46	7.20
Se	1570	0.17	0.19	0.23	0.28	0.37	0.47	0.53	0.31	0.11	0.29	2.16	0.64	0.07	0.36	0.28	0.24	剔除后对数分布	0.29	0.25
Sn	324	2.74	2.89	3.16	3.63	4.39	5.84	7.05	4.25	2.90	3.91	2.40	38.80	2.19	0.68	3.63	3.40	对数正态分布	3.91	3.40
Sr	324	23.70	28.43	36.83	51.9	71.0	90.4	102	56.3	25.01	51.1	9.84	155	17.30	0.44	51.9	47.90	剔除后正态分布	51.1	105
Th	300	10.90	11.79	13.10	14.50	16.10	17.41	18.11	14.56	2.23	14.39	4.71	20.90	8.72	0.15	14.50	14.40	正态分布	14.56	15.10
Ti	324	2651	2852	3330	3880	4560	5037	5559	3982	1016	3867	119	9982	1789	0.26	3880	4007	对数正态分布	3982	3449
Tl	578	0.63	0.68	0.77	0.89	1.02	1.23	1.41	0.93	0.26	0.90	1.29	3.20	0.41	0.28	0.89	1.00	剔除后正态分布	0.90	0.84
U	304	2.80	2.91	3.15	3.43	3.73	4.02	4.30	3.47	0.46	3.44	2.06	4.88	2.17	0.13	3.43	3.87	对数正态分布	3.47	3.36
V	1567	20.91	25.24	32.41	41.20	54.4	71.9	81.1	44.98	17.80	41.62	9.18	98.7	9.61	0.40	41.20	39.70	剔除后对数分布	41.62	112
W	294	1.50	1.62	1.82	2.12	2.54	2.82	3.16	2.19	0.50	2.14	1.66	3.75	1.21	0.23	2.12	1.87	剔除后对数分布	2.14	2.01
Y	324	19.55	21.03	23.20	26.00	29.12	31.97	35.07	26.45	5.06	26.02	6.68	69.5	15.60	0.19	26.00	25.90	正态分布	26.45	30.00
Zn	1609	55.2	61.6	72.1	85.0	101	120	132	87.9	22.51	85.0	13.50	153	26.25	0.26	85.0	102	剔除后对数分布	85.0	102
Zr	299	262	272	296	337	391	456	506	352	73.3	345	29.35	576	212	0.21	337	356	偏峰分布	356	315
SiO$_2$	324	65.6	67.0	69.5	72.0	74.0	75.7	76.4	71.6	3.44	71.5	11.72	78.3	59.8	0.05	72.0	71.2	正态分布	71.6	70.7
Al$_2$O$_3$	324	11.48	11.99	12.74	13.54	14.88	16.15	16.81	13.89	1.72	13.79	4.59	22.49	10.28	0.12	13.54	13.54	对数正态分布	13.79	14.48
TFe$_2$O$_3$	324	2.17	2.33	2.64	3.10	3.68	4.57	4.89	3.29	0.97	3.17	2.08	8.40	1.72	0.29	3.10	3.68	对数正态分布	3.17	3.62
MgO	324	0.30	0.33	0.40	0.47	0.57	0.66	0.75	0.49	0.15	0.47	1.67	1.08	0.25	0.30	0.47	0.43	对数正态分布	0.47	0.40
CaO	324	0.13	0.14	0.18	0.23	0.30	0.44	0.53	0.27	0.19	0.24	2.58	2.69	0.10	0.71	0.23	0.23	对数正态分布	0.24	0.20
Na$_2$O	324	0.17	0.22	0.36	0.56	0.77	1.01	1.14	0.59	0.30	0.51	2.03	1.52	0.10	0.50	0.56	0.39	对数正态分布	0.51	0.14
K$_2$O	1696	1.40	1.70	2.17	2.68	3.22	3.72	4.02	2.70	0.79	2.58	1.90	6.15	0.26	0.29	2.68	2.73	正态分布	2.70	2.82
TC	324	1.10	1.22	1.47	1.82	2.29	2.97	3.25	1.99	0.81	1.86	1.64	6.84	0.63	0.41	1.82	1.74	对数正态分布	1.86	1.54
Corg	1637	0.69	0.89	1.18	1.49	1.88	2.31	2.54	1.55	0.54	1.44	1.61	3.03	0.13	0.35	1.49	1.65	剔除后对数分布	1.44	1.10
pH	1625	4.40	4.53	4.73	4.95	5.20	5.45	5.62	4.83	4.90	4.97	2.53	5.98	4.04	1.01	4.95	4.78	剔除后对数分布	4.97	5.02

表 5-20 紫色土土壤元素背景值参数统计表

元素/指标	N	$X_{5\%}$	$X_{10\%}$	$X_{25\%}$	$X_{50\%}$	$X_{75\%}$	$X_{90\%}$	$X_{95\%}$	$\bar{X}$	S	$\bar{X}_g$	S_g	X_{max}	X_{min}	CV	X_{me}	X_{mo}	分布类型	紫色土背景值	温州市背景值
Ag	96	60.8	64.5	70.0	79.0	88.2	110	120	84.4	27.81	81.5	12.98	270	48.00	0.33	79.0	85.0	对数正态分布	81.5	110
As	812	1.49	1.71	2.15	2.77	3.71	4.94	5.63	3.05	1.26	2.81	2.09	6.96	0.86	0.41	2.77	2.39	剔除后对数正态分布	2.81	5.70
Au	96	0.56	0.60	0.72	0.91	1.27	1.86	2.57	1.13	0.74	0.99	1.61	5.66	0.38	0.66	0.91	0.79	对数正态分布	0.99	1.50
B	882	11.60	13.02	16.00	20.61	26.80	35.08	41.86	22.95	10.58	21.10	6.17	103	5.50	0.46	20.61	14.70	对数正态分布	21.10	19.90
Ba	96	240	296	360	501	615	756	829	505	188	470	34.13	1208	144	0.37	501	501	正态分布	505	510
Be	96	1.49	1.59	1.79	1.99	2.23	2.87	3.20	2.21	1.17	2.08	1.67	11.50	1.34	0.53	1.99	1.86	对数正态分布	2.08	1.95
Bi	96	0.23	0.26	0.29	0.34	0.39	0.49	0.51	0.37	0.18	0.35	1.95	1.48	0.20	0.48	0.34	0.36	对数正态分布	0.35	0.32
Br	96	1.38	1.60	2.18	3.15	4.72	8.40	9.82	4.06	2.87	3.36	2.51	16.20	1.20	0.71	3.15	2.60	对数正态分布	3.36	5.32
Cd	779	0.04	0.06	0.08	0.11	0.15	0.19	0.22	0.12	0.05	0.11	3.82	0.30	0.01	0.43	0.11	0.10	剔除后对数正态分布	0.11	0.12
Ce	96	71.2	77.1	83.8	93.2	102	115	120	94.2	15.77	92.9	13.62	148	58.4	0.17	93.2	93.2	正态分布	94.2	99.1
Cl	96	29.30	30.30	33.80	37.35	42.17	48.90	54.9	39.02	8.41	38.24	8.28	71.6	25.80	0.22	37.35	35.80	正态分布	39.02	71.0
Co	882	1.81	2.60	3.83	5.51	8.46	14.13	20.02	7.30	5.68	5.80	3.38	41.82	0.95	0.78	5.51	4.64	对数正态分布	5.80	10.10
Cr	882	8.74	10.50	13.59	18.47	26.64	37.43	45.70	23.06	25.73	19.22	6.23	488	1.60	1.12	18.47	12.10	对数正态分布	19.22	17.00
Cu	820	5.17	5.92	7.97	10.32	13.31	17.44	19.66	10.99	4.33	10.16	4.17	23.89	2.49	0.39	10.32	10.35	剔除后对数正态分布	10.16	13.20
F	96	290	322	369	424	490	564	612	437	98.4	426	33.17	722	257	0.23	424	418	正态分布	437	401
Ga	96	13.30	13.80	15.57	17.35	18.82	20.00	20.62	17.10	2.38	16.93	5.12	22.80	12.10	0.14	17.35	17.40	正态分布	17.10	18.82
Ge	882	1.20	1.26	1.37	1.49	1.61	1.74	1.87	1.50	0.20	1.49	1.30	2.41	0.92	0.14	1.49	1.48	对数正态分布	1.49	1.49
Hg	827	0.03	0.04	0.05	0.06	0.08	0.10	0.12	0.07	0.02	0.06	4.79	0.14	0.01	0.38	0.06	0.05	剔除后对数正态分布	0.06	0.11
I	96	0.53	0.59	0.86	1.56	3.16	6.42	8.59	2.65	2.83	1.75	2.56	14.70	0.33	1.07	1.56	2.47	对数正态分布	1.75	1.60
La	96	41.80	43.65	47.00	51.8	55.8	60.8	64.0	51.9	6.95	51.4	9.75	70.4	36.50	0.13	51.8	47.00	正态分布	51.4	50.3
Li	96	19.12	21.15	23.48	25.90	31.12	38.70	44.40	28.17	7.98	27.25	6.79	64.2	16.60	0.28	25.90	25.10	对数正态分布	27.25	24.82
Mn	882	119	146	229	336	547	891	1131	437	311	351	32.06	2141	62.9	0.71	336	323	对数正态分布	351	442
Mo	825	0.35	0.39	0.46	0.57	0.72	0.90	1.01	0.61	0.20	0.58	1.54	1.22	0.25	0.33	0.57	0.43	剔除后对数正态分布	0.58	0.80
N	851	0.45	0.62	0.85	1.09	1.36	1.67	1.82	1.12	0.40	1.03	1.56	2.18	0.12	0.36	1.09	1.04	剔除后对数正态分布	1.12	1.34
Nb	96	16.18	17.85	20.40	22.90	26.25	28.15	33.75	23.55	5.33	23.00	6.27	45.90	12.80	0.23	22.90	20.80	正态分布	23.55	20.00
Ni	882	3.57	4.17	5.69	8.18	11.96	16.65	19.85	9.89	6.96	8.39	3.99	79.9	1.75	0.70	8.18	10.90	对数正态分布	8.39	10.80
P	882	0.14	0.18	0.27	0.40	0.60	0.83	1.03	0.48	0.34	0.40	2.19	2.94	0.05	0.71	0.40	0.36	对数正态分布	0.40	0.51
Pb	835	21.08	23.80	27.05	31.40	36.55	41.60	45.62	32.07	7.22	31.25	7.49	52.4	12.86	0.23	31.40	29.40	剔除后正态分布	32.07	35.00

续表 5-20

元素/指标	N	$X_{5\%}$	$X_{10\%}$	$X_{25\%}$	$X_{50\%}$	$X_{75\%}$	$X_{90\%}$	$X_{95\%}$	$\overline{X}$	S	$\overline{X}_g$	S_g	X_{max}	X_{min}	CV	X_{me}	X_{mo}	分布类型		紫色土背景值	温州市背景值
Rb	96	85.7	93.5	106	116	133	154	162	121	24.67	119	15.80	210	80.2	0.20	116	110		正态分布	121	124
S	89	110	114	124	139	149	159	167	138	17.55	137	16.95	182	98.2	0.13	139	136	剔除后	正态分布	138	155
Sb	96	0.33	0.35	0.38	0.42	0.48	0.59	0.72	0.45	0.12	0.44	1.67	0.97	0.26	0.26	0.42	0.42	对数	正态分布	0.44	0.45
Sc	96	4.88	5.00	6.30	7.60	8.50	10.00	11.35	7.64	2.17	7.37	3.22	15.50	4.00	0.28	7.60	5.00		正态分布	7.64	7.20
Se	828	0.12	0.14	0.17	0.21	0.27	0.35	0.39	0.23	0.08	0.22	2.51	0.48	0.07	0.35	0.21	0.15	剔除后	对数正态分布	0.22	0.25
Sn	96	2.36	2.44	2.83	3.22	3.65	4.38	5.27	3.50	1.46	3.33	2.12	11.70	2.07	0.42	3.22	3.61		正态分布	3.33	3.40
Sr	85	21.74	26.84	32.00	37.70	52.8	65.6	74.0	42.67	16.31	39.82	8.39	92.1	14.60	0.38	37.70	37.60	剔除后	正态分布	42.67	105
Th	96	9.59	10.30	11.80	13.65	15.18	16.95	19.62	13.87	3.49	13.48	4.64	30.50	6.47	0.25	13.65	14.40		正态分布	13.87	15.10
Ti	96	2530	2774	3399	3981	4542	5242	6544	4115	1244	3953	117	9038	1949	0.30	3981	4107	对数	正态分布	3953	3449
Tl	626	0.48	0.53	0.64	0.75	0.89	1.04	1.15	0.78	0.22	0.75	1.37	2.13	0.32	0.28	0.75	0.68	对数	正态分布	0.75	0.84
U	96	2.31	2.50	2.79	3.12	3.56	4.05	4.25	3.29	0.98	3.19	2.05	10.20	1.80	0.30	3.12	3.11	对数	正态分布	3.19	3.36
V	815	19.10	24.50	34.70	48.90	63.2	82.6	94.8	51.3	22.82	46.15	9.71	122	7.19	0.44	48.90	43.50	剔除后	对数正态分布	46.15	112
W	96	1.45	1.48	1.75	2.10	2.44	2.77	3.04	2.13	0.54	2.07	1.65	4.19	1.06	0.25	2.10	2.10		正态分布	2.13	2.01
Y	96	19.80	21.15	23.50	25.85	29.12	32.35	39.25	26.68	5.61	26.17	6.69	46.10	17.40	0.21	25.85	26.40	对数	正态分布	26.17	30.00
Zn	882	44.83	50.6	60.9	73.9	88.4	105	115	76.4	24.15	73.1	12.40	247	28.20	0.32	73.9	61.3	对数	正态分布	73.1	102
Zr	96	241	264	282	309	356	386	406	318	51.4	314	27.67	455	214	0.16	309	310		正态分布	318	315
SiO_2	96	66.4	67.9	71.0	73.0	76.6	78.8	79.7	73.2	4.45	73.1	11.89	81.1	59.6	0.06	73.0	72.4		正态分布	73.2	70.7
Al_2O_3	96	10.07	10.52	11.70	13.34	14.35	15.66	17.09	13.30	2.03	13.14	4.41	18.56	9.42	0.15	13.34	13.33		正态分布	13.30	14.48
TFe_2O_3	96	2.20	2.46	2.84	3.46	4.32	5.21	6.33	3.74	1.42	3.53	2.17	9.40	1.97	0.38	3.46	3.85		正态分布	3.53	3.62
MgO	96	0.34	0.38	0.46	0.60	0.76	0.94	1.10	0.64	0.23	0.60	1.64	1.35	0.21	0.37	0.60	0.73		正态分布	0.64	0.40
CaO	96	0.13	0.14	0.16	0.20	0.26	0.45	0.62	0.26	0.16	0.22	2.80	0.93	0.10	0.62	0.20	0.18	对数	正态分布	0.22	0.20
Na_2O	96	0.11	0.12	0.18	0.29	0.46	0.72	0.96	0.36	0.25	0.29	2.78	1.16	0.10	0.71	0.29	0.32	对数	正态分布	0.29	0.14
K_2O	882	1.20	1.39	1.86	2.29	2.72	3.15	3.51	2.29	0.70	2.17	1.73	4.65	0.29	0.30	2.29	2.32		正态分布	2.29	2.82
TC	96	0.89	0.97	1.10	1.29	1.54	1.90	2.15	1.39	0.42	1.34	1.38	3.16	0.72	0.30	1.29	1.08		正态分布	1.39	1.54
Corg	882	0.51	0.70	0.94	1.23	1.58	2.00	2.38	1.32	0.61	1.18	1.68	5.61	0.10	0.46	1.23	1.32	对数	正态分布	1.18	1.10
pH	882	4.53	4.63	4.83	5.04	5.26	5.52	5.69	4.92	4.95	5.06	2.55	7.50	3.89	1.01	5.04	5.08	对数	正态分布	5.06	5.02

五、水稻土土壤元素背景值

水稻土土壤元素背景值数据经正态分布检验,结果表明,原始数据中 SiO_2、TFe_2O_3、TC 符合正态分布,Au、Br、Ce、I、La、Sb、Sn、Corg 符合对数正态分布,Th、Al_2O_3 剔除异常值后符合正态分布,Ag、P、U、W 剔除异常值后符合对数正态分布,其他元素/指标不符合正态分布或对数正态分布(表 5-21)。

温州市水稻土区表层土壤总体呈酸性,土壤 pH 背景值为 5.11,极大值为 7.28,极小值为 3.66,接近于温州市背景值。

水稻土区表层土壤各元素/指标中,多数元素/指标变异系数小于 0.40,分布相对均匀;Cl、N、Li、P、Corg、Cu、Co、Sb、As、S、Mn、B、Na_2O、Cr、Hg、Ni、MgO、CaO、I、Br、Sn、pH、Au 共 23 项元素/指标变异系数大于 0.40,其中 I、Br、Sn、pH、Au 变异系数大于 0.80,空间变异性较大。

与温州市土壤元素背景值相比,水稻土土壤元素背景值中 Zr 背景值略低于温州市背景值,为温州市背景值的 61%;Corg、Sb、Cl、Na_2O、N、TFe_2O_3 背景值略高于温州市背景值,与温州市背景值比值在 1.2~1.4 之间;Cr、B、Mn、Li、Cu、I、Au、Co、Bi、F、Sn、Ti、Be 背景值明显偏高,与温州市背景值比值在 1.4 以上,其中 Cr、B、Mn、Li、Cu 明显富集,背景值与温州市背景值比值在 2.0 以上,Cr 背景值最高,是温州市背景值的 5.12 倍;其他元素/指标背景值则与温州市背景值基本接近。

六、潮土土壤元素背景值

潮土土壤元素背景值数据经正态分布检验,结果表明,原始数据中 Ge 符合正态分布,N、Pb、Tl、Corg 符合对数正态分布,B、Cr、Cu、Ni、P、Zn、K_2O 剔除异常值后符合正态分布,Cd 剔除异常值后符合对数正态分布,As、Co、Hg、Mn、Mo、Se、V、pH 不符合正态分布或对数正态分布(表 5-22),其他元素/指标样本数小于 30 件,无法进行正态分布检验。

温州市潮土区表层土壤总体呈中偏碱性,土壤 pH 背景值为 7.99,极大值为 8.65,极小值为 4.05,明显高于温州市背景值。

潮土区表层土壤各元素/指标中,大多数元素/指标变异系数小于 0.40,分布相对均匀;Hg、Se、Cd、I、Corg、CaO、Au、Br、pH、Pb、Sn、Cl 共 12 项元素/指标变异系数大于等于 0.40,其中 pH、Pb、Sn、Cl 变异系数大于 0.80,空间变异性较大。

与温州市土壤元素背景值相比,潮土土壤元素背景值中 Hg 背景值明显低于温州市背景值,为温州市背景值的 54.5%;Zr、Se 背景值略低于温州市背景值,为温州市背景值的 60%~80%;Sn、Be、Zn 背景值略高于温州市背景值,与温州市背景值比值在 1.2~1.4 之间;Cl、CaO、Na_2O、Cr、Ni、B、MgO、S、Cu、Mn、I、Br、Au、Ti、As、Li、Sb、Co、Bi、F、Cd、P、Sc、TFe_2O_3 背景值明显偏高,与温州市背景值比值在 1.4 以上,CaO 背景值为温州市背景值的 7.0 倍;其他元素/指标背景值则与温州市背景值基本接近。

七、滨海盐土土壤元素背景值

滨海盐土土壤元素背景值数据经正态分布检验,结果表明,原始数据中 Ge、Tl、V、Zn、K_2O、Corg 符合正态分布,As、B、Co、Cr、Cu、Hg、Mo、N、Ni、P、Pb、Se、pH 符合对数正态分布,Cd 剔除异常值后符合正态分布,Mn 不符合正态分布或对数正态分布(表 5-23),其他元素/指标样本数小于 30 件,无法进行正态分布检验。

温州市滨海盐土区表层土壤总体呈中偏碱性,土壤 pH 背景值为 5.68,极大值为 8.61,极小值为 3.94,接近于温州市背景值。

滨海盐土区表层土壤各元素/指标中,一多半元素/指标变异系数小于 0.40,分布相对均匀;Cd、F、Mn、

第五章 土壤元素背景值

表 5-21 水稻土土壤元素背景参数统计表

元素/指标	N	$X_{5\%}$	$X_{10\%}$	$X_{25\%}$	$X_{50\%}$	$X_{75\%}$	$X_{90\%}$	$X_{95\%}$	$\bar{X}$	S	$\bar{X}_g$	S_g	X_{max}	X_{min}	CV	X_{me}	X_{mo}	分布类型	水稻土背景值	温州市背景值
Ag	499	59.0	68.0	80.0	99.0	128	160	179	106	36.17	101	14.34	221	34.00	0.34	99.0	110	剔除后对数分布	101	110
As	9164	2.04	2.57	3.61	4.90	5.51	9.22	10.81	5.35	2.48	4.80	2.82	12.19	0.52	0.46	4.90	5.70	其他分布	5.70	5.70
Au	546	0.71	0.89	1.42	2.50	1.00	7.30	11.55	5.13	27.81	2.58	2.78	637	0.41	5.42	2.50	2.30	对数正态分布	2.58	1.50
B	9810	12.22	14.60	20.42	40.07	51.3	69.4	73.6	41.27	21.66	34.78	8.94	119	2.10	0.52	40.07	63.0	其他分布	63.0	19.90
Ba	490	362	434	497	536	600	674	712	545	94.2	536	37.21	797	317	0.17	536	510	其他分布	510	510
Be	544	1.62	1.73	2.01	2.46	2.83	3.05	3.17	2.42	0.51	2.37	1.73	3.94	1.22	0.21	2.46	2.76	其他分布	2.76	1.95
Bi	529	0.24	0.28	0.35	0.48	0.56	0.63	0.69	0.47	0.14	0.44	1.75	0.87	0.16	0.30	0.48	0.52	其他分布	0.52	0.32
Br	546	2.30	2.70	3.40	4.60	5.60	8.75	10.38	5.54	4.80	4.78	2.78	80.3	1.60	0.87	4.60	4.80	对数正态分布	4.78	5.32
Cd	8814	0.07	0.09	0.13	0.17	0.21	0.26	0.30	0.17	0.07	0.16	3.00	0.38	0.01	0.39	0.17	0.12	其他分布	0.12	0.12
Ce	546	78.1	81.8	88.1	96.4	106	118	128	99.1	17.56	97.7	13.99	234	55.3	0.18	96.4	104	对数正态分布	97.7	99.1
Cl	515	35.40	39.18	52.5	75.3	100.0	123	138	79.5	32.70	73.0	12.39	183	30.10	0.41	75.3	99.0	其他分布	99.0	71.0
Co	9764	3.19	4.03	6.62	11.47	15.08	17.03	18.04	10.97	4.95	9.59	4.27	27.67	0.93	0.45	11.47	17.10	其他分布	17.10	10.10
Cr	9742	13.95	18.00	28.15	59.1	87.8	97.4	104	58.9	32.07	48.46	11.08	176	2.10	0.54	59.1	87.0	其他分布	87.0	17.00
Cu	9426	8.20	10.26	15.42	24.32	30.90	37.67	42.28	24.09	10.52	21.52	6.65	56.0	2.40	0.44	24.32	30.60	其他分布	30.60	13.20
F	546	263	290	361	469	645	729	768	499	168	470	36.03	883	108	0.34	469	634	其他分布	634	401
Ga	546	15.03	16.05	17.73	19.70	21.40	22.30	23.08	19.42	2.46	19.26	5.57	25.70	12.50	0.13	19.70	20.40	偏峰分布	20.40	18.82
Ge	9524	1.19	1.25	1.36	1.46	1.55	1.64	1.70	1.45	0.15	1.45	1.27	1.86	1.05	0.10	1.46	1.49	其他分布	1.49	1.49
Hg	9201	0.05	0.06	0.07	0.11	0.17	0.23	0.28	0.13	0.07	0.11	3.56	0.36	0.01	0.55	0.11	0.12	其他分布	0.12	0.11
I	546	0.95	1.23	1.80	2.65	4.73	8.51	10.20	3.79	3.12	2.91	2.58	25.10	0.53	0.82	2.65	2.40	其他分布	2.91	1.60
La	546	40.00	42.00	45.00	49.00	54.0	59.5	64.0	50.2	7.52	49.63	9.51	80.9	31.00	0.15	49.00	47.00	对数正态分布	49.63	50.3
Li	546	18.32	19.35	23.02	32.00	53.0	60.0	62.0	37.36	15.87	34.06	8.07	72.0	15.60	0.42	32.00	58.0	对数正态分布	58.0	24.82
Mn	9663	232	299	403	551	839	1168	1283	642	322	565	40.01	1541	58.5	0.50	551	1041	其他分布	1041	442
Mo	9125	0.46	0.52	0.64	0.82	1.09	1.42	1.62	0.90	0.35	0.84	1.48	2.00	0.22	0.39	0.82	0.79	其他分布	0.79	0.80
N	9742	0.71	0.87	1.14	1.55	2.11	2.62	2.90	1.65	0.68	1.51	1.74	3.61	0.08	0.41	1.55	1.78	其他分布	1.78	1.34
Nb	522	17.80	18.30	19.10	20.20	23.08	25.49	26.78	21.18	2.89	20.99	5.82	30.20	14.60	0.14	20.20	19.70	其他分布	19.70	20.00
Ni	9757	5.98	7.48	11.30	22.94	37.57	43.00	46.20	24.70	14.34	19.99	6.81	77.0	1.11	0.58	22.94	10.50	其他分布	10.50	10.80
P	9308	0.24	0.32	0.46	0.63	0.83	1.06	1.20	0.66	0.28	0.60	1.73	1.48	0.05	0.43	0.63	0.60	剔除后对数分布	0.60	0.51
Pb	8972	27.54	30.72	36.11	41.17	46.92	55.2	60.2	42.01	9.37	40.96	8.87	69.1	17.30	0.22	41.17	42.00	其他分布	42.00	35.00

续表 5-21

元素/指标	N	$X_{5\%}$	$X_{10\%}$	$X_{25\%}$	$X_{50\%}$	$X_{75\%}$	$X_{90\%}$	$X_{95\%}$	$\bar{X}$	S	$\bar{X}_g$	S_g	X_{max}	X_{min}	CV	X_{me}	X_{mo}	分布类型	水稻土背景值	温州市背景值
Rb	545	92.6	100.0	113	131	146	153	157	128	20.90	127	16.44	174	66.6	0.16	131	148	其他分布	148	124
S	524	133	144	169	254	354	468	551	279	128	252	25.03	666	101	0.46	254	167	其他分布	167	155
Sb	546	0.36	0.41	0.51	0.63	0.77	0.93	1.01	0.67	0.30	0.63	1.54	4.52	0.21	0.45	0.63	0.69	对数正态分布	0.63	0.45
Sc	546	5.60	6.60	8.10	10.30	12.90	14.20	14.90	10.39	2.93	9.95	3.94	18.30	3.80	0.28	10.30	8.10	其他分布	8.10	7.20
Se	9121	0.16	0.18	0.22	0.27	0.33	0.42	0.47	0.28	0.09	0.27	2.22	0.56	0.03	0.32	0.27	0.23	其他分布	0.23	0.25
Sn	546	2.50	2.75	3.43	4.51	7.18	10.00	12.38	5.93	5.70	5.01	2.94	106	1.60	0.96	4.51	4.10	对数正态分布	5.01	3.40
Sr	545	30.10	37.20	57.6	87.0	106	114	122	81.3	29.94	74.4	12.50	156	15.80	0.37	87.0	105	其他分布	105	105
Th	517	11.48	12.46	13.90	15.10	16.30	17.50	18.22	15.07	1.98	14.93	4.80	20.10	9.76	0.13	15.10	15.00	剔除后正态分布	15.07	15.10
Ti	526	3092	3460	4071	4679	5076	5284	5413	4535	741	4469	129	6646	2533	0.16	4679	5038	其他分布	5038	3449
Tl	4910	0.64	0.69	0.75	0.82	0.89	0.98	1.03	0.83	0.11	0.82	1.20	1.14	0.53	0.14	0.82	0.78	其他分布	0.78	0.84
U	524	2.60	2.70	2.90	3.12	3.50	3.80	4.10	3.21	0.45	3.18	1.97	4.49	2.25	0.14	3.12	3.00	剔除后对数分布	3.18	3.36
V	9721	29.50	36.40	55.4	87.7	107	116	123	82.1	31.74	74.6	13.01	184	8.25	0.39	87.7	112	其他分布	112	112
W	508	1.47	1.62	1.80	1.98	2.18	2.48	2.65	2.01	0.33	1.99	1.54	2.92	1.18	0.17	1.98	1.94	剔除后对数分布	1.99	2.01
Y	544	21.02	22.50	25.60	29.00	31.00	32.00	33.00	28.05	3.82	27.78	6.90	39.00	17.90	0.14	29.00	31.00	其他分布	31.00	30.00
Zn	9327	59.4	67.7	86.7	107	122	137	149	105	26.63	101	15.01	179	34.72	0.25	107	122	其他分布	122	102
Zr	533	189	193	209	266	333	399	434	280	79.2	270	25.45	520	163	0.28	266	193	其他分布	193	315
SiO$_2$	546	60.7	62.0	64.7	68.1	72.4	74.7	76.5	68.4	4.99	68.2	11.43	81.2	50.3	0.07	68.1	69.0	正态分布	68.4	70.7
Al$_2$O$_3$	522	12.15	12.79	13.95	15.02	15.82	16.63	17.18	14.85	1.52	14.77	4.77	18.79	10.83	0.10	15.02	14.41	剔除后正态分布	14.85	14.48
TFe$_2$O$_3$	546	2.44	2.72	3.39	4.42	5.44	6.11	6.36	4.42	1.29	4.22	2.46	10.10	1.67	0.29	4.42	3.77	正态分布	4.42	3.62
MgO	544	0.35	0.38	0.48	0.72	1.38	1.79	2.07	0.95	0.57	0.80	1.83	2.74	0.22	0.60	0.72	0.47	其他分布	0.47	0.40
CaO	508	0.15	0.18	0.25	0.46	0.71	0.97	1.10	0.51	0.31	0.42	2.24	1.46	0.10	0.60	0.46	0.24	其他分布	0.24	0.20
Na$_2$O	545	0.15	0.19	0.33	0.71	0.98	1.09	1.15	0.68	0.36	0.56	2.15	1.93	0.10	0.53	0.71	0.19	其他分布	0.19	0.14
K$_2$O	8959	1.86	2.10	2.48	2.74	2.94	3.14	3.29	2.69	0.41	2.65	1.80	3.75	1.58	0.15	2.74	2.82	正态分布	2.82	2.82
TC	546	0.95	1.05	1.26	1.54	1.86	2.16	2.40	1.59	0.47	1.53	1.45	4.29	0.57	0.30	1.54	1.66	其他分布	1.59	1.54
Corg	9802	0.70	0.85	1.17	1.59	2.13	2.72	3.07	1.70	0.74	1.54	1.76	6.19	0.02	0.43	1.59	1.10	对数正态分布	1.54	1.10
pH	8934	4.43	4.59	4.87	5.18	5.64	6.25	6.67	4.96	4.85	5.31	2.64	7.28	3.66	0.98	5.18	5.11	其他分布	5.11	5.02

第五章 土壤元素背景值

表 5-22 潮土土壤元素背景值参数统计表

元素/指标	N	$X_{5\%}$	$X_{10\%}$	$X_{25\%}$	$X_{50\%}$	$X_{75\%}$	$X_{90\%}$	$X_{95\%}$	$\bar{X}$	S	$\bar{X}_g$	S_g	X_{max}	X_{min}	CV	X_{me}	X_{mo}	分布类型	潮土背景值	温州市背景值
Ag	16	69.5	75.5	83.0	99.0	114	148	183	109	42.26	103	13.53	237	65.0	0.39	99.0	99.0	其他分布	99.0	110
As	299	4.80	5.46	7.49	12.39	13.77	14.73	15.17	10.98	3.60	10.21	3.93	17.13	1.74	0.33	12.39	11.85	其他分布	11.85	5.70
Au	16	1.68	1.89	2.08	3.65	3.05	8.60	10.70	4.69	3.40	3.75	2.56	13.70	1.30	0.73	3.65	2.10	剔除后正态分布	3.65	1.50
B	265	51.6	56.5	62.6	68.0	73.9	79.3	82.5	67.9	8.93	67.3	11.26	88.5	41.00	0.13	68.0	67.7	—	67.9	19.90
Ba	16	448	458	475	494	508	534	566	499	44.52	497	34.20	633	443	0.09	494	504	—	494	510
Be	16	2.48	2.53	2.63	2.70	2.74	2.93	3.11	2.71	0.18	2.70	1.77	3.12	2.43	0.07	2.70	2.71	偏峰分布	2.70	1.95
Bi	16	0.49	0.49	0.52	0.55	0.58	0.62	0.67	0.56	0.08	0.56	1.42	0.80	0.48	0.14	0.55	0.56	—	0.55	0.32
Br	16	3.58	4.30	7.38	9.60	11.88	23.82	34.45	11.91	9.45	9.58	4.38	35.71	3.50	0.79	9.60	11.70	剔除后正态分布	9.60	5.32
Cd	269	0.10	0.12	0.14	0.17	0.24	0.34	0.38	0.20	0.09	0.19	2.73	0.49	0.05	0.43	0.17	0.15	剔除后对数分布	0.19	0.12
Ce	16	72.9	75.8	82.2	87.3	88.2	91.8	96.6	85.8	8.12	85.5	12.41	106	71.1	0.09	87.3	87.3	—	87.3	99.1
Cl	16	79.0	85.0	118	208	1269	4205	6602	1237	2206	367	46.63	6918	64.0	1.78	208	1249	—	208	71.0
Co	290	9.73	10.82	13.40	16.12	17.49	18.80	19.71	15.48	3.03	15.14	4.75	22.12	6.79	0.20	16.12	18.00	偏除后正态分布	18.00	10.10
Cr	265	65.1	70.6	81.5	92.2	102	114	123	92.3	17.08	90.6	13.63	143	46.30	0.19	92.2	89.0	剔除后正态分布	92.3	17.00
Cu	275	23.44	27.29	31.40	36.01	41.28	48.49	52.7	36.82	8.40	35.85	8.02	61.6	15.88	0.23	36.01	29.02	剔除后正态分布	36.82	13.20
F	16	516	596	653	720	753	793	802	693	111	682	40.13	831	370	0.16	720	700	—	720	401
Ga	16	18.15	18.50	18.93	20.90	22.42	22.70	22.75	20.69	1.81	20.62	5.62	22.90	17.70	0.09	20.90	18.70	正态分布	20.90	18.82
Ge	302	1.35	1.39	1.47	1.54	1.60	1.66	1.69	1.53	0.11	1.53	1.29	1.99	1.17	0.07	1.54	1.63	其他分布	1.53	1.49
Hg	276	0.05	0.05	0.06	0.07	0.09	0.13	0.15	0.08	0.03	0.07	4.42	0.17	0.03	0.40	0.07	0.06	其他分布	0.06	0.11
I	16	2.69	2.70	3.68	5.85	7.44	9.51	10.29	5.91	2.64	5.34	3.01	10.57	2.64	0.45	5.85	3.70	对数正态分布	5.85	1.60
La	16	38.00	39.50	42.50	45.00	46.25	48.50	50.8	44.44	3.93	44.28	8.60	53.0	38.00	0.09	45.00	45.00	—	45.00	50.3
Li	16	39.50	47.00	49.50	53.0	56.8	59.5	62.2	51.8	10.26	50.4	9.40	69.0	20.00	0.20	53.0	50.00	其他分布	53.0	24.82
Mn	301	441	528	850	1153	1252	1319	1383	1036	303	978	51.8	1747	300	0.29	1153	1028	其他分布	1028	442
Mo	277	0.70	0.73	0.81	0.92	1.20	1.71	1.94	1.07	0.39	1.01	1.38	2.22	0.42	0.36	0.92	0.85	对数正态分布	0.85	0.80
N	302	0.71	0.79	0.91	1.11	1.50	1.97	2.15	1.26	0.49	1.18	1.46	3.45	0.49	0.39	1.11	0.94	对数正态分布	1.18	1.34
Nb	16	16.88	17.50	18.05	18.70	19.85	20.85	22.18	19.12	2.00	19.03	5.39	24.80	15.90	0.10	18.70	18.70	—	18.70	20.00
Ni	242	33.96	36.75	41.15	45.07	49.56	56.7	59.7	45.73	7.94	45.03	9.06	68.8	22.12	0.17	45.07	45.68	剔除后正态分布	45.73	10.80
P	276	0.51	0.56	0.64	0.77	0.90	1.07	1.17	0.78	0.21	0.75	1.37	1.40	0.22	0.27	0.77	0.79	剔除后正态分布	0.78	0.51
Pb	302	30.44	31.47	33.73	37.50	45.83	56.5	63.5	43.88	42.45	40.54	8.90	746	28.17	0.97	37.50	36.13	对数正态分布	40.54	35.00

续表 5-22

元素/指标	N	$X_{5\%}$	$X_{10\%}$	$X_{25\%}$	$X_{50\%}$	$X_{75\%}$	$X_{90\%}$	$X_{95\%}$	$\overline{X}$	S	$\overline{X}_g$	S_g	X_{max}	X_{min}	CV	X_{me}	X_{mo}	分布类型	潮土背景值	温州市背景值
Rb	16	132	135	141	144	150	152	157	145	9.15	145	17.00	170	131	0.06	144	150	—	144	124
S	16	311	325	410	471	549	664	805	504	164	482	33.40	942	303	0.33	471	474	—	471	155
Sb	13	0.60	0.61	0.71	0.85	0.91	0.94	0.94	0.80	0.13	0.79	1.21	0.95	0.60	0.16	0.85	0.85	—	0.85	0.45
Sc	16	9.65	10.40	11.00	12.10	13.25	14.15	14.20	12.07	1.72	11.94	4.15	14.20	8.00	0.14	12.10	11.00	—	12.10	7.20
Se	284	0.14	0.14	0.15	0.17	0.25	0.34	0.40	0.21	0.09	0.20	2.59	0.49	0.09	0.40	0.17	0.17	其他分布	0.17	0.25
Sn	16	3.33	3.48	3.75	4.60	6.58	10.95	18.00	7.11	7.36	5.56	3.11	33.00	2.90	1.04	4.60	7.10	—	4.60	3.40
Sr	16	94.8	95.5	106	108	124	128	131	112	12.93	111	14.73	137	94.0	0.12	108	108	—	108	105
Th	16	14.20	14.20	15.20	15.80	17.75	19.00	21.00	16.71	2.71	16.53	4.91	24.90	14.20	0.16	15.80	14.20	对数正态分布	15.80	15.10
Ti	16	4136	4230	4643	4848	5110	5262	5314	4816	420	4798	124	5380	3924	0.09	4848	4822	—	4848	3449
Tl	245	0.70	0.72	0.77	0.81	0.88	0.95	1.01	0.83	0.11	0.83	1.17	1.62	0.64	0.13	0.81	0.81	—	0.83	0.84
U	16	2.65	2.70	2.88	3.10	3.25	4.15	4.53	3.23	0.60	3.18	1.94	4.60	2.50	0.19	3.10	3.20	—	3.10	3.36
V	292	70.9	76.5	92.2	109	115	121	126	104	17.23	102	14.22	145	54.2	0.17	109	115	其他分布	115	112
W	16	2.00	2.04	2.10	2.20	2.64	3.21	3.56	2.46	0.57	2.41	1.66	3.94	1.92	0.23	2.20	2.11	—	2.20	2.01
Y	16	25.75	26.50	27.75	29.50	30.25	31.00	31.25	29.06	1.98	29.00	6.79	32.00	25.00	0.07	29.50	30.00	—	30.00	30.00
Zn	276	90.1	98.0	110	122	144	164	177	127	25.58	125	16.47	202	67.3	0.20	122	121	剔除后正态分布	127	102
Zr	16	181	186	195	218	226	283	324	223	43.49	220	21.50	325	170	0.19	218	226	—	218	315
SiO$_2$	16	56.9	57.6	59.3	61.3	66.7	67.1	68.1	62.6	4.36	62.5	10.43	70.9	56.9	0.07	61.3	62.3	—	61.3	70.7
Al$_2$O$_3$	16	13.89	14.25	14.75	15.40	15.67	16.23	16.42	15.27	0.86	15.24	4.73	17.00	13.67	0.06	15.40	15.31	—	15.40	14.48
TFe$_2$O$_3$	16	4.29	4.53	4.72	5.56	6.19	6.27	6.41	5.43	0.89	5.36	2.66	6.79	3.66	0.16	5.56	5.41	—	5.56	3.62
MgO	16	0.97	1.18	1.27	1.71	2.29	2.47	2.59	1.75	0.62	1.62	1.67	2.59	0.54	0.35	1.71	1.28	—	1.71	0.40
CaO	16	0.62	0.72	0.84	1.40	2.44	2.79	3.05	1.66	0.92	1.41	1.90	3.22	0.47	0.56	1.40	1.67	—	1.40	0.20
Na$_2$O	16	0.72	0.88	1.03	1.12	1.20	1.55	1.82	1.16	0.31	1.12	1.30	1.86	0.69	0.27	1.12	1.03	—	1.12	0.14
K$_2$O	283	2.64	2.76	2.88	2.98	3.12	3.22	3.30	2.99	0.19	2.98	1.88	3.47	2.51	0.06	2.98	2.91	剔除后正态分布	2.99	2.82
TC	16	1.11	1.14	1.22	1.42	1.75	2.17	2.29	1.54	0.41	1.50	1.37	2.30	1.11	0.27	1.42	1.11	—	1.42	1.54
Corg	302	0.60	0.64	0.72	0.90	1.38	1.91	2.16	1.11	0.57	1.01	1.55	4.15	0.43	0.51	0.90	0.69	对数正态分布	1.01	1.10
pH	302	5.01	5.32	6.24	7.89	8.11	8.28	8.34	5.76	5.19	7.25	3.09	8.65	4.05	0.90	7.89	7.99	其他分布	7.99	5.02

第五章 土壤元素背景值

表 5-23 滨海盐土土壤元素背景值参数统计表

元素/指标	N	$X_{5\%}$	$X_{10\%}$	$X_{25\%}$	$X_{50\%}$	$X_{75\%}$	$X_{90\%}$	$X_{95\%}$	$\bar{X}$	S	$\bar{X}_g$	S_g	X_{max}	X_{min}	CV	X_{me}	X_{mo}	分布类型	滨海盐土背景值	温州市背景值
Ag	11	83.0	83.0	89.0	95.0	122	127	178	112	42.28	107	14.51	230	83.0	0.38	95.0	83.0	—	95.0	110
As	214	2.69	3.03	4.01	5.12	7.72	13.73	14.76	6.67	4.48	5.67	3.14	34.66	1.62	0.67	5.12	3.65	对数正态分布	5.67	5.70
Au	11	0.91	1.01	1.04	1.86	5.55	4.98	10.99	3.51	4.69	2.19	2.59	17.00	0.80	1.34	1.86	2.80	—	1.80	1.50
B	214	10.07	12.25	16.54	25.95	33.34	67.4	75.1	31.51	20.23	26.15	7.47	84.7	7.50	0.64	25.95	28.38	对数正态分布	26.15	19.90
Ba	11	423	481	500	545	560	760	795	583	135	569	36.23	830	365	0.23	545	587	—	545	510
Be	11	1.48	1.68	1.90	2.24	2.88	3.22	3.28	2.34	0.67	2.25	1.72	3.33	1.29	0.29	2.24	2.37	—	2.24	1.95
Bi	11	0.27	0.28	0.39	0.71	0.77	0.80	1.11	0.64	0.33	0.57	1.73	1.42	0.26	0.51	0.71	0.71	—	0.71	0.32
Br	11	4.75	5.40	6.20	7.30	17.25	56.6	59.5	18.00	21.04	11.28	4.96	62.4	4.10	1.17	7.30	17.90	—	7.30	5.32
Cd	199	0.06	0.09	0.12	0.17	0.20	0.27	0.30	0.17	0.07	0.15	3.12	0.35	0.02	0.41	0.17	0.12	剔除后正态分布	0.17	0.12
Ce	11	78.5	80.6	82.0	87.0	90.4	94.1	95.5	86.7	6.22	86.5	12.56	97.0	76.5	0.07	87.0	87.0	—	87.0	99.1
Cl	11	53.7	58.9	61.1	71.0	154	9656	10 192	1922	4096	187	30.08	10 729	48.50	2.13	71.0	177	—	71.0	71.0
Co	214	5.27	5.79	8.03	10.07	13.23	18.11	19.45	10.88	4.32	10.05	4.07	22.73	2.29	0.40	10.07	9.50	对数正态分布	10.05	10.10
Cr	214	11.79	13.64	18.75	30.58	56.7	92.2	105	41.54	30.29	32.54	8.63	140	8.32	0.73	30.58	13.65	对数正态分布	32.54	17.00
Cu	214	8.25	9.15	12.56	18.32	26.14	42.77	49.87	22.08	15.47	18.73	6.11	164	5.51	0.70	18.32	15.78	对数正态分布	18.73	13.20
F	11	290	325	354	454	566	907	907	511	221	473	32.67	907	256	0.43	454	907	—	454	401
Ga	11	16.00	17.30	18.00	20.00	20.50	22.40	22.60	19.48	2.34	19.35	5.39	22.80	14.70	0.12	20.00	20.50	正态分布	20.00	18.82
Ge	214	1.15	1.20	1.30	1.41	1.57	1.68	1.74	1.43	0.19	1.42	1.27	2.11	0.98	0.13	1.41	1.39	对数正态分布	1.43	1.49
Hg	214	0.05	0.05	0.07	0.09	0.15	0.23	0.30	0.13	0.11	0.10	3.78	0.75	0.03	0.84	0.09	0.07	对数正态分布	0.10	0.11
I	11	3.09	3.34	5.46	6.21	3.96	9.39	17.55	7.70	6.23	6.43	3.41	25.70	2.84	0.81	6.21	7.59	—	6.21	1.60
La	11	39.85	41.70	43.00	46.40	50.4	51.9	53.9	46.60	5.29	46.33	8.87	55.9	38.00	0.11	46.40	43.00	—	46.40	50.3
Li	11	16.80	17.50	25.50	33.10	40.00	69.0	69.0	36.65	17.95	33.06	7.32	69.0	16.10	0.49	33.10	69.0	—	33.10	24.82
Mn	214	327	380	490	665	974	1241	1316	748	320	680	43.42	1503	229	0.43	665	1250	偏峰分布	1250	442
Mo	214	0.63	0.72	0.90	1.27	1.65	2.15	2.77	1.46	0.97	1.27	1.67	7.44	0.41	0.67	1.27	1.62	对数正态分布	1.27	0.80
N	214	0.69	0.75	0.95	1.21	1.89	2.47	2.67	1.43	0.64	1.30	1.66	3.10	0.29	0.45	1.21	0.87	—	1.30	1.34
Nb	11	15.45	15.70	16.80	19.30	19.65	20.30	21.60	18.56	2.31	18.43	5.07	22.90	15.20	0.12	19.30	18.40	—	19.30	20.80
Ni	214	4.78	5.31	7.76	12.32	25.33	42.44	45.67	18.04	13.46	13.82	5.54	54.9	3.29	0.75	12.32	18.03	对数正态分布	13.82	10.80
P	214	0.23	0.28	0.39	0.62	1.05	1.65	2.05	0.81	0.57	0.65	2.01	3.14	0.12	0.70	0.62	0.81	对数正态分布	0.65	0.51
Pb	214	28.52	31.02	36.95	43.29	50.9	67.2	86.1	47.12	17.49	44.62	9.29	135	20.74	0.37	43.29	39.00	对数正态分布	44.62	35.00

续表 5-23

元素/指标	N	$X_{5\%}$	$X_{10\%}$	$X_{25\%}$	$X_{50\%}$	$X_{75\%}$	$X_{90\%}$	$X_{95\%}$	$\overline{X}$	S	$\overline{X}_g$	S_g	X_{max}	X_{min}	CV	X_{me}	X_{mo}	分布类型	滨海盐土背景值	温州市背景值
Rb	11	86.2	107	118	128	136	159	160	126	25.70	123	15.02	160	65.5	0.20	128	127	—	128	124
S	11	155	164	166	196	382	588	596	297	171	259	23.11	603	146	0.57	196	164	—	196	155
Sb	11	0.52	0.58	0.64	0.80	0.91	0.96	1.23	0.81	0.28	0.77	1.40	1.50	0.46	0.34	0.80	0.96	—	0.80	0.45
Sc	11	6.80	7.20	7.80	11.20	12.40	14.40	14.78	10.65	2.97	10.25	3.89	15.15	6.40	0.28	11.20	10.90	—	11.20	7.20
Se	214	0.16	0.17	0.25	0.31	0.38	0.48	0.57	0.33	0.13	0.31	2.17	0.88	0.12	0.39	0.31	0.34	对数正态分布	0.31	0.25
Sn	11	4.15	4.40	4.58	4.80	7.35	9.32	10.26	6.18	2.43	5.81	2.99	11.20	3.90	0.39	4.80	6.03	—	4.80	3.40
Sr	11	44.60	51.0	85.0	123	134	145	208	117	62.3	103	15.22	272	38.20	0.53	123	123	—	123	105
Th	11	12.90	13.50	14.60	16.00	16.90	17.00	17.15	15.62	1.70	15.53	4.74	17.30	12.30	0.11	16.00	16.80	—	16.00	15.10
Ti	11	4027	4110	4202	4637	4983	5442	5536	4652	555	4623	117	5631	3944	0.12	4637	4649	—	4637	3449
Tl	89	0.53	0.64	0.76	0.88	1.04	1.30	1.40	0.92	0.28	0.88	1.34	2.03	0.46	0.30	0.88	0.93	正态分布	0.92	0.84
U	11	3.00	3.00	3.05	3.48	3.81	4.07	4.13	3.49	0.45	3.46	2.06	4.20	2.99	0.13	3.48	3.00	—	3.48	3.36
V	214	31.40	40.07	56.4	84.4	97.3	116	126	79.6	28.26	73.6	12.73	138	20.68	0.36	84.4	27.10	正态分布	79.6	112
W	11	1.66	1.86	1.99	2.14	2.24	2.30	2.40	2.09	0.27	2.07	1.56	2.50	1.46	0.13	2.14	2.10	—	2.14	2.01
Y	11	19.80	19.90	22.30	26.80	28.70	30.00	30.50	25.69	4.03	25.39	6.18	31.00	19.70	0.16	26.80	26.30	—	26.80	30.00
Zn	214	49.50	57.4	75.6	99.1	120	138	153	99.7	33.41	94.1	14.43	250	36.83	0.34	99.1	147	正态分布	99.7	102
Zr	11	169	171	176	238	306	334	361	253	76.8	242	21.88	388	167	0.30	238	238	—	238	315
SiO$_2$	11	53.9	54.1	61.7	66.4	71.2	73.6	74.0	65.7	7.23	65.3	10.57	74.3	53.6	0.11	66.4	65.8	—	66.4	70.7
Al$_2$O$_3$	11	13.21	13.76	14.52	15.54	16.15	16.77	16.80	15.27	1.30	15.22	4.68	16.84	12.67	0.08	15.54	15.39	—	15.54	14.48
TFe$_2$O$_3$	11	3.33	3.36	3.79	4.70	5.33	6.76	6.83	4.80	1.25	4.66	2.49	6.90	3.31	0.26	4.70	4.70	—	4.70	3.62
MgO	11	0.38	0.38	0.44	0.88	1.35	2.98	3.00	1.16	0.98	0.87	2.12	3.02	0.37	0.85	0.88	1.35	—	0.88	0.40
CaO	11	0.26	0.28	0.48	0.80	2.67	2.78	3.29	1.45	1.27	0.97	2.56	3.79	0.24	0.87	0.80	1.00	—	0.80	0.20
Na$_2$O	11	0.21	0.31	0.49	0.60	0.80	2.10	2.16	0.84	0.69	0.63	2.32	2.22	0.11	0.82	0.60	0.60	—	0.60	0.14
K$_2$O	214	1.03	1.26	1.98	2.64	3.17	3.66	4.28	2.61	0.96	2.41	1.90	6.13	0.66	0.37	2.64	3.35	正态分布	2.61	2.82
TC	11	1.08	1.08	1.33	1.51	1.66	2.53	2.92	1.67	0.67	1.58	1.54	3.30	1.07	0.40	1.51	1.71	—	1.51	1.54
Corg	201	0.70	0.79	0.97	1.35	1.85	2.29	2.47	1.44	0.58	1.32	1.63	2.96	0.25	0.40	1.35	0.92	正态分布	1.44	1.10
pH	214	4.34	4.51	4.81	5.30	6.07	8.16	8.38	4.93	4.76	5.68	2.74	8.61	3.94	0.97	5.30	5.20	对数正态分布	5.68	5.02

N、Li、Bi、Sr、S、B、As、Mo、Cu、P、Cr、Ni、I、Na$_2$O、Hg、MgO、CaO、pH、Br、Au、Cl 共 24 项元素/指标变异系数大于 0.40，其中 I、Na$_2$O、Hg、MgO、CaO、pH、Br、Au、Cl 变异系数大于 0.80，空间变异性较大。

与温州市土壤元素背景值相比，滨海盐土土壤元素背景值中 Zr、V 背景值略低于温州市背景值，为温州市背景值的 60%～80%；Au、B、Br、Li、Ni、P、Pb、S、Se、Ti、TFe$_2$O$_3$、Corg 背景值略高于温州市背景值，与温州市背景值比值在 1.2～1.4 之间；CaO、I、Na$_2$O、MgO、Mn、Bi、Sb、Cr、Sn、Mo、Sc、Cu、Cd 背景值明显偏高，与温州市背景值比值在 1.4 以上，CaO、Na$_2$O 背景值是温州市背景值的 4.0 倍以上；其他元素/指标背景值则与温州市背景值基本接近。

第四节　主要土地利用类型元素背景值

一、水田土壤元素背景值

水田土壤元素背景值数据经正态分布检验，结果表明，原始数据中 Ga、Rb、Sr、SiO$_2$、Al$_2$O$_3$、TFe$_2$O$_3$ 符合正态分布，Au、Br、F、I、Nb、Sb、Sn、U、MgO、CaO、TC 共 11 项元素/指标符合对数正态分布，Be、Bi、Ce、Th、Ti、Zr 剔除异常值后符合正态分布，Cd、Cl、La、W 符合剔除异常值后对数正态分布，其他元素/指标不符合正态分布或对数正态分布（表 5-24）。

温州市水田表层土壤总体呈酸性，土壤 pH 背景值为 5.13，极大值为 6.57，极小值为 3.90，接近于温州市背景值。

水田表层土壤各元素/指标中，多数元素/指标变异系数小于 0.40，分布相对均匀；Li、P、S、As、Sr、V、Cu、Mn、Hg、Co、Na$_2$O、B、MgO、Cr、Ni、Br、Sb、Sn、CaO、I、pH、Au 共 22 项元素/指标变异系数大于 0.40，其中 CaO、I、pH、Au 变异系数大于 0.80，空间变异性较大。

与温州市土壤元素背景值相比，水田土壤元素背景值中 Hg、As 背景值明显低于温州市背景值，为温州市背景值的 60% 以下；Sr、Mn、P、Mo 背景值略低于温州市背景值，为温州市背景值的 60%～80%；Au、Cd、Sb、Ti、Co、Be、S 背景值略高于温州市背景值，与温州市背景值比值在 1.2～1.4 之间；Li、CaO、MgO、I、Sn、Bi 背景值明显偏高，与温州市背景值比值在 1.4 以上，其中 Li、CaO 明显富集，背景值与温州市背景值比值在 2.0 以上；其他元素/指标背景值则与温州市背景值基本接近。

二、旱地土壤元素背景值

旱地土壤元素背景值数据经正态分布检验，结果表明，原始数据中 F、Ga、La、Nb、Rb、Sc、Sr、Th、Ti、U、W、Y、Zr、SiO$_2$、Al$_2$O$_3$、TFe$_2$O$_3$、TC 共 17 项元素/指标符合正态分布，Ag、Au、Ba、Be、Bi、Br、Cl、Co、Ge、I、Li、P、Sb、Se、Sn、Tl、V、MgO、CaO、Na$_2$O 共 20 项元素/指标符合对数正态分布，Ce、N 剔除异常值后符合正态分布，As、B、Cd、Cr、Cu、Hg、Mo、Ni、S、Zn、Corg、pH 共 12 项元素/指标剔除异常值后符合对数正态分布，其他元素/指标不符合正态分布或对数正态分布（表 5-25）。

温州市旱地表层土壤总体呈酸性，土壤 pH 背景值为 4.99，极大值为 6.17，极小值为 3.89，与温州市背景值基本接近。

旱地表层土壤各元素/指标中，约一半元素/指标变异系数小于 0.40，分布相对均匀；Hg、Ag、Ba、B、Cl、Cu、Cd、Mo、Ni、MgO、Br、Cr、Sr、As、Mn、Se、Bi、P、V、Na$_2$O、Co、CaO、I、pH、Sn、Au、Sb 共 27 项元素/指标变异系数大于 0.40，其中 I、pH、Sn、Au、Sb 变异系数大于 0.80，空间变异性较大。

与温州市土壤元素背景值相比，旱地土壤元素背景值中 V 背景值明显低于温州市背

表 5-24 水田土壤元素背景值参数统计表

元素/指标	N	$X_{5\%}$	$X_{10\%}$	$X_{25\%}$	$X_{50\%}$	$X_{75\%}$	$X_{90\%}$	$X_{95\%}$	$\bar{X}$	S	$\bar{X}_g$	S_g	X_{max}	X_{min}	CV	X_{me}	X_{mo}	分布类型	水田背景值	温州市背景值
Ag	307	62.0	67.6	80.0	94.0	119	150	170	101	31.43	96.0	14.09	197	32.00	0.31	94.0	100.0	其他分布	100.0	110
As	16 047	1.70	2.04	2.86	4.09	5.61	7.25	8.61	4.42	2.06	3.95	2.63	10.83	0.24	0.47	4.09	2.99	其他分布	2.99	5.70
Au	339	0.66	0.83	1.15	1.86	3.30	5.64	8.70	4.71	28.51	2.06	2.64	517	0.20	6.05	1.86	2.30	对数正态分布	2.06	1.50
B	17 310	12.01	14.17	18.71	28.20	53.1	66.2	71.0	35.36	20.00	29.90	8.14	102	2.56	0.57	28.20	20.90	其他分布	20.90	19.90
Ba	317	334	384	489	537	656	741	798	558	137	541	37.17	949	222	0.24	537	515	其他分布	515	510
Be	332	1.59	1.74	2.02	2.40	2.78	2.98	3.17	2.40	0.49	2.34	1.73	3.70	1.27	0.21	2.40	2.80	剔除后正态分布	2.40	1.95
Bi	328	0.25	0.27	0.34	0.45	0.54	0.62	0.68	0.45	0.14	0.43	1.76	0.85	0.20	0.31	0.45	0.54	剔除后正态分布	0.45	0.32
Br	339	2.00	2.40	3.20	4.40	6.00	8.10	9.31	5.05	3.47	4.43	2.67	46.96	1.30	0.69	4.40	4.60	对数正态分布	4.43	5.32
Cd	16 398	0.08	0.10	0.13	0.17	0.21	0.27	0.30	0.18	0.07	0.16	2.95	0.37	0.01	0.38	0.17	0.12	其他分布	0.16	0.12
Ce	325	77.9	81.4	88.6	97.8	108	120	129	99.3	15.23	98.1	14.01	141	57.5	0.15	97.8	106	剔除后正态分布	99.3	99.1
Cl	324	34.02	38.90	48.80	70.7	94.2	116	127	74.0	29.54	68.2	11.91	170	27.60	0.40	70.7	86.0	剔除后对数正态分布	68.2	71.0
Co	17 236	2.53	3.09	4.49	7.99	13.29	16.18	17.46	8.99	5.06	7.47	3.96	26.44	0.01	0.56	7.99	12.79	其他分布	12.79	10.10
Cr	17 201	12.39	15.43	22.48	37.20	76.8	93.6	99.9	48.32	30.84	38.59	9.95	160	0.41	0.64	37.20	16.90	其他分布	16.90	17.00
Cu	16 751	7.33	8.84	12.46	19.78	28.07	35.31	39.72	21.08	10.29	18.50	6.25	53.4	0.14	0.49	19.78	10.80	对数正态分布	10.80	13.20
F	339	263	288	352	440	581	713	768	475	172	448	35.23	1734	200	0.36	440	482	正态分布	448	401
Ga	339	15.20	16.00	17.30	19.20	20.90	22.12	22.90	19.09	2.46	18.93	5.52	25.20	11.80	0.13	19.20	16.20	其他分布	19.09	18.82
Ge	16 928	1.16	1.22	1.31	1.42	1.52	1.61	1.67	1.42	0.15	1.41	1.25	1.84	1.00	0.11	1.42	1.47	其他分布	1.47	1.49
Hg	16 191	0.05	0.05	0.07	0.10	0.15	0.22	0.25	0.12	0.06	0.10	3.68	0.32	0.01	0.55	0.10	0.06	其他分布	0.06	0.11
I	339	0.78	0.97	1.70	2.53	3.51	6.37	8.51	3.22	2.73	2.51	2.42	25.70	0.41	0.85	2.53	2.65	对数正态分布	2.51	1.60
La	332	40.82	42.53	46.00	50.00	56.3	63.0	68.0	51.5	7.99	50.9	9.65	72.9	31.00	0.16	50.00	51.0	剔除后对数正态分布	50.9	50.3
Li	339	17.69	19.00	23.00	29.00	47.50	58.0	61.0	34.52	14.58	31.70	7.73	70.0	15.50	0.42	29.00	58.0	其他分布	58.0	24.82
Mn	16 217	178	219	312	436	605	859	1008	487	242	430	35.65	1182	62.9	0.50	436	335	其他分布	335	442
Mo	16 274	0.44	0.50	0.64	0.82	1.08	1.38	1.57	0.89	0.34	0.83	1.48	1.90	0.08	0.38	0.82	0.51	其他分布	0.51	0.80
N	17 027	0.82	0.95	1.19	1.56	2.05	2.54	2.82	1.65	0.61	1.54	1.65	3.40	0.10	0.37	1.56	1.34	其他分布	1.34	1.34
Nb	339	17.40	18.30	19.30	21.30	24.40	27.72	32.31	22.39	4.59	21.98	5.99	48.20	12.30	0.20	21.30	18.70	对数正态分布	21.98	20.00
Ni	17 171	5.18	6.40	9.19	14.76	31.07	40.42	44.16	19.96	13.31	15.79	6.11	65.1	0.39	0.67	14.76	10.20	其他分布	10.20	10.80
P	16 414	0.27	0.33	0.45	0.61	0.82	1.05	1.20	0.65	0.28	0.59	1.69	1.48	0.05	0.43	0.61	0.38	偏峰分布	0.38	0.51
Pb	16 029	26.81	29.87	35.10	40.96	47.77	56.9	62.7	42.14	10.44	40.86	8.91	72.8	13.34	0.25	40.96	40.00	其他分布	40.00	35.00

第五章 土壤元素背景值

续表 5-24

元素/指标	N	$X_{5\%}$	$X_{10\%}$	$X_{25\%}$	$X_{50\%}$	$X_{75\%}$	$X_{90\%}$	$X_{95\%}$	$\bar{X}$	S	$\bar{X}_g$	S_g	X_{max}	X_{min}	CV	X_{me}	X_{mo}	分布类型	水田背景值	温州市背景值
Rb	339	89.9	97.3	111	127	141	151	155	126	21.47	124	16.26	216	66.5	0.17	127	122	正态分布	126	124
S	320	134	141	162	194	317	417	472	246	110	225	23.38	584	116	0.45	194	188	其他分布	188	155
Sb	339	0.34	0.39	0.46	0.58	0.71	0.89	0.97	0.63	0.46	0.58	1.59	8.18	0.27	0.73	0.58	0.51	对数分布	0.58	0.45
Sc	339	5.49	6.00	7.40	9.40	12.30	14.02	14.80	9.84	3.00	9.37	3.85	17.50	3.70	0.30	9.40	7.70	其他正态分布	7.70	7.20
Se	16 677	0.16	0.18	0.22	0.27	0.33	0.40	0.44	0.28	0.09	0.27	2.21	0.52	0.06	0.30	0.27	0.25	其他分布	0.25	0.25
Sn	339	2.69	2.93	3.50	4.40	5.89	10.12	12.56	5.87	4.28	5.04	2.97	38.80	2.00	0.73	4.40	4.80	对数正态分布	5.04	3.40
Sr	339	27.79	34.24	49.15	82.2	106	117	126	80.2	37.49	71.3	12.40	272	17.10	0.47	82.2	108	正态分布	80.2	105
Th	323	11.01	11.92	13.60	15.00	16.40	17.50	18.39	14.94	2.12	14.78	4.80	20.50	9.43	0.14	15.00	15.80	剔除后正态分布	14.94	15.10
Ti	325	2847	3188	3912	4528	5029	5251	5563	4415	849	4327	127	6761	2239	0.19	4528	4928	剔除后正态分布	4415	3449
Tl	7829	0.58	0.64	0.73	0.81	0.88	0.97	1.03	0.80	0.13	0.79	1.23	1.14	0.48	0.16	0.81	0.84	其他正态分布	0.84	0.84
U	339	2.60	2.70	2.92	3.27	3.61	4.00	4.50	3.36	0.65	3.30	2.04	7.00	1.63	0.19	3.27	3.20	对数正态分布	3.30	3.36
V	17 188	23.30	28.96	41.60	68.0	100.0	113	121	70.9	33.68	62.1	12.11	188	0.07	0.47	68.0	108	其他分布	108	112
W	314	1.52	1.67	1.81	2.01	2.31	2.59	2.90	2.08	0.39	2.04	1.57	3.18	1.18	0.19	2.01	1.75	剔除后对数分布	2.04	2.01
Y	335	20.17	22.10	25.00	28.70	31.00	32.00	34.00	27.87	4.19	27.54	6.88	39.00	16.80	0.15	28.70	30.00	其他分布	30.00	30.00
Zn	16 722	54.8	62.2	77.9	99.9	118	135	148	99.3	28.31	95.1	14.64	182	26.40	0.29	99.9	107	其他分布	107	102
Zr	332	192	196	226	286	348	412	447	295	81.5	284	25.96	530	167	0.28	286	193	剔除后正态分布	295	315
SiO_2	339	61.1	62.5	65.8	69.5	73.3	75.8	77.0	69.3	5.03	69.2	11.50	81.8	55.8	0.07	69.5	69.5	正态分布	69.3	70.7
Al_2O_3	339	11.44	12.10	13.30	14.73	15.71	16.86	17.40	14.56	1.91	14.44	4.72	20.89	9.03	0.13	14.73	15.50	正态分布	14.56	14.48
TFe_2O_3	339	2.23	2.51	3.05	3.98	5.19	6.05	6.37	4.18	1.38	3.95	2.41	8.76	1.74	0.33	3.98	4.82	对数正态分布	4.18	3.62
MgO	339	0.34	0.36	0.44	0.65	1.15	1.64	1.93	0.85	0.53	0.71	1.82	2.74	0.26	0.63	0.65	0.41	对数正态分布	0.71	0.40
CaO	339	0.15	0.17	0.23	0.42	0.70	1.08	1.46	0.55	0.45	0.42	2.33	2.92	0.10	0.82	0.42	0.17	其他正态分布	0.42	0.20
Na_2O	339	0.13	0.15	0.30	0.65	0.98	1.10	1.20	0.65	0.36	0.52	2.30	1.93	0.10	0.56	0.65	0.14	其他分布	0.14	0.14
K_2O	16 514	1.56	1.80	2.29	2.66	2.93	3.21	3.43	2.59	0.54	2.53	1.80	3.97	1.21	0.21	2.66	2.84	其他分布	2.84	2.82
TC	339	1.03	1.14	1.31	1.53	1.83	2.14	2.36	1.61	0.47	1.55	1.43	5.32	0.57	0.29	1.53	1.56	对数正态分布	1.55	1.54
Corg	16 947	0.78	0.94	1.24	1.62	2.10	2.60	2.92	1.70	0.63	1.58	1.67	3.47	0.05	0.37	1.62	1.32	其他正态分布	1.32	1.10
pH	15 708	4.50	4.63	4.86	5.13	5.42	5.80	6.07	4.97	4.94	5.17	2.60	6.57	3.90	0.99	5.13	5.13	其他分布	5.13	5.02

注：氧化物、TC、Corg 单位为 %，N、P 单位为 g/kg，Au、Ag 单位为 μg/kg，pH 为无量纲，其他元素/指标单位为 mg/kg；后表单位相同。

表 5-25 旱地土壤元素背景值参数统计表

元素/指标	N	$X_{5\%}$	$X_{10\%}$	$X_{25\%}$	$X_{50\%}$	$X_{75\%}$	$X_{90\%}$	$X_{95\%}$	$\overline{X}$	S	$\overline{X}_g$	S_g	X_{max}	X_{min}	CV	X_{me}	X_{mo}	分布类型	旱地背景值	温州市背景值
Ag	83	60.3	66.8	78.0	91.0	110	130	143	98.5	41.00	93.5	13.84	390	55.0	0.42	91.0	110	对数正态分布	93.5	110
As	2423	1.79	2.13	3.03	4.42	6.51	9.33	11.13	5.10	2.78	4.41	2.84	13.48	0.81	0.55	4.42	5.90	剔除后对数分布	4.41	5.70
Au	83	0.57	0.69	0.96	1.46	2.02	5.08	7.13	2.63	6.29	1.60	2.25	57.1	0.46	2.39	1.46	1.37	对数正态分布	1.60	1.50
B	2398	8.79	10.65	14.36	19.40	26.18	34.64	39.30	21.07	9.16	19.16	6.05	49.47	2.86	0.43	19.40	19.90	剔除后对数分布	19.16	19.90
Ba	83	304	364	462	534	654	755	1027	583	246	547	36.67	1967	246	0.42	534	569	对数正态分布	547	510
Be	83	1.55	1.65	1.86	2.12	2.45	2.91	3.39	2.30	0.85	2.20	1.72	6.82	1.28	0.37	2.12	2.34	对数正态分布	2.20	1.95
Bi	83	0.25	0.27	0.33	0.46	0.55	0.77	0.89	0.51	0.32	0.45	1.84	2.56	0.21	0.63	0.46	0.46	对数正态分布	0.45	0.32
Br	83	2.01	2.34	3.20	4.60	5.65	7.94	8.69	4.86	2.45	4.37	2.64	17.10	1.60	0.51	4.60	4.60	对数正态分布	4.37	5.32
Cd	2453	0.04	0.06	0.09	0.12	0.17	0.22	0.25	0.13	0.06	0.12	3.68	0.31	0.01	0.46	0.12	0.10	剔除后对数正态分布	0.12	0.12
Ce	79	81.6	86.1	91.4	102	111	121	128	103	14.09	102	14.22	141	69.2	0.14	102	103	剔除后正态分布	103	99.1
Cl	83	36.80	38.58	42.70	54.2	69.0	91.4	123	61.0	26.40	56.8	10.38	167	30.20	0.43	54.2	49.00	对数正态分布	56.8	71.0
Co	2595	2.64	3.22	4.49	7.05	10.85	16.67	19.48	8.70	6.25	7.10	3.69	72.0	1.00	0.72	7.05	8.20	对数正态分布	7.10	10.10
Cr	2373	10.11	12.06	17.26	24.58	34.68	48.57	57.4	27.57	14.10	24.21	7.02	71.6	2.10	0.51	24.58	18.10	剔除后对数分布	24.21	17.00
Cu	2396	6.05	7.40	9.57	12.86	17.56	23.80	27.59	14.30	6.43	12.97	4.87	34.23	2.04	0.45	12.86	9.40	剔除后对数分布	12.97	13.20
F	83	266	277	315	374	470	618	690	410	131	392	32.11	831	217	0.32	374	353	正态分布	410	401
Ga	83	15.93	16.52	17.20	18.60	20.35	21.96	23.46	18.93	2.31	18.80	5.47	24.40	13.60	0.12	18.60	16.80	正态分布	18.93	18.82
Ge	2595	1.14	1.20	1.31	1.43	1.58	1.74	1.85	1.46	0.23	1.44	1.29	3.78	0.77	0.16	1.43	1.40	对数正态分布	1.44	1.49
Hg	2379	0.04	0.04	0.06	0.07	0.10	0.13	0.15	0.08	0.03	0.07	4.34	0.18	0.01	0.41	0.07	0.07	剔除后对数正态分布	0.07	0.11
I	83	0.77	1.29	1.56	2.42	4.71	7.50	11.68	3.77	3.21	2.79	2.70	14.70	0.51	0.85	2.42	1.41	偏峰分布	2.79	1.60
La	83	41.21	44.20	49.20	53.9	57.8	63.4	67.1	53.9	7.71	53.4	9.88	80.4	40.00	0.14	53.9	49.20	正态分布	53.9	50.3
Li	83	17.55	18.80	21.40	24.20	27.95	34.48	38.80	25.94	7.79	25.01	6.54	61.0	13.40	0.30	24.20	25.90	对数正态分布	25.01	24.82
Mn	2553	191	237	356	580	885	1209	1342	650	362	548	40.36	1715	69.9	0.56	580	742	偏峰分布	742	442
Mo	2383	0.49	0.59	0.75	1.02	1.42	1.93	2.26	1.14	0.53	1.03	1.58	2.85	0.24	0.46	1.02	0.74	剔除后对数正态分布	1.03	0.80
N	2524	0.44	0.60	0.84	1.10	1.37	1.67	1.84	1.11	0.41	1.03	1.56	2.23	0.10	0.37	1.10	0.96	剔除后正态分布	1.11	1.34
Nb	83	17.21	19.06	20.10	22.90	25.80	28.60	29.48	23.29	4.40	22.90	6.13	38.20	14.50	0.19	22.90	22.90	正态分布	23.29	20.00
Ni	2371	4.44	5.29	7.17	10.35	14.25	19.21	22.54	11.29	5.43	10.05	4.28	28.40	0.10	0.48	10.35	10.30	剔除后对数分布	10.05	10.80
P	2595	0.16	0.21	0.32	0.49	0.75	1.02	1.22	0.58	0.38	0.48	2.09	4.89	0.03	0.66	0.49	0.61	对数正态分布	0.48	0.51
Pb	2368	25.92	28.57	32.90	38.46	45.99	55.2	61.2	40.24	10.63	38.89	8.56	73.7	11.45	0.26	38.46	39.80	其他分布	39.80	35.00

续表 5-25

元素/指标	N	$X_{5\%}$	$X_{10\%}$	$X_{25\%}$	$X_{50\%}$	$X_{75\%}$	$X_{90\%}$	$X_{95\%}$	$\bar{X}$	S	$\bar{X}_g$	S_g	X_{max}	X_{min}	CV	X_{me}	X_{mo}	分布类型	旱地背景值	温州市背景值
Rb	83	87.3	94.6	102	114	131	144	147	117	20.76	115	15.41	194	71.7	0.18	114	124	正态分布	117	124
S	76	136	142	153	176	200	306	341	196	63.1	188	20.67	370	107	0.32	176	186	剔除后对数分布	188	155
Sb	83	0.35	0.37	0.42	0.52	0.68	0.88	0.93	0.79	1.96	0.57	1.79	18.32	0.28	2.48	0.52	0.52	对数正态分布	0.57	0.45
Sc	83	5.92	6.32	7.20	8.60	10.35	12.30	12.80	8.95	2.09	8.71	3.59	13.70	5.40	0.23	8.60	8.40	正态分布	8.95	7.20
Se	2595	0.16	0.18	0.24	0.34	0.49	0.69	0.85	0.40	0.22	0.35	2.16	1.50	0.05	0.56	0.34	0.29	对数正态分布	0.35	0.25
Sn	83	2.83	3.03	3.42	4.00	5.75	8.88	12.42	6.20	9.89	4.76	2.95	90.1	2.26	1.59	4.00	3.70	对数分布	4.76	3.40
Sr	83	23.25	32.30	37.55	56.0	39.8	108	113	64.2	33.73	56.2	10.71	177	16.10	0.53	56.0	58.0	正态分布	64.2	105
Th	83	10.82	12.02	13.20	14.70	17.10	18.92	21.54	15.24	3.72	14.84	4.86	34.40	6.45	0.24	14.70	14.50	正态分布	15.24	15.10
Ti	83	2674	3175	3831	4402	5028	5842	6689	4502	1092	4371	126	7320	2290	0.24	4402	4717	正态分布	4502	3449
Tl	1139	0.53	0.58	0.69	0.81	0.97	1.17	1.32	0.85	0.27	0.82	1.36	2.93	0.35	0.31	0.81	0.76	对数正态分布	0.82	0.84
U	83	2.70	2.80	3.00	3.41	4.00	4.71	5.30	3.61	0.93	3.52	2.16	8.20	1.91	0.26	3.41	3.70	正态分布	3.61	3.36
V	2595	22.17	26.97	36.18	53.0	82.0	119	137	65.4	43.21	54.8	11.07	379	10.30	0.66	53.0	38.50	对数正态分布	54.8	112
W	83	1.55	1.60	1.87	2.12	2.75	3.01	3.34	2.32	0.71	2.23	1.73	5.89	1.27	0.30	2.12	2.45	正态分布	2.32	2.01
Y	83	21.00	21.52	23.40	26.00	29.25	31.76	33.84	26.58	4.48	26.22	6.64	41.70	15.20	0.17	26.00	26.00	正态分布	26.58	30.00
Zn	2467	51.3	57.2	69.4	83.2	101	120	131	86.4	24.10	83.1	13.25	158	28.20	0.28	83.2	82.5	剔除后正态分布	83.1	102
Zr	83	229	253	280	324	388	452	534	345	90.8	334	28.59	636	191	0.26	324	271	正态分布	345	315
SiO$_2$	83	63.8	64.8	67.6	70.4	72.7	75.2	76.4	70.1	3.97	70.0	11.52	78.5	60.6	0.06	70.4	70.3	正态分布	70.1	70.7
Al$_2$O$_3$	83	11.59	12.34	13.57	14.65	16.22	17.91	19.02	14.96	2.15	14.81	4.77	21.10	10.77	0.14	14.65	14.93	正态分布	14.96	14.48
TFe$_2$O$_3$	83	2.46	2.59	3.06	3.82	4.67	5.47	6.37	3.97	1.15	3.81	2.31	6.83	2.14	0.29	3.82	3.86	正态分布	3.97	3.62
MgO	83	0.33	0.36	0.41	0.49	0.66	0.82	1.09	0.57	0.27	0.53	1.67	2.21	0.26	0.48	0.49	0.43	对数正态分布	0.53	0.40
CaO	83	0.14	0.15	0.19	0.26	0.40	0.64	0.82	0.35	0.28	0.29	2.49	1.99	0.10	0.80	0.26	0.21	对数正态分布	0.29	0.20
Na$_2$O	83	0.11	0.14	0.19	0.33	0.62	0.96	1.10	0.43	0.31	0.34	2.66	1.19	0.10	0.71	0.33	0.15	对数正态分布	0.34	0.14
K$_2$O	2570	1.04	1.28	1.70	2.31	2.95	3.49	3.93	2.36	0.86	2.19	1.82	4.80	0.16	0.37	2.31	3.64	其他分布	3.64	2.82
TC	83	0.98	1.07	1.27	1.54	1.81	2.16	2.28	1.56	0.41	1.51	1.43	2.75	0.79	0.27	1.54	1.54	正态分布	1.56	1.54
Corg	2517	0.47	0.64	0.89	1.19	1.49	1.84	2.06	1.21	0.46	1.10	1.61	2.47	0.04	0.38	1.19	0.87	剔除后对数分布	1.10	1.10
pH	2386	4.36	4.49	4.71	4.96	5.22	5.52	5.74	4.82	4.86	4.99	2.54	6.17	3.89	1.01	4.96	4.96	剔除后对数分布	4.99	5.02

景值的49%；Cl、As、Co、Hg、Sr背景值略低于温州市背景值，为温州市背景值的60%～80%；Se、Sn、MgO、Ti、K_2O、Mo、Sb、Sc、S、Se、Sn背景值略高于温州市背景值，与温州市背景值比值在1.2～1.4之间；Na_2O、I、Mn、CaO、Cr、Bi背景值明显偏高，与温州市背景值比值在1.4以上，其中，Na_2O明显富集，与温州市背景值比值为2.43；其他元素/指标背景值则与温州市背景值基本接近。

三、园地土壤元素背景值

园地土壤元素背景值数据经正态分布检验，结果表明，原始数据中Be、Ce、Ga、La、Nb、Rb、Sc、Sr、Th、Ti、Y、Zr、SiO_2、Al_2O_3、TFe_2O_3、TC共16项元素/指标符合正态分布，Ag、As、Au、Bi、Br、Cl、Co、Cr、I、Li、N、S、Sb、Se、Sn、U、V、W、MgO、CaO共20项元素/指标符合对数正态分布，Ba、F、Ge、Tl剔除异常值后符合正态分布，B、Hg、Mo、Ni、Pb、Zn、Corg、pH剔除异常值后符合对数正态分布，其他元素/指标不符合正态分布或对数正态分布（表5-26）。

温州市园地表层土壤总体呈酸性，土壤pH背景值为4.84，极大值为5.92，极小值为3.82，接近于温州市背景值。

园地表层土壤各元素/指标中，少部分元素/指标变异系数小于0.40，分布相对均匀；Corg、Hg、Li、Sr、N、B、Mo、Ni、W、Cu、Sn、Se、Mn、Cd、MgO、P、V、Br、S、Na_2O、Bi、Ag、Co、CaO、I、Sb、Cr、pH、Au、As、Cl共31项元素/指标变异系数大于0.40，其中I、Sb、Cr、pH、Au、As、Cl变异系数大于0.80，空间变异性较大。

与温州市土壤元素背景值相比，园地土壤元素背景值中Sr、Cd、V、Cu背景值明显低于温州市背景值，为温州市背景值的60%以下；Zn、N、Co、Hg背景值略低于温州市背景值，为温州市背景值的60%～80%；CaO、Na_2O、S、MgO、Mo、Bi、Sn、Ti、Sb、Sc背景值略高于温州市背景值，与温州市背景值比值在1.2～1.4之间；I、Cr、Se背景值明显偏高，与温州市背景值比值在1.4以上；其他元素/指标背景值则与温州市背景值基本接近。

四、林地土壤元素背景值

林地土壤元素背景值数据经正态分布检验，结果表明，原始数据中SiO_2符合正态分布，Br、Cl、F、Ga、Li、Nb、P、Sb、Sc、Se、Sr、Ti、W、Y、Al_2O_3、TFe_2O_3、MgO、K_2O、TC共19项元素/指标符合对数正态分布，Rb剔除异常值后符合正态分布，B、Be、Ce、Cu、Ge、La、Mo、N、Ni、S、Th、Tl、U、Zn、Zr、Corg共16项元素/指标剔除异常值后符合对数正态分布，其他元素/指标不符合正态分布或对数正态分布（表5-27）。

温州市林地表层土壤总体呈酸性，土壤pH背景值为4.81，极大值为5.82，极小值为3.99，接近于温州市背景值。

林地表层土壤各元素/指标中，大多数元素/指标变异系数小于0.40，分布相对均匀；Ni、TC、Cd、Sb、V、Cr、As、Au、Co、Mo、Mn、Se、Sr、Na_2O、P、Br、I、pH、Cl共19项元素/指标变异系数大于0.40，其中pH、Cl变异系数大于0.80，空间变异性较大。

与温州市土壤元素背景值相比，林地土壤元素背景值中As、Sr、V背景值明显低于温州市背景值，为温州市背景值的60%以下；Cl、P、Co、Au背景值略低于温州市背景值，为温州市背景值的60%～80%；Nb、Pb背景值略高于温州市背景值，与温州市背景值比值在1.2～1.4之间；Se、I、Mo背景值明显偏高，与温州市背景值比值在1.4以上；其他元素/指标背景值则与温州市背景值基本接近。

第五章 土壤元素背景值

表 5-26 园地土壤元素背景值参数统计表

元素/指标	N	$X_{5\%}$	$X_{10\%}$	$X_{25\%}$	$X_{50\%}$	$X_{75\%}$	$X_{90\%}$	$X_{95\%}$	$\overline{X}$	S	$\overline{X}_g$	S_g	X_{max}	X_{min}	CV	X_{me}	X_{mo}	分布类型	阿地背景值	温州市背景值
Ag	121	61.0	66.0	75.0	90.0	120	170	227	113	82.5	100.0	14.47	784	54.0	0.73	90.0	110	对数正态分布	100.0	110
As	2198	1.95	2.37	3.42	5.10	7.85	11.83	15.28	6.91	10.34	5.28	3.32	343	0.82	1.50	5.10	4.50	对数正态分布	5.28	5.70
Au	121	0.59	0.74	0.91	1.49	2.60	5.40	7.30	2.40	2.75	1.68	2.27	21.90	0.40	1.14	1.49	2.10	对数正态分布	1.68	1.50
B	2015	10.00	11.69	15.41	20.89	28.80	38.80	45.88	23.29	10.84	20.97	6.43	57.6	3.16	0.47	20.89	20.90	剔除后对数正态分布	20.97	19.90
Ba	109	270	299	382	510	609	691	765	500	157	472	33.84	897	144	0.32	510	510	剔除后正态分布	500	510
Be	121	1.43	1.59	1.83	2.10	2.44	2.90	3.05	2.17	0.53	2.12	1.63	4.06	1.22	0.24	2.10	2.21	正态分布	2.17	1.95
Bi	121	0.23	0.27	0.30	0.39	0.51	0.69	0.85	0.46	0.32	0.41	1.93	3.38	0.19	0.70	0.39	0.29	对数正态分布	0.41	0.32
Br	121	2.10	2.40	3.00	4.00	5.40	7.90	11.60	4.98	3.18	4.31	2.65	19.70	1.30	0.64	4.00	2.70	对数正态分布	4.31	5.32
Cd	2117	0.03	0.04	0.06	0.10	0.15	0.20	0.23	0.11	0.06	0.09	4.28	0.30	0.01	0.57	0.10	0.06	其他分布	0.06	0.12
Ce	121	74.3	79.4	89.1	96.6	109	123	130	100.0	18.67	98.5	14.00	179	61.9	0.19	96.6	101	正态分布	100.0	99.1
Cl	121	32.40	34.80	39.30	56.7	78.0	103	115	76.8	140	59.6	10.92	1553	27.50	1.83	56.7	78.0	对数正态分布	59.6	71.0
Co	2198	2.33	2.99	4.25	6.79	10.67	16.09	18.43	8.38	6.14	6.75	3.75	58.0	0.63	0.73	6.79	3.85	对数正态分布	6.75	10.10
Cr	2198	10.40	12.83	18.30	28.01	44.75	74.3	90.0	36.70	36.67	28.99	8.35	911	3.20	1.00	28.01	12.30	对数正态分布	28.99	17.00
Cu	2064	5.13	6.03	8.44	11.93	17.87	26.00	30.02	14.02	7.58	12.18	4.95	36.56	1.93	0.54	11.93	6.10	其他分布	6.10	13.20
F	117	249	276	309	372	458	575	602	394	113	379	31.58	681	191	0.29	372	414	剔除后正态分布	394	401
Ga	121	14.30	15.20	16.60	17.90	20.60	22.10	23.20	18.50	2.88	18.28	5.39	26.80	12.10	0.16	17.90	17.90	正态分布	18.50	18.82
Ge	2121	1.19	1.25	1.36	1.49	1.61	1.75	1.83	1.49	0.19	1.48	1.30	2.00	0.98	0.13	1.49	1.51	剔除后正态分布	1.49	1.49
Hg	2019	0.04	0.04	0.06	0.07	0.10	0.13	0.15	0.08	0.03	0.07	4.35	0.19	0.01	0.42	0.07	0.05	剔除后对数正态分布	0.07	0.11
I	121	0.72	0.89	1.66	2.70	5.28	8.89	11.35	3.93	3.60	2.77	2.79	19.40	0.57	0.92	2.70	3.40	对数正态分布	2.77	1.60
La	121	36.00	39.00	45.00	50.00	54.2	59.9	63.3	49.66	8.41	48.93	9.46	70.0	29.00	0.17	50.00	46.00	正态分布	49.66	50.3
Li	121	16.80	19.20	21.00	25.00	30.90	43.00	55.0	28.27	12.21	26.44	6.85	97.4	14.30	0.43	25.00	22.00	对数正态分布	26.44	24.82
Mn	2139	153	195	297	476	724	1005	1146	538	303	454	37.18	1407	58.5	0.56	476	483	偏峰分布	483	442
Mo	2041	0.46	0.55	0.72	1.03	1.47	1.99	2.29	1.16	0.57	1.03	1.63	2.90	0.26	0.49	1.03	0.78	剔除后正态分布	1.03	0.80
N	2198	0.39	0.52	0.79	1.07	1.42	1.83	2.09	1.14	0.52	1.01	1.68	4.39	0.08	0.46	1.07	1.18	对数正态分布	1.01	1.34
Nb	121	18.60	18.90	20.10	22.90	25.60	29.30	30.90	23.39	4.26	23.03	6.16	37.10	14.10	0.18	22.90	24.70	正态分布	23.39	20.80
Ni	2007	4.16	5.16	7.47	10.74	15.61	21.81	26.07	12.30	6.57	10.68	4.60	32.96	1.31	0.53	10.74	10.27	剔除后对数正态分布	10.68	10.80
P	2103	0.10	0.14	0.24	0.42	0.66	0.92	1.09	0.48	0.30	0.38	2.36	1.40	0.03	0.63	0.42	0.46	偏峰分布	0.46	0.51
Pb	2003	21.96	24.88	31.09	37.42	45.00	54.0	60.3	38.62	11.19	37.01	8.47	71.9	9.89	0.29	37.42	31.40	剔除后对数正态分布	37.01	35.00

续表 5-26

元素/指标	N	$X_{5\%}$	$X_{10\%}$	$X_{25\%}$	$X_{50\%}$	$X_{75\%}$	$X_{90\%}$	$X_{95\%}$	$\bar{X}$	S	$\bar{X}_g$	S_g	X_{max}	X_{min}	CV	X_{me}	X_{mo}	分布类型	园地背景值	温州市背景值
Rb	121	80.0	90.3	99.5	115	128	148	154	115	22.47	113	15.16	183	55.9	0.20	115	102	正态分布	115	124
S	121	122	131	147	175	294	437	531	241	159	209	22.22	1048	110	0.66	175	184	对数正态分布	209	155
Sb	121	0.32	0.35	0.43	0.55	0.67	0.87	0.97	0.62	0.59	0.55	1.69	6.64	0.26	0.94	0.55	0.63	对数正态分布	0.55	0.45
Sc	121	5.60	5.90	7.00	8.20	10.30	11.60	13.40	8.69	2.59	8.35	3.55	22.00	4.10	0.30	8.20	8.20	正态分布	8.69	7.20
Se	2198	0.18	0.20	0.27	0.39	0.58	0.80	0.95	0.45	0.25	0.39	2.08	1.78	0.07	0.55	0.39	0.25	对数正态分布	0.39	0.25
Sn	121	2.55	2.66	3.10	4.00	5.38	7.76	10.40	4.78	2.56	4.31	2.60	15.30	2.10	0.54	4.00	5.00	对数正态分布	4.31	3.40
Sr	121	28.10	31.00	39.00	58.3	74.1	95.8	105	59.7	25.43	54.3	10.06	132	14.60	0.43	58.3	60.7	正态分布	59.7	105
Th	121	11.00	11.60	13.30	15.10	16.90	19.60	21.10	15.45	3.47	15.12	4.87	34.50	9.57	0.22	15.10	13.30	正态分布	15.45	15.10
Ti	121	2545	3096	3584	4141	5020	5368	5603	4253	1000	4135	123	7534	2139	0.24	4141	2139	剔除后正态分布	4253	3449
Tl	1080	0.53	0.59	0.70	0.81	0.93	1.05	1.13	0.82	0.18	0.80	1.30	1.31	0.35	0.22	0.81	0.80	正态分布	0.82	0.84
U	121	2.65	2.90	3.08	3.34	3.86	4.29	4.80	3.54	0.72	3.47	2.10	6.50	2.31	0.20	3.34	3.30	对数正态分布	3.47	3.36
V	2198	20.08	26.30	37.40	57.0	84.7	115	133	66.4	41.94	55.9	11.53	347	4.59	0.63	57.0	53.0	正态分布	55.9	112
W	121	1.48	1.60	1.76	2.06	2.43	2.91	3.33	2.28	1.21	2.14	1.73	11.88	1.21	0.53	2.06	2.22	对数正态分布	2.14	2.01
Y	121	20.00	21.00	22.90	25.60	29.00	32.50	35.90	26.27	5.03	25.82	6.62	44.90	16.70	0.19	25.60	29.00	正态分布	26.27	30.00
Zn	2116	46.10	52.3	65.3	81.5	103	122	135	85.0	27.12	80.7	13.33	166	24.20	0.32	81.5	120	剔除后正态分布	80.7	102
Zr	121	216	234	267	319	374	446	543	336	99.8	324	27.93	743	178	0.30	319	319	正态分布	336	315
SiO_2	121	63.3	64.2	67.4	71.5	74.8	76.9	78.0	71.1	5.09	70.9	11.64	81.8	52.2	0.07	71.5	71.5	正态分布	71.1	70.7
Al_2O_3	121	11.15	11.66	12.62	14.02	15.75	17.81	18.46	14.38	2.59	14.16	4.67	22.49	8.66	0.18	14.02	13.16	正态分布	14.38	14.48
TFe_2O_3	121	2.08	2.41	2.81	3.48	4.66	5.53	5.99	3.82	1.32	3.62	2.29	10.33	1.79	0.35	3.48	3.47	正态分布	3.82	3.62
MgO	121	0.30	0.35	0.40	0.48	0.63	1.04	1.39	0.59	0.34	0.53	1.75	2.32	0.26	0.57	0.48	0.47	对数正态分布	0.53	0.40
CaO	121	0.12	0.14	0.18	0.26	0.42	0.59	0.76	0.34	0.25	0.28	2.60	2.01	0.10	0.74	0.26	0.29	对数正态分布	0.28	0.20
Na_2O	120	0.11	0.12	0.19	0.41	0.63	0.92	1.07	0.46	0.31	0.35	2.77	1.23	0.10	0.68	0.41	0.19	其他分布	0.19	0.14
K_2O	2194	0.95	1.15	1.54	2.14	2.80	3.18	3.46	2.17	0.80	2.00	1.78	4.67	0.12	0.37	2.14	2.58	其他分布	2.58	2.82
TC	121	0.89	1.01	1.17	1.43	1.75	2.19	2.33	1.53	0.54	1.45	1.45	4.79	0.63	0.35	1.43	1.55	正态分布	1.53	1.54
Corg	2147	0.42	0.58	0.89	1.19	1.55	1.91	2.10	1.23	0.50	1.10	1.67	2.62	0.07	0.41	1.19	1.18	剔除后对数分布	1.10	1.10
pH	2047	4.22	4.37	4.59	4.83	5.06	5.33	5.53	4.69	4.72	4.84	2.49	5.92	3.82	1.01	4.83	4.88	剔除后对数分布	4.84	5.02

第五章 土壤元素背景值

表 5-27 林地土壤元素背景值参数统计表

元素/指标	N	$X_{5\%}$	$X_{10\%}$	$X_{25\%}$	$X_{50\%}$	$X_{75\%}$	$X_{90\%}$	$X_{95\%}$	$\overline{X}$	S	$\overline{X}_g$	S_g	X_{max}	X_{min}	CV	X_{me}	X_{mo}	分布类型	林地背景值	温州市背景值
Ag	1670	61.5	68.0	79.0	95.0	120	140	150	99.1	27.82	95.3	13.94	175	28.00	0.28	95.0	110	其他分布	110	110
As	5441	1.84	2.18	2.96	4.25	6.09	8.08	9.30	4.74	2.29	4.21	2.68	11.94	0.52	0.48	4.25	2.79	偏峰分布	2.79	5.70
Au	1640	0.54	0.62	0.79	1.07	1.55	2.10	2.52	1.23	0.59	1.10	1.59	3.13	0.15	0.48	1.07	0.91	其他分布	0.91	1.50
B	5525	9.55	11.50	15.26	19.79	25.69	32.29	36.60	20.96	7.99	19.42	6.03	44.24	1.96	0.38	19.79	19.90	剔除后对数分布	19.42	19.90
Ba	1697	240	287	386	532	670	808	920	543	207	502	35.49	1171	95.0	0.38	532	612	偏峰分布	612	510
Be	1705	1.51	1.63	1.84	2.08	2.38	2.70	2.90	2.12	0.41	2.08	1.59	3.33	0.99	0.20	2.08	1.95	剔除后对数分布	2.08	1.95
Bi	1683	0.23	0.26	0.31	0.39	0.51	0.62	0.71	0.42	0.15	0.40	1.85	0.87	0.16	0.35	0.39	0.32	偏峰分布	0.32	0.32
Br	1804	2.30	2.60	3.60	5.40	8.80	13.20	16.60	6.96	5.11	5.67	3.20	45.10	1.10	0.73	5.40	3.60	对数正态分布	5.67	5.32
Cd	5522	0.05	0.06	0.09	0.13	0.17	0.22	0.25	0.13	0.06	0.12	3.57	0.31	0.01	0.45	0.13	0.14	其他分布	0.14	0.12
Ce	1708	75.5	81.3	90.0	99.9	112	126	135	102	17.54	100.0	14.24	152	55.3	0.17	99.9	104	剔除后对数分布	100.0	99.1
Cl	1804	34.62	37.73	44.40	54.9	68.6	87.3	100.0	66.1	218	56.6	10.41	9010	24.80	3.30	54.9	42.20	对数正态分布	56.6	71.0
Co	5432	2.50	3.00	4.16	5.89	8.49	11.45	13.20	6.59	3.23	5.83	3.15	16.48	0.32	0.49	5.89	6.50	偏峰分布	6.50	10.10
Cr	5458	10.35	11.90	16.40	23.19	31.80	42.08	48.28	25.21	11.56	22.63	6.51	60.5	1.60	0.46	23.19	17.00	剔除后对数分布	17.00	17.00
Cu	5351	5.79	6.76	8.91	11.70	15.24	19.97	23.10	12.55	5.08	11.57	4.46	28.05	2.40	0.40	11.70	13.20	剔除后对数分布	11.57	13.20
F	1804	243	266	318	376	448	528	580	389	108	376	31.31	1588	88.0	0.28	376	401	对数正态分布	376	401
Ga	1804	15.00	15.80	17.10	18.70	20.40	22.24	23.30	18.88	2.57	18.71	5.48	42.10	12.00	0.14	18.70	18.00	偏峰分布	18.71	18.82
Ge	5661	1.18	1.24	1.34	1.46	1.58	1.71	1.78	1.47	0.18	1.46	1.29	1.96	0.97	0.12	1.46	1.42	剔除后对数分布	1.46	1.49
Hg	5392	0.04	0.05	0.06	0.08	0.10	0.13	0.15	0.08	0.03	0.08	4.31	0.18	0.01	0.40	0.08	0.11	其他分布	0.11	0.11
I	1744	0.80	1.05	1.94	4.03	7.45	10.70	12.70	5.07	3.82	3.67	3.16	16.70	0.22	0.75	4.03	2.36	其他分布	2.36	1.60
La	1733	38.22	41.00	45.60	50.8	56.5	62.7	66.5	51.2	8.40	50.5	9.65	73.9	28.80	0.16	50.8	46.00	剔除后对数分布	50.5	50.3
Li	1804	17.00	18.30	20.70	24.40	28.90	34.17	39.00	25.76	7.87	24.83	6.53	115	12.20	0.31	24.40	22.00	对数正态分布	24.83	24.82
Mn	5627	193	243	356	541	790	1060	1198	598	308	518	38.93	1514	54.7	0.52	541	522	偏峰分布	522	442
Mo	5387	0.50	0.59	0.80	1.16	1.66	2.27	2.69	1.31	0.66	1.16	1.67	3.37	0.17	0.50	1.16	1.02	剔除后对数分布	1.16	0.80
N	5611	0.52	0.66	0.88	1.14	1.44	1.75	1.92	1.17	0.42	1.09	1.54	2.36	0.09	0.36	1.14	0.90	剔除后对数分布	1.09	1.34
Nb	1804	18.62	19.93	22.10	24.90	28.80	32.97	35.58	25.83	5.35	25.31	6.56	55.5	10.30	0.21	24.90	23.00	对数正态分布	25.31	20.00
Ni	5439	4.54	5.41	7.30	9.91	13.30	16.78	19.20	10.60	4.43	9.67	4.07	24.04	0.34	0.42	9.91	10.50	剔除后对数分布	9.67	10.80
P	5801	0.14	0.18	0.26	0.39	0.59	0.82	0.99	0.46	0.31	0.39	2.17	6.83	0.01	0.67	0.39	0.50	对数正态分布	0.39	0.51
Pb	5301	24.40	27.64	33.00	39.33	47.85	59.3	67.1	41.47	12.47	39.69	8.73	79.5	11.71	0.30	39.33	43.00	其他分布	43.00	35.00

续表 5－27

元素/指标	N	$X_{5\%}$	$X_{10\%}$	$X_{25\%}$	$X_{50\%}$	$X_{75\%}$	$X_{90\%}$	$X_{95\%}$	$\bar{X}$	S	$\bar{X}_g$	S_g	X_{max}	X_{min}	CV	X_{me}	X_{mo}	分布类型	林地背景值	温州市背景值
Rb	1772	88.6	95.4	107	121	134	145	152	121	19.10	119	15.73	174	67.2	0.16	121	120	剔除后正态分布	121	124
S	1551	128	135	150	168	188	208	228	171	30.58	169	19.23	276	98.2	0.18	168	155	剔除后对数分布	169	155
Sb	1804	0.33	0.36	0.43	0.52	0.65	0.81	0.94	0.57	0.26	0.54	1.62	4.62	0.19	0.45	0.52	0.45	对数正态分布	0.54	0.45
Sc	1804	5.40	5.90	6.70	7.80	9.20	10.70	11.70	8.13	2.03	7.90	3.41	21.30	3.80	0.25	7.80	7.60	对数正态分布	7.90	7.20
Se	5801	0.18	0.21	0.27	0.38	0.55	0.75	0.89	0.44	0.24	0.39	2.07	2.50	0.04	0.54	0.38	0.30	其他分布	0.39	0.25
Sn	1663	2.53	2.74	3.18	3.71	4.52	5.72	6.40	3.98	1.15	3.83	2.31	7.50	1.20	0.29	3.71	3.40	对数正态分布	3.40	3.40
Sr	1804	21.00	25.03	34.40	47.00	66.6	90.1	109	54.3	30.01	47.92	9.58	296	13.70	0.55	47.00	58.0	剔除后对数分布	47.92	105
Th	1700	10.90	11.80	13.30	15.00	16.70	18.60	19.80	15.11	2.67	14.87	4.84	22.70	7.80	0.18	15.00	14.40	剔除后对数分布	14.87	15.10
Ti	1804	2625	2848	3340	3972	4670	5362	5903	4071	1051	3944	120	9982	1789	0.26	3972	3449	对数正态分布	3944	3449
Tl	3433	0.60	0.66	0.77	0.90	1.05	1.22	1.33	0.92	0.21	0.90	1.27	1.52	0.36	0.23	0.90	0.94	剔除后对数分布	0.90	0.84
U	1699	2.63	2.81	3.10	3.41	3.80	4.20	4.50	3.47	0.55	3.42	2.07	5.08	1.94	0.16	3.41	3.40	剔除后对数分布	3.42	3.36
V	5451	21.05	25.86	35.49	48.38	66.9	88.5	102	52.9	23.97	47.66	9.95	126	6.04	0.45	48.38	48.00	其他分布	48.00	112
W	1804	1.51	1.65	1.88	2.26	2.74	3.42	4.13	2.46	0.92	2.33	1.81	9.96	1.06	0.37	2.26	1.87	对数正态分布	2.33	2.01
Y	1804	19.50	20.80	23.20	26.00	29.20	33.00	35.78	26.57	5.25	26.11	6.70	80.1	15.60	0.20	26.00	25.00	对数正态分布	26.11	30.00
Zn	5503	51.3	57.0	68.7	84.4	102	121	134	87.0	24.96	83.5	13.37	160	21.80	0.29	84.4	102	剔除后对数分布	83.5	102
Zr	1702	243	262	292	333	384	439	472	342	69.3	335	28.90	548	168	0.20	333	327	剔除后对数分布	335	315
SiO₂	1804	64.2	66.0	68.7	71.4	74.0	76.3	77.6	71.2	4.11	71.1	11.72	82.2	50.9	0.06	71.4	70.2	正态分布	71.2	70.7
Al₂O₃	1804	11.18	11.89	12.91	14.18	15.69	17.19	18.04	14.37	2.11	14.22	4.68	22.60	8.79	0.15	14.18	13.55	对数正态分布	14.22	14.48
TFe₂O₃	1804	2.14	2.36	2.81	3.39	4.10	4.93	5.55	3.57	1.10	3.42	2.18	10.10	1.39	0.31	3.39	3.10	对数正态分布	3.42	3.62
MgO	1804	0.30	0.33	0.39	0.47	0.58	0.72	0.81	0.51	0.19	0.48	1.70	2.77	0.21	0.38	0.47	0.40	对数正态分布	0.48	0.40
CaO	1652	0.12	0.14	0.17	0.21	0.27	0.35	0.40	0.23	0.08	0.21	2.63	0.49	0.06	0.37	0.21	0.20	其他分布	0.20	0.20
Na₂O	1778	0.13	0.14	0.21	0.36	0.59	0.82	0.96	0.43	0.26	0.35	2.52	1.18	0.09	0.61	0.36	0.14	其他分布	0.20	0.14
K₂O	5801	1.16	1.39	1.84	2.37	2.90	3.45	3.80	2.41	0.82	2.26	1.82	13.22	0.21	0.34	2.37	2.58	对数正态分布	2.26	2.82
TC	1804	0.96	1.06	1.28	1.60	2.05	2.62	3.20	1.76	0.73	1.64	1.57	6.84	0.55	0.42	1.60	1.60	对数正态分布	1.64	1.54
Corg	5578	0.58	0.74	1.00	1.31	1.67	2.04	2.28	1.35	0.51	1.24	1.61	2.80	0.02	0.38	1.31	1.35	剔除后对数分布	1.24	1.10
pH	5535	4.31	4.44	4.67	4.90	5.11	5.33	5.48	4.76	4.82	4.89	2.51	5.82	3.99	1.01	4.90	4.81	其他分布	4.81	5.02

第六章 土壤碳储量与健康质量评价

第一节 土壤碳储量估算

土壤是陆地生态系统的核心,是"地球关键带"研究中的重点内容之一。土壤碳库是地球陆地碳库的主要组成部分,在陆地水、大气、生物等不同系统的碳循环研究中有着重要作用。

一、土壤碳与有机碳的区域分布

1. 深层土壤碳与有机碳的区域分布

如表6-1所示,温州市深层土壤中总碳(TC)算术平均值为0.51%,极大值为1.26%,极小值为0.11%。温州市TC基准值(0.82%)与浙江省及中国基准值相比,明显高于浙江省基准值,接近于中国基准值。在区域分布上,TC含量受地形地貌及地质背景明显控制,平原区及低中山区土壤中TC含量相对较高,如温瑞平原、平苍平原、乐清平原等水网平原区,及区内的低中山区;低值区主要分布于永嘉县、瑞安市西部、文成县、泰顺县一带,这些区域在地形地貌类型上属于低山丘陵区,风化剥蚀较强,而且低值区地质背景主要为中酸性次火山岩类风化物及非钙质紫色岩类风化物,成土条件较差,土壤粗骨性较强。

温州市深层土壤有机碳(TOC)算术平均值为0.47%,极大值为2.65%,极小值为0.10%。温州市TOC基准值(0.42%)与浙江省基准值及中国基准值相比,等于浙江省基准值,略高于中国基准值。高值区主要分布于区域内的乐清市、温瑞平原、平阳县、苍南县等平原河网区;低值区主要分布于永嘉县中北部、文成县和泰顺县等地。

表6-1 温州市深层土壤总碳与有机碳统计参数表

元素/指标	N/件	$\overline{X}$	$\overline{X}_g$	S/%	CV	X_{max}/%	X_{min}/%	X_{me}/%	X_{mo}/%	浙江省基准值/%	中国基准值/%
TC	675	0.51	0.45	0.25	0.50	1.26	0.11	0.50	0.82	0.43	0.90
TOC	688	0.47	0.42	0.24	0.51	2.65	0.10	0.51	0.61	0.42	0.30

注:浙江省基准值引自《浙江省土壤元素背景值》(黄春雷等,2023);中国基准值引自《全国地球化学基准网建立与土壤地球化学基准值特征》(王学求等,2016)。

2. 表层土壤碳与有机碳的区域分布

如表6-2所示,在温州市表层土壤中,总碳(TC)算术平均值为1.60%,极大值为2.97%,极小值为0.55%。温州市TC背景值(1.54%)与浙江省背景值、中国背景值相比,接近于浙江省背景值和中国背景值。高值区分布于苍南县、平阳县及泰顺县三县交界处、泰顺县及文成县与丽水市景宁畲族自治县接壤边界区以及永嘉县西北部低中山区;低值区主要分布于河网密集的平原区、沿海一带以及山区的山间盆地、河流谷地等地区。

土壤有机碳(TOC)算术平均值为1.53%,极大值为3.23%,极小值为0.02%。温州市TOC背景值(1.10%)与浙江省背景值、中国背景值相比,略高于浙江省背景值,而远高于中国背景值,是中国背景值的1.83倍。在区域分布上,TOC分布基本与TC相同,高值含量区平原区主要分布于乐清市、平阳县及瓯海区与鹿城市的中部平原区,山区则主要在中低山区;低值含量区平原区主要分布于龙湾区与瑞安市的温瑞平原及平阳县、苍南县所在的平苍平原等地区。

表6-2 温州市表层土壤总碳与有机碳参数统计表

元素/指标	N/件	$\overline{X}$	$\overline{X}_g$	S/%	CV	X_{max}/%	X_{min}/%	X_{mo}/%	X_{me}/%	浙江省基准值/%	中国基准值/%
TC	2661	1.60	1.54	0.46	0.29	2.97	0.55	1.37	1.54	1.43	1.30
TOC	28 205	1.53	1.40	0.61	0.40	3.23	0.02	1.10	1.46	1.31	0.60

注:浙江省背景值引自《浙江省土壤元素背景值》(黄春雷等,2023);中国背景值引自《全国地球化学基准网建立与土壤地球化学基准值特征》(王学求等,2016)。

二、单位土壤碳量与碳储量计算方法

依据奚小环等(2009)提出的碳储量计算方法,利用多目标区域地球化学调查数据,根据《多目标区域地球化学调查规范(1∶250 000)》(DZ/T 0258—2014)要求,计算单位土壤碳量与碳储量,即以多目标区域地球化学调查确定的土壤表层样品分析单元为最小计算单位,土壤表层样碳含量单元为4km²,深层土壤样根据表深层土壤样的对应关系,利用ArcGIS对深层样测试分析结果进行空间插值,碳含量单元为4km²,依据其不同的分布模式计算得到单位土壤碳量,通过对单位土壤碳量进行加和计算得到土壤碳储量。

研究表明土壤碳含量由表层至深层存在两种分布模式,其中有机碳含量分布为指数模式,无机碳含量为直线模式。区域土壤容重利用《浙江土壤》(俞震豫等,1994)中的土壤容重统计结果进行计算(表6-3)。

表6-3 浙江省主要土壤类型土壤容重统计表 单位:t/m³

土壤类型	红壤	黄壤	紫色土	粗骨土	潮土	滨海盐土	水稻土
土壤容重	1.20	1.20	1.20	1.20	1.33	1.33	1.08

(一)有机碳(TOC)单位土壤碳量(USCA)计算

1. 深层土壤有机碳单位碳量计算

深层土壤有机碳单位碳量计算公式为:
$$USCA_{TOC,0-120cm} = TOC \times D \times 4 \times 10^4 \times \rho \tag{6-1}$$

式中:$USCA_{TOC,0-120cm}$为0~1.20m深度(即0~120cm)土壤有机碳单位碳量(t);TOC为有机碳含量(%);D为采样深度(1.20m);4为表层土壤单位面积(4km²);10^4为单位土壤面积换算系数;ρ为土壤容重(t/m³)。(6-1)中TOC的计算公式为:

$$TOC = \frac{(TOC_{表} - TOC_{深}) \times (d_1 - d_2)}{d_2 (\ln d_1 - \ln d_2)} + TOC_{深} \tag{6-2}$$

式中:$TOC_{表}$为表层土壤有机碳含量(%);$TOC_{深}$为深层土壤有机碳含量(%);d_1取表样采样深度中间值0.1m;d_2取深层样平均采样深度1.20m(或实际采样深度)。

2. 中层土壤有机碳单位碳量计算

中层土壤(计算深度为1.00m)有机碳单位碳量计算公式为:

$$USCA_{TOC,0-100cm} = TOC \times D \times 4 \times 10^4 \times \rho \qquad (6-3)$$

式中：$USCA_{TOC,0-100cm}$ 表示采样深度为 1.20m 以下时，计算 1.00m（100cm）深度土壤有机碳含量（t）；其他参数同前。其中 TOC 计算公式为：

$$TOC = \frac{(TOC_{表} - TOC_{深}) \times [(d_1 - d_3) + (\ln d_3 - \ln d_2)]}{d_3(\ln d_1 - \ln d_2)} + TOC_{深} \qquad (6-4)$$

式中：d_3 为计算深度 1.00m；其他参数同前。

3. 表层土壤有机碳单位碳量计算

表层土壤有机碳单位碳量计算公式为：

$$USCA_{TOC,0-20cm} = TOC \times D \times 4 \times 10^4 \times \rho \qquad (6-5)$$

式中：TOC 为表层土壤有机碳实测值（%）；D 为采样深度（0～20cm）；其他参数同前。

（二）无机碳（TIC）单位土壤碳量（USCA）计算

1. 深层土壤无机碳单位碳量计算

深层土壤无机碳单位碳量计算公式为：

$$USCA_{TIC,0-120cm} = [(TIC_{表} + TIC_{深})/2] \times D \times 4 \times 10^4 \times \rho \qquad (6-6)$$

式中：$TIC_{表}$ 与 $TIC_{深}$ 分别由总碳实测数据减去有机碳数据取得（%）；其他参数同前。

2. 中层土壤无机碳单位碳量计算

中层土壤无机碳单位碳量计算公式为：

$$USCA_{TIC,0-100cm(深120cm)} = [(TIC_{表} + TIC_{100cm})/2] \times D \times 4 \times 10^4 \times \rho \qquad (6-7)$$

式中：$USCA_{TIC,0-100cm(深120cm)}$ 表示采样深度为 1.20m 时，计算 1.00m 深度（即 100cm）土壤无机碳单位碳量（t）；D 为 1.00m；TIC_{100cm} 采用内插法确定（%）；其他参数同前。

3. 表层土壤无机碳单位碳量计算

表层土壤无机碳单位碳量计算公式为：

$$USCA_{TIC,0-20cm} = TIC_{表} \times D \times 4 \times 10^4 \times \rho \qquad (6-8)$$

式中：$TIC_{表}$ 由总碳实测数据减去有机碳数据取得（%）；其他参数同前。

（三）总碳（TC）单位土壤碳量（USCA）计算

1. 深层土壤总碳单位碳量计算

深层土壤总碳单位碳量计算公式为：

$$USCA_{TC,0-120cm} = USCA_{TOC,0-120cm} + USCA_{TIC,0-120cm} \qquad (6-9)$$

当实际采样深度超过 1.20m（120cm）时，取实际采样深度值。

2. 中层土壤总碳单位碳量计算

中层土壤总碳单位碳量计算公式为：

$$USCA_{TC,0-100cm(深120cm)} = USCA_{TOC,0-100cm(深120cm)} + USCA_{TIC,0-100cm(深120cm)} \qquad (6-10)$$

3. 表层土壤总碳单位碳量计算

表层土壤总碳单位碳量计算公式为：

$$\text{USCA}_{\text{TC},0-20\text{cm}} = \text{USCA}_{\text{TOC},0-20\text{cm}} + \text{USCA}_{\text{TIC},0-20\text{cm}} \qquad (6-11)$$

（四）土壤碳储量（SCR）

土壤碳储量为研究区内所有单位碳量总和，其计算公式为：

$$\text{SCR} = \sum_{i=1}^{n} \text{USCA} \qquad (6-12)$$

式中：SCR 为土壤碳储量（t）；USCA 为单位土壤碳量（t）；n 为土壤碳储量计算范围内单位土壤碳量的加和个数。

三、土壤碳密度分布特征

温州市土壤碳密度空间分布特征如图 6-1 至图 6-3 所示，土壤碳密度由表层→中层→深层呈现规律

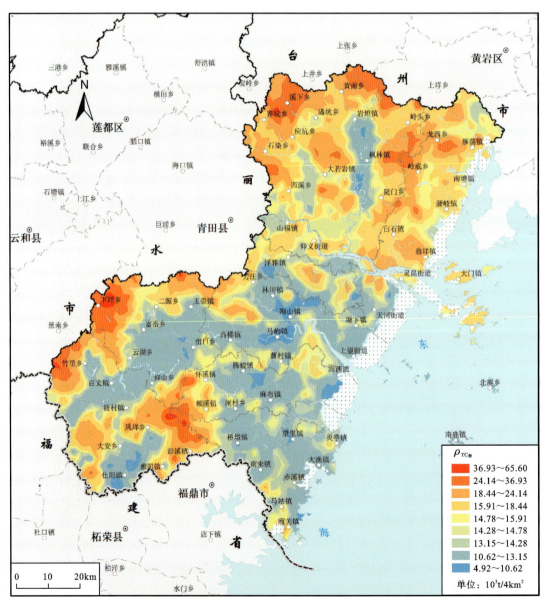

图 6-1 温州市表层土壤 TC 碳密度分布图

性变化,整体表现为中低山区高于低山丘陵及平原区,湖沼相平原区高于海积相平原区,海积相平原区随着土体深度的增加,土壤碳密度明显增加。

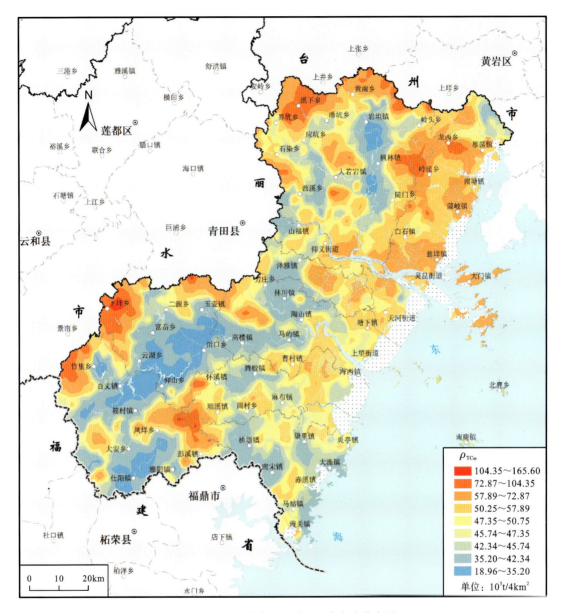

图 6-2 温州市中层土壤 TC 碳密度分布图

表层(0~0.2m)土壤碳密度高值区分布于区内永嘉县溪下乡和界坑乡、文成县下垟乡、泰顺县竹里畲乡以及泰顺县、平阳县与苍南县三县交界处等中低山区;低值区主要分布于楠溪江、百丈漈水库、飞云江流域以及平苍平原等地的丘陵与平原区。碳密度极大值为 $65.60\times10^3 t/4km^2$,极小值为 $4.92\times10^3 t/4km^2$。

中层(0~1.0m)土壤碳密度高值区分布基本与表层土壤相同,楠溪江与飞云江上游流域两侧、瑞安县林川镇丘陵区等地仍为低值区。碳密度极大值为 $165.60\times10^3 t/km^2$,极小值为 $18.96\times10^3 t/km^2$。

深层(0~1.2m)土壤碳密度低值区仍然为楠溪江与飞云江上游流域两侧、瑞安县林川镇丘陵区等地仍为低值区,平原区随着土体深度的增加,土壤中碳密度增加明显尤其是温瑞平原及平阳县城区。土壤中碳密度极大值为 $173.60\times10^3 t/km^2$,极小值为 $21.52\times10^3 t/km^2$。

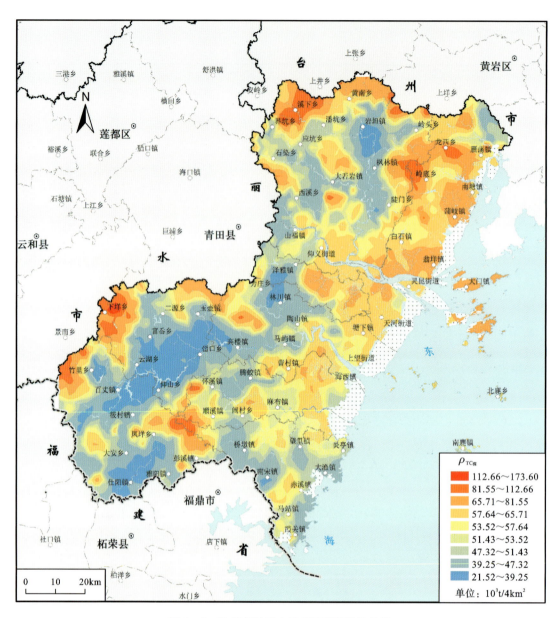

图 6-3 温州市深层土壤 TC 碳密度分布图

四、土壤碳储量分布特征

1. 不同深度土壤碳密度及碳储量特征

根据土壤碳量及碳储量计算方法,温州市不同深度土壤的碳密度及碳储量计算结果如表 6-4 所示。

全市表层、中层、深层土壤中 TIC 密度分别为 $0.35\times10^3 t/km^2$、$1.47\times10^3 t/km^2$、$1.45\times10^3 t/km^2$; TOC 密度分别为 $3.66\times10^3 t/km^2$、$11.08\times10^3 t/km^2$、$12.27\times10^3 t/km^2$;TC 密度分别为 $4.01\times10^3 t/km^2$、$12.55\times10^3 t/km^2$、$13.72\times10^3 t/km^2$;其中表层 TC 密度略高于中国总碳密度 $3.19\times10^3 t/km^2$(奚小环等,2010),中层 TC 密度略高于中国平均值 $11.65\times10^3 t/km^2$。而温州市土地利用类型、地形地貌类型较齐全,比较能代表浙江省的碳密度的客观现状,说明温州市碳储量已接近"饱和"状态,固碳能力有限。

从不同深度土壤碳密度可以看出,随着土壤深度的增加,TOC、TIC、TC 均逐渐增加。在表层(0～0.2m)、中层(0～1.0m)、深层(0～1.2m)不同深度土体中,TOC 密度之比为 1∶3.03∶3.35,TIC 密度之比为 1∶4.20∶4.14,TC 密度之比为 1∶3.13∶3.42。

表 6-4　温州市不同深度土壤碳密度及碳储量统计表

土壤层	碳密度/10^3 t·km^{-2}			碳储量/10^6 t			TOC 储量占比/%
	TOC	TIC	TC	TOC	TIC	TC	
表层	3.66	0.35	4.01	40.67	3.86	44.53	91.33
中层	11.08	1.47	12.55	123.02	16.34	139.36	88.27
深层	12.27	1.45	13.72	136.24	16.06	152.30	89.46

温州市土壤中(0～1.2m)碳储量为 152.30×10^6 t,其中 TOC 储量为 136.24×10^6 t,TIC 储量为 16.06×10^6 t,TOC 储量与 TIC 储量之比接近 8.5∶1。土壤中的碳以 TOC 为主,占 TC 的 89.46%。而且随着土体深度的增加,TOC 储量的比例逐渐减少,TIC 储量的比例逐渐增加,但仍以 TOC 为主。

2. 主要土壤类型土壤碳密度及碳储量分布

温州市共分布有 7 种土壤类型,不同土壤类型土壤碳密度及碳储量统计结果如表 6-5 所示。

表 6-5　温州市不同土壤类型土壤碳密度及碳储量统计表

土壤类型	面积	深层(0～1.2m)			中层(0～1.0m)			表层(0～0.2m)		
		TOC 密度	TIC 密度	SCR	TOC 密度	TIC 密度	SCR	TOC 密度	TIC 密度	SCR
	km^2	10^3 t/km^2	10^3 t/km^2	10^6 t	10^3 t/km^2	10^3 t/km^2	10^6 t	10^3 t/km^2	10^3 t/km^2	10^6 t
潮土	64	12.62	5.59	1.17	11.03	4.90	1.02	3.07	1.03	0.26
粗骨土	1292	13.74	1.37	19.51	12.57	1.52	18.19	4.41	0.38	6.19
红壤	5756	12.00	1.24	76.20	10.81	1.27	69.53	3.53	0.30	22.05
黄壤	1244	14.71	1.43	20.07	13.56	1.65	18.93	4.91	0.42	6.63
水稻土	2320	11.11	2.01	30.44	9.88	1.83	27.17	3.01	0.40	7.92
滨海盐土	44	12.89	3.19	0.71	11.53	3.34	0.65	3.64	0.81	0.20
紫色土	384	10.30	0.64	4.20	9.34	0.73	3.87	3.15	0.19	1.28

深层土壤中,TOC 密度以黄壤为最高,达 14.71×10^3 t/km^2,其次为粗骨土、滨海盐土,最低为紫色土,为 10.30×10^3 t/km^2。TIC 密度以潮土为最高,为 5.59×10^3 t/km^2,其次为滨海盐土、水稻土等,而最低则为紫色土,仅为 0.64×10^3 t/km^2。

中层土壤中,TOC 密度以黄壤为最高,达 13.56×10^3 t/km^2,其次为粗骨土、滨海盐土,最低为紫色土,仅为 9.34×10^3 t/km^2。TIC 密度以潮土为最高,为 4.90×10^3 t/km^2,其次为滨海盐土等,而最低则为紫色土,仅为 0.73×10^3 t/km^2。

表层土壤中,TOC密度以黄壤为最高,达4.91×10^3t/km²,其次为粗骨土,最低为水稻土,仅为3.01×10^3t/km²。TIC密度以潮土为最高,为1.03×10^3t/km²,其次为滨海盐土等,而最低则为紫色土,仅为0.19×10^3t/km²。

通过以上对分析可以看出,土壤碳密度(TOC、TIC)的分布受地形地貌的影响较为明显。分布于山地丘陵区的土壤类型TOC密度较高,如黄壤、红壤等;而分布于平原区的土壤类型中TOC密度相对较低,如水稻土等。TIC密度的分布大致与之相反,平原区土壤滨海盐土、潮土中较高,而山地丘陵区的紫色土、红壤、粗骨土中则相对较低。

表层土壤碳储量(SCR)为44.53×10^6t,最高为红壤,碳储量为22.05×10^6t,占表层总碳储量的49.52%;其次为水稻土,碳储量为7.92×10^6t,占表层总碳储量的17.79%。最低为滨海盐土,为0.20×10^6t。表层土壤中整体碳储量从大到小的分别为红壤、水稻土、黄壤、粗骨土、紫色土、潮土、滨海盐土。

中层土壤碳储量(SCR)为139.36×10^6t,深层土壤碳储量为152.30×10^6t,碳储量从大到小的分布规律完全一致,依次为红壤、水稻土、黄壤、粗骨土、紫色土、潮土、滨海盐土。

温州市深层、中层、表层土壤碳储量从大到小依次为红壤、水稻土、黄壤、粗骨土、紫色土、潮土、滨海盐土。

整体来看,土壤中碳储量的分布主要与不同土壤类型中TOC密度高低、分布面积、人为耕种影响(水稻土长期农业耕种)等因素有关。

3. 主要土壤母质类型土壤碳密度及碳储量分布

温州市土壤母质类型共分为松散岩类沉积物、紫色碎屑岩类风化物、中酸性火成岩类风化物三大类。在分布面积上以中酸性火成岩类风化物为主。

温州市不同土壤母岩母质类型土壤碳密度分布统计结果如表6-6所示。

表6-6 温州市不同土壤母质类型土壤碳密度统计表　　　　　　　　　　单位:10^3t/km²

土壤母质类型	深层(0~1.2m)			中层(0~1.0m)			表层(0~0.2m)		
	TOC	TIC	TC	TOC	TIC	TC	TOC	TIC	TC
松散岩类沉积物	12.10	2.79	14.89	10.68	2.49	13.17	3.14	0.53	3.67
中酸性火成岩类风化物	12.69	1.28	13.97	11.51	1.36	12.87	3.88	0.33	4.21
紫色碎屑岩类风化物	10.31	0.72	11.03	9.36	0.80	10.16	3.18	0.20	3.38

由表6-6可以看出,温州市深层、中层、表层土壤中,TOC密度分布规律大致相同,由高至低基本为中酸性火成岩类风化物、松散岩类沉积物、紫色碎屑岩类风化物。

TIC密度在表层至深层土壤中十分相同,由高至低依次为松散岩类沉积物、中酸性火成岩类风化物、紫色碎屑岩类风化物。

土壤TC密度在深层和中层深度基本一致,由高至低依次为松散岩类沉积物、中酸性火成岩类风化物、紫色碎屑岩类风化物。而在表层中,中酸性火成岩类风化物反而碳密度最高。

温州市不同母岩母质碳储量统计结果如表6-7、表6-8所示。

温州市TC储量以中酸性火成岩类风化物为主,占温州市碳储量的71%以上。在不同深度的土体中,TOC、TIC、TC储量分布规律相同,由高到低依次为中酸性火成岩类风化物、松散岩类沉积物、紫色碎屑岩类风化物。

表6-7 温州市不同土壤母质类型土壤碳储量统计表(一)　　　　单位:10⁶t

土壤母质类型	深层(0~1.2m)			中层(0~1.0m)			表层(0~0.2m)		
	TOC	TIC	TC	TOC	TIC	TC	TOC	TIC	TC
松散岩类沉积物	21.98	5.07	27.05	19.39	4.52	23.91	5.70	0.96	6.66
中酸性火成岩类风化物	98.59	9.90	108.49	89.40	10.60	100.00	30.14	2.59	32.73
紫色碎屑岩类风化物	15.67	1.09	16.76	14.23	1.22	15.45	4.83	0.31	5.14

表6-8 温州市不同土壤母质类型土壤碳储量统计表(二)

土壤母质类型	面积 km²	深层(0~1.2m)SCR 10⁶t	中层(0~1.0m)SCR 10⁶t	表层(0~0.2m)SCR 10⁶t	深层碳储量全市占比 %
松散岩类沉积物	1816	27.05	23.91	6.66	17.76
中酸性火成岩类风化物	7768	108.49	100.00	32.73	71.23
紫色碎屑岩类风化物	1520	16.76	15.45	5.14	11.01

4. 主要土地利用现状条件土壤碳密度及碳储量

土地利用对土壤碳储量的空间分布有较大影响。周涛和史培军(2006)研究认为,土地利用方式的改变潜在地改变了土壤的理化性状,进而改变了不同生态系统中的初级生产力及相应土壤的TOC的输入(表6-9~表6-11)。

表6-9 温州市不同土地利用现状条件土壤碳密度统计表　　　　单位:10³t/km²

土地利用类型	深层(0~1.2m)			中层(0~1.0m)			表层(0~0.2m)		
	TOC	TIC	TC	TOC	TIC	TC	TOC	TIC	TC
水田	11.76	1.75	13.51	10.53	1.66	12.19	3.35	0.37	3.72
旱地	11.54	1.18	12.72	10.41	1.24	11.65	3.42	0.30	3.72
园地	11.45	1.31	12.76	10.28	1.24	11.52	3.30	0.28	3.58
林地	12.57	1.22	13.79	11.41	1.32	12.73	3.87	0.33	4.20
建筑用地及其他用地	11.77	2.24	14.01	10.46	2.06	12.52	3.19	0.45	3.64

表6-10 温州市不同土地利用现状条件土壤碳储量统计表(一)　　　　单位:10⁶t

土地利用类型	深层(0~1.2m)			中层(0~1.0m)			表层(0~0.2m)		
	TOC	TIC	TC	TOC	TIC	TC	TOC	TIC	TC
水田	15.95	2.37	18.32	14.28	2.25	16.53	4.54	0.50	5.04
旱地	3.83	0.39	4.22	3.46	0.42	3.88	1.14	0.10	1.24
园地	5.54	0.63	6.17	4.97	0.60	5.57	1.60	0.14	1.74
林地	90.72	8.82	99.54	82.36	9.54	91.90	27.92	2.35	30.27
建筑用地及其他用地	20.20	3.85	24.05	17.95	3.53	21.48	5.47	0.77	6.24

表 6-11 温州市不同土地利用现状条件土壤碳储量统计表

土地利用类型	面积	深层(0~1.2m)SCR	中层(0~1.0m)SCR	表层(0~0.2m)SCR	深层碳储量全市占比
	km²	10⁶t	10⁶t	10⁶t	%
水田	1356	18.32	16.53	5.04	12.03
旱地	332	4.22	3.88	1.24	2.77
园地	484	6.17	5.57	1.74	4.05
林地	7216	99.54	91.90	30.27	65.36
建筑用地及其他用地	1716	24.05	21.48	6.24	15.79

表6-9~表6-11为温州市不同土地利用现状条件土壤碳密度及碳储量统计结果。由表中可以看出，TOC密度在不同深度的土体中，表层由高到低表现为林地、旱地、水田、园地、建筑用地及其他用地，中层和深层均表现为林地、水田、建筑用地及其他用地较高，旱地、园地较低。就碳储量而言，温州市不同深度土体中，TOC、TIC、TC储量均以林地、建筑用地及其他用地为主，二者碳储量之和占全市总碳储量的81.15%，是温州市主要的"碳储库"。

第二节　土壤健康质量评价

硒(Se)是地壳中的一种稀散元素，1988年中国营养学会将硒列为15种人体必需微量元素之一。医学研究证明，硒对保证人体健康有重要作用，主要表现在提高人体免疫力和抗衰老能力，参与人体损伤肌体的修复，对铅、镉、汞、砷、铊等重金属的拮抗作用等方面。我国有72%的地区属于缺硒或低硒地区，2/3的人口存在不同程度的硒摄入量不足问题。

锗(Ge)是一种分散性稀有元素，在地壳中含量较低。锗的化合物分无机锗和有机锗两种，无机锗毒性较大，有机锗如羧乙基锗倍半氧化物(简称Ge-132)，具有杀菌、消炎、抑制肿瘤、延缓衰老等功能。天然有机锗是许多药用植物成分之一，具有的药类功效与其中的锗含量有密切关系。

土壤中含有一定量的天然硒或锗元素，且有害重金属元素含量小于农用地土壤污染风险筛选值要求的土地，可称为天然富硒或富锗土地。天然富硒和天然富锗土地是一种稀缺的土地资源，是生产天然富硒和富锗农产品的物质基础，是应予以优先进行保护的特色土地资源。

一、天然富硒土地资源评价

1. 土壤硒地球化学特征

温州市表层土壤中Se含量变化区间较大，范围为0.03~1.12mg/kg，平均值为0.32mg/kg。表层土壤中高值区受地形地貌特征、地质背景因素控制明显。Se含量在0.20mg/kg以下的低值区中，永嘉县中北部、文成县—泰顺县中部等地区与区内的白垩系砂砾岩沉积物分布有关，龙湾区、瑞安市、龙港市等沿海平原区的低值区则与近现代海相沉积物分布有关(图6-4)。

温州市深层土壤中Se含量范围为0.08~1.38mg/kg，平均值0.29mg/kg，其中中酸性火成岩类风化物区的算术平均值可达0.34mg/kg。深层土壤中Se含量在0.5mg/kg以上的高值区主要分布于永嘉县与乐清市交界的低山区、瓯海区—平阳县—苍南县西部、苍南县南部以及龙湾区一带，均与境内大面积分布的中酸性火山碎屑岩、中酸性侵入岩有关。低值区主要分布在永嘉县中部、文成县—泰顺县东部，以及乐清

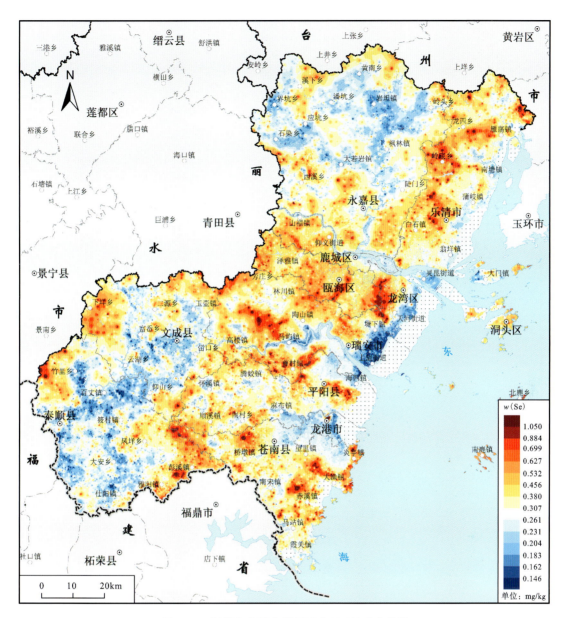

图 6-4　温州市表层土壤硒元素（Se）地球化学图

市—龙湾区—龙港市的滨海平原区，平均值在 0.2mg/kg 以下，主要与温州市内的砂砾岩沉积物、近现代海相沉积物有关（图 6-5）。

2. 土壤硒的元素赋存形态

除土壤全硒含量影响外，刘冰权等（2021）研究认为 Se 元素在土壤中的赋存形态是影响农作物对其吸收累积最重要的因素之一。

从赋存的形态"活性"或"有效性"看，一般研究认为水溶态硒＞离子交换态硒＞碳酸盐态硒＞腐植酸态硒＞强有机态硒＞铁锰结合态硒＞残渣态硒，其中水溶态硒、离子交换态硒、碳酸盐结合态硒和腐殖酸结合态硒最易被作物吸收利用，也被称为有效硒。本次成果集成工作，选用瑞安市土地质量地质调查项目中测试的 72 件表层富硒土壤进行形态（七步）分析，如表 6-12 所示。

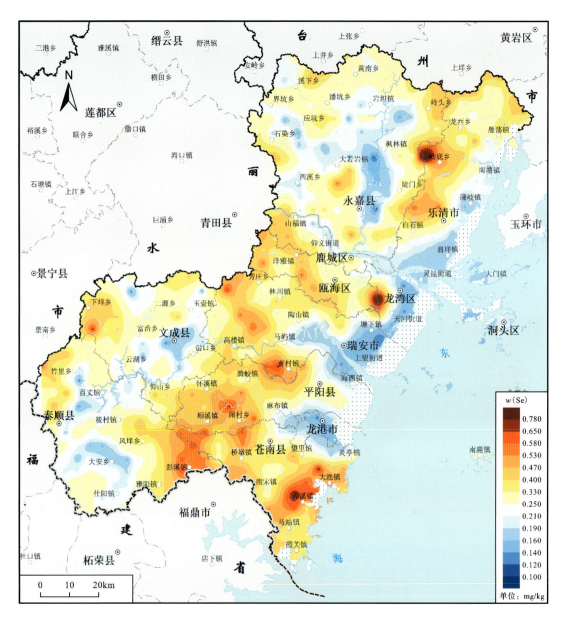

图 6-5 温州市深层土壤硒元素（Se）地球化学图

表 6-12 瑞安市表层土壤硒形态地球化学参数统计表

硒形态	极小值/ mg·kg^{-1}	极大值/ mg·kg^{-1}	算术平均值/ mg·kg^{-1}	算术标准差/ mg·kg^{-1}	变异系数	富集系数	占比/%
水溶态硒	0.001	0.015	0.006	0.003	0.56	0.01	0.81
离子交换态硒	0.004	0.039	0.009	0.006	0.58	0.01	1.36
碳酸盐结合态硒	0.004	0.016	0.008	0.002	0.29	0.01	1.15
腐殖酸结合态硒	0.052	0.486	0.181	0.095	0.52	0.18	26.12
铁锰结合态硒	0.003	0.012	0.007	0.002	0.24	0.01	1.01
强有机结合态硒	0.085	0.240	0.153	0.038	0.25	0.15	22.08
残渣态硒	0.062	0.672	0.329	0.154	0.47	0.33	47.47

水溶态硒含量最少,仅占全硒含量的 0.81%,平均值为 0.006mg/kg;离子交换态硒含量在 0.004～0.039mg/kg 之间,平均值为 0.009mg/kg,占全硒含量的 1.36%,变异系数为 0.58,相对较高,说明不同样点间离子交换态硒含量差别较大;碳酸盐结合态平均值仅 0.008mg/kg,算术标准差和变异系数较低,说明各个样点以碳酸盐结合态形态赋存的硒含量相对稳定;腐殖酸态结合态硒的平均值达到 0.181mg/kg,占比达 26.12%,但各个样点间分布不均匀;铁锰结合态硒总体含量较少,平均值为 0.007mg/kg,占比仅 1.01%;强有机态硒含量为 0.153mg/kg,占比达 22.08%;残渣态硒含量在 0.062～0.672mg/kg 之间,平均值为 0.329mg/kg,占比达 47.47%。

如上所述,温州市(瑞安)表层土壤有效硒含量 0.204mg/kg,占比不到 30%(仅 29.44%),而最容易被作物吸收利用的水溶态硒和离子交换态硒的和更少,仅为 0.015mg/kg,占比仅 2.17%。

3. 富硒土地评价

土壤硒分级标准在多目标区域地球化学调查获得的表层土壤分析数据统计的基础上,参照国内外相应研究成果给出,等级划分如表 6-13 所示。

表 6-13 土壤硒元素(Se)等级划分标准与图示　　　　　　　　　　　　　　　单位:mg/kg

指标	缺乏	边缘	适量	高(富)	过剩
标准值	≤0.125	0.125～0.175	0.175～0.40	0.40～3.0	>3.0
颜色					
R:G:B	234:241:221	214:227:188	194:214:155	122:146:60	79:98:40

按照表 6-13 评价标准,对温州市耕地、园地进行富硒土壤划分与评价,结果如表 6-14 和图 6-6 所示。

表 6-14 温州市表层土壤硒评价结果统计表

行政区	高(富)		适量		边缘		缺乏	
	面积/万亩	占比/%	面积/万亩	占比/%	面积/万亩	占比/%	面积/万亩	占比/%
温州市	94.44	25.57	244.57	66.22	27.44	7.43	2.88	0.78
鹿城区	4.14	52.47	3.64	46.14	0.05	0.63	0.06	0.76
龙湾区	2.30	34.64	2.85	42.92	1.41	21.24	0.08	1.20
瓯海区	11.60	68.36	5.26	30.99	0.11	0.65	—	—
洞头区	1.03	24.35	2.61	61.70	0.54	12.77	0.05	1.18
瑞安市	19.14	32.94	30.91	53.19	7.53	12.96	0.53	0.91
乐清市	9.89	24.72	28.97	72.41	1.14	2.85	0.01	0.02
永嘉县	9.37	16.03	44.50	76.15	4.05	6.93	0.52	0.89
平阳县	10.40	22.04	34.93	74.04	1.61	3.41	0.24	0.51
苍南县	12.57	23.58	38.35	71.95	2.27	4.26	0.11	0.21
文成县	6.80	17.52	28.68	73.90	2.88	7.42	0.45	1.16
泰顺县	7.20	19.07	23.87	63.23	5.85	15.50	0.83	2.20

温州市富(高)硒土壤面积 94.44 万亩,占总耕地面积的 25.57%,主要分布在瑞安市、苍南县、平阳县、瓯海区等中西部低山丘陵区;适量硒土壤面积 244.57 万亩,占比 66.22%,主要分布在瑞安市、乐清市、永

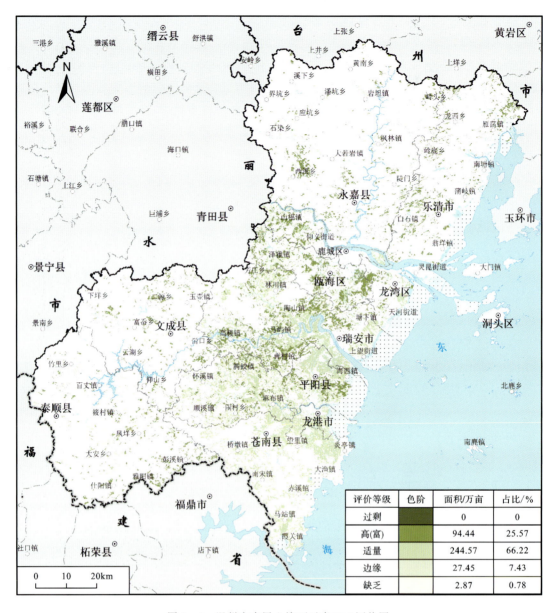

图 6-6 温州市表层土壤硒元素(Se)评价图

嘉县、平阳县、苍南县、文成县、泰顺县地势较低的平原区,是全市主要的粮油种植区所在地;边缘硒土壤为27.44万亩,占比7.43%,主要分布在瑞安市、永嘉县、泰顺县低山区;而硒缺乏土壤面积2.88万亩,仅占0.78%,主要分布在西部低山区;温州市无硒元素含量过剩土壤。

4. 天然富硒土地圈定

为满足对天然富硒土地资源利用与保护的需求,依据富硒土壤调查和耕地环境质量评价成果,按以下条件对温州市天然富硒土地进行圈定:①土壤中 Se 元素的含量大于等于 0.40 mg/kg(pH≤7.5)或土壤中 Se 元素的含量大于等于 0.30mg/kg(pH>7.5)(实测数据大于 20 条);②土壤中的重金属元素 Cd、Hg、As、Pb 及 Cr 含量小于农用地土壤污染风险筛选值要求;③土地地势较为平坦,集中连片程度较高。

根据以上条件,在温州市农用地中共圈定天然富硒土地12处(图6-7)。从区域分布上看,圈定的天然富硒土地主要位于地势较为平坦的沿海平原一带,其中瑞安市最多(3处),乐清市和苍南县各2处,瓯海区—龙湾区、永嘉县、鹿城区、平阳县和文成县各1处(表6-15)。受调查程度的限制,圈定的范围仅是初步的评估,但在资源的利用方向上已具有了明确的意义。随着调查研究程度的加深,评价将会更加科学。

天然富硒区地质分布差异显著,瑞安市陶山镇—曹村一带富硒土壤主要为第四系覆盖区,其他天然富硒区均为中酸性火山岩分布区。依据富硒土壤产出的地质背景,可将圈出的天然富硒区土壤划分成表生沉积型(Se-7、Se-8、Se-9)和中酸性火山岩型(Se-1、Se-2、Se-3、Se-4、Se-5、Se-6、Se-10、Se-11、Se-12)两类。

图6-7 温州市天然富硒区分布图

5. 天然富硒土地分级

依据土壤硒含量、土壤肥力质量、硒的生物效应及土地利用情况将圈定的天然富硒土地划分为3级,其中以Ⅰ级为佳,可作为优先利用的选择。

Ⅰ级:土壤Se含量大于0.50mg/kg,农产品富硒率达70%,土壤养分中等及以上,以上3个条件满足其中两个。

表6-15 温州市天然富硒区一览表

天然富硒土壤区名称及编号	土壤样数量/件		土壤Se含量/mg·kg^{-1}		土地利用类型
	富硒点位	点位采样	范围	平均值	
Se-1 乐清市湖雾镇天然富硒区	67	106	0.158～1.520	0.555	耕地
Se-2 永嘉市西溪乡天然富硒区	49	95	0.144～1.440	0.480	耕地
Se-3 乐清市城东街道天然富硒区	37	68	0.188～1.250	0.488	耕地
Se-4 鹿城区山福镇天然富硒区	64	109	0.217～1.100	0.474	耕地
Se-5 瓯海区-龙湾区茶山、状元天然富硒区	53	58	0.309～1.340	0.662	园地
Se-6 文成县二源镇天然富硒区	53	100	0.171～0.947	0.424	耕地
Se-7 瑞安市陶山镇天然富硒区	188	298	0.226～0.917	0.459	耕地
Se-8 瑞安市马屿镇天然富硒区	47	110	0.156～1.030	0.407	耕地
Se-9 瑞安市曹村镇天然富硒区	228	356	0.181～2.540	0.527	耕地
Se-10 平阳县鳌江镇天然富硒区	177	354	0.096～1.410	0.491	耕地
Se-11 苍南县桥墩镇天然富硒区	136	272	0.110～0.936	0.434	耕地
Se-12 苍南县赤溪镇天然富硒区	34	70	0.148～1.260	0.451	耕地

Ⅱ级：土壤Se含量大于0.45mg/kg，农产品富硒率达50%，土壤养分中等及以上，以上3个条件满足其中两个。

Ⅲ级：土壤Se含量大于0.40mg/kg，农产品富硒率不详，土壤养分以较缺乏—缺乏为主。

根据上述条件，共划出Ⅰ级天然富硒区3处、Ⅱ级天然富硒区4处、Ⅲ级天然富硒区5处（表6-16）。

表6-16 温州市天然富硒区分级一览表

富硒区等级	名称与编号	面积/亩	土壤Se含量/mg·kg^{-1}	农产品富硒率/%（总样本数）	土壤养分情况	土地利用现状
Ⅰ级	Se-9 瑞安市曹村镇天然富硒区	24 465.27	0.527	11(9)	较丰富—中等	耕地
	Se-5 瓯海区-龙湾区茶山、状元天然富硒区	26 727.20	0.662	不详	中等	园地
	Se-1 乐清市湖雾镇天然富硒区	8 619.37	0.555	0(2)	中等	耕地
Ⅱ级	Se-3 乐清市城东街道天然富硒区	5 577.89	0.488	不详	中等	耕地
	Se-2 永嘉市西溪乡天然富硒区	8 858.44	0.480	0(3)	较丰富—中等	耕地
	Se-10 平阳县鳌江镇天然富硒区	28 962.45	0.491	57(14)	较缺乏	耕地
	Se-11 苍南县桥墩镇天然富硒区	16 925.02	0.434	100(5)	中等—较缺乏	耕地
Ⅲ级	Se-4 鹿城区山福镇天然富硒区	12 833.50	0.474	0(3)	较缺乏	耕地
	Se-7 瑞安市陶山镇天然富硒区	21 883.17	0.459	0(8)	较缺乏	耕地
	Se-12 苍南县赤溪镇天然富硒区	9 640.44	0.451	不详	较缺乏	耕地
	Se-6 文成县二源镇天然富硒区	5 188.21	0.424	不详	较丰富—中等	耕地
	Se-8 瑞安市马屿镇天然富硒区	9 779.37	0.407	0(1)	较缺乏	耕地

注：面积按天然富硒土地图斑统计（仅含耕地和园地）。

二、天然富锗土地资源评价

1. 土壤锗地球化学特征

温州市表层土壤中 Ge 平均值为 1.44mg/kg,含量变化区间较大,极大值为 1.96mg/kg,极小值为 0.92mg/kg。表层土壤锗高值区主要分布于永嘉县城西侧、泰顺县北部、苍南县东部一带低山区,以及龙湾区—瑞安市的平原区;而表层土壤锗低值区主要分布于永嘉县西北部—乐清市北部及泰顺南部等地,与区内砂砾岩石地层分布有关(图6-8)。

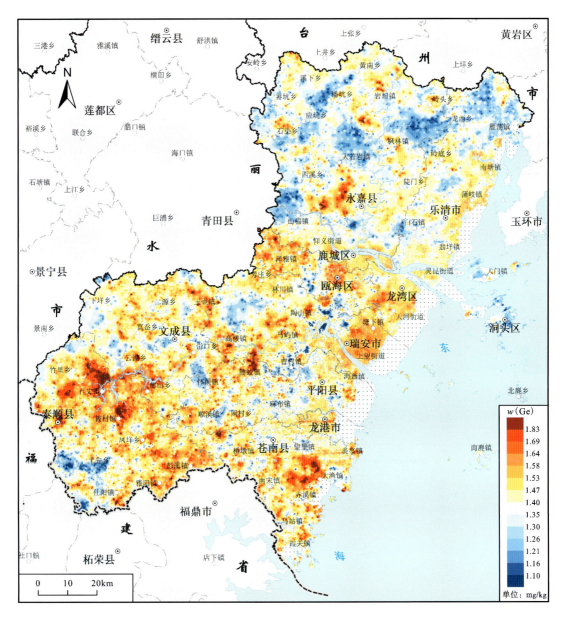

图 6-8 温州市表层土壤锗元素(Ge)地球化学图

温州市深层土壤中,Ge 平均值为 1.61mg/kg,极大值为 2.19mg/kg,极小值为 1.17mg/kg。深层土壤锗高值区主要分布在永嘉县北部、瑞安市—瓯海区西部、泰顺县—苍南县一带的低山区;深层土壤锗低值区则主要分布于永嘉县中部、乐清市—龙湾区—瑞安市—平阳县一带的平原等地(图6-9)。

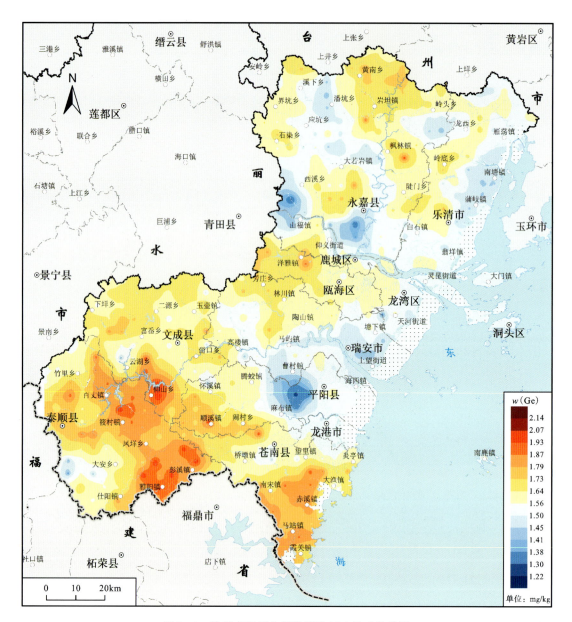

图6-9 温州市深层土壤锗元素(Ge)地球化学图

2. 富锗土地评价

依据表6-17所示的评价标准为对全市耕地表层土壤进行锗评价和等级划分。

表6-17 土壤锗元素(Ge)等级划分标准与图示　　　　　　　　　　单位:mg/kg

指标	丰富	较丰富	中等	较缺乏	缺乏
标准值	>1.5	1.4~1.5	1.3~1.4	1.2~1.3	≤1.2
颜色					
R:G:B	0:176:80	146:208:80	255:255:0	255:192:0	255:0:0

评价结果表明,温州市表层土壤锗总体处于丰富—中等水平。其中,锗丰富土壤面积 125.35 万亩,占总评价面积的 33.94%,大面积分布于瑞安市、永嘉县、平阳县、苍南县、泰顺县各地;较缺乏—缺乏区面积为 85.69 万亩,占比 23.21%,主要分布于永嘉县、乐清市北部、文成县、泰顺县南部,以及瓯海—平阳的山区与平原区过渡地区;而中等—较丰富区在全市各地均有分布,合计占比 42.85%(图 6-10)。

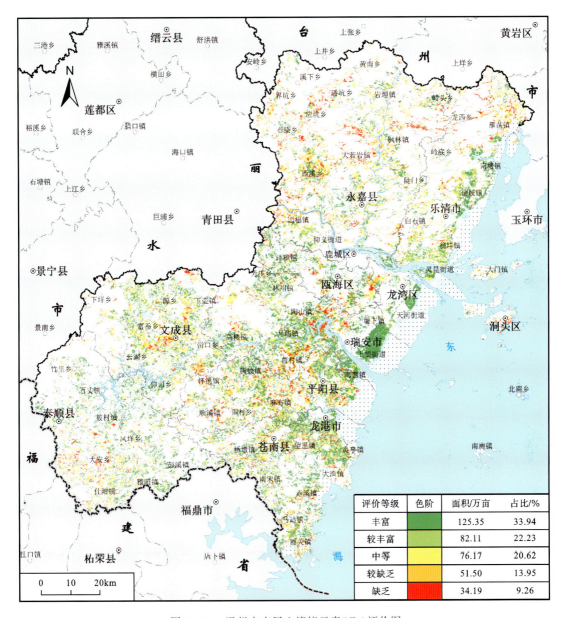

图 6-10　温州市表层土壤锗元素(Ge)评价图

3. 天然富锗土地圈定

为满足对天然富锗土地资源利用与保护的需要,依据富锗土壤调查和耕地环境质量评价成果,按以下条件对温州市具有开发价值的天然富锗土地进行圈定:①土壤中 Ge 元素的含量大于 1.5 mg/kg(实测数据大于 20 条);②土壤中的重金属元素 Cd、Hg、As、Pb 及 Cr 含量小于农用地土壤污染风险筛选值要求;③土地地势较为平坦,集中连片程度较高。

依据以上条件,在本市农用地中共圈定具有开发价值的天然富锗土地10处(图6-11)。从区域分布上看,具有开发价值的天然富锗土地主要位于地势较为平坦的沿海平原一带,其中瑞安市地区最多(表6-18)。

图6-11 温州市天然富锗区分布图

天然富锗土壤区地质分布差异显著,沿海一带主要为第四系覆盖区,Ge-8平阳县海西镇天然富锗土壤区虽地处沿海,但它与其他内陆天然富锗区均为中酸性火山岩分布区。依据富锗土壤产出的地质背景,可将圈出的天然富锗土壤划分成中酸性火山岩型(Ge-3、Ge-6、Ge-7、Ge-8)和表生沉积型(Ge-1、Ge-2、Ge-4、Ge-5、Ge-9、Ge-10)两类。

由于农产品没有富锗标准,且受调查程度的限制,农产品锗的测试数据较少(表6-19),因此不对圈定的天然富锗土地进行分级。随着调查研究程度的加深,天然富锗土地的圈定和评估将会更加科学。

表 6-18 温州市天然富锗区一览表

天然富锗土壤区名称及编号	土壤样数量/件		土壤锗含量/mg·kg^{-1}		土地利用类型
	富锗点位	采样点位	范围	平均值	
Ge-1 乐清市南塘-蒲岐镇天然富锗区	154	222	1.12~1.72	1.53	耕地
Ge-2 龙湾区海滨街道天然富锗区	58	70	1.40~1.86	1.58	耕地
Ge-3 瑞安市陶山镇天然富锗区	29	32	1.36~2.04	1.73	耕地
Ge-4 瑞安市东部沿海天然富锗区	424	459	1.12~1.80	1.60	耕地
Ge-5 瑞安市南滨街道天然富锗区	186	248	0.96~1.89	1.56	耕地
Ge-6 平阳县腾蛟镇天然富锗区	59	75	1.13~2.66	1.71	耕地
Ge-7 文成县仰山乡天然富锗区	38	49	1.28~2.19	1.65	耕地
Ge-8 平阳县海西镇天然富锗区	38	56	1.30~2.28	1.61	耕地
Ge-9 龙港市天然富锗区	101	175	1.16~1.96	1.52	耕地
Ge-10 苍南县金乡镇天然富锗区	52	80	1.18~1.88	1.52	耕地

表 6-19 温州市天然富锗区土壤和农产品中锗含量情况

天然富锗土壤区名称及编号	天然富锗土地面积/亩	土壤 Ge 含量/mg·kg^{-1}	稻谷 Ge 含量（总样本数）/mg·kg^{-1}	土壤养分情况
Ge-1 乐清市南塘-蒲岐镇天然富锗区	22 004.33	1.53	0.021(7)	较丰富
Ge-2 龙湾区海滨街道天然富锗区	14 767.86	1.58	0.003(10)	较丰富—中等
Ge-3 瑞安市陶山镇天然富锗区	6 112.07	1.73	—	较缺乏
Ge-4 瑞安市东部沿海天然富锗区	76 303.98	1.60	0.014(13)	较丰富—中等
Ge-5 瑞安市南滨街道天然富锗区	32 429.52	1.56	0.019(11)	较丰富
Ge-6 平阳县腾蛟镇天然富锗区	9 875.13	1.71	—	中等—较缺乏
Ge-7 文成县仰山乡天然富锗区	6 826.46	1.65	0.035(1)	中等
Ge-8 平阳县海西镇天然富锗区	6 080.64	1.61	—	较缺乏
Ge-9 龙港市天然富锗区	18 699.57	1.52	0.019(4)	较丰富—中等
Ge-10 苍南县金乡镇天然富锗区	9 308.40	1.52	0.046(2)	中等

注：面积是按图斑统计的面积（仅含耕地和园地）统计。

三、天然富硒（锗）土地资源保护建议

作为一种稀缺的土地资源，天然富硒（锗）土地的发现与圈定，不仅为耕地保护工作增添了新亮点，也为温州市的乡村振兴战略的实施增加了新的形式。基于温州市独特的自然地理条件和经济社会优势，天然富硒（锗）土地资源的开发利用具有更大的潜在效益。为保护好这一稀缺资源，特提出以下建议。

（1）自然资源部门与农业农村部门共同制定关于加强天然富硒（锗）土地保护的办法、开发利用的管理办法，在制度层面上，提升保护力度。

（2）优先选择最佳天然富硒（锗）土地，引导和推进资源开发利用，建立温州示范，打造温州模板，总结

温州经验,以推进全市的天然富硒土地利用与保护。

(3)根据浙江省自然资源厅"十四五"规划纲要的要求,谋划天然富硒土地的详查工作。

(4)做好天然富硒土地的国家级、省级的申报与宣传。

第三节 耕地土壤肥力提升区划建议

一、耕地土壤肥力丰缺现状分布特征

温州市土壤养分综合质量等级以中等为主,养分整体处于中等水平。全市土壤养分综合质量丰富—中等以上耕地总面积为249.25万亩,占全市评价面积的67.48%,较缺乏—缺乏耕地总面积为120.14万亩,占32.52%。

在区域分布上,由于受成土母质以及长期耕种活动的影响,土壤养分丰缺差异性较为明显。耕地养分综合质量丰富—较丰富的区域主要分布在东部沿海地区,具体为东北部的乐清市蒲岐镇—翁垟街道、中部的飞云江南岸及南部的龙港市—苍南县河网密集区;而缺乏区主要分布在西北部、西南部的文成县—泰顺县,永嘉县—乐清市的丘陵、低山区。

氮元素是植物正常生长发育的三大必需营养元素之一,是土壤肥力的重要标志,是农肥主要营养元素,也是植物有机体的主要成分。植物缺氮时,同化碳的能力下降,叶片失绿黄化,易于衰老,根系发育亦受到抑制。土壤氮较缺乏—缺乏区主要分布于南部的平阳县及西南部的文成县、泰顺县等低山河谷地带。

磷是组成生物体的重要元素之一,是核酸、核蛋白、磷脂和酶等的组分,并参与作物体内多种代谢过程。磷肥充足能促进作物体内的物质合成和代谢,作物的产量和品质也得到提高和改善。土壤磷缺乏较为严重,主要分布在西北部的永嘉县及西南部的苍南县、文成县、泰顺县等地,较缺乏—缺乏区占比在50%以上。

钾的最重要功能是以60多种酶的活化剂形式广泛影响作物的生长、代谢和产品的品质,如促进淀粉和糖分的合成、增强作物抗逆性等,与N、P一样,均为植物生长不可或缺的元素,还能减轻水稻收过量铁、锰和硫化氢等还原物质的危害。土壤钾较缺乏—缺乏区域主要分布于西南部的文成县、泰顺县等地。

土壤有机质是植物营养的主要来源之一,能促进植物的生长发育,改善土壤的理化性质,促进微生物和土壤生物的活动,促进土壤中营养元素的分解、提高土壤的保肥性和缓冲性的作用。有机质缺乏相对严重区域主要分布于东部沿海的上望街道—天河镇、西南部的文成县域及南部苍南县桥墩镇—霞关镇等地区,较缺乏—缺乏所占比例均在40%以上。

二、土壤养分提升区划建议

土壤养分补素区,是指经调查评价发现的耕地土壤缺素区,依据作物营养学原理,圈出可能对农业种植产生长期影响的养分显著缺乏的范围,以便为土壤的养护和合理施肥提供依据。

根据土壤分级评价结果,将温州市范围内相对集中连片含量水平在较缺乏—缺乏的土壤圈出,确定为补素区,共圈出补素区12处(图6-12,表6-20)。土壤中营养元素的丰缺,是衡量土壤肥力高低的重要指标,磷、有机质的缺乏具有普遍性,缺素区的划出可为农业部门耕地质量提升提供靶区。

第六章
土壤碳储量与健康质量评价

图 6-12 温州市缺素区分布图

表 6-20 温州市缺素区概况一览表

编号	缺素区名称	耕地面积/km²	N 平均值/mg·kg⁻¹	P 平均值/mg·kg⁻¹	K 平均值/mg·kg⁻¹	Corg 平均值/mg·kg⁻¹
Q-01	鹿城区山福镇磷缺素区	12.07	—	0.46		
Q-02	瓯海区泽雅镇钾缺素区	10.85	—		1.12	
Q-03	瓯海区泽雅镇磷缺素区	25.03	—	0.49		
Q-04	龙湾区天河街道有机质缺素区	10.36	—			17.3
Q-05	瑞安市塘下镇磷-氮缺素区	17.40	1.22	0.51		
Q-06	瑞安市塘上望街道有机质缺素区	53.95	—			17.4

201

续表 6-20

编号	缺素区名称	耕地面积/km²	N 平均值/mg·kg⁻¹	P 平均值/mg·kg⁻¹	K 平均值/mg·kg⁻¹	Corg 平均值/mg·kg⁻¹
Q-07	文成县周壤镇磷缺素区	39.41	—	0.51	—	—
Q-08	平阳县麻布镇氮-磷-钾-有机质缺素区	17.82	1.22	0.59	21.2	21.2
Q-09	平阳县海西镇氮-磷-钾-有机质缺素区	34.93	1.22	0.59	21.2	21.2
Q-10	苍南县南宋镇磷缺素区	13.35	—	0.42	—	—
Q-11	苍南县赤溪镇钾-磷缺素区	15.54	—	0.72	18.8	—
Q-12	苍南县霞关镇钾-磷-有机质缺素区	10.61	—	0.48	16.9	19.1

第七章 结 语

土壤来自岩石,土壤中元素的组成和含量继承了岩石的地球化学特征。组成地壳的岩石具有原生不均匀性的分布特征,这种不均匀性决定了地壳不同部位地球化学元素的地域分异。在岩土体中,元素的绝对含量水平对生态环境具有决定性作用。大量的研究表明,现代土壤中元素的含量与分布,与成土作用、生物作用,土壤理化性状(土壤质地、土壤酸碱性、土壤有机质等)及人类活动关系密切。

20世纪70年代,地质工作者便开展了土壤元素背景值的调查,目的是通过对土壤元素地球化学背景的研究,发现存在于区域内的地球化学异常,进而为地质找矿指出方向。这一找矿方法成效显著,我国的勘查地球化学也因此得到快速发展,并在这一领域走在了世界的前列。随着分析测试技术的进步和社会经济发展的需要,自20世纪90年代,土壤背景值的调查研究按下了快进键,尤其是"浙江省土地质量地质调查行动计划"的实施,使背景值的调查精度和研究深度有了质的提升,温州市土壤元素背景值研究就建立在这一基础之上。

土壤元素背景值,在自然资源评价、生态环境保护、土壤环境监测、土壤环境标准制定及土壤环境科学研究(如土壤环境容量、土壤环境生态效应等)等方面,都具有重要的科学价值。《温州市土壤元素背景值》的出版,也是浙江省地质工作者为温州市生态文明建设所做出的一份贡献。

主要参考文献

鲍士旦,2008.土壤农化分析[M].3版.北京:中国农业出版社.

陈永宁,邢润华,贾十军,等,2014.合肥市土壤地球化学基准值与背景值及其应用研究[M].北京:地质出版社.

代杰瑞,庞绪贵,2019.山东省县(区)级土壤地球化学基准值与背景值[M].北京:海洋出版社.

黄春雷,林钟扬,魏迎春,等,2023.浙江省土壤元素背景值[M].武汉:中国地质大学出版社.

刘冰权,沙珉,谢长瑜,等,2021.江西赣县清溪地区土壤硒地球化学特征和水稻根系土硒生物有效性影响因素[J].岩矿测试,40(5):740-750.

苗国文,马瑛,姬丙艳,等,2020.青海东部土壤地球化学背景值[M].武汉:中国地质大学出版社.

王学求,周建,徐善法,等,2016.全国地球化学基准网建立与土壤地球化学基准值特征[J].中国地质,43(5):1469-1480.

奚小环,杨忠芳,廖启林,等,2010.中国典型地区土壤碳储量研究[J].第四纪研究,30(3):573-583.

奚小环,杨忠芳,夏学齐,等,2009.基于多目标区域地球化学调查的中国土壤碳储量计算方法研究[J].地学前缘,16(1):194-205.

俞震豫,严学芝,魏孝孚,等,1994.浙江土壤[M].杭州:浙江科学技术出版社.

张伟,刘子宁,贾磊,等,2021.广东省韶关市土壤环境背景值[M].武汉:中国地质大学出版社.

周涛,史培军,2006.土地利用变化对中国土壤碳储量变化的间接影响[J].地球科学进展,21(2):138-143.